工业和信息化部"十四五"规划教材

工业和信息化
精品系列教材·电子信息类

FPGA
开发及应用
（微课版）

张伟 洪云飞◎主编

何瑛 魏挺◎副主编

FPGA Development and
Applications

人民邮电出版社

北京

图书在版编目（CIP）数据

FPGA 开发及应用：微课版 / 张伟，洪云飞主编.
北京：人民邮电出版社，2025. --（工业和信息化精品
系列教材）. -- ISBN 978-7-115-65717-6

Ⅰ. TP303

中国国家版本馆 CIP 数据核字第 20247R8L34 号

内 容 提 要

本书结合当前高等院校学生的理论基础和软件操作水平，较为全面地介绍了 FPGA 开发与设计中典型逻辑电路模块的设计、设计辅助工具的使用以及相关外围电路的应用。全书共分为 8 个项目，案例主要来源于企业典型案例和电子设计竞赛。项目 1、项目 2 以"计数器"FPGA 设计核心和关键切入点电路作为入门，分别以原理图法和 Verilog HDL 代码两种方法实现；项目 3 以分频计数显示综合系统为载体，先介绍了业内应用最为广泛的 ModelSim 仿真软件的使用，然后介绍了"分频器"这一典型同步电路，为后续项目和任务做铺垫；项目 4～项目 8 共 5 个综合项目，原则上不严格区分先后顺序。

本书可以作为高等院校电子信息类和集成电路类专业中 FPGA 课程或 EDA 课程的教材，特别适合作为全国大学生电子设计竞赛中信号类题目的竞赛培训参考资料，并适合电子大类专业的开发人员和广大爱好者自学使用。

◆ 主　　编　张　伟　洪云飞
　　副主编　何　瑛　魏　挺
　　责任编辑　赵　亮
　　责任印制　王　郁　焦志炜

◆ 人民邮电出版社出版发行　　北京市丰台区成寿寺路 11 号
　　邮编　100164　　电子邮件　315@ptpress.com.cn
　　网址　https://www.ptpress.com.cn
　　大厂回族自治县聚鑫印刷有限责任公司印刷

◆ 开本：787×1092　1/16
　　印张：20.5　　　　　　　　　　2025 年 8 月第 1 版
　　字数：567 千字　　　　　　　　2025 年 8 月河北第 1 次印刷

定价：69.80 元

读者服务热线：(010)81055256　印装质量热线：(010)81055316
反盗版热线：(010)81055315

前　言

党的二十大报告指出："教育、科技、人才是全面建设社会主义现代化国家的基础性、战略性支撑。必须坚持科技是第一生产力、人才是第一资源、创新是第一动力，深入实施科教兴国战略、人才强国战略、创新驱动发展战略，开辟发展新领域新赛道，不断塑造发展新动能新优势。"近几年，现场可编程门阵列（Field Programmable Gate Array，FPGA）技术发展迅猛，其高度的灵活性使其在信号处理、通信、数据处理、网络、仪器、工业控制、军事和航空航天等领域得到越来越广泛的应用。FPGA 下游应用市场广泛，随着 5G 技术的提升、AI 的推进以及汽车自动化趋势的演进，全球 FPGA 市场规模稳步增长；在数字芯片设计领域，前端验证工作一般均由 FPGA 完成。因此，FPGA 工程师也是集成电路（Integrated Circuit，IC）设计公司迫切需要的人才，FPGA 逻辑设计开发逐渐成为非常有前景的行业之一。

FPGA 是当前电子产品设计与实现的一种新技术，笔者近些年指导学生参加全国大学生电子设计竞赛，通过对历年赛题的研究和分析发现，信号类题目的设计中单独以嵌入式系统为载体很难取得较好成绩，而"嵌入式+FPGA"这种系统级芯片（System on Chip，SoC，也称片上系统）理念是一种较好的解决方案，其适合团队协作、可以提高设计时效性与稳定性。赛题的方向和产业的发展趋势从某种角度来看是统一的，笔者总结自己的竞赛指导经验以及相关课题，将竞赛和企业案例中的相关要求、知识点进行整合与重组，最终以项目的方式融合到本书的 8 个项目中。本书可以作为授课参考教材，也可直接作为学生的竞赛培训参考资料。

本书项目 1 以原理图法为切入点介绍计数器的设计，原理图法易于学生入门，计数器体现了 FPGA 设计过程中的核心思想，且难度适宜。项目 2 仍以计数器为载体介绍 Verilog HDL 语言，以电路和工程实现为指引逐步介绍常用语法，坚持"语法够用"原则，突出"电路为主，语法为辅"的特点。项目 3 以计数器为载体，介绍业内较为通用的仿真软件——ModelSim 的使用，还介绍了最简同步电路"分频器"。项目 4～项目 8 均为综合性项目，项目中的任务基本上涵盖了 FPGA 设计中比较常用的逻辑电路、知识产权（Intellectual Property，IP）核电路及设计过程中的辅助工具，又和电子竞赛中的设计任务无缝对接；项目 4～项目 8 以项目设计要求引入，从工程师的角度分析问题并得出电路整体设计架构图，逐步展开并细分为易于设计的模块设计框图，其中"如何得到模块设计框图"是本书的特色和重点，这可以大大降低学生设计过程的难度。

8 个项目的任务载体涵盖信号发生器、数码管驱动、幅值测量、频率测量、视频图形阵列（Video Graphics Array，VGA）驱动、按键检测、蜂鸣器驱动等。各个任务既关联又独立，关联之处在于任务对应电路模块重复应用，独立之处在于模块接口统一、命名规范，即使不明确模块内部设计也可直接调用以实现新的综合任务。从 FPGA 设计的 IP 核和辅助工具角度出发，各个任务介绍了锁相环（Phase Locked Loop，PLL）、只读存储器（Read-Only Memory，ROM）、数字控制振荡器（Numerically Controlled Oscillator，NCO）、随机存储器（Random Access Memory，RAM）、先入先出（First In First Out，FIFO）等 IP 核，ModelSim、SignalTap、ISSP 等辅助工具，以及 FPGA 常见外围电路的设计注意事项。因此，本书对于高等院校的学生学习而言，在任务载体、语法、IP 核、调试工具等方面较为全面和完整。本书中如按键检测、频率测量、信号发生器电路等电路接口风格统一，便于读者在竞赛、毕业设计、其他项目设计中直接调用。

本书提供了课件、源代码、微课视频等配套资源，读者可扫描封底二维码或登录人邮教育社区（www.ryjiaoyu.com）下载查看。

本书由张伟和洪云飞担任主编，何瑛和魏挺担任副主编。洪云飞编写项目 1～项目 3，张伟编写项目 4～项目 5，何瑛编写项目 6～项目 7，魏挺编写项目 8，企业资深 FPGA 开发（主要是 IC 原型验证）人员曹蓓提供案例资料。张伟对全书的编写思路及大纲进行了总体规划并指导全书编写，曹蓓指导全书的案例选取与项目融合。

由于编者水平有限，书中难免有不足之处，欢迎广大读者批评指正。读者可通过电子邮箱 1084020959@qq.com 与编者直接联系。

微课
教材导读

编者
2024 年 12 月

目　录

项目1
原理图法实现典型逻辑电路的设计

01

项目导读

随着现代科技的发展，我们的生活已经离不开数字逻辑电路。例如十字路口的交通灯、装饰建筑的霓虹灯、电子琴等属于较为简单的逻辑控制，复杂的应用如图像处理与识别、网络附接存储（Network Attached Storage，NAS）、高速网络设备等。通过《数字电子技术》课程的学习，我们已经基本掌握逻辑电路的工作原理及设计方法，可以以典型逻辑芯片完成逻辑功能设计。当功能要求发生改变，需要调整线路或重新设计电路，这时我们可以借助现场可编程门阵列（Field Programmable Gate Arrray，FPGA）芯片的现场可编程方式有效解决。FPGA 是如何工作的？它是如何实现逻辑功能设计的？程序怎么实现电路设计？接下来让我们以原理图设计方式为基础，一起走进 FPGA 技术的新世界！

学习目标

1. 了解可编程逻辑器件概念、发展历程及产品系列。
2. 掌握 Quartus Prime 基本操作方法。
3. 能够使用原理图法完成电路设计，并进行仿真和测试。
4. 熟悉电路的分层次设计理念，掌握封装与调用的操作方法。
5. 熟悉计数器电路的框架，能够完成 0～9 计数器的设计、仿真与测试。
6. 掌握典型逻辑电路分析方法。

素质目标

1. 具备对新知识、新技能的学习能力和开拓进取的创新精神。
2. 学会按标准流程设计电路，养成按行业标准从事专业技术活动的职业习惯。
3. 以团队分工、整合方式完成十进制计数器，培养团队合作精神。
4. 培养良好的分析问题、解决问题和再学习能力。

思维导图

任务 1.1 以一位半加器为载体先介绍使用 Quartus Prime 软件设计逻辑电路的基本流程，再借助一位半加器设计一位全加器过程融入封装与调用的设计理念。任务 1.2 设计十六进制计数器，介绍了计数器的基本框架，并以总线式设计方法实现，该方法在大型工程的实施过程中有利于团队协作、提升效率，这在任务 1.3 有所体现。任务 1.3 以十进制计数器为载体介绍任意进制计数器的原理，有机融入比较器、选择器等典型组合逻辑电路，为项目 2 奠定基础。项目 1 思维导图如图 1-1 所示。

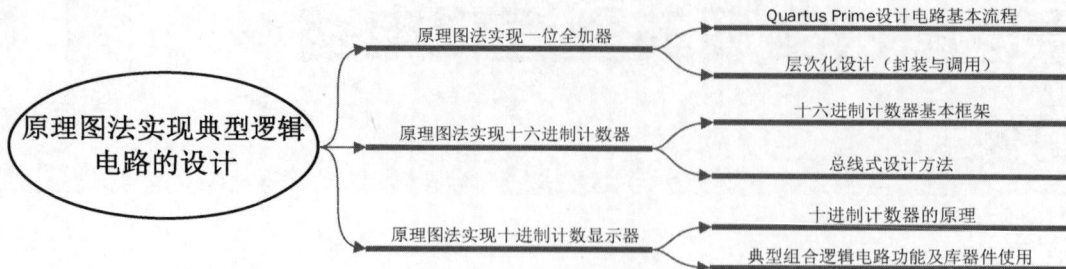

图 1-1　项目 1 思维导图

任务 1.1　原理图法实现一位全加器

任务导入

硬件：FPGA 芯片型号为 EP4CE10F17C8 的电路板，包含按键或拨码开关、发光二极管（Light Emitting Diode，LED）。

软件：Quartus Prime 17.1 软件。

任务：设计、仿真、测试一位全加器电路。

1.1.1　【知识准备】Quartus Prime 设计电路基本流程

微课 1-1-1
知识准备

一、可编程逻辑器件

1. FPGA 的内部结构与原理

使用通用逻辑电路芯片（如 74 系列等）实现数字逻辑电路设计，是数字电路设计初级阶段常用的方法。这类芯片包含少量逻辑门（通常少于 100 个晶体管），可以实现简单的逻辑功能，称为标准芯片。在 20 世纪 80 年代早期，使用标准芯片构造数字电路的方式非常普遍，在设计数字电路时，设计者需要选取多种特定功能的标准芯片，并定义这些标准芯片如何互连以实现一个更大规模的数字电路。图 1-2 所示为多种标准芯片互连构成的电子表系统，使用标准芯片构成的应用电路在印制电路板上占据了较大的空间，效率低下，不适合实现高速电路。

随着人们生活水平的提高和制造工艺的进步，电子产品朝着轻量化、集成化、高速化的方向发展。标准芯片的逻辑功能固定不变，通过标准芯片组合的方式搭建的综合电路不仅成本较高、不易处理高速信号，而且电路面积大。而设计并制造一款专用集成电路（Application Specific Integrated Circuit，ASIC）是另外一种实现方式，ASIC 芯片不仅性能稳定、抗干扰能力强、占据电路板空间小，而且因为逻辑门之间的互连线在片内实现，所以速度上限

图 1-2　多种标准芯片互连构成的电子表系统

更高；但 ASIC 芯片更适合大批量的产品需求，如果是
小批量生产，设计费、制造费等会平摊到每一件产品中，
导致产品价格飙升。此外，如果流片失败，则需要找出
设计错误并更改设计，再进行流片，这会再次提升成本。
因此，相关公司逐步发展出可变功能系列的芯片，此类
芯片经用户配置后可以实现不同逻辑功能，其具有通用
结构并包含可编程开关集合，设计者根据需要选择合适
的开关结构组合实现一个特定应用所需的功能。这些开
关由最终用户进行编程，而不是在制造芯片时编程，此
类芯片被称为可编程逻辑器件（Programmable Logic
Device，PLD）。在图 1-3 所示的 PLD 简单逻辑阵列中，
与阵列是固定的，或阵列是可编程的，与阵列的输入变
量为 A_2、A_1、A_0，输出变量为 F_1、F_0，该图表示的逻辑
关系式为：

$$F_1 = A_2 A_1 \overline{A_0}, \quad F_0 = \overline{A_2} \, \overline{A_1} A_0 + A_2 A_1 A_0 \qquad (1\text{-}1)$$

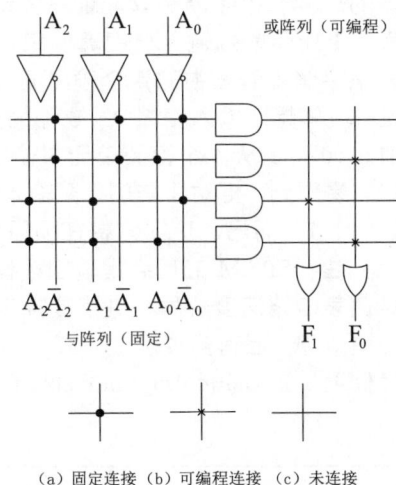

（a）固定连接 （b）可编程连接 （c）未连接

图 1-3　PLD 简单逻辑阵列

可编程逻辑器件可以用于实现超大规模逻辑电路，性能虽不如 ASIC，但因为拥有丰富的逻
辑门，以及逻辑门之间的连线在片内走线，所以其功能和性能足以满足绝大多数设计需求。随着
电子产品生产工艺的发展，当前比较通用的可编程逻辑器件是现场可编程门阵列（Field
Programmable Gate Array，FPGA）。容量大的 FPGA 芯片包含多达 10 亿多个晶体管，可以支持实
现复杂的数字系统。一个 FPGA 中包含大量小规模逻辑电路单元，FPGA 一般结构如图 1-4 所示。
由于 FPGA 具有高容量的特点，并且可以通过配置达到特定应用的需求，因此得到了广泛的应用。

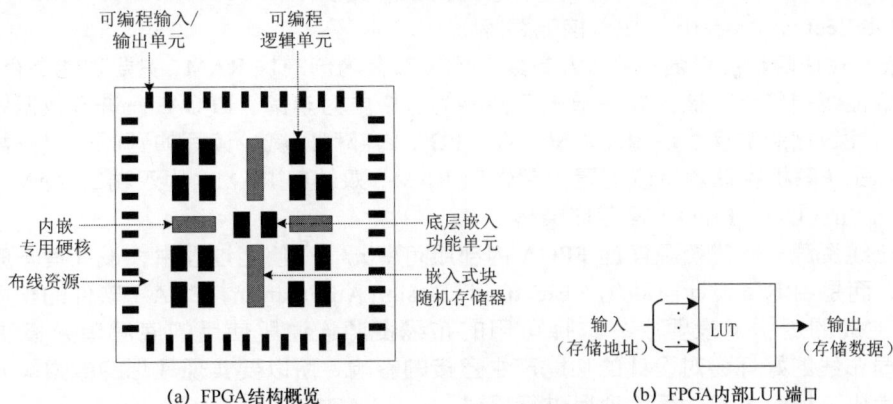

（a）FPGA 结构概览　　　　　　（b）FPGA 内部 LUT 端口

图 1-4　FPGA 一般结构

图 1-4（a）所示为 FPGA 结构概览，FPGA 的内部结构一般由 6 部分组成，分别是：可
编程输入/输出单元、可编程逻辑单元、底层嵌入功能单元、嵌入式块随机存储器（Embedded
Block Random Access Memory，BRAM）、布线资源和内嵌专用硬核。

（1）可编程输入/输出单元：可以使用软件配置成不同的电气标准和物理特性，例如调整
上/下拉电阻、匹配电阻等特性，使用方式较为灵活。

（2）可编程逻辑单元：这一部分是可编程逻辑的主体，可以根据设计灵活地改变内部连
接与配置，从而完成不同的逻辑功能，FPGA 一般都是基于静态随机存储器（Static Random
Access Memory，SRAM）工艺，可编程逻辑单元基本都是基于查找表（Look Up Table，LUT）
和寄存器组成（主要是 D 触发器），其中 LUT 端口模型图如图 1-4（b）所示。SRAM 是存储

3

器的一种，存储器是以地址来决定被访问的数据。例如要实现两输入与门的逻辑功能，根据表 1-1 所示的两输入与门真值表，因为输出结果有 4 种，所以需建立有 4 个存储单元的查找表来存储真值表中的 4 个输出值；显然 4 个存储单元需要至少 2 位二进制地址来作为查询地址，具体是以输入变量 A、B 作为查询条件（地址选择端），根据输入变量 A、B 值的组合 00、01、10、11 从 4 个存储单元中输出相应结果作为逻辑电路的输出 F，从而实现与门的逻辑功能。易想到，相对于与门，两输入或门仅是 4 个存储单元存储值由"0、0、0、1"更改为"0、1、1、1"而已。这部分将在项目 1 的知识拓展环节进行详细介绍。

注：SRAM 的优点是输出存储数据的变化相对输入地址的变化延时小，这使得其实现的真值表电路速度优异；缺点是掉电丢失配置信息，这也意味着 FPGA 设计的电路会掉电丢失配置信息，但有多种解决方式，例如 AS 模式下，FPGA 上电后会自动从片外的非易失性串行存储器（Erasable Programmable Configurable Serial，EPCS）芯片中重新读取配置信息。

表 1-1　两输入与门真值表

输入		输出
A	B	F
0	0	0
0	1	0
1	0	0
1	1	1

（3）底层嵌入功能单元：它是指 FPGA 内部集成的一些通用程度较高的嵌入式功能模块，例如锁相环（Phase Locked Loop，PLL）、快速傅里叶变换（Fast Fourier Transform，FFT）知识产权（Intellectual Property，IP）核电路等。

（4）嵌入式块随机存储器：目前大多数 FPGA 都有内嵌的块 RAM，主要功能是存储数据。相对于可编程逻辑单元，嵌入式块随机存储器的容量更为丰富。FPGA 在进行数据处理时，需要完成内外数据的交换，块 RAM 设计在 FPGA 内部可以减少读写的延时，提升数据读写速度。嵌入式块随机存储器可以配置为单端口 RAM、双端口 RAM、伪双端口 RAM、先入先出（First In First Out，FIFO）等存储结构。

（5）布线资源：布线资源连通 FPGA 内部所有单元，在使用过程中，设计者一般不需要直接布线，而是由电子设计自动化（Electronic Design Automation，EDA）软件的布局布线器自动根据生成的逻辑网表要求，选择可用的布线资源连通所使用的底层单元模块。因为 FPGA 布局布线的好坏会对设计的功能产生直接的影响，所以要实现理想的效果需要进行布线资源的优化，相应内容在后续项目进行探讨。

（6）内嵌专用硬核：这里的内嵌专用硬核与"底层嵌入功能单元"有所不同，相对而言，内嵌专用硬核通用性较弱，并不是所有 FPGA 都包含硬核。例如在面向高端通信市场的 FPGA 器件（如 Altera 的 Stratix Ⅳ GX 系列）内部集成的 SERDES（串并收发单元），通常此类器件价格较高，主要用于特定行业或应用场景。

2. 国内外 FPGA 主要厂商和其主要芯片系列

随着人工智能的普及，相关产品需要实时处理大量的图片和视频数据，在硬件设计过程中，FPGA 会作为硬件架构中的重要组成部分。因为高度定制化芯片（如 SoC、ASIC 等）投资规模大、研发周期长等特点导致市场风险剧增。相对而言，FPGA 在并行计算任务领域具备优势，在高性能、多通道领域可以代替部分 ASIC，因此，人工智能领域多通道计算任务的需求推动了 FPGA 技术向主流演进。

全球先后有 60 多家公司进入 FPGA 市场，其中不乏英特尔（Intel）、IBM、德州仪器、摩托罗拉、飞利浦、东芝、三星等行业巨头。国内 FPGA 厂商目前有京微齐力、紫光同创、高云半导体、安路科技和智多晶等。目前国产 FPGA 厂商主要还是以 40nm、55nm 产品为主，陆续开始突破 28nm 工艺。表 1-2 所示为国内外 FPGA 厂商及产品系列。

表 1-2　国内外 FPGA 厂商及其产品系列

国别	品牌	开发工具	系列	其他
国外	Xilinx/AMD	ISE 和 Vivado	Spartan	低端市场
			Artix	中端市场
			Kintex	高端市场
			Virtex	高端市场
			SoC 和 MPSoC-Zynq7000	例如 UltraScale+MPSoC
	Altera/Intel	Quartus Prime	MAX II CPLD	早期产品
			Cyclone 系列	中低端市场，国内教学应用较为广泛
			Stratix 系列	高端市场，对标 Kintex 和 Virtex
			Arria 系列	SoC 系列
			Intel Arria 10 系列	相较 Arria 系列更为高端，更适合通信
			Agilex 系列	数据中心高端市场，10nm 工艺
	Microsemi/Actel			美国军工和航空领域，产品以反熔丝结构 FPGA 和基于 Flash 的 FPGA 为主，抗辐射，可靠性高
	Lattice	Diamond	ECP 系列	国内应用较少；CPLD 的发明者
			ICE 系列	
			Mach 系列	
国内	高云	Gowin 自主研发	晨熙家族	2014 年，广东
			小蜜蜂家族	
			GoBridge ASSP	
	安路科技	Tang Dynasty 自主研发		2011 年，上海
	紫光同创	Pango Design Suite 自主研发	Titan	40nm 工艺，总部深圳
			Logos 系列	40nm 工艺
			Compa 系列	55nm 工艺，CPLD
	智多晶	HqFPGA 自主研发	Seagull 1000 系列	CPLD
			Sealion 2000 系列	CPLD 和 FPGA
			Seal 5000 系列	28nm 工艺，FPGA
	其他：成都华微、京微齐力、京微雅格、同创国芯			

（1）Xilinx。

Xilinx（赛灵思，2022 年 2 月被 AMD 收购）是全球领先的可编程逻辑完整解决方案的供应商。其主要开发工具为 ISE 和 Vivado。其产品包括如下几个部分。

- Spartan 系列：定位于低端市场，代表器件 Spartan7 为 28nm 工艺，Spartan6 以前都是 45nm 工艺，该系列器件价格实惠，逻辑规模相对较小。
- Artix 系列：Xilinx 推出的 Artix 系列产品主要作为低端 Spartan 和高端 Kintex 的过渡产品。Artix 系列产品在通信接口方面相比 Spartan 有很大优势，如果设计不仅需要逻辑资源，并且需要先进的高速接口，可以采用 Aritix 系列。
- Kintex 和 Virtex 系列：Xilinx 的高端产品，包含 28nm 的 Kintex7 和 Virtex7 系列，还有 16nm 的 Kintex7 Ultrascale+和 Virtex7 Ultrascale+系列。此系列产品具有丰富的高速接口，主要应用于通信、雷达、信号处理、IC 验证等高端领域。
- 全可编程 SoC 和 MPSoC 系列：包括 Zynq-7000 和 Zynq UltraScale+MPSoC 系列 FPGA，可嵌入 ARM Cortex 系列 CPU，逐渐成为目前片上可编程系统（System On a Programmable Chip，SOPC）热门应用。

（2）Altera。

Altera（阿尔特拉，2015 年 12 月被 Intel 收购）是业界与 Xilinx 齐名的 FPGA 供应商。Altera 公司的 FPGA 器件大致分 3 个系列：一是中低端的 Cyclone 系列；二是高端的 Stratix 系列；三是介于二者之间可以方便 ASIC 化的 Arria 系列。

- MAX II 系列：MAX II 器件属于复杂可编程逻辑器件（Complex Programmable Logic Device，CPLD），Altera 一度以其闻名。为了降低成本，MAX II 器件内部采用了 FPGA 的架构，相对正常的 FPGA 来说，其资源较少；相对于正常 CPLD 来说，结构又不一样。MAX II 器件在通信、消费、计算机及工业应用中较为常用。
- Cyclone 系列：代表为 Cyclone 10，相比于 Cyclone IV 系列，其性价比更高。其定位于消费类产品，以 Spartan 系列为竞争对手，逻辑资源和接口资源都相对少，特点为性价比高。本书选取经典的 Cyclone IV 系列。
- Stratix 系列：代表为 Stratix10，定位于高端市场，与 Virtex 系列竞争。
- Arria 系列：Arria 系列为 SoC 系列 FPGA，内置 ARM Cotex A9 的核，已实现 20nm 工艺。
- Intel Arria 10 系列：支持 DDR4 存储器接口的 FPGA。Intel Arria 10 系列和 SoC 是业界先进的能够支持 DDR4 速率存储器的 FPGA，存储器性能比前一代 FPGA 提高了 43%，相比竞争 20 nm FPGA 高出 10%。硬件设计人员可以使用 Quartus Prime 在 Arria 10 FPGA 和 SoC 设计中实现 666 Mbit/s DDR4 存储器数据速率。

（3）Lattice。

Lattice（莱迪思）是 CPLD 的发明者，是著名的可编程逻辑解决方案供应商，仅次于 Xilinx 和 Altera。Lattice 的主要产品系列如下。

- ECP 系列：Lattice 自己开发的 FPGA 系列，提供了低成本、高密度的 FPGA 解决方案，而且还有高速 Serdes 等接口。
- ICE 系列：主要特点是功耗低，曾用在 iPhone 7 设计中，实现了 FPGA 首次在消费类产品中应用。
- Mach 系列：主要用于替代 CPLD，是实现粘合逻辑的理想选择。

（4）Actel。

Actel（艾克特）专注于美国军工和航空领域，产品以反熔丝结构 FPGA 和基于 Flash 的 FPGA 为主，具有抗辐射和可靠性高的优势。Actel 的主要产品系列如下。

- 基于 Flash 的通用 FPGA 系列：包括有 PolarFire、IGLOO2，IGLOO2 共 3 个高、中、低端系列。
- 特殊领域应用系列：如基于 SoC 的 ProASIC3 和数模混合的 Fusion。内置有 ARM、模数转换器等。

- 反熔丝 FPGA：主要用于航空领域，有抗辐照功能，不可重复擦写。

（5）紫光同创。

紫光同创成立于 2013 年，有 10 余年可编程逻辑器件研发经历，布局覆盖高中低端 FPGA 产品。早在 2015 年，紫光同创就成功推出国内第一款实现千万门级规模的全自主知识产权高性能 FPGA 芯片 Titan 系列，该系列采用 40nm 工艺，可编程逻辑资源最高达 18 万个，已广泛应用于通信、信息安全等领域。Titan 系列高端 FPGA 产品 PGT180H 已向国内多家领先通信设备厂商批量供货，该型号产品的 2022 年全年销售额近 1 亿元。

2022 年 3 月，紫光同创推出 Logos-2 系列高性价比 FPGA，其采用 28nm CMOS 工艺，相较上一代 40nm Logos 系列 FPGA 性能提升 50%，总功耗降低 40%，可满足工业自动化、物联网、视频图像处理等应用需求，已量产发货。当前，紫光同创已具备大规模 FPGA 全流程开发设计能力，产品市场覆盖航天航空、通信网络、信息安全、AI、数据中心、工业物联网等领域。

（6）安路科技。

安路科技成立于 2011 年，总部位于上海，量产及在研产品覆盖高、中、低端，面向数据中心、AI、通信、工业控制、视频监控等领域。安路科技量产的中等性能 FPGA 芯片成功进入 LED 显示器控制卡市场和高清电视 TCON 控制卡市场。其 FPGA 从 55/40nm 进入主流 28nm 工艺平台，在器件性能和容量上也都有较大提升，相应地对 FPGA 编译软件和 IP 也提高了要求。

（7）高云。

高云的产品已经渗透到 10 多个行业中，在通信、工业控制、消费等领域得到应用。先后推出晨熙和小蜜蜂两个家族、4 个系列的 FPGA 产品，涵盖了 11 个型号、50 多种封装的芯片。

（8）智多晶。

智多晶于 2013 年 10 月研发出首款拥有自主知识产权的可编程智能 FPGA 芯片，目前智多晶已实现 55nm、40nm 中密度 FPGA 的量产，并推出了内嵌 Flash、SDRAM 等集成化方案产品。智多晶现有产品 Seagull 1000 系列 CPLD 芯片、Sealion 2000 系列 CPLD 和 FPGA 芯片等已受到市场认可，2020 年，智多晶 28nm 工艺高端 FPGA 产品取得突破性进展，智多晶 Seal 5000 系列 FPGA 产品，采用 CMOS 电路结构 28nm 工艺制程，能够有效降低产品功耗、提升产品性能。

二、Quartus Prime 综述

1. Quartus Prime 开发流程

MAX+plus II 作为 Altera 的第三代的 PLD 设计软件，由于其出色的易用性而得到了广泛的应用。目前 Altera 已经停止了对 MAX+plus II 的更新支持，随之诞生的 Quartus II 设计软件与之相比支持器件类型更为丰富，图形界面也更友好。Altera 在 Quartus II 中不仅包含了许多诸如 SignalTap II、ISSP（In-System Sources and Probes）、Chip Editor 和 RTL Viewer 的设计辅助工具，集成了 SOPC 和 HardCopy 设计流程，并且继承了 MAX+plus II 友好的图形界面及简便的使用方法。

从 Quartus II 10.0 版本开始，Altera 推荐采用第三方如 ModelSim 软件工具进行仿真，从 Quartus II 13.1 版本开始，Quartus II 软件不再支持 Cyclone I 和 Cyclone II 器件，如果使用 Cyclone II 器件，则只能采用 Quartus II 13.0sp1 以下版本进行开发。Altera 被 Intel 收购后，从 Quartus II 15.1 开始，Quartus II 开发工具改名为 Quartus Prime，其和 Quartus II 13.1 界面、功能几乎一致。

Quartus Prime 支持 Altera 的 IP 核，包含了 LPM/MegaFunction 宏功能模块库，使用户可以充分利用成熟的模块，简化设计的复杂性、加快设计速度。Quartus Prime 对第三方 EDA

工具的良好支持也使用户可以在设计流程的各个阶段使用熟悉的第三方 EDA 工具。

此外，Quartus II 通过和 DSP Builder 工具与 Matlab/Simulink 相结合，可以方便地实现各种 DSP 应用系统；支持 Altera 的 SOPC 开发，集系统级设计、嵌入式软件开发、可编程逻辑设计于一体，是一种综合性的开发平台。

FPGA 设计数字电路属于集成电路设计范畴，基于 Quartus Prime 的一种简化的 FPGA 设计开发流程主要包含图 1-5 所示几项。

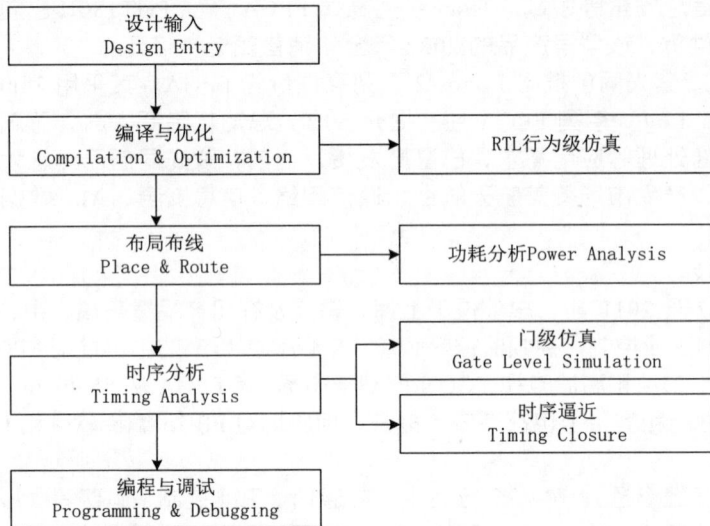

图 1-5　基于 Quartus Prime 的一种简化的 FPGA 设计开发流程

（1）设计输入。

Quartus Prime 的设计输入主要有以下几种方式。

①Verilog HDL/VHDL 硬件描述语言设计输入方式。

HDL 设计方法是大型模块化设计工程中较为常用的设计方法。目前较为流行的硬件描述语言（Hardware Description Language，HDL）有超高速集成电路硬件描述语言（Very High Speed Integrated Circuit Hardware Description Language，VHDL）、Verilog HDL 等。它们的共同特点是易于使用自顶向下的设计方法、易于模块划分和复用、移植性强、通用性好、设计不因芯片工艺和结构的改变而变化、利于向 ASIC 移植。HDL 是纯文本文件，用任何文本编辑器都可以编辑，有些编辑器集成了语言检查、语法辅助模板等功能，这些功能给 HDL 的设计和调试带来了很大的便利。

②AHDL 输入方式。

AHDL 是完全集成到 Quartus Prime 系统中的一种高级、模块化语言，可以用 Quartus Prime 文本编辑器或其他的文本编辑器产生 AHDL 文件。一个工程中可以全部使用 AHDL，也可以和其他类型的设计文件混用。AHDL 只能用于使用 Altera 器件的 FPGA/CPLD 设计，其代码不能移植到其他厂商（如 Xilinx、Lattice 等）器件上使用，通用性不强，因此比较少用。

③模块/原理图输入方式。

模块/原理图输入方式（Block Diagram/Schematic Files）是 FPGA/CPLD 设计的基本方法之一，几乎所有的设计环境都集成有原理图输入方法。这种设计方法直观、易用，支撑它的是一个功能强大、分门别类的器件库。器件库器件通用性差，导致其移植性差，如更换设计实现的芯片型号或厂商不同时，整个原理图需要做很大修改甚至是全部重新设计。因此，模块原理图设计方式主要是一种辅助设计方式，更多地应用于混合设计中的个别模块设计。

④使用 MegaWizard Plug-In Maneger 产生 IP 核/宏功能块。

MegaWizard Plug-In Maneger 工具的使用基本可以分为以下几个步骤：工程的创建和管理，查找适用的 IP 核/宏功能模块及其参数设计与生成，IP 核/宏功能模块的仿真与综合等。

（2）编译与优化。

根据设计要求设定编译方式和编译策略，如器件的选择、逻辑综合方式的选择等，然后根据设定的参数和策略对设计项目进行网表提取、逻辑综合。在综合阶段，应利用设计指定的约束文件，将寄存器传输级（Register Transfer Level，RTL）设计功能实现并优化到具有相等功能且具有单元延时（但不含时序信息）的基本器件中，如触发器、逻辑门等，得到的结果是功能独立于 FPGA 的网表。编译、优化完成后就可以进行 RTL 行为级仿真，也被绝大多数设计者称为功能仿真，这种仿真不考虑器件的延时特性。

（3）布局布线。

布局布线将综合后的网表文件针对某一具体的目标器件进行逻辑映射、器件适配，并产生报告文件（.rpt）、延时信息文件、编程文件（.pof、.sof 等）以及面向其他 EDA 工具的输出的电子设计交换格式文件（Electronic Design Interchange Format，EDIF）等，供时序分析、仿真和编程使用。此外，在布局布线后，EDA 工具一般还可对设计做功耗分析，这在初学者的简单设计中一般不涉及。

（4）时序分析。

时序分析主要指门级仿真和时序逼近。Quartus Prime 取消了自带的波形仿真工具（内核或算法），推荐采用专业第三方仿真工具 ModelSim 进行仿真。功能仿真针对设计的语法和基本功能进行验证，主要是为了在设计的初始阶段发现问题；而门级仿真是针对门级时序进行的仿真，是通过布局布线得到标准时延格式的时序信息后进行的仿真，门级仿真需要 VHDL 或 Verilog HDL 门级网表、FPGA 厂家提供的器件库，还需要标准延时文件（.sdf），门级仿真综合考虑电路的路径延时与门延时的影响，验证电路能否在一定时序条件下满足时序要求。一般情况下也可将门级仿真称为时序仿真。在任务 3.2 的分频器设计中读者将体会到图 1-5 所示的 RTL 行为级仿真和门级仿真的异同，在任务 3.4 体会到时序逼近（或时序约束）的意义。

（5）编程与调试。

此处的编程是指用生成的编程文件通过下载电缆配置 FPGA，一般也称下载或者配置。编程后加入板级实际激励，进行调试。在以上设计过程中，如果出现错误，则需重新回到设计输入阶段，改正错误或调整电路后重复上述过程。

2. Quartus Prime（含 ModelSim）软件的安装

Quartus Prime 有 3 种版本：专业版（Pro）、标准版（Standard）和精简版（Lite）。用户可以从英特尔的中国官方网站下载最新版本的 Quartus Prime 以及对应的器件库，同时建议下载对应版本的 ModelSim 软件。对于简单项目，三个版本在功能上几乎没有差别，专业版和标准版性能更为强大，但需要授权。本书采用 Quartus Prime Lite 17.1 版本开发设计全部案例，因此，以下重点介绍精简版的安装过程。

ModelSim 是第三方专业仿真软件，需要再次强调，第一，Quartus 软件从 9.1 版本以后的自带工具需要其他第三方仿真软件的算法支持才能正常运行，因此，至少需要安装一个第三方仿真软件。第二，ModelSim 是 FPGA 设计中经常使用的一款第三方仿真软件，项目 1～项目 2 使用 Quartus Prime 中操作更为简便、直观的自带仿真工具进行仿真，项目 3～项目 8 全部直接使用 ModelSim 进行仿真，其中项目 3 详细介绍 ModelSim 软件的操作方法。基于以上分析，建议同时在官网下载 Quartus Prime Lite 17.1 和其对应的 ModelSim 软件。

（1）从官网下载安装文件到硬盘后，将其进行解压缩，会出现图 1-6 所示的安装文件，其中第 1 个文件是 Quartus Prime 安装程序；第 2～5 个文件是 Quartus Prime 的部分器件安装包，用户可根据自己使用的 FPGA 芯片选择性下载和安装，第 6 个文件是 ModelSim 软件安装程序。

名称	修改日期	类型	大小
QuartusSetup-17.1.0.590-windows.exe	2022/10/6 20:17	应用程序	2,315,785 KB
cyclone-17.1.0.590.qdz	2022/10/6 17:45	QDZ 文件	477,849 KB
cyclonev-17.1.0.590.qdz	2022/10/6 17:59	QDZ 文件	1,198,712 KB
max10-17.1.0.590.qdz	2022/10/6 17:49	QDZ 文件	333,010 KB
max-17.1.0.590.qdz	2022/10/6 17:37	QDZ 文件	11,650 KB
ModelSimSetup-17.1.0.590-windows.exe	2022/10/6 17:55	应用程序	1,167,252 KB

图 1-6　下载完成的安装文件

（2）启动安装，双击图 1-6 中的"QuartusSetup-17.1.0.590-windows.exe"进行安装，随即弹出图 1-7 所示的 Quartus Prime 安装启动画面，单击"Next"按钮继续安装。

（3）如图 1-8 所示，询问是否接收安装许可。先勾选"I accept the agreement"，再单击"Next"按钮。

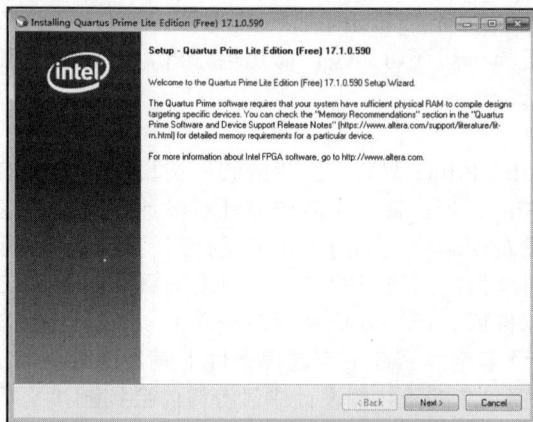

图 1-7　Quartus Prime 安装启动画面   图 1-8　安装许可

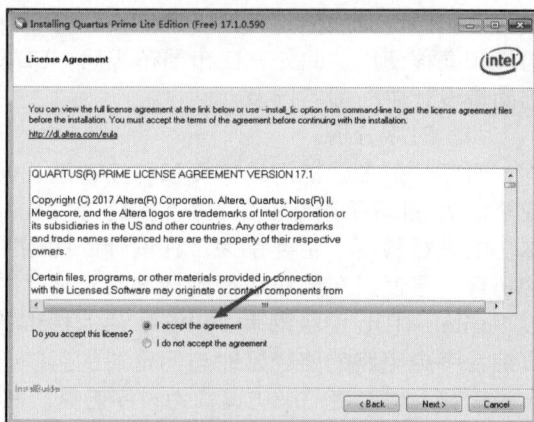

（4）如图 1-9 所示，询问安装目录。用户可以选择默认的安装目录，也可以更改安装的路径。

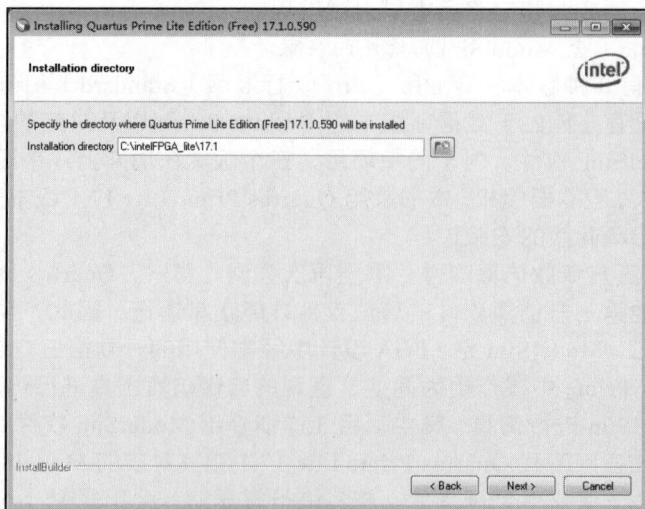

图 1-9　设置安装路径

> **注意** 禁止安装在包含中文名称等非法字符的文件路径下，设定完安装路径后单击"Next"按钮。

（5）图 1-10 所示的是选择安装内容。用户可以根据实际的应用需求进行选择，如果需要使用 CPLD 系列，可以勾选"MAX II/V"系列，本书中不针对此系列进行设计，因此未勾选。对于 ModelSim 仿真工具，可以选择不需授权的"ModelSim-Intel FPGA Starter Edition"免费版本，有更高设计需求可以选择"ModelSim-Intel FPGA Edition"版本，但需要授权。选择完成后，单击"Next"按钮。

（6）接下来显示图 1-11 所示的安装信息汇总提示。如果界面中的"Summary"以下的信息和前面选项设定的路径、安装选项等全部对应，则可以单击"Next"按钮进行安装，安装过程需要花费一定的时间，需要耐心等待。

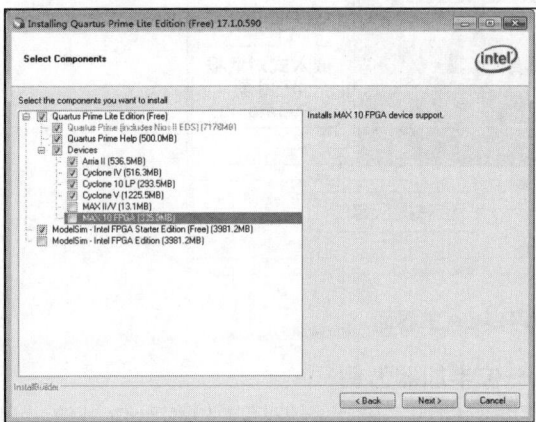

图 1-10　选择安装内容

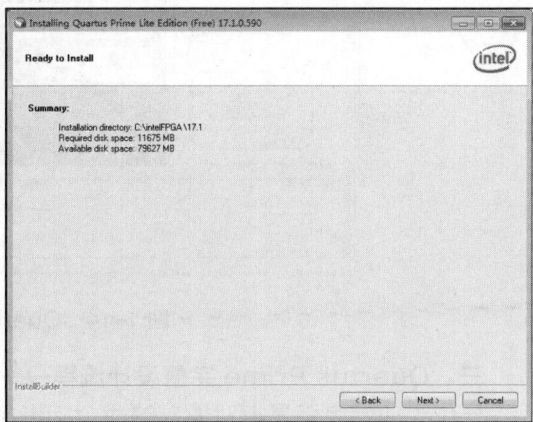

图 1-11　安装信息汇总提示

（7）整个安装过程包含 Quartus Prime、Help、ModelSim 三个部分的安装，安装完成后会提示安装 USB Blaster II 驱动程序，如图 1-12 所示。USB Blaster II 是 FPGA 常用的配置（下载）链路，因此，单击"下一步"按钮继续安装，直到安装成功。

（8）安装完成之后双击桌面 Quartus Prime 图标启动 Quartus Prime，第 1 次启动时会出现图 1-13 所示的软件许可证选项，用户可根据实际情况选择 4 个选项之中的一个进行下一步操作，如果没有购买网络许可或单机许可证，可以勾选第 3 项进行 30 天试用。

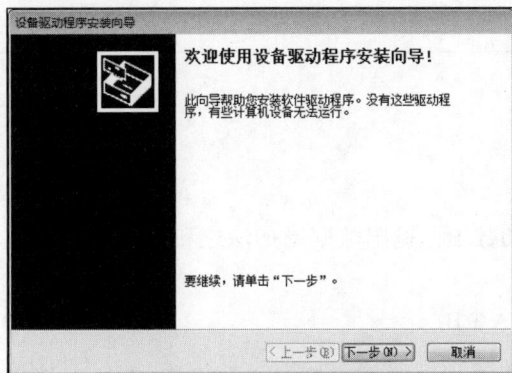

图 1-12　USB Blaster II 驱动程序安装提示

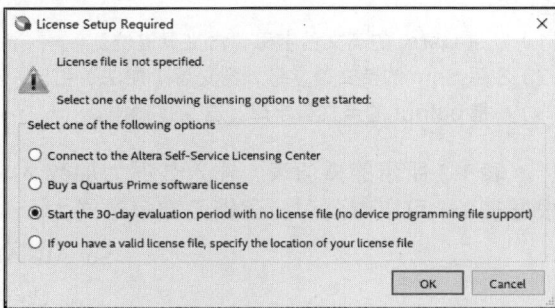

图 1-13　Quartus Prime 许可证选项

（9）此时 Quartus Prime 已可以成功启动，Quartus Prime 主界面如图 1-14 所示，至此 Quartus Prime 安装完成。主界面分为以下几个区域，分别是主菜单栏、快捷工具栏、工作区、工程文件导航窗口（Project Navigator）、信息提示窗口（Messages）、嵌入式对话框 IP 目录（IP Catalog）、任务区（Tasks）等。用户可以通过主菜单栏中的"View"菜单根据自己的习惯调整该界面显示内容及位置。

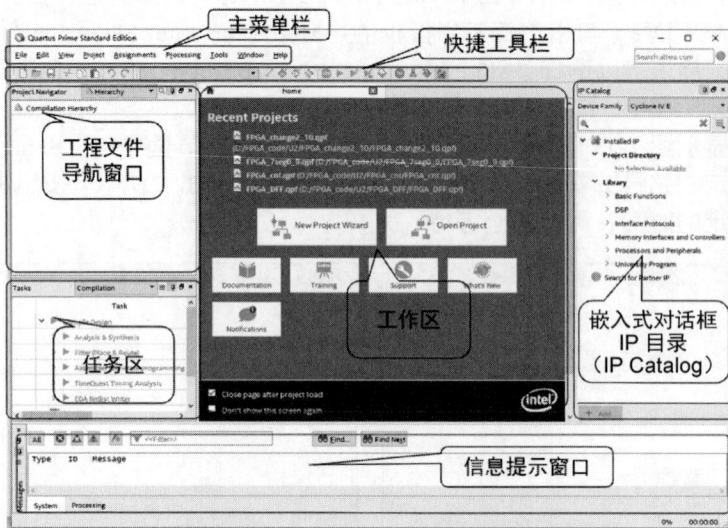

图 1-14　Quartus Prime 主界面

三、Quartus Prime 完整设计流程——以一位半加器为例

一位半加器电路是指对输入的两个二进制数据位相加，输出一位结果位和一位进位，且没有低位进位输入的加法器电路。一位半加器真值表如表 1-3 所示。

表 1-3　一位半加器真值表

输入		输出	
A	B	Co（进位）	So（和）
0	0	0	0
0	1	0	1
1	0	0	1
1	1	1	0

注：
（1）C 是 Carry 的英文首字母，含义是进位。
（2）S 是 Sum 的英文首字母，含义是（加法）和。
（3）o 是 output 的英文首字母，含义是输出。

表 1-3 所示的真值表，输入数据为加数 A、加数 B，输出数据是加法之和 So、进位 Co。根据表 1-3 可以得到对应逻辑函数表达式为：

$$So=A\bar{B}+\bar{A}B=A \oplus B \tag{1-2a}$$

$$Co=AB \tag{1-2b}$$

依据式 1-2 可以得到图 1-15 所示的经典的二进制一位半加器逻辑结构。

表 1-4 给出了常见基本逻辑单元的国家标准符号、国际通用符号、Quartus Prime 原理图法中的快速搜索名称、逻辑表达式以及功能简述。表 1-4 方便用户在下文介绍的原理图法中搜索所需逻辑门器件；当电路图以国家标准符号或者国际通用符号给出时，方便读者对照以完成设计。

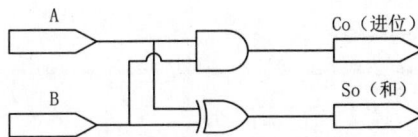

图 1-15 经典的二进制一位半加器逻辑结构

表 1-4 常见基本逻辑单元符号、逻辑表达式以及功能简述

逻辑	国家标准符号（IEC）	国际通用符号	Quartus Prime 原理图法中的快速搜索名称	逻辑表达式	功能简述
与			and2	$Y=A \cdot B$ 或 $Y=AB$	全 1 为 1，否则为 0
或			or2	$Y=A+B$	有 1 为 1
非			not	$Y=\bar{A}$	输入输出相反
同或			xnor	$Y=A \odot B$	相同为 1
异或			xor	$Y=A \oplus B$	不同为 1

在明确一位半加器的设计思路和设计方法后，接下来介绍使用 Quartus Prime 设计一位半加器的思路和具体操作。每个电路的完整设计应包含电路设计、引脚分配、仿真、测试等一系列操作，以及对应的有各种文件，并且这些文件应以工程（Project）的方式进行管理。因此，在进行设计之前，首先应建立工作目录以存放工程。

> **注意** 工程路径和工程名称应该只有字母、数字和下画线，以字母为首字符，且不要包含中文和其他符号。建议使用字母、下画线和数字的组合形式进行命名，名称中应体现该设计的功能；不要以数字和下画线作为名称的起始字符。

1. 创建工程

（1）创建工作路径。

工作目录以 D:\FPGA_code\U1\FPGA_U1_halfadder 为例，其中 U1 代表项目 1，halfadder 和一位半加器对应，FPGA_U1_ halfadder 为当前子目录，用于存放一位半加器工程，读者也可自行设置其他路径和文件夹名称。

（2）创建 Quartus Prime 工程。

在 Quartus Prime 主界面主菜单栏下选择 "File" → "New"，弹出图 1-16 所示的 "New" 对话框，选择 "New Quartus Prime Project" 选项，弹出图 1-17 所示的 "New Project Wizard-Introduction" 对话框，单击 "Next" 按钮进入图 1-18 所示的 "New Project Wizard-Directory,Name,Top-Level Entity" 对话框，设置工程具体内容。

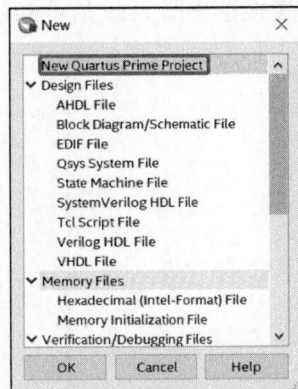

图 1-16 "New" 对话框

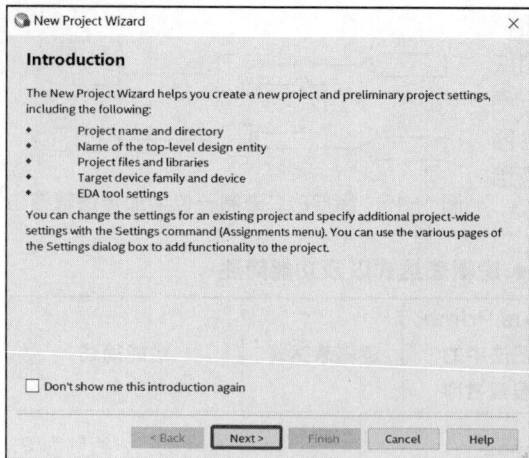

图 1-17　"New Project Wizard-Introduction"
对话框

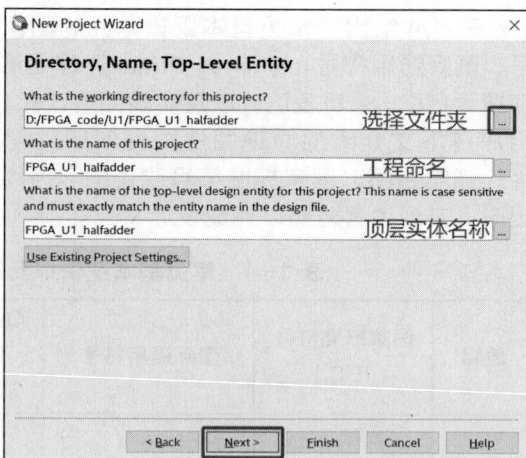

图 1-18　"New Project Wizard-Directory,
Name,Top-Level Entity"对话框

（3）设置工程名、路径和顶层实体名称。

图 1-18 中第一项是设置工程保存的路径，单击最上面一栏右侧的"..."，定位到建立的文件夹 D:\FPGA_code\U1\FPGA_U1_halfadder 中，将其作为当前工程的保存路径。

在图 1-18 第 2 个选项中输入（也可复制、粘贴）"FPGA_U1_halfadder"作为当前工程的名称，输入完成后软件自动将刚输入的工程名称"FPGA_U1_halfadder"填入第 3 个选项顶层实体名中。

> **注意**　工程名称一般应与顶层实体名称一致，否则编译时会出现错误提示。

"New Project Wizard-Directory,Name,Top-Level Entity"对话框中还有一个"Use Existing Project Settings..."按钮，单击此按钮会弹出图 1-19 所示的"Use Existing Project Settings"对话框。勾选"Copy settings from specified project as default settings"后弹出图 1-20 所示的"Use Existing Project Settings"对话框，选择前期已建好工程的设置，本工程以不勾选为例，直接单击图 1-19 所示的对话框的"OK"按钮返回图 1-18 所示的对话框。

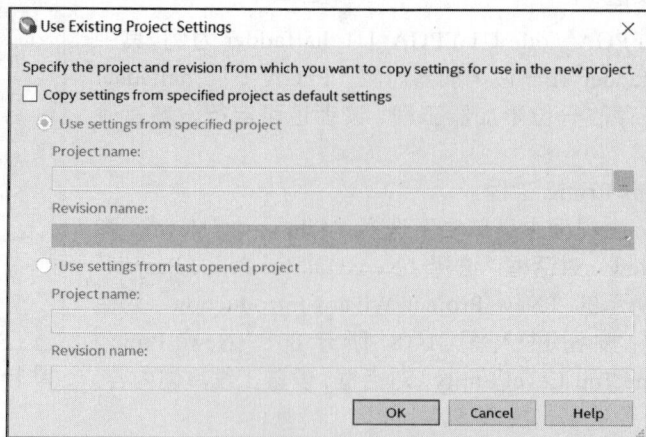

图 1-19　"Use Existing Project Settings"对话框

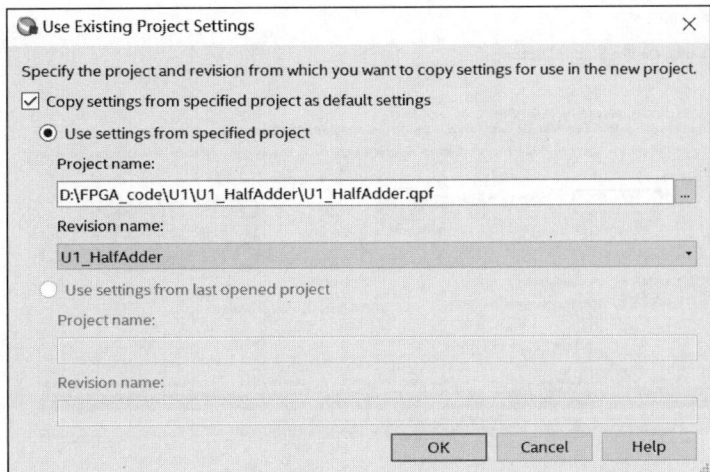

图 1-20 "Use Existing Project Settings" 对话框

（4）添加工程文件和库文件。

在图 1-18 所示的对话框中单击"Next"按钮，弹出图 1-21 所示的"New Project Wizard-Project Type"对话框，该对话框包含"Empty project"和"Project template"两个选项，初次使用可以使用默认的"Empty project"选项，即工程选项由用户全部重新设置；如果创建过对应工程模板可以选择"Project template"选项。此处选择"Empty project"选项，单击图 1-18 所示对话框中的"Next"按钮，弹出图 1-22 所示的"New Project Wizard-Add Files"对话框。在该对话框中单击"Add All"按钮可将当前目录下的所有相关的文件都加入当前工程中，但本工程目前未建立设计文件，此处不添加文件。

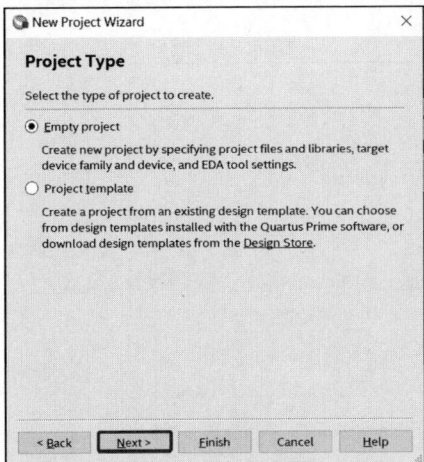

图 1-21 "New Project Wizard-
Project Type"对话框

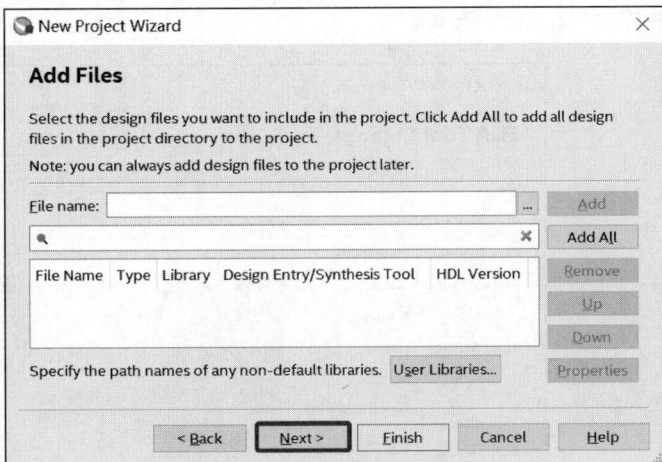

图 1-22 "New Project Wizard-Add
Files"对话框

（5）设置目标器件。

继续选择图 1-22 所示对话框中的"Next"按钮，弹出图 1-23 所示的"New Project Wizard-Family, Device & Board Settings"对话框。可以先依次筛选"Family"→"Package"→"Pin count"→"Core speed grate"，再在"Available devices"下找到具体芯片型号；也可以不经过筛选直接在"Available devices"下找到具体芯片型号。显然，具体的目标器件的选择应根据用户使用的 FPGA 芯片实物进行选择，本书使用的电路板中 FPGA 芯片型号为 EP4CE10F17C8。

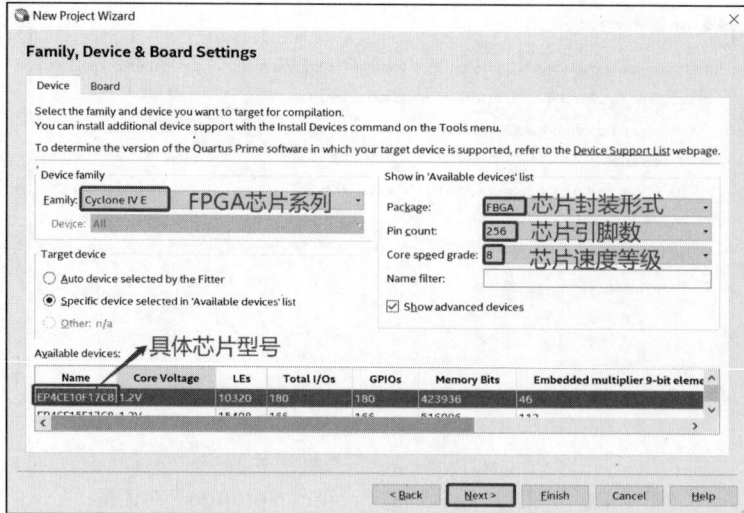

图 1-23　"New Project Wizard–Family, Device & Board Settings"对话框

（6）设置综合器和仿真器。

选择图 1-23 中的"Next"按钮，弹出图 1-24 所示的"New Project Wizard-EDA Tool Settings"对话框。在"Design Entry/Synthesis"一行，如果选择默认的"〈None〉"，则表示选择 Quartus Prime 自带的综合器进行综合（如果已经安装其他工具，也可选"Synplify Pro"等进行综合，前提是必须已安装）。在"Simulation"一行，如果选择"〈None〉"，则表示选择 Quartus Prime 自带的仿真器进行仿真；从项目 3 开始，使用第三方 ModelSim 仿真工具进行仿真，届时"Simulation"行要进行其他设置。本节"Design Entry/Synthesis"和"Simulation"两个行均选择"〈None〉"即可。

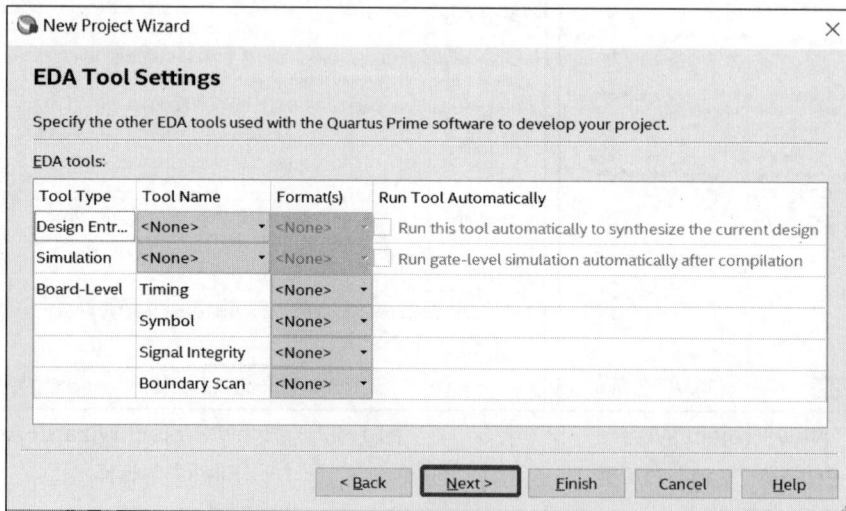

图 1-24　"New Project Wizard–EDA Tool Settings"对话框

（7）完成工程设置。

选择图 1-24"Next"按钮，弹出图 1-25 所示的"New Project Wizard-Summary"对话框。该对话框是对前面所做的设置情况进行汇总。选择"Finish"按钮完成当前工程的创建。

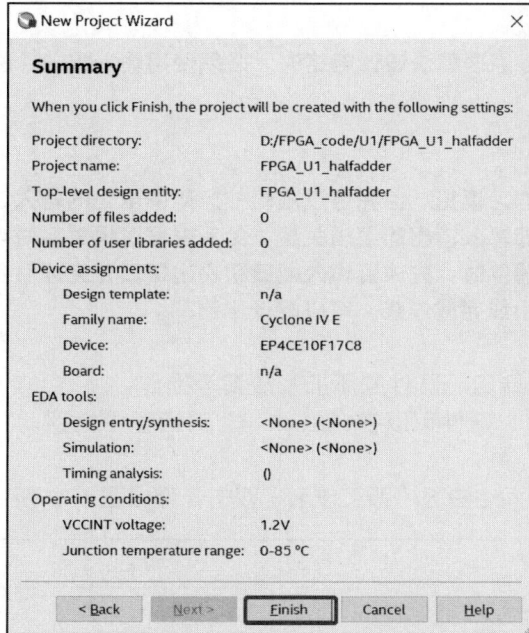

图 1-25 "New Project Wizard-Summary"对话框

2. 创建设计文件

在图 1-14 所示 Quartus Prime 主界面主菜单栏下选择"File"→"New",弹出图 1-16 所示的"New"对话框,选择"Block Diagram/Schematic File"选项,弹出图 1-26 所示的嵌入式窗口——原理图编辑界面。

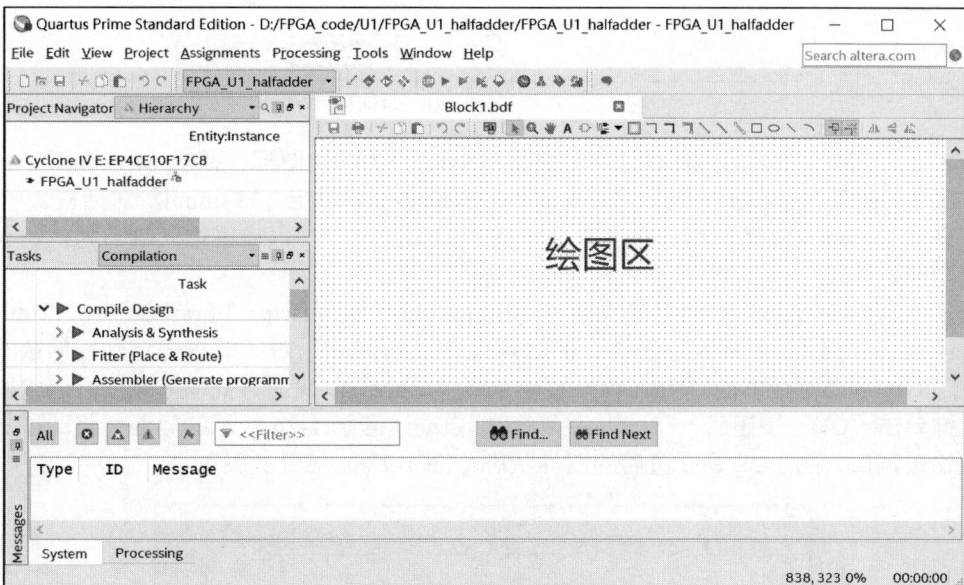

图 1-26 原理图编辑界面

原理图法设计电路包含电路端口、器件以及引线三个主要部分。根据图 1-15 和表 1-4,在工作区选择对应器件完成对应原理图绘制,所需器件包含异或门、与门、两个输入端口、两个输出端口。

> **注意** Quartus Prime 原理图法设计电路时，必须使用输入端口、输出端口以明确电路的
> 输入和输出。

> **小提示** 数字电路设计的习惯是，首先通过逻辑抽象明确电路的输入、输出信号；接着明确
> 电路的功能，即输入输出的逻辑关系；然后根据逻辑关系对电路逻辑进行设计。因
> 此，建议放置器件时，先放置输入端口和输出端口并完成命名，再根据端口放置器
> 件，最终使用引线完成连线，可以降低出错率。

（1）输入端口、输出端口、器件的添加及放置等操作。

输入端口、输出端口、器件可以在"Symbol"对话框中找到。"Symbol"对话框的打开
方式有 3 种。

方式 1：在图 1-26 中间空白区（即工作区）双击，弹出图 1-27 所示的"Symbol"对话框。

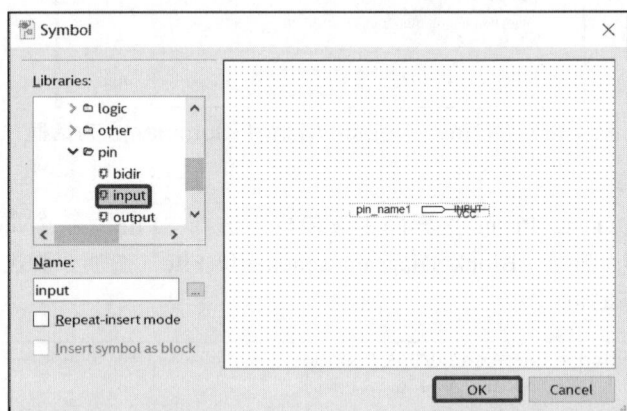

图 1-27　"Symbol"对话框

方式 2：选择工作区上方快捷工具栏的 ⬦（Symbol Tool）图标，弹出"Symbol"对话框。

方式 3：在工作区右击，选择"Insert"→"Symbol"，弹出"Symbol"对话框。

打开"Symbol"对话框后，接下来是寻找端口和器件等。以放置输入端口为例，通用的
方式有两种。

方式 1：在"Symbol"对话框依次展开"d:intelfpga/17.1/quartus/ libraries/"→"primitives"
→"pin"→"input"，选择对应器件，同时可以在"Symbol"对话框右侧看到器件预览。还
可以在"Symbol"对话框的"Name"一栏中输入"input"以快速寻找输入端口，选中器件后
鼠标左键单击"OK"按钮后，"Symbol"对话框自动返回图 1-26 所示的界面，移动鼠标后单
击放置输入端口，图 1-28 是放置后的器件状态（图 1-27 的部分截图）。

图 1-28　放置器件后的状态

方式 2：除了在"Symbol"对话框中寻找输入端口、输出端口外，也可以单击图 1-26 上方快捷工具栏的 ![Pin Tool]（Pin Tool）图标的下三角箭头选择"input""output"。

和放置输入端口、输出端口的方式相同，与或非等器件的寻找也有两种方式。

方式 1：在"Symbol"对话框依次展开"d:intelfpga/17.1/quartus/libraries/"→"primitives"→"logic"→"and2"，选择两输入与门器件。

方式 2：在"Symbol"对话框的"Name"一栏中，输入"and2"以快速寻找输入端口。

> **注意** Quartus Prime 不支持模糊搜索，例如，如要搜索两输入与门，需要输入"and2"，要搜索三输入与门需要输入"and3"，但如果只输入"and"，软件搜索不到与门等相关器件。

> **小提示** 原理图法中若需要直接接入逻辑 1 或逻辑 0，二者不是以"input"和"output"形式添加，正确的方式是在添加器件符号的"Symbol"对话框中直接输入"VCC""GND"或者在"libraries"下选择"d:intelfpga/17.1/quartus/libraries/"→"primitives"→"others"，找到"VCC"或者"GND"进行选择。器件符号分别是 ![VCC] 和 ![GND]。

（2）端口和器件名称的修改。

放置端口和器件时，软件默认的端口名称为"pin_name1、pin_name2…"，器件名称为"inst、inst1…"，器件名称一般不需更改，但根据设计要求，一般需要对端口名称进行修改，修改方法有以下两种。

方式 1：将鼠标移动至待修改端口名称处并双击，此时端口名称变成"`pin_name1`"状态，直接输入新名称即可。

方式 2：将鼠标移动至待修改端口的上方并右击，弹出图 1-29 所示的菜单。在菜单中选择"Properties"选项，弹出图 1-30 所示的"Pin Properties"对话框，在"Pin name(s)"一栏输入新的端口名称后单击"OK"按钮即可。

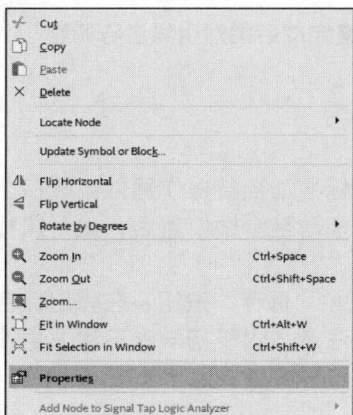

图 1-29　菜单

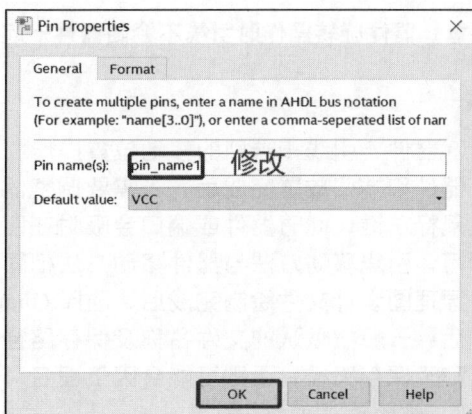

图 1-30　"Pin Properties"对话框

（3）引线的绘制与连接。

器件及端口放置完成之后，就需要对器件和端口使用引线进行连接。具体操作方法是：当鼠标移动至端口边缘时，光标变成十字状"![十字]"，按住鼠标左键长按拖动至需要连线的另一端口或器件端子处松开即可完成连线（拖动引线时软件会自动进行转角，如果引线转角不合适，可在鼠标拖动至合适位置时松开鼠标左键，然后继续进行连线），图 1-31 所示为一位半加器原理图。

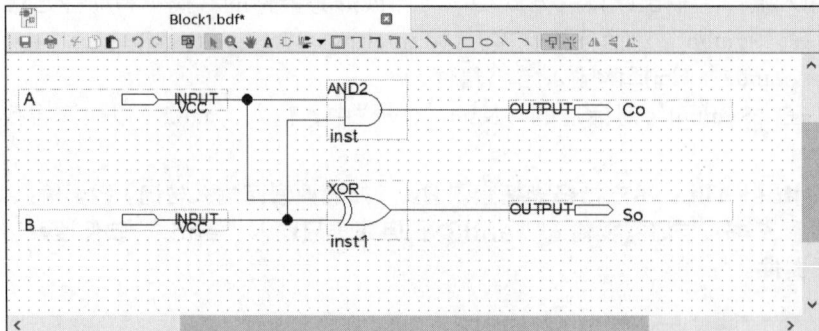

图 1-31　一位半加器原理图

（4）器件、引线和端口的其他操作。

①器件、引线和端口的删除操作。

器件、引线和端口放置完成后，若需要删除器件、引线或端口，可按照如下方式进行操作。

方式 1：将鼠标移动至待删除器件位置上→单击鼠标左键→再按下键盘"Del"键删除。

方式 2：将鼠标移动至待删除器件位置上→单击鼠标右键→在弹出的复选菜单栏选择"Delete"进行删除。

方式 3：长按鼠标左键→拖动鼠标圈中待删除器件或区域后松开鼠标→按下键盘"Del"键删除。

②器件、引线和端口的旋转操作。

若需要旋转器件或端口的方向，可将鼠标移动至待操作器件位置上→单击鼠标右键→在弹出的复选菜单栏中选择"Flip Horizontal"对器件进行水平翻转，选择"Flip Vertical"对器件或端口进行垂直翻转，选择"Rotate by Degrees"后在弹出的复选子菜单中可按照逆时针 90°、逆时针 180°、逆时针 270°对器件进行对应翻转操作。

> **注意**　器件旋转操作时引线不会随器件一起翻转，待状态调整完成后需对引线进行调整。

③器件、引线和端口的移动位置操作。

器件和端口放置完成后，若需要调整器件位置，则将鼠标移动至待操作器件或端口上，按住鼠标左键，此时器件或端口会吸附在鼠标上，移动鼠标拖动至合适位置后，松开鼠标左键即可。引线移动方法与器件移动方法相同。

原理图设计文件绘制完成后，选择 Quartus Prime 主界面 "保存"按钮→在弹出保存对话框后→一般按默认的文件名称及保存路径进行保存即可。注意，对于初学者不建议更改文件名称及保存路径，否则可能会因工程名、顶层文件名不一致导致编译时出错。

3．编译设计文件

完成了工程创建、原理图设计等步骤后，接下来需要对工程设计进行分析与综合，或者编译。编译器的主要工作就是将设计的 HDL 代码、原理图和约束文件转换为 FPGA 芯片上的实际数字电路。一般选择的"全编译"主要包含分析与综合、布局布线、配置（下载）文件生成、时序分析和 EDA 网表生成，这些过程可以通俗理解为 Quartus Prime 将设计的内容、工程的相应设置结合芯片内部资源翻译成数字电路输出的过程，这里主要介绍"全编译"的基本操作方法：选择 Quartus Prime 主界面快捷工具栏处的"▶"图标，Quartus Prime 主界面左侧"Task"窗口会显示图 1-32 所示的编译进度。同时弹出图 1-33 所示的"Compilation Report-FPGA_U1_halfadder"对话框，内容是编译信息汇总。也可以通过菜单进行全编译操作：选择菜单"Processing"→"Start Compilation"。

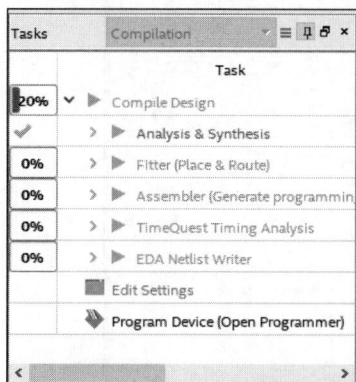

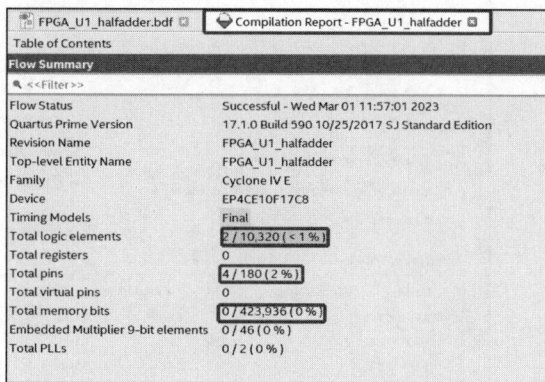

图 1-32　编译任务窗口　　图 1-33　"Compilation Report-FPGA_U1_halfadder"对话框

图 1-33 中的编译信息的基本解读如下。

- Flow Status——流程状态，编译是否成功及操作时间。
- Quartus Prime Version——编译器版本信息。
- Revision Name——编译工程的版本信息。
- Top-level Entity Name——编译的顶层实体。
- Family——编译电路针对的硬件芯片系列。
- Device——硬件芯片的具体型号。
- Timing Models——时序模型。
- Total logic elements——全部的逻辑单元资源及本次所使用的资源数量。
- Total registers——使用寄存器的数量。
- Total pins——本次编译使用引脚的数量及芯片支持的引脚数。
- Total virtual pins——总的虚拟引脚使用情况。
- Total memory bits——总的存储器占用情况。
- Embedded Multiplier 9-bit elements——芯片内嵌的 9 位乘法器使用情况。
- Total PLLs——芯片内部锁相环使用情况。

编译信息汇总表明本次设计共使用 10 320 个逻辑单元中的 2 个基本逻辑单元，占用 180 个总可用引脚数中的 4 个，没有耗用其他资源（如存储器、嵌入式乘法器等）。上文建立工程时图 1-23 显示 EP4CE10F17C8 总引脚为 256，而图 1-33 所示"Total pins"共 180 个，差别原因是部分引脚作为电源等专用引脚而不可作为普通用户可配置引脚。从图 1-33 中可以看出，总的存储器资源为 423 936 远大于总的逻辑门资源 10 320，这预示着用户在设计电路时可以优先考虑存储器资源，这在任务 4.2、任务 7.2 和任务 7.3 的设计中会有所体现。

上文按照 Quartus Prime 的引导建立工程时，已经选定了目标芯片 FPGA，和执行编译所实现电路的目标芯片 FPGA 类型。如果设计内容不变，需要更改目标芯片 FPGA，具体操作方式是：在 Quartus Prime 主界面主菜单栏选择"Assignments"→"Device"，弹出图 1-34 所示的"Device"对话框，即可重新修改目标器件。一般在创建工程时已经选定芯片，因此，不需更改目标芯片。接下来进行引脚锁定（分配）。

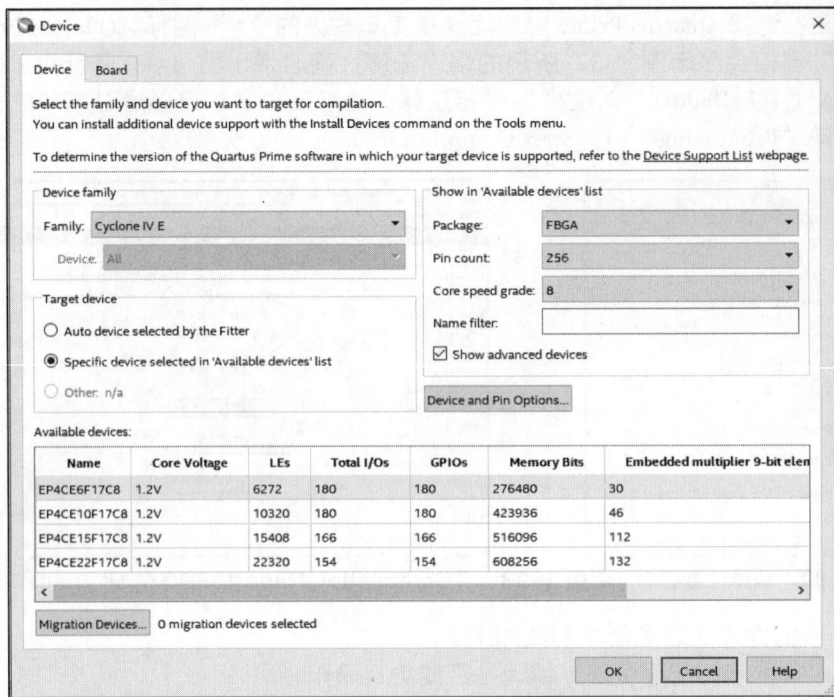

图 1-34 "Device"对话框

4. 引脚锁定（分配）

上文设计的一位半加器电路只有配置（或下载）到 EP4CE10F17C8 器件中才能称为实际物理电路，进而进行测试验证或者使用。以下介绍两种应用场景，第一种：实际项目设计应用中，必须下载才能使用该一位半加器电路，下载后根据电路的运行状态判断电路的功能是否正常，进而提供给用户使用；第二种：学习者下载的目的是借助 FPGA 电路板的外部器件（如 LED、数码管、按键等）或者万用表等仪器仪表，测试该一位半加器电路工作是否正常，以检验设计是否正确。以上两种应用场景均需要检验电路的功能，而检验逻辑器件功能的正确性的简单有效的依据就是真值表，具体操作是给待测一位半加器的输入端加入逻辑 0 和逻辑 1 的组合 00、01、10、11，并通过观察一位半加器输出引脚的逻辑值来判断设计的电路功能是否正常。

EP4CE10F17C8 型号 FPGA 芯片除了供电等专用引脚外，留给用户可自由配置的引脚数量约 180 个，而一位半加器电路的端口仅有 4 个，那么这 4 个端口连接 180 个引脚中的哪 4 个呢？一般来说，电路板上按键的"按""松"操作能够决定送入和按键相连接的 FPGA 引脚的电平的高低；万用表可以测量输出引脚的电平高低，LED 的亮灭也是观察对应的 FPGA 引脚电平高低的一种方式。FPGA 电路板的外部器件（如 LED、数码管、按键等）与目标芯片 FPGA 的引脚对应关系因 PCB 布局走线的固定已经确定，不同 FPGA 电路板的外部器件与目标芯片 FPGA 的引脚对应关系不同。因此，在分配锁定前，需要先查看电路板所提供的原理图或引脚及 I/O 资源分配表，然后根据设计任务需要，在上百个 FPGA 引脚中灵活筛选与 FPGA 内部一位半加器输入端口、输出端口相匹配的 FPGA 的 I/O 引脚，以便测试验证电路逻辑功能。

引脚锁定也常称引脚分配，表 1-5 是根据本书选用的 FPGA 电路板具体外围器件资源进行的 I/O 引脚分配，方式不唯一。其中一位半加器输入端口 A、B 连接 FPGA 的 I/O 引脚 PIN_E16 和 PIN_E15，进而和 FPGA 外部按键 KEY0 和 KEY1 相连接，以实现通过按键的"按""松"操作来控制送入一位半加器输入端口 A 和 B 的逻辑值；一位半加器输出端口 Co、So 连接 FPGA 的 I/O 引脚 PIN_D11 和 PIN_C11，进而和 FPGA 外部发光二极管 LED0 和 LED1 连接，以通过观察发光二极管的亮灭状态判断一位半加器输出引脚逻辑值。

> **注意**　读者应根据实际拥有的 FPGA 电路板，分配合适的 FPGA 引脚。

引脚分配的具体操作方式是：在 Quartus Prime 主菜单栏下选择"Assignments"→"Pin Planner"，或者单击工作区上方快捷工具栏的 ⚙ 图标。在弹出的"Pin Planner"对话框（见图 1-35）中，在"Location"列按表 1-5 所示进行本设计的引脚分配。

表 1-5　引脚分配

端口名称	对应芯片 I/O 引脚	I/O 功能
A	PIN_E16	按键 KEY0
B	PIN_E15	按键 KEY1
Co	PIN_D11	LED0
So	PIN_C11	LED1

> **注意**　图 1-35 中以 A 信号所在行，Location 所在列为例，只需输入"E16"界面会自动补全"PIN_E16"，再按下"Enter"键即可。

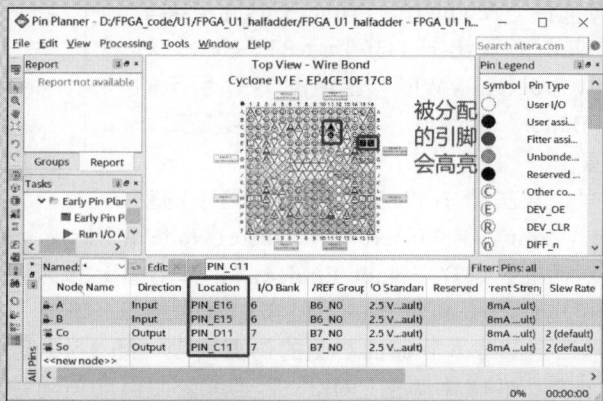

图 1-35　"Pin Planner"对话框

设计所使用的 EP4CE10F17C8 芯片有 180 个引脚资源，在本设计中只用了其中 4 个，通常对于未使用到的引脚状态需要进行设置，以将未使用的设备（如数码管、LED 等）进行屏蔽，便于观察实验效果。设置方法如下：在图 1-34 所示的"Device"对话框中选择"Device and Pin Options…"，弹出"Device and Pin Options"对话框，选择左侧的"Category"栏中的"Unused Pins"，然后在右侧出现的"Unused Pins"嵌入式对话框中展开"Reserve all unused pins"右侧下拉菜单，选择"As input tri-stated"，即将未使用的引脚作为三态输入引脚，此项设置对于很多设计项目实际测试都是必要的。下拉菜单中设置类别定义如下。

- As input tri-stated——输入三态。
- As input tri-stated with bus-hold circuitry——带总线保持电路的输入三态。
- As input tri-stated with weak pull up——弱上拉的输入三态。
- As output driving an unspecified signal——作为输出驱动未指定的信号。
- As output driving ground——作为输出驱动的电源地。

5．重新全编译

在完成引脚分配操作之后，为了将对应引脚等配置信息融入设计文件，以便 Quartus Prime 可以分解具体的引脚分配情况重新进行布局布线，需要重新对设计工程进行全编译。具体操作方法和上文一致。

6．仿真

按标准设计流程，分配完引脚后应先进行仿真，待仿真结果无误后才进行下载测试。实际上，分配完引脚再进行全编译后也可以直接下载，通过测试的方式检查电路设计的正确性，但这是一种不规范的设计习惯。因为测试往往只能判定电路功能是否正确，不易直接定位电路内部的问题，而仿真更易直接定位问题所在，特别是在大型工程设计中，设计完成后，电路会存在很多细节问题，需要进行反复的仿真、测试、修改等操作以尽可能消除电路存在的风险。

Quartus Prime 支持多种仿真工具，常用的有自带仿真工具和第三方 ModelSim 等仿真软件。ModelSim 的仿真速度、精度等性能优异，但需要具备基本的 Verilog HDL 等语言基础。

而 Quartus Prime 自带的仿真工具虽然仿真的精度和性能略差，但易于上手。因此，对于初学者或使用原理图法设计的简单电路可以采用 Quartus Prime 自带仿真工具。本书项目 1 和项目 2 选取 Quartus Prime 自带仿真工具进行仿真，项目 3~项目 8 选取 ModelSim 仿真工具进行仿真。接下来介绍使用 Quartus Prime 自带仿真工具仿真电路的操作方法。

第 1 步：创建测试文件。在 Quartus Prime 主界面主菜单栏下选择"File"→"New"，弹出图 1-36 所示的"New"对话框，选择"University Program VWF"，出现图 1-37 所示的"Simulation Waveform Editor"对话框，该对话框主要是对一位半加器输入信号赋值。

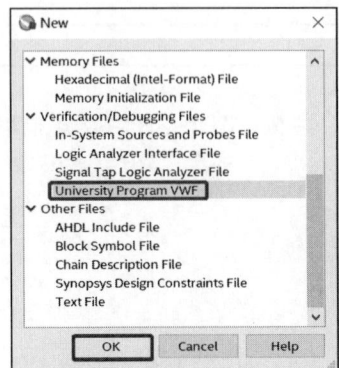

图 1-36 "New"对话框

第 2 步：添加信号。双击图 1-37 左侧"Name"下的空白区域，或者依次单击"Edit"→"Insert"→"Insert Node or Bus…"，弹出如图 1-38 所示的"Insert Node or Bus"对话框；选择"Node Finder…"，弹出图 1-39 所示的"Node Finder"对话框；单击"List"即可出现图 1-40 所示的一位半加器的端口；单击">>"，将窗口左侧所示的一位半加器的所有端口全部载入到窗口右侧的仿真列表，图 1-40 变为图 1-41 所示的一位半加器仿真端口界面。在图 1-41 中单击"OK"后当前窗口自动关闭并出现图 1-42 所示的添加测试端口后的仿真界面，在此界面即可对一位半加器输入信号进行赋值。

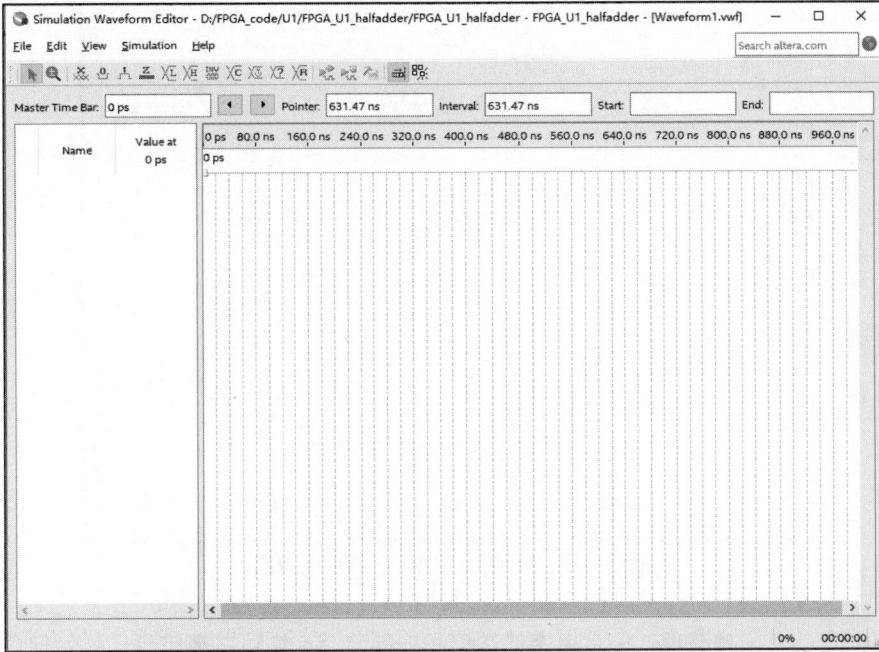

图 1-37　　"Simulation Waveform Editor"对话框

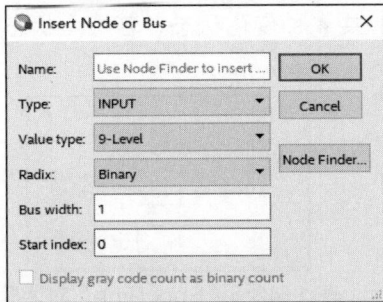

图 1-38　　"Insert Node or Bus"对话框

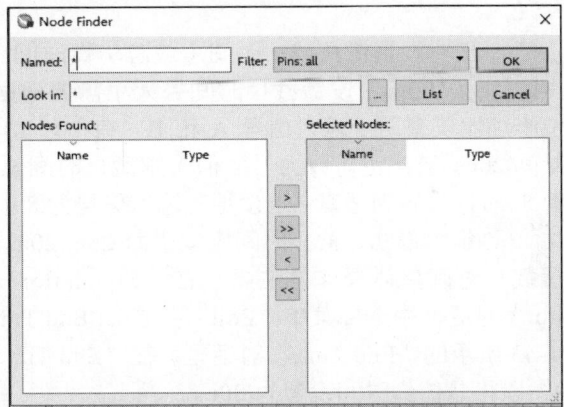

图 1-39　　"Node Finder"对话框

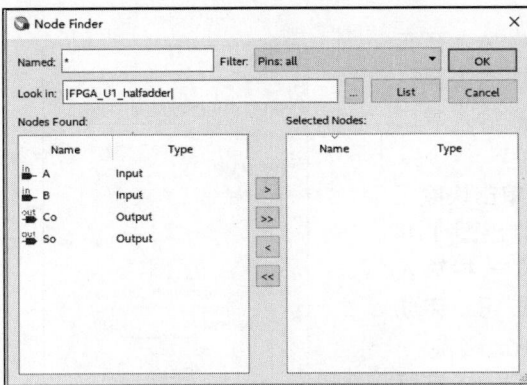

图 1-40　　一位半加器端口

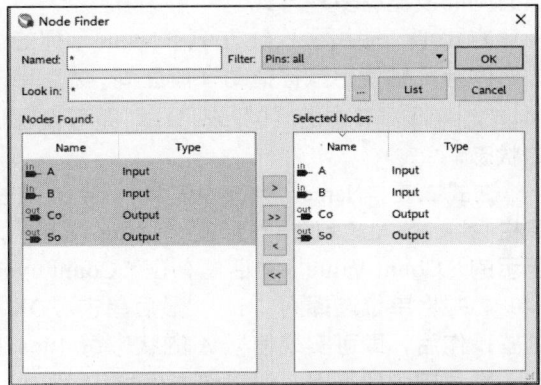

图 1-41　　一位半加器仿真端口

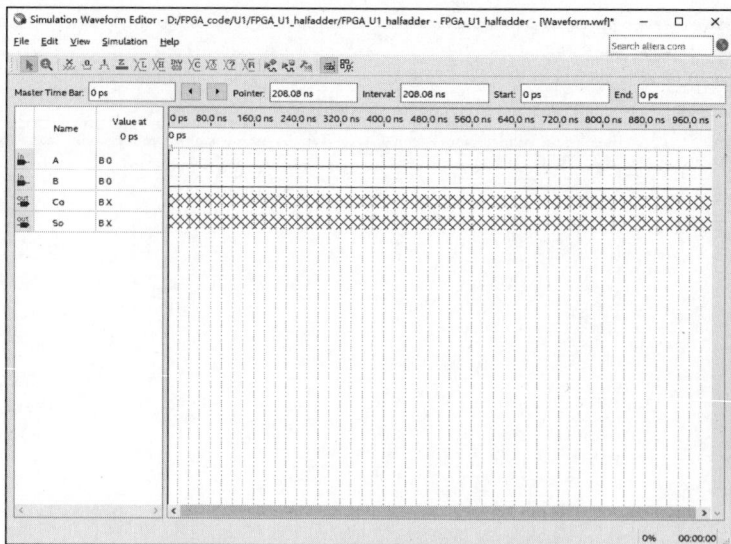

图 1-42　添加测试端口后的仿真界面

> **注意**　Node 的含义是节点，包含电路的端口和内部节点，均可以被仿真，此处仅介绍端口的仿真方法。

第 3 步：设置仿真截止时间（或总仿真时间）。Quartus Prime 自带仿真工具支持的最大仿真时间为 100μs，设置截止时间的大小需要根据信号仿真测试信号的数量来决定。例如，一位半加器仅有两个输入信号 A 和 B，有 00、01、10、11 共 4 种变化状态，若每个状态持续时间 20ns（当然也可以为其他值)，则截止时间设置为 80ns 或者 80ns 以上较为适宜。但设想若输入信号为 8 根线，则输入共 2^8 种组合形式，截止时间应设置为 256×20ns 及以上。设置截止时间具体操作方法是：在"Simulation Waveform Editor"对话框中选择菜单"Edit"→"Set End Time"，弹出图 1-43 所示的"End Time"对话框，在"End Time"栏输入"80"以将总仿真时间设置为 80ns。

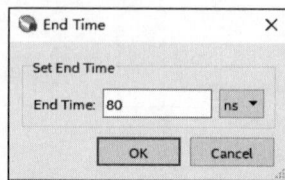

图 1-43　"End Time"对话框

第 4 步：设置输入信号逻辑值。输入信号逻辑值和逻辑值时间的设置有多种方式。

方式 1：选中图 1-42 左侧"Name"列的信号 A，在右边时间标尺栏使用鼠标拖动一段区间，然后单击快捷工具栏中的"0"或"1"，即可设置仿真输入端口的状态。

方式 2：在"Name"列选中信号 A 或 B，然后单击快捷工具栏的"Count Value"，弹出图 1-44 所示的"Count Value"对话框，在"Count every"一栏输入"40"，并将单位选择为"ns"，最后单击"OK"按钮。完成这些操作后，即可实现信号 A 的状态每 40ns 变化一次。

推荐按照自下向上设置输入信号 B 和 A，信号 B 推荐设置为每 20ns 变化一次状态，按同样的操作完成信号 A 的

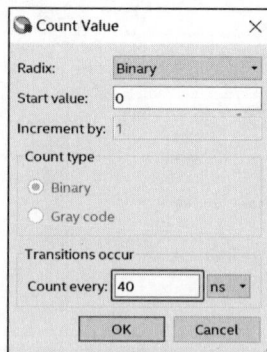

图 1-44　"Count Value"对话框

40ns 赋值，设置完成后的状态如图 1-44 所示。自下向上设置输入信号 B 和 A 的好处：在图 1-45 中，从左到右，从上到下输入信号 A 与 B 的逻辑值依次是 "00→01→10→11"，与真值表中变化状态一致，仿真时便于观察结果。同时采取自下向上的优点：即信号 B 到 A 周期依次乘以 2 倍，易于输入；反之自上向下，周期需依次除以 2，当周期值减小到一定程度时，小数点后有效数字较多，系统可能不能识别。图 1-45 所示的是一种仿真测试激励信号设置完成后的状态，不唯一。

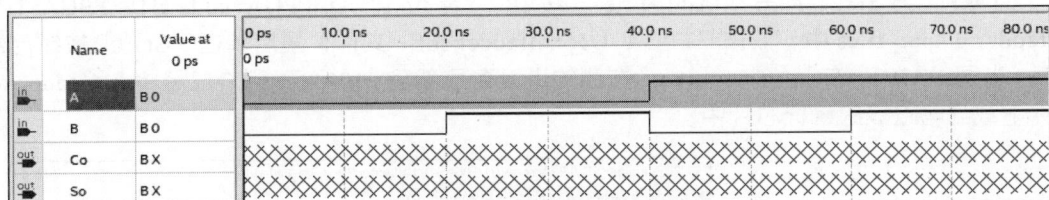

图 1-45　仿真测试激励信号设置完成后的状态

当输入信号设置完成后，在 Quartus Prime 主界面选择 "File" → "Save" 保存仿真测试文件（默认名称即可），选择 Quartus Prime 主界面快捷工具栏 " " 按钮开始进行仿真测试。当鼠标移动到 " " 上时会出现对应选项提示，" " 为 "Run Functional Simulation"（运行功能仿真），" " 为 "Run Timing Simulation"（运行时序仿真），图 1-46 所示分别为两种模式的仿真结果。

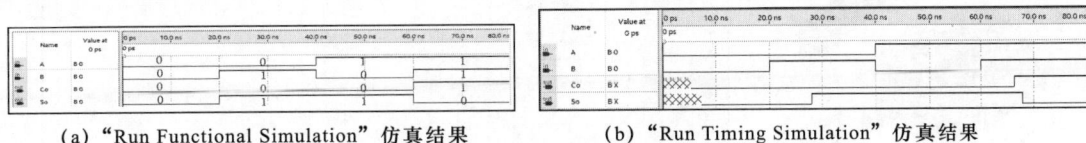

（a）"Run Functional Simulation" 仿真结果　　　（b）"Run Timing Simulation" 仿真结果

图 1-46　两种模式的仿真结果

在图 1-46（a）、图 1-46（b）中，输入信号是完全一致的，这依赖于上文的用户设置，但是输出的结果在两个模式下变化时刻不同。在图 1-46（a）中如 60ns 处，输出与输入逻辑值变化沿完全对齐，而图 1-46（b）中的输出结果相较于输入信号逻辑值变化沿出现了大约 8ns 的明显延时。功能仿真又称为逻辑仿真，是指在不考虑器件延时和布线延时的理想情况下，只对设计电路进行逻辑功能的验证；而时序仿真是在布局布线后进行，它与特定的器件、引脚等有关，包含了器件和布线的延时参数，主要验证设计电路在目标器件中的时序关系。显然，考虑到器件必然存在延时，图 1-46 所示的两种仿真结果符合表 1-3 所示真值表中描述的逻辑关系，因此，从仿真层面证明电路的设计是正确的。

小提示

仿真与测试异同

相同点： 均是先给电路输入端口加入激励，通过对比输出、输入以及内部节点的逻辑状态来判断电路的功能是否正常。

不同点： 测试环节中待测电路是基于实物电路、激励是基于实物器件和仪器（如按键、函数信号发生器）、信号的观察是基于实物器件和仪表（如 LED 灯、示波器、逻辑分析仪以及屏幕等）的一种验证；仿真则是计算机模拟实物的一种验证。

7. 配置（下载）与调试

FPGA 常见的下载方式之一是使用类似图 1-47（a）所示的 USB Blaster 下载器连接计算机和 FPGA 电路板进行下载。下载的具体操作方式是：在 Quartus Prime 主界面主菜单栏下选择"Tools"；选择"Programmer"或者单击 Quartus Prime 主界面快捷工具栏上的"🖎"按钮，弹出图 1-47（b）所示的"Programmer"对话框。在"Programmer"对话框中鼠标左键单击"Hardware Setup"，将下载链路选择为"USB-Blaster[USB-0]"方式，下载模式"Mode"选择为"JTAG"方式；单击"Add File"按钮，定位到 D:\FPGA_code\U1\ FPGA_U1_halfadder\output_files 中，双击"FPGA_U1_halfadder.sof"文件；最后单击"Start"按钮启动下载，当图 1-47（b）右上角"Progress"右侧的进度条刷新到"100%"，代表已经将 halfadder.sof 文件下载到电路板的目标芯片中。

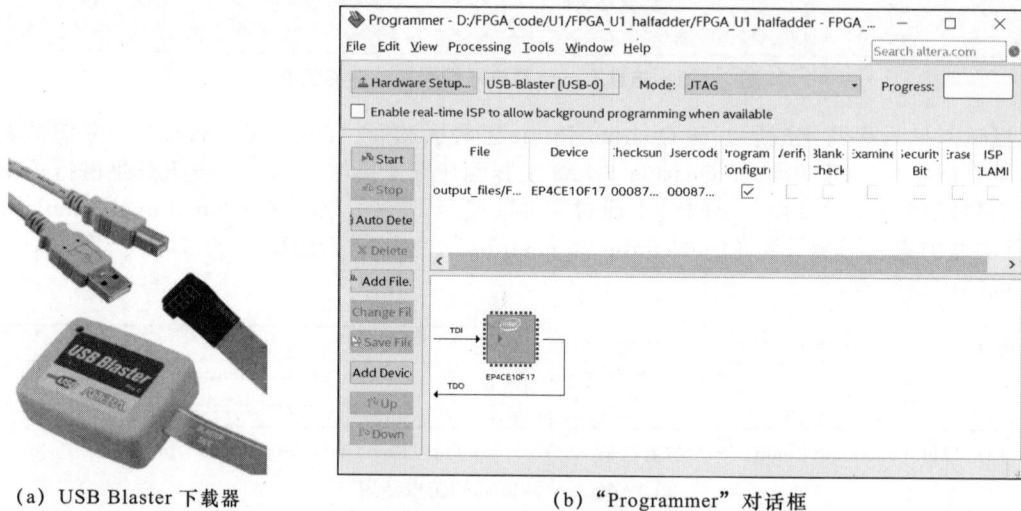

(a) USB Blaster 下载器   (b)"Programmer"对话框

图 1-47　配置（下载）

下载成功后，用户应按照表 1-3 和表 1-5 所示，通过控制按键和观测 LED 来判断电路功能是否正常。

> **小提示**　设计者使用的电路板或 FPGA 芯片型号与本书所使用的不同，I/O 资源有所差别，但操作方式一致，引脚分配的设置方式在后续项目中不再重复介绍，程序下载及固化方法也不再赘述。

1.1.2 【任务实施】层次化设计实现一位全加器

本任务的任务要求是设计一位全加器。与一位半加器不同，一位全加器是能够计算（假想来自低位）进位的二进制加法电路，一位全加器不只考虑本位计算结果是否有进位（假想向高位），也考虑（假想来自低位）对本位的进位。一位全加器的数学公式如式 1-3 所示，其真值表如表 1-6 所示。

微课 1-1-2
任务实施

$$\begin{array}{r} A \\ +\quad B \\ +\quad \underline{\quad Cin} \\ \hline \overline{Co}\quad So \end{array}$$

（1-3）

表 1-6　一位全加器真值表

输入			输出	
Cin	A	B	So	Co
0	0	0	0	0
0	0	1	1	0
0	1	0	1	0
0	1	1	0	1
1	0	0	1	0
1	0	1	0	1
1	1	0	0	1
1	1	1	1	1

在前面设计任务中，已经完成了一位半加器的设计，接下来在一位半加器的基础上增加处理低位的进位结果就能实现一位全加器，一位半加器已经实现了两个二进制输入的求和的运算逻辑，图 1-48 所示的是一种典型的使用两个一位半加器实现一位全加器的逻辑结构。

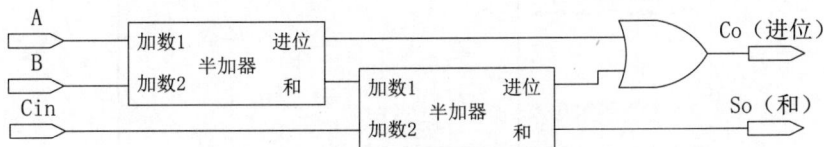

图 1-48　一位全加器的逻辑结构

一、Quartus Prime 应用——器件封装

按照上述分析可以通过一位半加器来实现一位全加器，需要用到一位半加器的设计原理图，直接将图 1-31 所示的一位半加器原理图复制两次，粘贴在一位全加器的原理图中，这是一种易于想到的方式，但是这种做法的第一个缺点是会使设计图看起来较为杂乱；第二个缺点是当一位半加器原理图错误或者需要简化改变时，需要在一位全加器原理图中进行两次更改。解决的方式是先将一位半加器原理图生成一个器件符号，器件符号只显示电路端口，然后直接调用一位半加器的器件符号设计一位全加器，这种方式设计的一位全加器图形层次更为清晰，在一些大型、复杂电路的设计中优势更为明显。

为一位半加器生成一个器件符号的具体操作方法是：打开 D:\FPGA_code\U1\FPGA_U1_halfadder 下的一位半加器工程 FPGA_U1_halfadder.qpf；在工程中打开原理图设计文件 FPGA_U1_halfadder.bdf；选择 Quartus Prime 主界面主菜单栏下的"File"→"Create/Update"→"Create Symbol Files For Current File"，弹出图 1-49 所示的"Create Symbol File"对话框；单击"Save"按钮为一位半加器原理图封装一个器件符号。生成的器件符号文件名是"FPGA_U1_halfadder.bsf"，默认以原设计文件名称命名，文件后缀名为".bsf"，该器件符号文件默认保存在当前工程目录下。可以在 Quartus Prime 工程中直接打开.bsf 文件，也可以在工程文件夹中直接打开，封装后的器件符号如图 1-50 所示。

> **注意**　.bsf 文件和.bdf 文件相辅相成，.bdf 文件体现逻辑电路的具体组成结构；.bsf 文件是只体现.bdf 端口而不直接呈现内部结构的封装符号，.bsf 文件的意义在于便于调用.bsf 文件，但缺失.bdf 文件的.bsf 文件无电气特性。

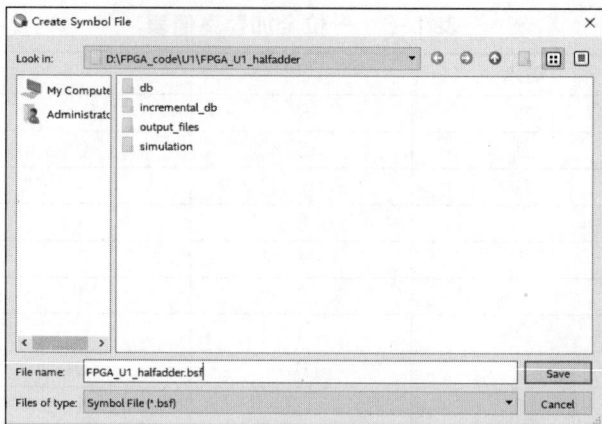

图 1-49　"Create Symbol File"对话框

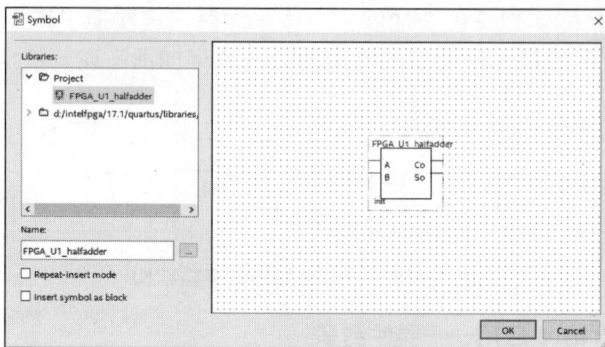

图 1-50　封装后的器件符号

二、Quartus Prime 应用——器件调用

第 1 步：创建一位全加器工程文件。

按照上一节内容中介绍的方法在 D:\FPGA_code\U1\FPGA_U1_fulladder 目录下创建一位全加器工程，工程名称、顶层实体名称均为 FPGA_U1_fulladder。

第 2 步：新建原理图设计文件。

在 Quartus Prime 主界面主菜单栏下选择"File"→"New..."，在弹出的"New"对话框中选择"Block Diamgram/Schematic File"创建原理图设计文件。

第 3 步：添加一位半加器封装文件。

在一位半加器工程保存路径 D:\FPGA_code\U1\FPGA_U1_halfadder 下找到"FPGA_U1_halfadder.bdf"和"FPGA_U1_halfadder.bsf"文件，将这两个文件复制到一位全加器工程路径下，此时在工作区双击，在弹出的"Symbol"对话框中，可参考图 1-50 寻找一位半加器设计器件符号。

> **小提示**
>
> 将器件符号通俗理解为电路的包装，主要是为了调用方便，而电路本质仍是器件符号对应的原理图，Quartus Prime 编译电路时，只会在 Quartus Prime 软件安装目录和当前工程文件夹下搜索器件，因此，必须同时复制器件符号文件及其原理图文件至当前工程文件夹，否则编译报错："无法找到该器件符号对应的电路"。

第 4 步：放置器件及端口。

参照一位半加器设计中器件的放置方式，分别放置设计所需要的一位半加器器件符号、或门和输入端口、输出端口，并对输入端口、输出端口进行重命名。放置完成后如图 1-51 所示。

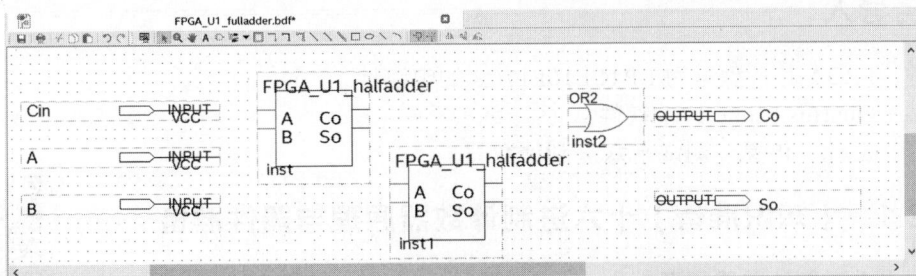

图 1-51　一位全加器原理图设计之放置器件

第 5 步：连线。

将器件和端口按照设计逻辑通过引线进行连接，构成一位全加器。一位全加器设计原理图如图 1-52 所示。完成后将设计好的一位全加器以名字"FPGA_U1_fulladder"保存。

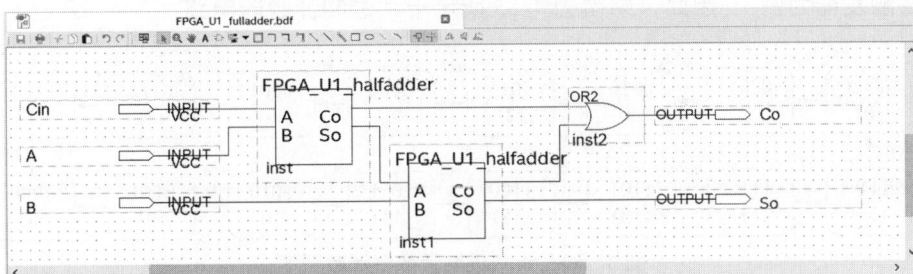

图 1-52　一位全加器设计原理图

第 6 步：全编译。

完成了工程文件和源文件的设计输入后，即可对设计进行编译。针对编译提示的错误问题进行修改，修改后再次进行编译。

第 7 步：分配引脚。

编译完成后，查询电路板 I/O 引脚信息，对一位全加器的输入端口、输出端口进行引脚分配，推荐为 A、B、Cin 这 3 个输入端口连接按键对应的引脚，为 Co、So 两个输出端口连接 LED 对应的引脚。

第 8 步：再次全编译后进行仿真测试。

设置仿真截止时间为 160ns，输入信号 Cin、A、B 分别以 20ns、40ns、80ns 为时间间隔进行逻辑切换。一位全加器功能仿真结果如图 1-53 所示，将仿真测试结果对照真值表进行检查，确认逻辑正确无误后进行编程下载。

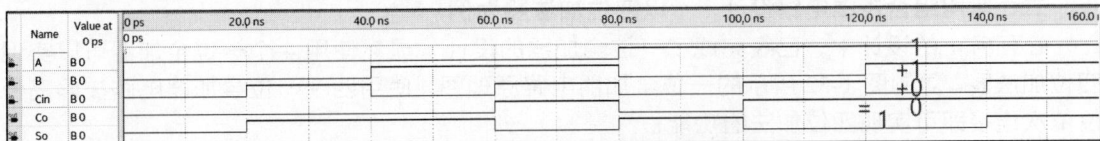

图 1-53　一位全加器功能仿真结果

任务 1.2　原理图法实现十六进制计数器

任务导入

硬件：FPGA 芯片型号为 EP4CE10F17C8 的电路板。
软件：Quartus Prime 17.1 软件。
任务：设计、仿真、测试十六进制计数器。

1.2.1　【知识准备】十六进制计数器原理与器件准备

一、十六进制计数器原理

如图 1-54 所示，十六进制计数器的计数值依次是"0000"→"0001"
→"0010"→"…"→"1111"→"0000"→"…"，数据特点是每次在原有
基础上加 1。显然，要完成此功能必须包含以下两点，第一，需要一个四位加法器完成原值
和二进制 0001 的加法运算；第二，原值需要存储，数字电路基本器件中，触发器拥有存储功
能（以 D 触发器为例）。因此，易得图 1-55 所示十六进制计数器电路。

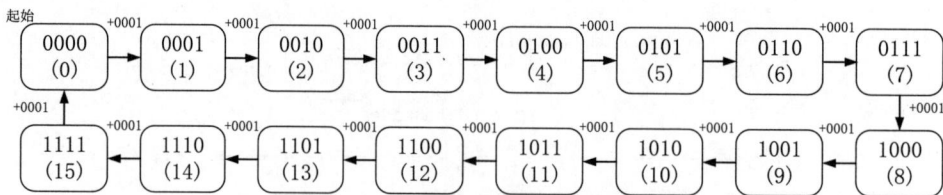

图 1-54　十六进制计数器计数顺序

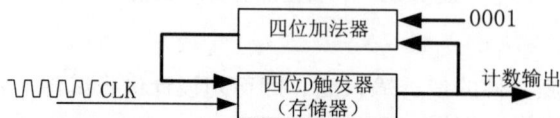

图 1-55　十六进制计数器电路

D 触发器是具有存储数据功能的基本逻辑器件，保存四位二进制数显然需要四位 D 触发
器。D 触发器上电复位后的值一般为"0000"，在下次时钟 CLK 上升沿到来前保持输出数据不
变，在时钟 CLK 上升沿将输入数据（左侧）存入 D 触发器（右侧），而四位加法器将 D 触发
器输出作为一个输入加数，另一个输入加数设置为固定值"0001"。D 触发器输出端的初始状
态为"0000"，四位加法器输出为"0000+0001"，CLK 上升沿到达后，将"0000+0001"送入 D
触发器，以此类推，D 触发器输出依次为"0000"→"0001"→"0010"→"…"→"1111"
→"0000"→"…"，整个电路即可完成 0~15 循环计数，达到十六进制循环计数的效果。

二、常用组合逻辑电路设计——以四位加法器为例

在任务 1 的设计中，已经完成了一位全加器的设计，显然使用 4 个一位全加器可以实现
四位加法器。复制图 1-52 所示的一位全加器电路原理图，使用四个一位全加器电路按照高低
位依次连接即可实现四位加法器功能。

第一步：一位全加器的封装。

为了电路设计方便，将任务 1 设计完成的一位全加器转变为器件符号，打开一位全加器
工程文件"FPGA_U1_fulladder.qpf"，选择菜单"File"→"Create/Update"→"Create Symbol

Files For Current File"，生成一位全加器器件符号，文件名为"FPGA_U1_fulladder.bsf"。和上节一位半加器的封装与调用不同的是，一位全加器内部包含了一位全加器原理图，而一位全加器原理图又调用了一位半加器的器件符号。因此，一位全加器在被调用时应该复制一位全加器和一位半加器的器件符号文件.bsf 和原理图文件.qpf，共计 4 个文件。

第二步：四位加法器设计。

按照前面介绍的方法，创建四位加法器工程文件，将 FPGA_U1_4fulladder 作为文件夹、工程名和原理图设计文件的名称。

将一位全加器工程 FPGA_U1_fulladder 文件夹下的 FPGA_U1_fulladder.bdf、FPGA_U1_fulladder.bsf、FPGA_U1_halfadder.bdf、FPGA_U1_halfadder.bsf 共 4 个文件复制并粘贴到四位加法器工程的文件夹根目录下。这里除了复制一位全加器原理图文件及器件符号文件外，也要将一位半加器原理图文件及器件符号文件复制过来，原因是四位加法器需要用到一位全加器，而一位全加器又是使用一位半加器进行设计的。因此，所有设计中需要的器件符号文件需要全部复制到当前设计工程文件根目录下。

直接将 4 个一位全加器连线实现四位加法器的设计如图 1-56 所示。最低位的低位进位为"Cin"，将第一个一位全加器的进位输出送入第二个一位全加器的低位进位输入端，依次递进连接，四位加法器的两个加数分别为"A0、A1、A2、A3"与"B0、B1、B2、B3"，求和输出为"So0、So1、So2、So3"，进位输出为"Cout"。这种直接连线设计的方法在多位宽信号设计中较为复杂，还会导致该器件因端口太多而不易被其他电路直接调用。

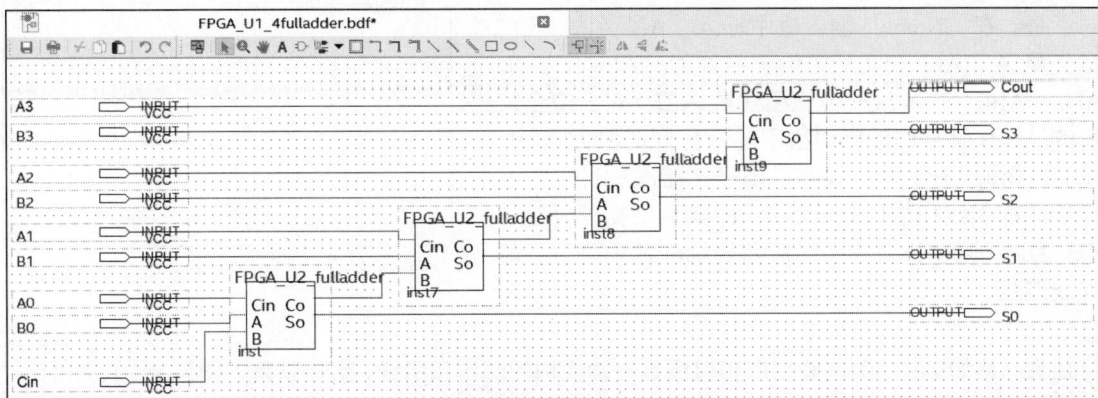

图 1-56　四位加法器直接连线设计

三、总线式端口电路设计——以四位加法器为例

图 1-56 所示的连接方式中电路端口较多，而本次任务需要将四位加法器与四位 D 触发器电路进行连接，因为存在多处多位宽信号的连接，所以这种方式因连接的线数过多而极易出错。在数字电路设计中对于多位宽数据（或信号线）的电路设计，可以采用类似总线式/矢量式进行连线，以减少引线的数量，提高设计效率和成功率。

1. 总线式端口设计方法

以总线式进行设计，图 1-56 中的输入端口"A3、A2、A1、A0""B3、B2、B1、B0"和输出端口"S3、S2、S1、S0"这 3 组信号可以理解成 A 组信号、B 组信号和 S 组信号，为此只需要放置 2 个四位宽矢量输入端口、1 个四位宽矢量输出端口。具体操作方法是：为了区别一位宽信号或端口，在设置端口名称时需要标识为 A[3..0]、B[3..0]和 S[3..0]。以 A[3..0] 为例，[3..0]表示的含义是 A 组信号有 4 个，编号分别是"A[3]、A[1]、A[1]、A[0]"。此外，还需放置 1 个一位宽输入端口 Cin（假想来自级联的低位的进位）和 1 个一位宽输出进位端口 Cout（假想送至级联的高位的进位）。四位加法器总线式端口及总线式连线如图 1-57 所示。

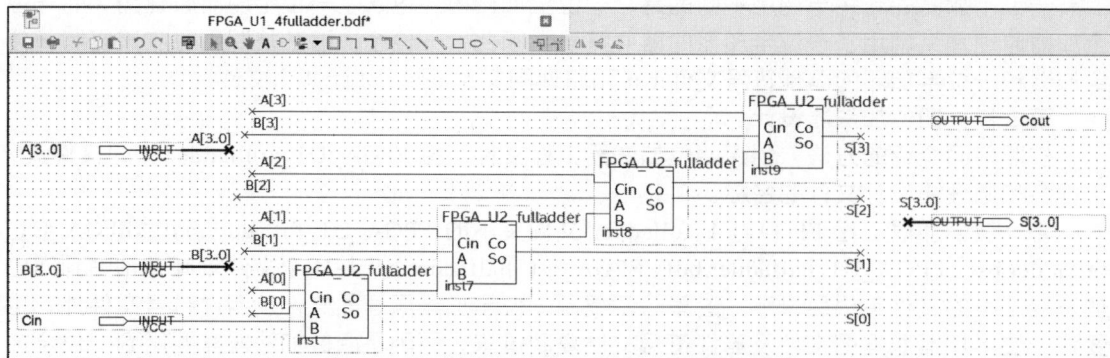

图 1-57　四位加法器总线式端口及总线式连线

2. 总线式引线连接方法

从总线式多位宽端口处绘制引线时系统会自动识别为以总线式引线连接方式绘制，从形式上可以看出总线式引线更粗。对总线式引线进行命名，以端口 A 的总线式引线为例，具体操作方法为：右击需要命名的总线式引线，在复选菜单栏中选择"Properties"，弹出图 1-58 所示的"Bus Properties"对话框，在"Name"输入框中输入"A[3..0]"。四位宽矢量端口 A[3..0]实际等价于名称为"A[3]、A[2]、A[1]、A[0]"的 4 根一位宽引线或端口。对一位全加器的 A、B 等端口使用引线引出，分别命名为 A[0]、A[1]、B[0]、B[1]等。大多数电子类绘图软件中，名称相同的引线和端口默认连接，即实际是物理导通状态，因此，通过将对应引线命名为相同名称可以省略连线过程。

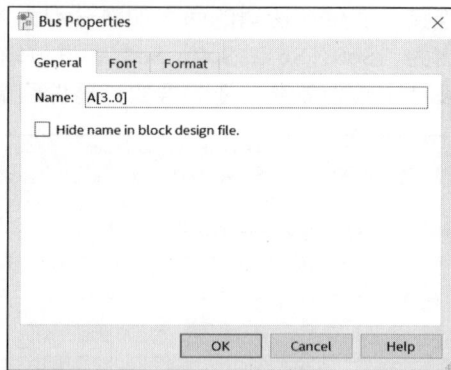

图 1-58　"Bus Properties"对话框

> **注意**　诸如 A[3..0]这些端口和引线是一种虚构的端口和引线，实际只有 A[3]、A[2]、A[1]、A[0]这些端口和引线。

3. 总线式端口电路仿真方法

仿真前应先分配引脚，具体做法是先初次编译，再根据所使用的 FPGA 电路板的具体原理图分配引脚，最后进行一次全编译。

参考上节创建"University Program WWF"文件并导入端口，仿真软件将原理图设计中总线式端口自动进行了分组展开"Name"列的 A 信号，端口 A 对应 A[3]、A[2]、A[1]、A[0]共 4 个端口，如图 1-59 所示。

如果要对某个信号分组进行设置，或者解除分组，或者对端口的显示格式进行设置，可以右键选择该信号，展开的测试信号属性设置菜单如图 1-60 所示。

- Delete：表示删除该信号。
- Insert Node or Bus...：标识插入新的节点及总线信号。
- Grouping：分组，拆开已经分组的信号或者对连续选中的信号进行分组处理（对于未进行总线式设计的电路，A 的 4 个信号在载入时默认没有分组，此时需要对相应信号进行分组，可以按住"Ctrl"键后分别单击选中所需信号，右击创建分组）。设想，如果不进行分组操作，四位加法器共 9 个输入端口，有 2^9 种逻辑组合形式，将难以在仿真结果中分析、判断电路的正确性。

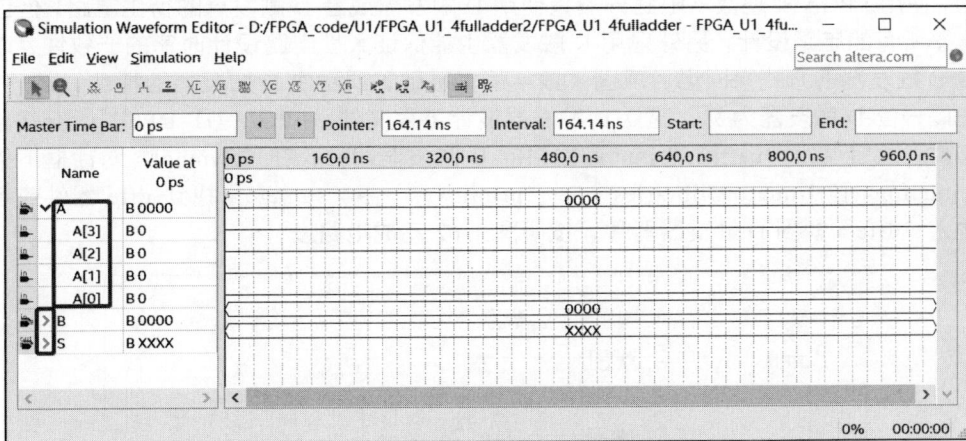

图 1-59　导入四位加法器设计电路测试电路

- Reverse Group or Bus Bit Order：反转总线及分组排序。在图 1-57 中可以看到，载入信号默认按照由高（A[3]）到低（A[0]），即总线编号数字由大到小的顺序进行组合显示，如果需要按照从小到大顺序进行排列，可以选择此项进行操作。

- Radix：信号以何种进制形式进行显示，子菜单如下：

  Binary：二进制形式；

  Octal：八进制形式；

  Hexadecimal：十六进制形式；

  Signed Decimal：有符号十进制形式；

  Unsigned Decimal：无符号十进制形式；

  Fractional：小数形式；

  ASCII：ASCII 码形式。

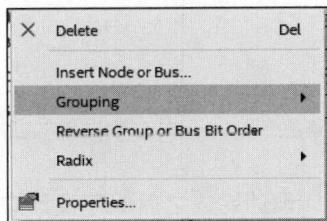

图 1-60　测试信号属性设置菜单

- Properties...：仅对分组信号设置有效，上述属性设置可以再选择此项进行设置。

四位加法器数据较多，为了方便观察信号对应关系，这里将分组 A、B、S 显示方式设置为"Unsigned Decimal"，即以无符号十进制格式进行显示。

四位加法器输入信号共 9 个端口，共 $2^9=512$ 种逻辑组合形式，可以将端口 B 和 A 设置为以 20ns、20ns×16=320ns 周期进行变化，那么 Cin 应该设置为 320×16=5 120ns，而 Cin 共 2 种状态，因此，总仿真时间应不少于 5 120ns×2=10 240ns。设置完成后启动功能仿真。图 1-61 所示的是四位加法器功能仿真结果的一部分，可以看出，总线式端口的仿真结果清晰明了，极易分析。

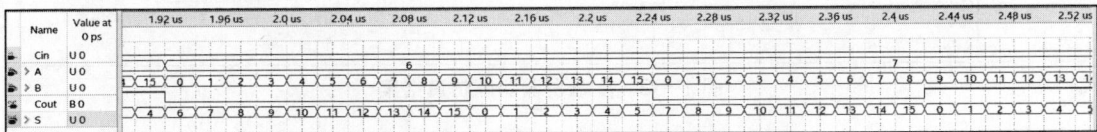

图 1-61　四位加法器功能仿真结果（部分）

四、FPGA 中触发器的特性

《数字逻辑基础》课程中介绍的触发器类型较多，有 RS 触发器、JK 触发器、D 触发器、T 触发器等。然而大多数 FPGA 内部直接提供的触发器多为 D 触发器，受限于这种固定的内部结构，使用 FPGA 实现数字电路一般只使用 D 触发器或者 D 触发器的衍生电路，但这足以完成几乎所有的电路设计，另外只用 D 触发器也能保证大型电路设计时序的一致性。以下通过仿真 D 触发器的方式来回忆、巩固《数字逻辑基础》课程中 D 触发器的特性。

先以一位 D 触发器为例。建立 D 触发器设计工程文件"FPGA_U1_DFFE"，新建原理图设计文件，直接调用 Quartus Prime 库提供的 D 触发器器件，在"Symbol"对话框下依次单击"d:intelfpga/17.1/quartus/libraries/" → "primitives" → "storage"找到 dffe 器件或者在搜索栏输入"dffe"找到 D 触发器器件，按照图 1-62 完成电路设计。

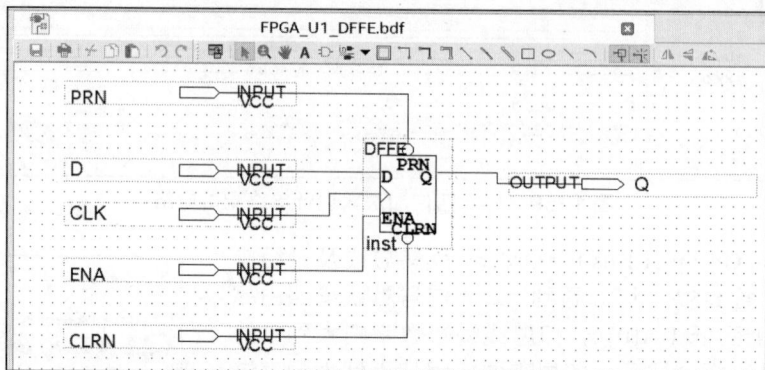

图 1-62　一位 D 触发器原理验证设计

设计完成之后保存设计文件，然后单击编译按钮进行编译，编译通过后根据电路板设置引脚。完成引脚分配后再次进行编译，编译通过后新建仿真文件，依据 D 触发器工作原理，参照图 1-63 设置仿真截止时间为 1μs，CLK 信号每 20ns 变化一次状态，D 信号设置每 40ns 变化一次状态。通过鼠标选中 CLRN 信号（清零信号）和 PRN 信号（置数信号）后，鼠标拖动选择设置的时间段，在工具栏单击 🔼 🔽 设置信号的逻辑 1 和逻辑 0 状态，设置 CLRN 和 PRN 的状态。设置完成后单击工具栏 ⚡ 按钮进行功能仿真，D 触发器功能仿真结果如图 1-63 所示，从图 1-63 中可以看到，当 CLRN 为 0 时，Q 为 0；当 CLRN 为 1、PRN 为 0 时，Q 为 1；当 CLRN 为 1、PRN 为 1、ENA 为 0 时，Q 保持不变；当 CLRN 为 1、PRN 为 1、ENA 为 1 时，Q 等于 D（PRN 和 CLRN 一般只用其一）。

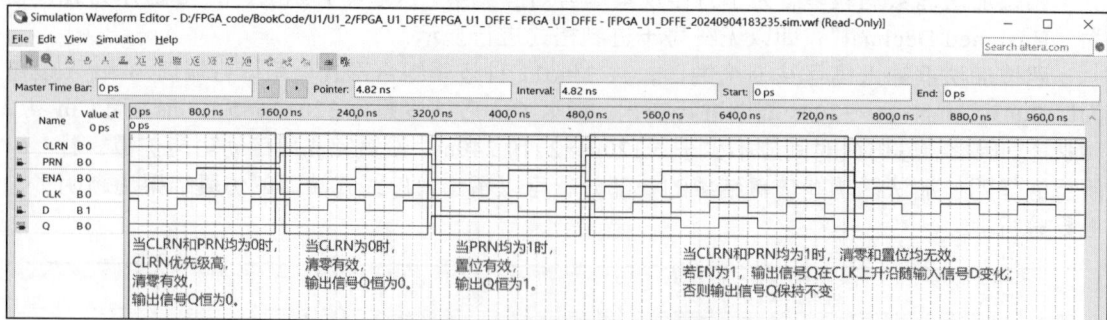

图 1-63　D 触发器功能仿真结果

仿真结果分析如下。

（1）从器件的符号来看，CLRN 和 PRN 两个端子处均有"圆圈"，一般代表低电平有效。

（2）从仿真结果来看，CLRN 和 PRN 的逻辑优先级高，且 CLRN 优先级高于 PRN，只要 CLRN 为 0，无论 CLK、PRN、ENA、D 为何值，输出 Q 均为 0。当 CLRN 解除 0 为 1 后，PRN 为 0 时，输出 Q 和 CLK、ENA、D 无关，直接为 1；当 CLRN 和 PRN 均解除 0 为 1 后，输出 Q 和 CLK、EN、D 有关。

（3）ENA 优先级低于 PRN 和 CLRN，ENA 为 0 时，D 触发器 Q 端数据存储之前的值。

（4）ENA 为 1 时，D 触发器可以正常更新 D 端的值，具体表现是 D 触发器 Q 端数据跟随输入值 D，在 CLK 上升沿时刻变化。

图 1-63 所示的仿真结果可能未完全反映出以上 4 点，读者可自行为 D 触发器输入端信号赋值，充分验证以上 4 点。

1.2.2 【任务实施】十六进制计数器设计与验证

按照图 1-55 所示的十六进制计数器电路进行设计，共包含四位加法器和四位 D 触发器电路。

一、总线式设计方法应用-设计四位 D 触发器

图 1-55 所示的四位 D 触发器是将 4 个 D 触发器并联，输入 D 和输出 Q 数据端独立，时钟 CLK、复位以及控制端合并。接下来介绍具体操作。

第 1 步：新建设计工程文件和原理图设计文件。单独为四位 D 触发器创建工程，命名为"FPGA_U1_4xDFFE"。

第 2 步：四位 D 触发器原理图设计。参照总线式端口四位加法器的设计，按图 1-64 完成四位 D 触发器的并联，将 D 触发器的 PRN、CLRN、ENA 端口均连接全 VCC，以保证上电不清零、不置 1 以及恒使能。电路设计完成后依次进行编译、引脚分配、再次编译。

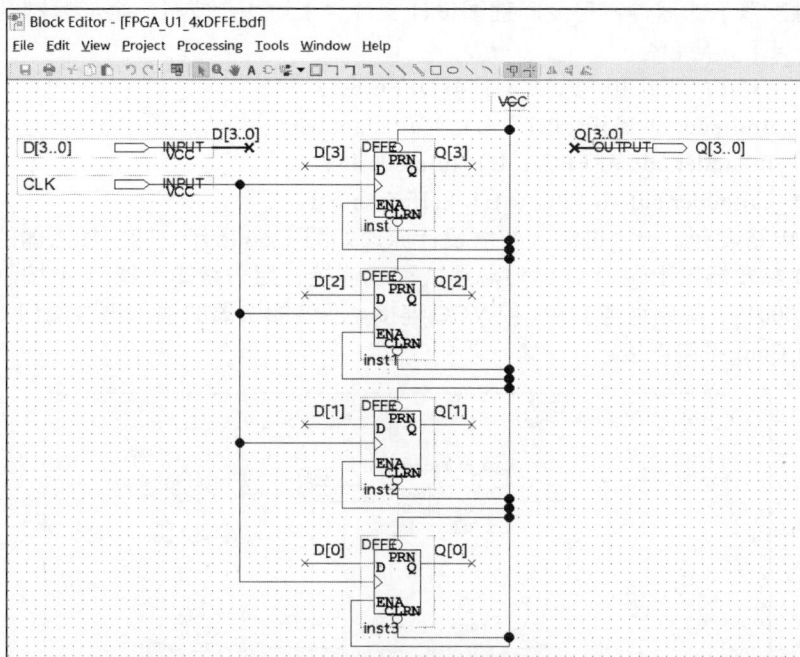

图 1-64　四位 D 触发器电路设计

第 3 步：四位 D 触发器仿真。D 触发器是一种库器件，其功能毋庸置疑，无须再次验证；

D 触发器的 PRN、CLRN、ENA 端口均连接至 VCC。因此，可以采取不完全的仿真方式以检验 4 个 D 触发器是否可以存储 0 和 1，以此来检验电路的连接是否有漏连、错连等隐蔽问题。具体操作是：CLK 设置每 20ns 变化一次状态，功能仿真结果如图 1-65 所示。仿真结果表明，四位 D 触发器可以存储全 0 和全 1。

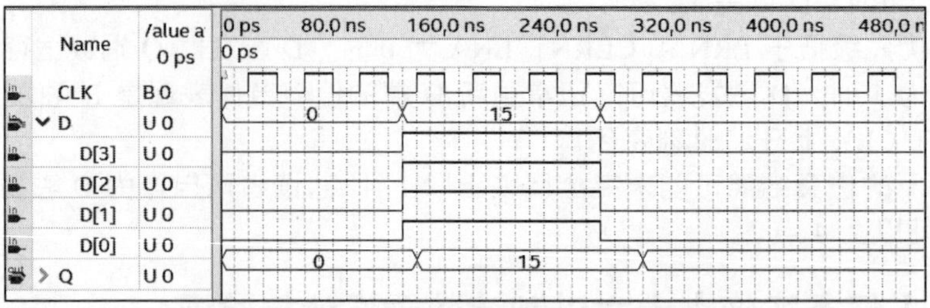

图 1-65　四位 D 触发器电路功能仿真结果

第 4 步：封装四位 D 触发器。参考一位半加器的封装，完成 D 触发器的封装，此处不再赘述。

二、总线式设计方法应用-设计十六进制计数器

图 1-55 给出的十六进制计数器电路包含四位 D 触发器和四位加法器，上文已经完成四位 D 触发器的设计、仿真和封装。还需要对上文设计好的四位加法器电路进行封装。在完成这些操作后，接下来介绍总线式端口十六进制计数器的设计。

第 1 步：创建工程。为十六进制计数器创建工程，保存目录为"D:\FPGA_code\ U1\FPGA_U1_cnt0_15"，工程名为"FPGA_U1_cnt0_15"，新建原理图设计文件，文件名与工程名相同。

第 2 步：文件复制。复制四位 D 触发器和四位加法器相关文件。将四位加法器工程目录下的一位半加器、一位全加器、四位加法器器件符号及原理图设计文件共计 3 对 6 个文件，以及四位 D 触发器下的器件符号及原理图设计文件共 1 对 2 个文件，全部复制粘贴到当前工程文件的根目录下，应包含：

FPGA_U1_4xDFFE.bdf 和 FPGA_U1_4xDFFE.bsf；

FPGA_U1_4fulladder.bdf 和 FPGA_U1_4fulladder.bsf；

FPGA_U1_fulladder.bdf 和 FPGA_U1_fulladderbsf；

FPGA_U1_halfadder.bdf 和 FPGA_U1_halfadder.bsf。

第 3 步：电路设计。十六进制计数器设计原理如图 1-66 所示，四位加法器的输入端口 B 直接与四位 D 触发器输出端口 Q 通过总线式引线连接，另一路输入端口 A 按照设计要求需要连接加数"0001"，即分别与 GND 和 VCC 连接。四位加法器的输入进位端口 Cin 接 GND，输出进位端口 Cout 不需连接。

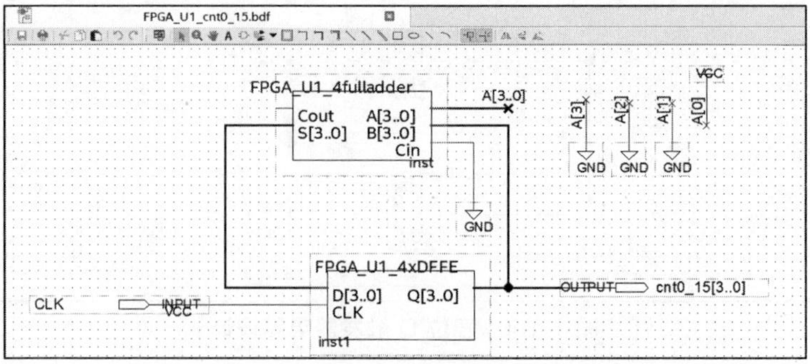

图 1-66　十六进制计数器设计原理

第 4 步：仿真。完成原理图设计后，保存设计文件后进行编译。十六进制计数器的输入信号只有时钟 CLK，因此，只需对 CLK 赋值。新建仿真测试文件，设置仿真截止时间为 1μs，CLK 信号每 20ns 状态变化一次，设置 D 和 Q 信号以无符号十进制数格式显示，便于观察仿真结果。图 1-67 所示的是十六进制计数器仿真结果。仿真结果表明，D 触发器默认输出为"0000"，之后完成 0~15 循环计数。

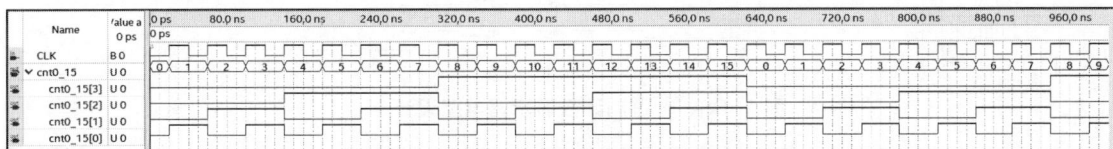

图 1-67 十六进制计数器仿真结果

第 5 步：测试。电路输入端口仅一个 CLK 时钟端口，输出为 4 位计数结果 cnt0_15。分配引脚时，输入端口 CLK 可配置一个 FPGA 电路板的空置端口，外接函数信号发生器。函数信号发生器的产生脉冲信号周期设置为 1s 较为恰当，电压最大值为 3.3V，最小值为 0V。输出端口可分配到 4 个 LED。在函数信号发生器驱动下，计数器就会按照函数信号发生器的频率进行计数。

> **注意** 在组合逻辑电路中，通常用开关或按键实现输入信号接入，输出通常外接 LED 等显示器件，通过按键控制组合逻辑输入观察 LED 阵列的变化，即可判断电路功能是否符合设计。对于输入时钟信号 CLK，若用开关或按键来实现，则会因为按键的按、松操作产生的电平变化信号有较多毛刺，所以不推荐使用按键来代替时钟；使用外接函数信号发生器产生的时钟并通过 FPGA 引脚输入到本节计数器的时钟输入引脚是一种较好的方式。

> **想一想**
> 你能否设计出 0~15-14-……-1-0 倒计时循环计数器？
> 你能否设计出 0~255 循环计数器？

任务 1.3　原理图法实现十进制计数显示器

任务导入

硬件：FPGA 芯片型号为 EP4CE10F17C8 的电路板、函数信号发生器、数码管及相关器件。

软件：Quartus Prime 17.1 软件。

任务：在前一个任务的基础之上对设计方案进行修改，实现十进制计数器，即计数范围为 0~9。同时将计数的结果用数码管显示，十进制计数显示器电路如图 1-68 所示。

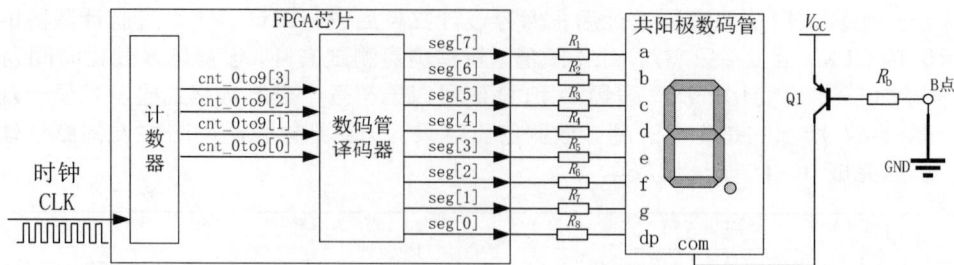

图 1-68　十进制计数显示器电路设计

1.3.1　【知识准备】十进制计数器原理与器件准备

在数字电路设计中，除了前面已经介绍的加法器和 D 触发器这些基本电路模块之外，还有比较器、数据选择器等典型组合逻辑电路在大型电路设计中经常被用作模块单元，通过这些模块单元的使用可以极大简化逻辑电路设计过程。

一、十进制计数器原理

任务分析：在任务 2 中将加法器和 D 触发器进行组合，实现了 0～15 的计数循环，现任务要求是设计 0～9 循环计数器，对比十进制计数器和十六进制计数器，二者相同点在于每个时钟上升沿计数值均加 1，区别在于十六进制计数器是四位二进制自溢计数器，而十进制计数器在计数值为十进制数 9（或 10）处较为特殊，如图 1-69 所示，直接由 9 变为 0。参考数字电路中学习的任意进制计数器设计的思路，十进制计数器有两种设计思路，如图 1-70 所示。

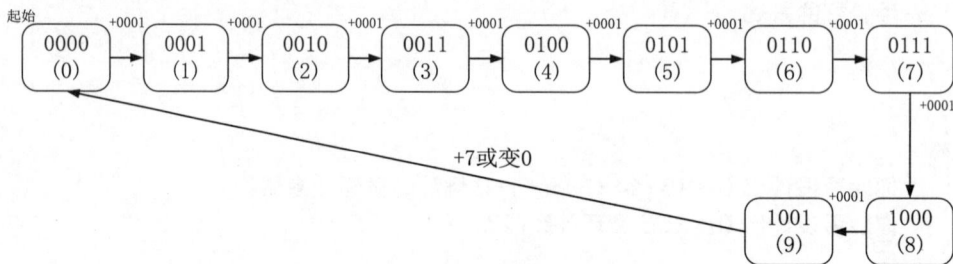

图 1-69　十进制计数器计数顺序

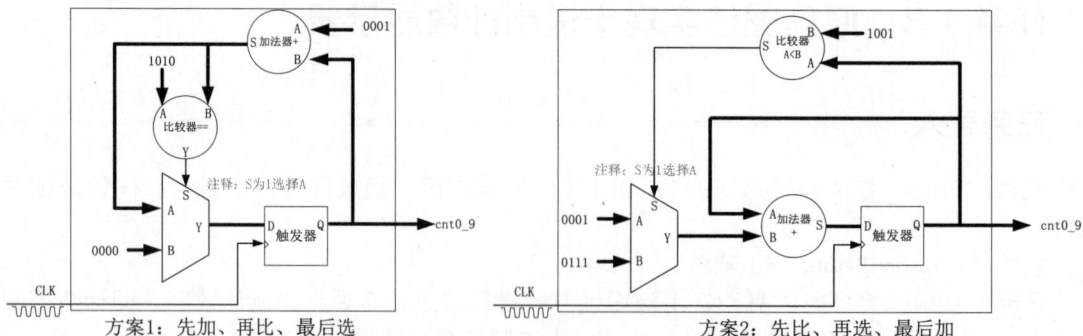

图 1-70　十进制计数器实现方案 1 和方案 2

方案 1：加法器完成 D 触发器输出数据和固定十进制数 1 的加法，并将加完的数值送至比较器和固定十进制数 10 进行"等于"比较，比较器的输出控制数据选择器以决定送入 D 触发器 D 端的值。如果加法器输出的数值为十进制数 10，则比较器比较结果为真，数据选择器将十进制数 0 送至 D 触发器 D 端，D 触发器在下一时钟上升沿输出十进制 0 以完成计数归零；反之，比较器输出控制数据选择器将加法器加 1 的结果送入 D 触发器 D 端，继续加 1 计数。简言之是"先加、再比、最后选"。

方案 2：对于方案 1 进行适当调整，将 D 触发器输出的数值先和固定实际值十进制数 9 进行"前者小于后者"比较，比较器输出控制数据选择器的选择端子，以决定是选择将十进制数 1 还是 7 送入加法器的一个输入端（加法器另一输入端连接 D 触发器输出 Q 端）。如果比较结果为真（D 触发器输出小于 9），则控制数据选择器 S 端将十进制加数 1 送入加法器和 D 触发器输出端的值相加，相加结果送入 D 触发器的 D 端以完成加 1 计数；反之，如果比较结果为假（D 触发器输出大于或者等于 9），则控制数据选择器 S 端将十进制加数 7 送入加法器和 D 触发器输出的值相加，结果为 9+7=16，即二进制 10000。因为只有 4 个 D 触发器，所以只将加法器的低四位送入 D 触发器的 D 端。简言之是"先比、再选、最后加"。

这两种方案所使用的电路模块基本一致，均至少需要一个比较器和一个数据选择器，当然电路核心部分的加法器和用于存储的 D 触发器也必不可少。这两种方案仅在控制逻辑上有所变化，具体到电路中时器件布局略有差异。

二、Quartus Prime 库器件设计常用组合逻辑

1. 四位比较器

算术比较电路是综合逻辑电路设计中常用的组成部分，通常简称为比较器。比较器的功能是比较两组数据 A、B 的大小，比较结果可能是 A>B、A==B、A<B 这 3 种情况，因此，至少需要 2 个输出端口来表达 3 种比较结果。

Quartus Prime 器件库中直接提供了四位比较器库器件 7485，表 1-7 所示的为器件 7485 的真值表。

表 1-7 器件 7485 的真值表

数码输入				级联输入			输出		
A3、B3	A2、B2	A1、B1	A0、B0	AGBI (A>B)	ALBI (A<B)	AEBI (A==B)	AGBO (A>B)	ALBO (A<B)	AEBO (A==B)
A3>B3	X	X	X	X	X	X	1	0	0
A3<B3	X	X	X	X	X	X	0	1	0
A3==B3	A2>B2	X	X	X	X	X	1	0	0
A3==B3	A2<B2	X	X	X	X	X	0	1	0
A3==B3	A2==B2	A1>B1	X	X	X	X	1	0	0
A3==B3	A2==B2	A1<B1	X	X	X	X	0	1	0
A3==B3	A2==B2	A1==B1	A0>B0	X	X	X	1	0	0
A3==B3	A2==B2	A1==B1	A0<B0	X	X	X	0	1	0
A3==B3	A2==B2	A1==B1	A0==B0	1	0	0	1	0	0
A3==B3	A2==B2	A1==B1	A0==B0	0	1	0	0	1	0
A3==B3	A2==B2	A1==B1	A0==B0	X	X	1	0	0	1
A3==B3	A2==B2	A1==B1	A0==B0	1	1	0	0	0	0
A3==B3	A2==B2	A1==B1	A0==B0	0	0	0	1	1	0

注：AGB 代表 A 大于 B；AEB 代表 A 等于 B；ALB 代表 A 小于 B。

通过真值表可以看出库器件 7485 支持级联。如果需要对两组八位宽数据进行比较，只需要将两片器件 7485 进行级联。本任务中只需要对两组四位宽数据进行比较，不讨论级联的问题。

首先，创建四位比较器设计工程文件及原理图设计文件，命名为 FPGA_U1_comparator，在"Symbol"对话框搜索栏直接输入"7485"即可调出器件库中的 7485 电路，这里仅比较本级两组四位宽数据 A[3..0] 和 B[3..0]，不考虑低位进位输入，所以设置 ALBI、AGBI 接 GND，AEBI 接 VCC；为便于连线，这里采用总线式引线进行连线，具体电路设计如图 1-71 所示。

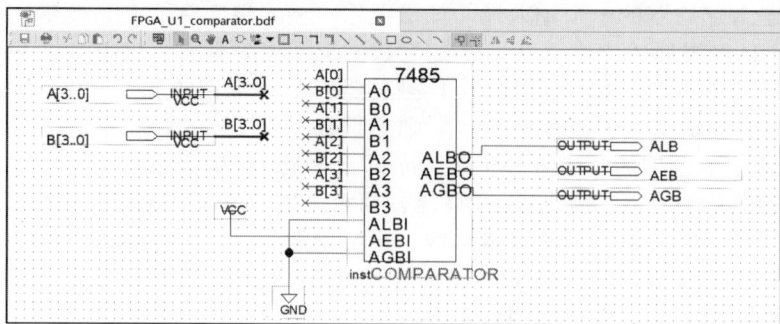

图 1-71　四位比较器电路设计

其次，设计完电路原理图后，先对电路进行第一次全编译，然后根据需要分配引脚，分配完引脚后再进行一次全编译。如果进行功能仿真，也可以不分配引脚。

最后，编译检查无误后新建仿真文件，比较器输入信号和上文四位加法器输入一致，因此，可以采用相类似的仿真设置方式，输入信号 A 与 B 各有 16 个状态，共计 16×16=256 种状态。考虑延时的影响，最小信号变化周期为 20ns，所以仿真截止时间设置为 5 120ns，信号 B 每 20ns 变化状态一次，信号 A 每 20ns×16=320ns 变化一次。为便于观察信号数值结果，将信号 A 与 B 设置为无符号十进制显示格式，具体设置状态如图 1-72 所示。仿真参数设置完成后，保存仿真文件，启动仿真，图 1-72 所示为四位比较器功能仿真的部分仿真结果。仿真结果表明，当 A>B 时，AGB 为 1、AEB 为 0、ALB 为 0；当 A==B 时，AGB 为 0、AEB 为 0、ALB 为 1；当 A<B 时，AGB 为 0、AEB 为 0、ALB 为 1，逻辑状态与真值表逻辑关系完全对应。

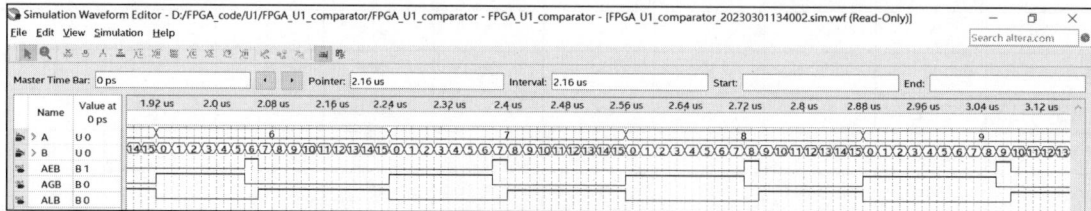

图 1-72　四位比较器的部分功能仿真结果

2．二选一数据选择器

数据选择是指控制信号的选通状态，把多路输入数据中的某一路数据传送到输出上，实现数据选择功能的逻辑电路称为数据选择器，它的作用相当于多个输入的单刀多掷开关。数据选择器的应用非常广泛，也是构成 FPGA 器件内部查找表（LUT）的基本单元。常用的数据选择器有二选一数据选择器、四选一数据选择器、八选一数据选择器、十六选一数据选择器等。以下主要介绍二选一数据选择器实现两组四位数据的选择功能。

首先，创建四位二选一数据选择器设计工程文件及原理图设计文件，命名为 FPGA_U1_4xMux21，Quartus Prime 提供了 74257 四位二选一数据选择器库器件，此外还提供了更为直观的二选一数据选择器器件库的 21mux，以 21mux 为例设计四位二选一数据选择器，在 "Symbol" 对话框搜索栏直接输入 21mux 即可调出，为便于连线，这里采用总线式引线进行连线，其具体电路设计如图 1-73 所示。

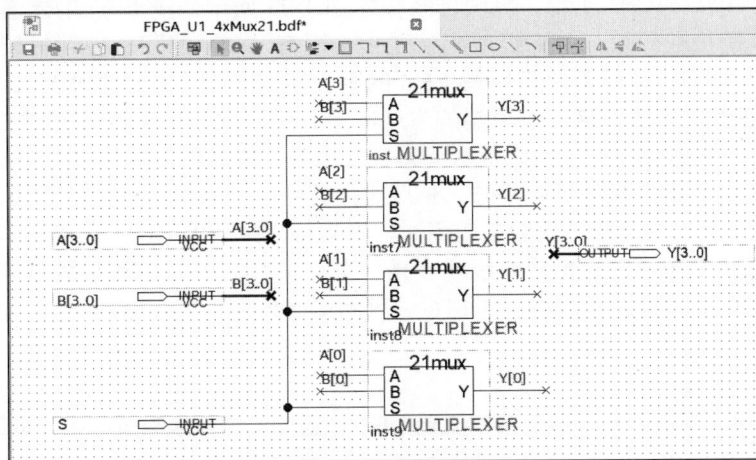

图 1-73　四位二选一数据选择器电路设计

其次，电路原理图设计完成后，对电路进行编译，同样，也可以根据需要分配引脚，分配完引脚后再进行一次全编译。

最后，编译检查无误后新建仿真文件。此电路的输入信号 A、B、S 和四位加法器几乎一致，将 B 设置为每 20ns 变化一次，将 A 设置为每 20ns×16=320ns 变化一次，将 S 设置为每 320×16ns=5 120ns 变化一次，所以应提前将仿真截止时间设置为 5 120ns×2=10 240ns，同样将信号 A、B 及输出 Y 设置为无符号十进制显示格式，具体设置状态可参考图 1-74。仿真参数设置完成后，保存仿真文件并启动仿真，图 1-75 所示的四位二选一数据选择器仿真结果显示当 S 为 0 时，Y 等于 B；当 S 为 1 时，Y 等于 A。

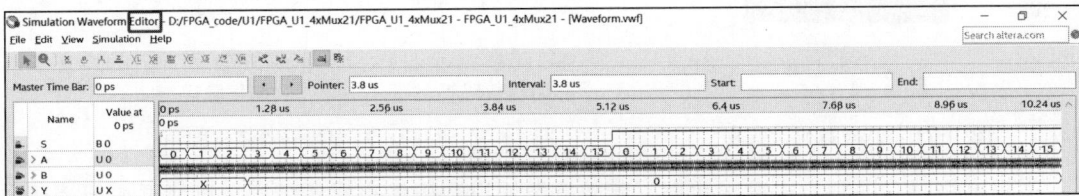

图 1-74　四位二选一数据选择器仿真设置

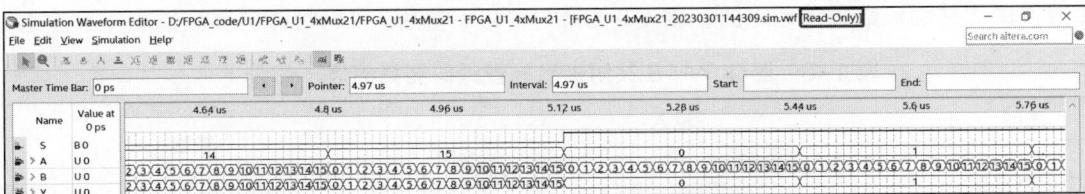

图 1-75　四位二选一数据选择器仿真结果

3. 数码管译码器

在前面讲述的数字电路设计中，更多地以仿真对电路功能进行了验证，现实应用中通常通过板级观测方式展示和验证结果。其中通过发光二极管（Light Emitting Diode，LED）的亮灭来反映电路的运行结果这种板级观测方式虽然易实施，但是结果不够直观形象，不利于观察；使用数码管对电路数值类输出的结果进行板级观测的方式，不仅具有性价比高、观测更为形象直观的优点，而且数码管以及数码管驱动电路的原理简单，电路易于实施。

数码管是由多个 LED 在工艺上封装在一起组成"8"字形的器件，其基本单元是 LED，图 1-76 所示为八段数码管的实物，其内部结构如图 1-77 所示。按 LED 单元连接方式分为共阳极数码管和共阴极数码管。共阳极数码管是指将所有 LED 的阳极接到一起形成公共阳极 COM 的数码管，共阴极数码管是将所有 LED 的阴极接到一起形成公共阴极 COM 的数码管。图 1-77 内部无任何交叉线，这便于早期的生产制造，但导致数码管的外部端口未按照 a、b、c、d、e、f、g、dp 的顺序排列。共阳极数码管在应用时，常常将公共阳极 COM 端接到正电源端；当某一字段 LED 的阴极为低电平时，相应字段就点亮；当某一字段的阴极 LED 为高电平时，相应字段就不亮。共阴极数码管在应用时，常常将公共阴极 COM 端接到电源地；当某一字段 LED 的阳极为高电平时，相应字段就点亮；当某一字段 LED 的阳极为低电平时，相应字段就不亮。通过多个 LED 的不同的亮灭组合，可用实现数字 0~9、字符 A ～ F 及小数点"•"的显示。

> **注意** 和数字电路不同的是，数码管本质是 LED，因此，需外接限流电阻，以防止击穿。

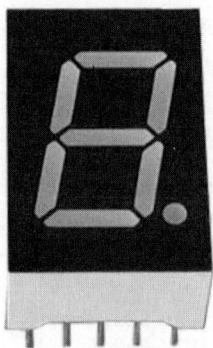

图 1-76　八段数码管实物

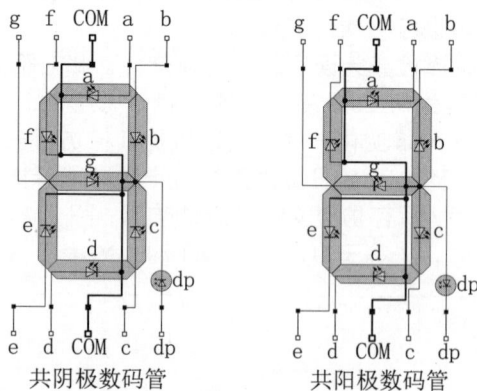

图 1-77　共阴、共阳数码管结构图

逻辑电路以二进制方式输出数据，若数据要通过数码管来显示结果，则需要进行译码，即将待显示的二进制输出数据转换成数码管各段 LED 对应的控制信号，7448 是 Quartus Prime 库器件中的共阴极数码管译码器，表 1-8 为器件 7448 共阴极数码管译码器真值表（部分）。

表 1-8　器件 7448 共阴极数码管译码器真值表（部分）

注释	输入							输出						
十进制数据	输入控制端			输入数据端										
	LT	$\overline{RBI}$	$\overline{BI}/\overline{RBO}$	A3	A2	A1	A0	a	b	c	d	e	f	g
0	1	1	1	0	0	0	0	1	1	1	1	1	1	0
1	1	X	1	0	0	0	1	0	1	1	0	0	0	0
2	1	X	1	0	0	1	0	1	1	0	1	1	0	1
3	1	X	1	0	0	1	1	1	1	1	1	0	0	1

续表

注释	输入							输出						
十进制数据	输入控制端			输入数据端										
	LT	$\overline{RBI}$	$\overline{BI}/\overline{RBO}$	A3	A2	A1	A0	a	b	c	d	e	f	g
4	1	X	1	0	1	0	0	0	1	1	0	0	1	1
5	1	X	1	0	1	0	1	1	0	1	1	0	1	1
6	1	X	1	0	1	1	0	0	0	1	1	1	1	1
7	1	X	1	0	1	1	1	1	1	1	0	0	0	0
8	1	X	1	1	0	0	0	1	1	1	1	1	1	1
9	1	X	1	1	0	0	1	1	1	1	1	0	1	1

首先，创建数码管译码显示设计工程文件及原理图设计文件，命名为 FPGA_U1_BCD_7seg，直接调用器件库的共阴极数码管译码器 7448，在"Symbol"对话框搜索栏直接输入 7448 即可调出，为便于后续被调用，同样采用总线式引线进行连线，具体电路设计如图 1-78 所示。Quartus Prime 中没有数码管器件，因此，原理图设计不涉及数码管。

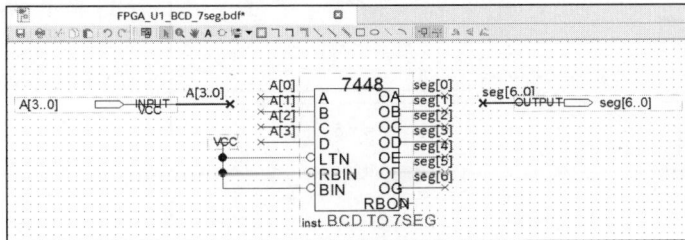

图 1-78　器件 7448 数码管译码器原理图设计

其次，电路原理图设计完成后，对电路进行编译，编译检查无误后新建仿真文件，同样可以根据设计情况进行引脚分配和第二次全编译。

最后，编译检查无误后新建仿真文件。这里输入信号 A 有 16 种状态，为便于观察译码输出结果，仿真截止时间设置为 20×16=320ns，信号 A 每 20ns 变化一次。将信号 A 设置为无符号十进制显示格式。

仿真参数设置完成后，保存仿真文件，启动仿真，仿真结果如图 1-79 所示。仿真结果表明，共阴极数码管译码器库器件 7448 将四位二进制数据译码成表 1-8 对应的数码管各段 LED 的控制信号。

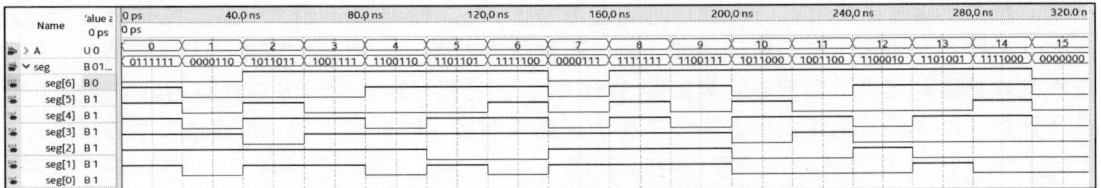

图 1-79　器件 7448 共阴极数码管译码器译码电路仿真结果

仿真文件默认输出信号 seg 按照由高到低排列，即 seg[6]～seg[0]，对应数码管字段 g～a，为了与真值表对应，可以将 seg 信号反转，操作方法是：选中 seg 信号并右击，在弹出的快捷菜单中选择"Reverse Group or Bus Bit Order"，这样就可以按照 seg[0]～seg[6]的顺序（即

a～g 的顺序）显示结果。

1.3.2 【任务实施】十进制计数器显示设计与验证

微课 1-3-2
任务实施

一、Quartus Prime 库器件设计应用-十进制计数显示电路

第 1 步：设计。

创建十进制计数器显示工程文件及原理图设计文件，命名为 FPGA_U1_cnt0_9，为前面任务中完成的四位加法器、数据选择器、比较器、D 触发器、译码器电路这 5 种电路分别创建器件符号，并将 5 种器件符号文件与原理图文件复制到 FPGA_U1_cnt0_9 工程文件夹的根目录下。再次强调，四位加法器仍然要复制一位全加器、一位半加器的器件符号和原理图等文件。参照图 1-70 中的方案 2 进行相应器件连接，具体电路设计如图 1-80 所示。因为仿真时译码器输出结果不便于观察，所以将 D 触发器输出也作为输出端口，在电路测试时可以更好地观察结果。

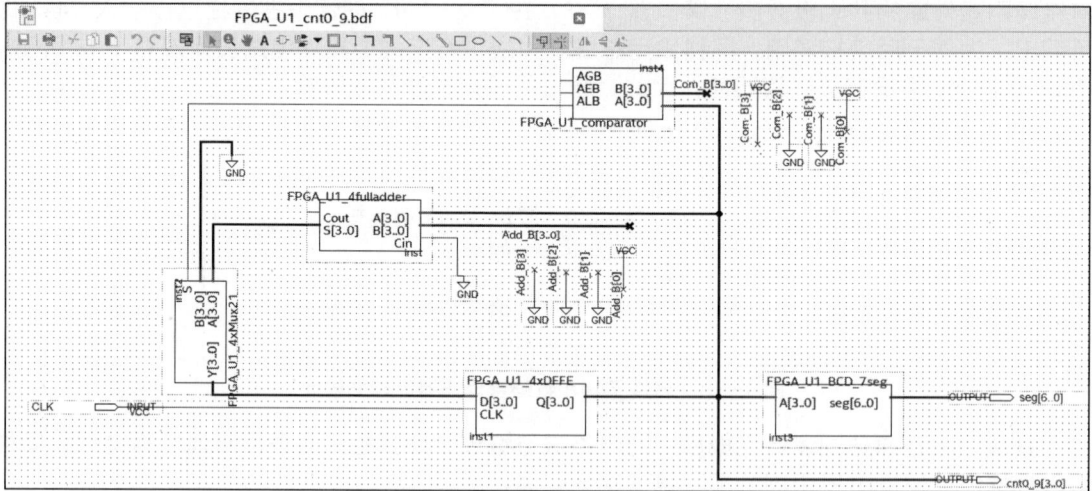

图 1-80　十进制计数显示电路设计

第 2 步：全编译。

电路原理图设计完成后，对电路进行全编译，编译检查无误后新建仿真文件，根据需要对 CLK 和 seg 信号分配引脚，再进行二次编译。

第 3 步：仿真。

编译检查无误后新建仿真文件。十进制计数输出状态有 10 个，CLK 信号每 40ns 重复变化一次，为了观察循环结果将仿真截止时间设置为比 40ns×10=400ns 更大一些，将 D 触发器输出 cnt0_9 设置为无符号十进制显示格式，具体设置状态参照图 1-81。仿真参数设置完成后，保存仿真文件并启动仿真，其仿真结果如图 1-81 所示。仿真结果表明十进制计数器可以完成 0～9 循环计数，且译码器工作正常。为了与真值表结果对应，同样可以对 seg 信号顺序进行反转。

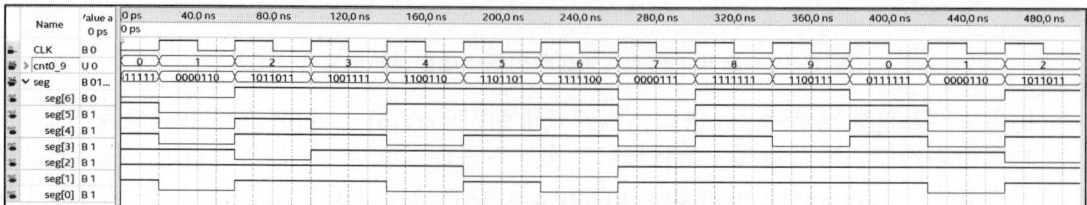

图 1-81　十进制计数显示电路仿真结果

第 4 步：测试。

按照任务 1.2.2 任务实施中使用外部函数信号发生器的方式为 0～9 计数显示电路的 CLK 引入时钟，可参照项目 5 的图 5-39 的连接方式，外接数码管进行电路测试。

二、RTL Viewer（RTL 视图）

采用总线式端口设计可以大大简化设计的集成，便于团队协作。0～9 计数器原理图设计中的 VCC 和 GND 较多，导致图形稍混乱，且容易出错；另外，有时复杂图形的绘制中，容易有漏连线或者错连线的情况发生，通过仿真分析不仅可以判断电路的正确性，而且通过合理的仿真往往也能定位错误的位置，但可能不够直观。

RTL 视图即寄存器传输级视图（Register Transfer Level Viewer，RTL Viewer），是一个很友好的设计辅助工具。Quartus Prime 中经常要查看 RTL 视图以检查设计，RTL 视图是软件分析与综合的结果，显示的图形都是调用标准单元的结果，这是和设计者思维关联的显示结果，跟工艺库、FPGA 类型等都没有关系。

图 1-82 所示的是 Quartus Prime 自动生成的十进制计数显示电路的 RTL 视图，通过对 RTL 视图的观察，图 1-82 中将 VCC 和 GND 翻译为 4'h1、4'h9 等，容易检验 0～9 计数器中的"VCC 和 GND 表示的二进制"是否正确；也容易检验图中是否有漏连线等情况。4'h9 中"4"代表 4 根线，"h"代表用十六进制表示，"9"代表十六进制数值 9，即二进制 1001，具体在下文进行详细介绍。

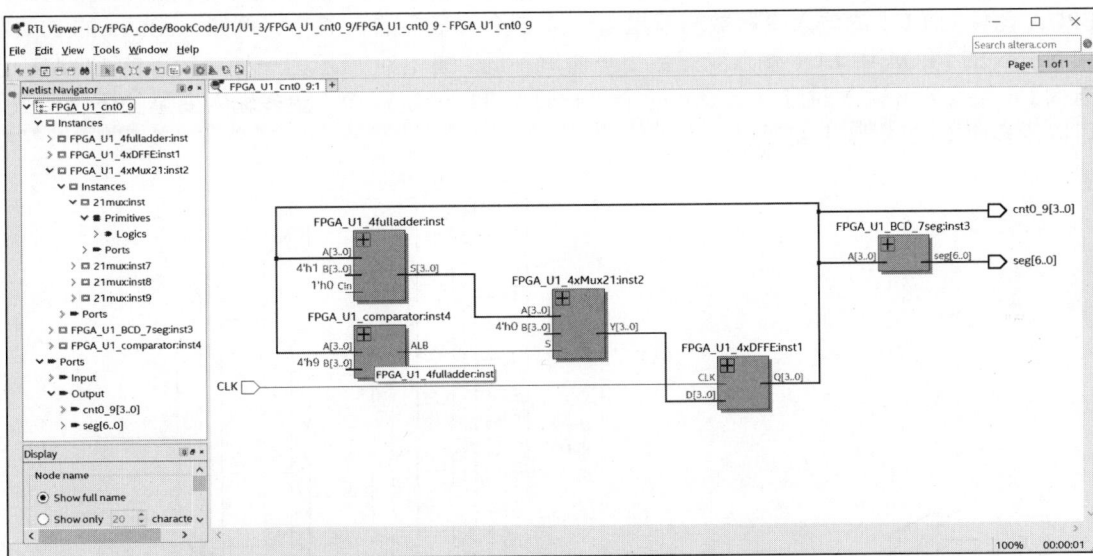

图 1-82　Quartus Prime 自动生成的十进制计数显示电路的 RTL 视图

RTL 视图打开方法：在 Quartus Prime 主界面主菜单栏下选择"Tools"→"Netlist Wiewers"→"RTL Viewer"，即可看到软件综合和分析后的 RTL 视图。左侧导航窗口包含 Instances、Pin 等列表。

- [Instances]：即实例，是指设计中能扩展为低层次的模块或实例。
- [Primitives]：即原语，是指不能被扩展为低层次的底层节点。用 Quartus II 自带综合器综合时，它包含的是寄存器和逻辑门；而用第三方综合工具综合时，它包含的是逻辑单元。
- [Pin]：即引脚，是当前层次的 I/O 端口。
- [Nets]：即网线，是连接节点（包括实例、源语和引脚）的网线。

知识拓展

一、LUT 结构

FPGA 内部的组合逻辑功能是基于 LUT 方式实现的，而非真正的逻辑门。查找表的本质是一种存储器，其物理结构是静态随机存储器，逻辑电路的输出状态存储在 SRAM 中，每个存储单元都有唯一的地址编码，逻辑电路的输入信号作为 SRAM 的地址线，当输入信号变化时（即存储器的输入地址发生变化），存储器根据输入的地址编码将对应位置存储的数据送给输出。

以两输入与门的逻辑功能实现为例说明以 LUT 方式实现逻辑"与"的工作原理。图 1-83 所示为用两输入 LUT 实现与门功能，两输入查找表中有 4 个存储单元，用来存储真值表中的 4 个值，输入变量 A、B 作为 LUT 中 3 个数据选择器的选择端，根据变量 A、B 值的组合从 4 个存储单元中选择对应结果作为 LUT 的输出（对应关系可以查看表 1-1 所示两输入与门真值表），从而实现了与门的逻辑功能。显然一位半加器是两输出端口器件，其输入端口不超过 2 个，需要 2 个 LUT 实现。

综上所述，一个 N 输入查找表可以实现 N 个输入变量的任何逻辑功能。需要指出的是，一个 N 输入查找表对应 N 个输入变量构成的真值表，需要用 2^N 位容量的 SRAM 存储单元。显然 FPGA 设计时每个 LUT 对应的 N 不可能很大，否则 LUT 的利用率很低，实际应用中 FPGA 器件的 LUT 的输入变量数一般是 4 个或 5 个，最多的有 6 个，例如，Altera 的 FPGA 和 Xilinx 的 FPGA 中 LUT 输入变量数量一般就不同。图 1-84 所示为一种 4 输入的 LUT 实现结构。5 输入或 6 输入对应存储单元的个数一般是 32 个或 64 个，更多输入变量的逻辑函数，可以用多个 LUT 级联来实现。

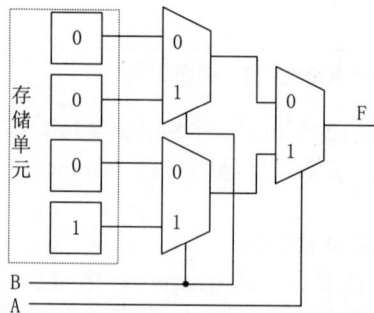

图 1-83 两输入 LUT 实现与门功能

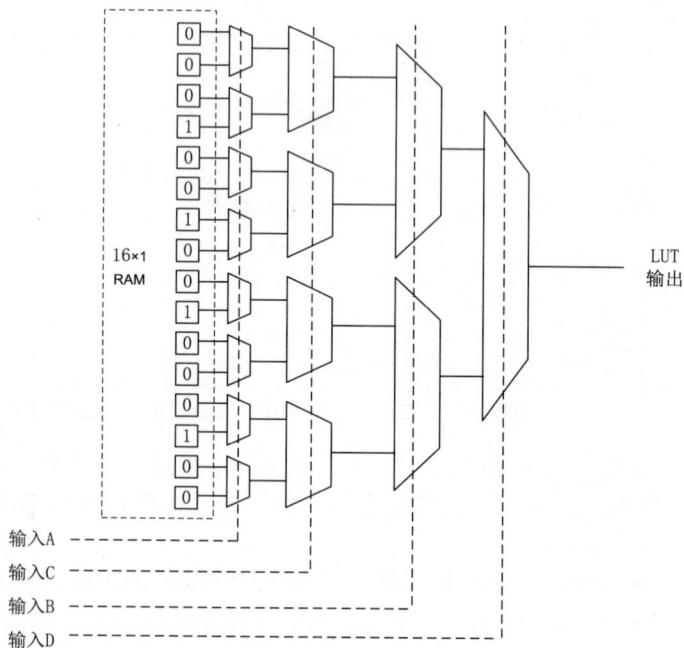

图 1-84 4 输入 LUT 实现结构

二、LE 结构

FPGA 器件的规模可以做得非常大，Altera 的 FPGA 内部主要由大量纵横排列的逻辑块阵列（Logic Array Block，LAB）构成，而逻辑块阵列由若干个逻辑单元（Logic Element，LE）构成，每一个 LE 中除了 LUT，一般还包含 D 触发器，图 1-85 所示为某 FPGA 的 LE 结构示意图。LUT 的功能是实现组合逻辑，加入 D 触发器的作用是将组合逻辑和 D 触发器结合起来以实现时序逻辑电路。当然也可以通过图 1-85 中的二选一数据选择器直接将组合逻辑的输出送至三态缓冲器以直接输出，从而实现纯组合逻辑功能。在图 1-85 所示的电路中，二选一数据选择器还带一个三态缓冲器，使输出更加灵活。

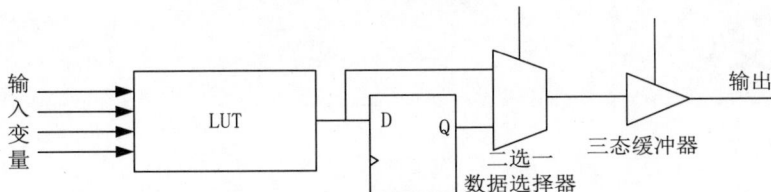

图 1-85　某 FPGA 的 LE 结构示意

每个 FPGA 内部存在大量这样的 LE，通过内部连线和开关就可以实现非常复杂的逻辑功能。很多 FPGA 器件的结构都可以用该结构来表示，例如 Intel 的 Cyclone、FLEX10K、ACEX1K 等器件。FPGA 所设计的逻辑电路在全编译时会映射到 LE 结构中，如何查看用户设计的电路在 FPGA 内部的实现方式和映射结果在项目 2 进行讲述。

思考与练习

一、填空题

1. 目前国际上较大的 FPGA 器件制造公司有_____和_____。
2. FPGA 的内部结构一般由 6 部分组成，分别是：可编程输入/输出单元、可编程逻辑单元、_____、嵌入式块 RAM、布线资源和_____。
3. 目前较为流行的 HDL 有_____、_____等。
4. Quartus Prime 的仿真分为_____和_____两种。

二、简答题

1. 说明 LUT 基本工作原理。
2. 简要论述 Quartus Prime 的设计输入方式。
3. 原理图输入方式有什么特点？
4. 什么是 RTL 行为级仿真？

实战演练

1. 采用原理图输入方式设计一个三位二进制全加器并进行测试。
2. 设计一个 5～9 循环计数器。
3. 按照十进制计数器方案 1 的结构图完成电路设计。

项目2

典型逻辑电路的Verilog HDL设计

项目导读

项目 1 借助原理图输入方式，利用 Quartus Prime 软件设计电路，设计流程包含设计、仿真等环节。项目 1 涉及的电路包含加法器、数据选择器、比较器、译码器等典型组合逻辑电路，以及 D 触发器。将这些电路通过不同形式的组合实现了 0～15 计数器、0～9 计数器。计数器是综合数字电路系统中最核心的器件，同时也是数字电路设计的思维切入点和设计主引线。项目 2 使用 Verilog HDL 设计输入方式重复项目 1 的电路设计，目的是让读者认识到 Verilog HDL 仅是一种区别于原理图输入方式的设计输入方式；同时和项目 1 进行对比，让读者深入理解 Verilog HDL 语法与加法器、计数器等电路的对应关系，帮助读者借助 Verilog HDL 语法快速实现电路设计任务。

典型的使用 Verilog HDL 设计的 module 包含模块声明、端口定义、数据/信号类型声明、逻辑功能定义四个部分。其中逻辑功能定义的分类很多，最经典的分类方法是将语法分为结构化描述、数据流描述、行为级描述以及混合描述四种。结构化描述又分为例化（或调用）Verilog HDL 内部预先定义的基本门级元件和例化（或调用）用户其他已经定义的低层次模块两种，其中后者应用更为广泛。数据流描述是以关键字 assign 结合逻辑运算符、算术运算符等为核心的语法。行为级描述是以 always+if 或 always+case 等语句为核心的语法。混合描述是以上几种描述结合在一起的多层次描述。

学习目标

1. 了解 Verilog HDL 的发展历程、特点。
2. 掌握 Verilog HDL 程序模块的基本结构。
3. 熟悉并能区分结构化、数据流、行为级和混合描述方式。
4. 掌握 Verilog HDL 各类运算符及逻辑表达式的使用。
5. 理解 if 语句设计组合逻辑电路与时序逻辑电路程序的区别。
6. 掌握使用 Verilog HDL 完成典型计数电路设计的方法。

素质目标

1. 通过不同方式设计同一功能电路，引导学生养成良好的资料整理和命名习惯。
2. 通过语句与电路的对比，培养学生理论联系实际的思考能力。
3. 通过不同方式实现同一功能电路，培养学生自主学习专业知识和积极探索的能力。

思维导图

图 2-1 所示的项目 2 思维导图展示了项目 2 包含了两个子任务，分别是 Verilog HDL 实现四位加法器组合逻辑电路和 Verilog HDL 实现十进制计数器时序逻辑电路，通过合理编排灵活融入了结构化描述、数据流描述、行为级描述以及混合描述四种逻辑功能定义方式及相关语句。其中，行为级描述方式中的 if 语句既可以描述组合逻辑电路，也可以描述时序逻辑电路，因此较为特殊，读者应结合项目 2 的案例加以区分。

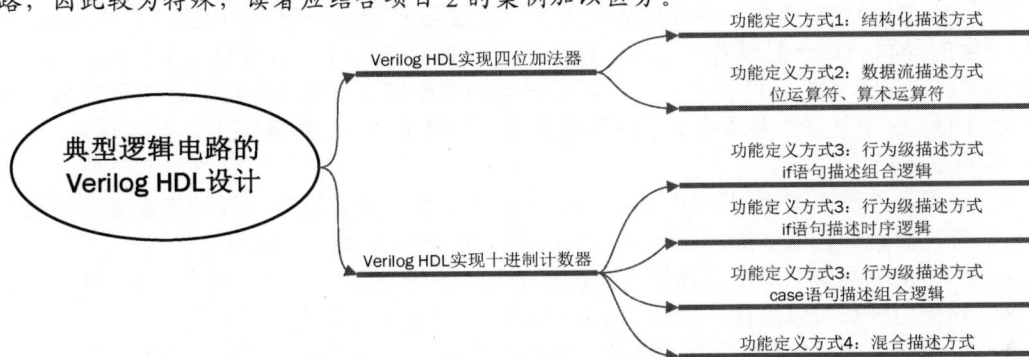

图 2-1　项目 2 思维导图

任务 2.1　Verilog HDL 实现四位加法器

任务导入

硬件：FPGA 芯片型号为 EP4CE10F17C8 的电路板。

软件：Quartus Prime 17.1 软件。

任务：使用 Verilog HDL 中的结构化描述方式和数据流描述方式设计四位加法器。

2.1.1　【知识准备】结构化描述和数据流描述方式

一、Verilog HDL 简介

在 20 世纪 80 年代，集成电路工艺的快速发展推动了数字电路设计标准化的开发。Verilog HDL 是在使用最广泛的 C 语言的基础上发展起来的一种硬件描述语言。它由 GDA（Gateway Design Automation）公司的 Moorby 于 1983 年年末首创，最初只设计了一个仿真与验证工具，之后又陆续开发了相关的故障模拟与时序分析工具。1985 年，Moorby 推出他的第三个商用仿真器 Verilog-XL，获得了巨大的成功。由于他们的模拟仿真器产品的广泛使用，从而使得 Verilog HDL 迅速得到推广和使用，Verilog HDL 作为一种便于使用且实用的语言逐渐被众多设计者所接受。Verilog HDL 于 1990 年被推向公众领域，Open Verilog International（OVI）是促进 Verilog HDL 发展的国际性组织，1992 年 OVI 决定致力于推广 Verilog HDL OVI 标准成为 IEEE 标准，这一努力最后获得成功。1995 年 IEEE 正式制定了 Verilog HDL 的第一个国际标准 IEEE Std1364-1995。2001 年，IEEE 发布了第二个 Verilog HDL 标准 IEEE Std1364-2001。IEEE Std1364-2001 是 IEEE Std1364-1995 的一个升级版本，该版本引入了许多新特性，也兼容初始 Verilog HDL 版本的所有特性。为方便阐述，后文将 IEEE

微课 2-1-1
知识准备

51

Std1364-2001 和 IEEE Std1364-1995 简称为 Verilog-2001 和 Verilog-1995。

Verilog HDL 是一种硬件描述语言，硬件描述语言是以文本形式来描述数字系统硬件的结构和行为的语言，用它可以表示逻辑电路图、逻辑表达式，还可以表示数字逻辑系统所完成的逻辑功能。Verilog HDL 用于从算法级、门级到开关级的多种抽象设计层次的数字系统建模。被建模的数字系统对象的复杂性可以介于简单的逻辑门和完整的电子数字系统之间。数字系统能够按层次描述，并可在相同描述中显式地进行时序建模。

Verilog HDL 借鉴了 C 语言的很多语法结构，两者在语法层面或字面意思有许多相似之处，然而 Verilog HDL 作为一种硬件描述语言，还是与 C 语言有着本质区别的。Verilog HDL 和 C 语言的异同点是一把双刃剑，对于有一定 C 语言基础的设计者容易上手；但二者的相似性也经常导致设计者将二者混淆；对于拥有一定数字电路基础的设计者，还是能够容易将二者区分开的，这也就是本书项目 1 介绍原理图法设计电路的一个重要原因。概括地说，Verilog HDL 具有下述特点。

- 内置各种基本逻辑门，如 and、or、not 等，可方便地进行门级结构描述；内置各种开关级元件，如 pmos、nmos 和 mos 等，可进行开关级的建模。
- 能在多个层次上对所设计的系统加以描述，从开关级、门级、寄存器传输级（RTL）到行为级都可以胜任，同时 Verilog HDL 不对设计规模施加任何限制。
- Verilog HDL 的行为级描述语句，如条件语句、赋值语句和循环语句等，类似于软件高级语言，便于学习和使用。
- 具有灵活多样的电路描述方式，可进行结构化描述，也可进行行为级描述；支持混合建模，在一个设计中，各个模块可以在不同的设计层次上建模和描述。
- 既适用于综合的电路设计，也可用于电路与系统的仿真。
- 用户定义原语（UDP）创建的灵活性。用户定义的原语既可以是组合逻辑，也可以是时序逻辑，可通过编程语言接口（PLI）机制进一步扩展 Verilog HDL 的描述能力。

另外，Verilog HDL 更易入门，可使设计者迅速上手；Verilog HDL 的功能强大，可满足各个层次设计者的需要。正因为以上优点，Verilog HDL 得到了广泛应用。

二、Verilog HDL 基本结构

Verilog HDL 程序的基本设计单元是"module"，一个 module 由几个部分组成，下面以图 2-2 所示的两输入与门逻辑电路为例，对 Verilog HDL 中 module 基本结构进行说明。

图 2-2　两输入与门逻辑电路

两输入与门逻辑电路的逻辑函数可以表示为：Y=A&B，以下是一个使用 Verilog HDL 对该电路进行描述的 module 案例。

```
module FPGA_U2_and2_V1(A,B,Y); //模块声明，模块名称为FPGA_U2_and2_V1，端口列表A，B，Y
                               //端口定义
    input   wire  A;           //模块的输入端口为A
    input   wire  B;           //模块的输入端口为B
    output  wire  Y;           //模块的输出端口为Y

    and(Y,A,B);                //此逻辑功能描述也可以用assign Y = A & B进行描述
endmodule                      //结束模块声明
```

1. Verilog HDL 语法文本格式

通过上例可以建立 Verilog HDL 程序的基本框架，先抛开电路的逻辑功能，从文本设计的角度来看，代码设计需要注意以下几点。

（1）除 endmodule、begin、end、always 等少数关键词外，每行语句的最后均以"英文分号"而非"换行符"为结束标志，"英文分号"也是软件编译器识别不同语句行的基本依据。

（2）Verilog HDL 程序书写格式自由灵活，一行文本可以书写几条语句，一条语句也可以分多行书写，最终一般以"英文分号"为区分标志。例如，程序中对同类型信号的定义为：

```
input A,B;
```

也可以分开写成：

```
input A;
input B;
```

在一行代码进行多个信号定义时，中间用"英文逗号"隔开。

（3）可以用/*……*/ 和 //……对 Verilog HDL 程序做注释，/*……*/可以注释多行，//……只能对一行程序进行注释。友好的程序代码都应当加上必要的注释，可以增强程序的可读性和可维护性，便于团队更好地进行合作。

（4）空白符包括空格符（lb，即键盘的空格键）、制表符（\t，即键盘的 Tab 键）、换行符（键盘的回车键）和换页符。在编译和综合时，空白符被忽略，其中空格符、制表符在代码的文本输入中应用较为频繁。

注意 Quartus Prime 中的制表符所对应的显示的空格数量可以设置，具体操作方法是：在 Quartus Prime 主界面主菜单栏下选择"Tools"→"Options"，弹出图 2-3 所示的"Options"对话框，在对话框左侧选择"Text Editor"，然后在右侧设置"Tab size（in spaces）"。一些其他的如 Notepad 文本编辑器、Windows 系统自带的.txt 文本编辑器的制表符所对应的显示的空格数量，以及不同设计者计算机所安装的 Quartus Prime 设置的"Tab size(in spaces)"可能有所不同，这会导致相同的代码在不同文本编辑器或不同计算机的 Quartus Prime 上的显示效果不同，常常出现文本不对齐的情况。常见的设置是一个制表符等于 4 个空格符。

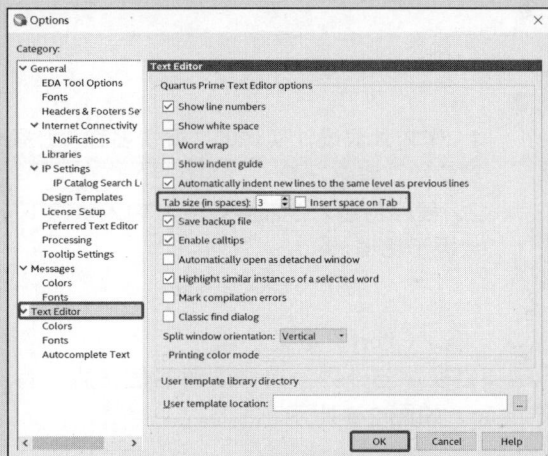

图 2-3 "Options"对话框

2. Verilog HDL 语法基本结构

和原理图法设计电路思路类似，数字电路设计前首先要明确设计的电路的端口有哪些，名称是什么，端口方向是 input（输入）、output（输出）、inout（双向）中的哪种，这些端口是一位宽信号还是多位宽信号；其次要明确要实现的功能；最后，待设计的电路可能由 1 个库器件（或者类似于一位半加器的自建器件）构成，也可能由多种库器件或用户前期设计的其他电路互连构成。明确这些要点有助于对语法基本结构理解。

Verilog HDL 模块的基本结构如图 2-4 所示。Verilog HDL 模块结构位于 module 和 endmodule 关键字之间，每个 Verilog HDL 程序包括 4 个主要部分：模块声明（包含

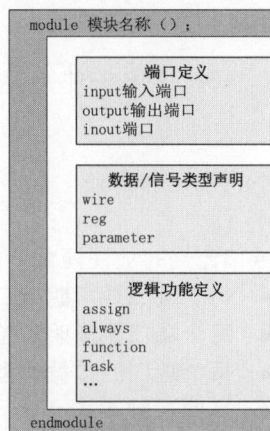

图 2-4 Verilog HDL 模块基本结构

"module 模块名称（ ）;" 与 "endmodule"）、端口定义、数据/信号类型声明和逻辑功能定义。

（1）模块声明。

Verilog HDL 程序是由 module 构成的，一般称为模块。每个狭义上的模块特指嵌在 module 和 endmodule 两个关键字之间的所有代码；每个模块实现特定的功能；每个模块可以由一个子电路组成，也可以由多个子电路组成，这些子电路一般由 always 或 assign 等语句设计，也常常称为模块，实际上是一种广义的模块。模块声明主要定义模块的名称和端口列表。模块声明格式如下：

```
//module 模块名称(端口列表);      //模块开始的关键字
module 模块名称(端口 1 名称，端口 2 名称，端口 3 名称……);          //模块开始的关键字
……
endmodule                //模块结束的关键字
```

以输入为 A、B，输出为 Y 的两输入与门逻辑电路为例：

```
module FPGA_U2_and2_V1(A,B,Y);        //模块开始的关键字
……
endmodule                //模块结束的关键字
```

以输入为四位宽信号 A、B，输出为五位宽信号 S 的四位加法器为例：

```
module  FPGA_U2_4fulladder_V1(A,B,S);        //模块开始的关键字
……
endmodule                //模块结束的关键字
```

> **注意**
>
> 1. 作为顶层设计实体的"模块名称"必须要与 Verilog HDL 文件名称一致，一般也建议和工程名一致。
> 2. 程序的输入全部要在英文输入状态下，空格、符号等尤其要注意，否则在编译时会提示错误。

（2）端口（Port）定义。

端口是模块与外界连接和通信的信号线，有 3 种常用端口方向，分别是 input、output，以及 inout，如图 2-5 所示。

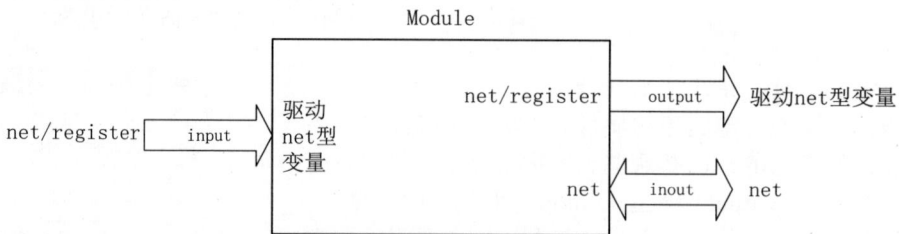

图 2-5　模块的端口示意图

端口定义时应注意如下几点：

- 每个端口要声明端口方向是 input、output、inout 中的哪一种。
- 每个端口要声明其位宽（默认为一位宽）。
- 每个端口的数据类型要声明是 wire 型、reg 型还是其他类型，默认为 wire 型。
- 其他注意事项：输入端口和双向端口不能声明为 reg 型；在测试模块中不需要定义端口。

端口定义一般有以下两种格式。

第 1 种格式：Verilog-1995 版本规定，端口定义（端口方向、位宽、数据类型）在端口列表之外单独书写。

上述 FPGA_U2_and2_V1 代码是端口定义的 Verilog-1995 支持的格式，即只在 module 后的圆括号内列出端口的名称，而端口方向（input、output 或 inout）、位宽、数据类型（reg、wire 等）和端口名称等在"module 模块名();"之后定义。

对模块的输入/输出端口要明确说明，其格式如下：

```
input   [x:0] 数据类型 端口名1, 端口名2, ……, 端口名n;    //输入端口，注意是分号
output  [x:0] 数据类型 端口名1, 端口名2, ……, 端口名n;    //输出端口
inout   [x:0] 数据类型 端口名1, 端口名2, ……, 端口名n;    //双向端口
```

以两输入与门逻辑电路为例，端口定义如下：

```
input    wire   A;     //输入端口，注意是分号
input    wire   B;     //输入端口，注意是分号
output   wire   Y;     //输出端口，注意是分号
```

因为 A、B 信号均是输入端口、wire 型，且是一位宽信号，因此 A 和 B 可合并书写。

```
input    wire   A, B;  //输入端口，注意A和B之间是逗号，结尾是分号
output   wire   Y;     //输出端口，注意是分号
```

以两输入与门逻辑电路为例，模块声明和端口定义的完整写法是：

```
module FPGA_U2_and2_V1(A,B,Y);       //模块开始的关键字
input    wire   A;     //输入端口，注意是分号
input    wire   B;     //输入端口，注意是分号
output   wire：Y;     //输出端口，注意是分号

……//电路逻辑功能定义，通俗地说就是两输入与门电路设计，此处不关注逻辑功能定义，省略

endmodule                    //模块结束的关键字
```

再以四位加法器的为例，其输入端口和输出端口均为多位宽矢量端口，端口定义如下：

```
input   [3:0] wire   A;     //输入端口，注意是分号
input   [3:0] wire   B;     //输入端口，注意是分号
output  [3:0] wire   S;     //输出端口，注意是分号
```

模块声明和端口定义的完整写法是：

```
module FPGA_U2_4fulladder_V1(A,B,S);       //模块开始的关键字
input   [3:0] wire   A;     //输入端口，注意是分号
input   [3:0] wire   B;     //输入端口，注意是分号
output  [3:0] wire   S;     //输出端口，注意是分号

……//电路逻辑功能定义，通俗地说就是四位加法器电路设计，此处省略

endmodule            //模块结束的关键字
```

第 2 种格式：Verilog-2001 版本规定，可以将模块声明和端口定义合并书写，具体是将端口定义中的端口方向、位宽、数据类型一并放在模块列表中（模块列表指的是 module 后的圆括号中）。

以两输入与门逻辑电路为例，代码如下：

```
module FPGA_U2_and2_V1(
    input  wire A,B,      //输入端口A、B
    output wire Y         //输出端口Y，注意句末无逗号
);
```

```
……//电路逻辑功能定义，通俗地说就是两输入与门电路设计，此处省略
endmodule
```

以四位加法器为例，代码如下：

```
module FPGA_U2_4fulladder_V1(
    input [3:0] wire    A,        //输入端口，注意句末逗号
    input [3:0] wire    B,        //输入端口，注意句末逗号
    output [3:0] wire   S         //输出端口，注意句末无逗号，该端口为何为wire型后续讨论
);

……//电路逻辑功能定义，通俗说就是四位加法器电路设计，此处省略

endmodule                         //模块结束的关键字
```

第 2 种格式和第 1 种格式的 FPGA_U2_and2_V1 在形式上有所区别，端口定义（包含端口方向、位宽、数据类型等）放在模块列表中声明后，在模块内部可以不需要再重复声明。这种格式更接近 C 语言函数定义的格式，例如，C 语言中函数形参 Xms 的定义如下：

```
void delay_ms(unsigned int Xms)
{
……    //函数体，省略
}
```

第 2 种格式在书写形式上更简洁，这也是业内常采用的一种格式，本书后文均采取第 2 种格式。

（3）数据/信号类型声明。

Verilog HDL 的逻辑功能模块是由可编程逻辑单元、底层嵌入功能单元、内嵌专用硬核等互连组成的，用来描述需要实现的逻辑控制行为。Verilog HDL 中有 3 种常用数据类型，分别是 net（线网）、register（寄存器）和 parameter（参数）。

- net 表示器件之间的物理连线，表示 net 数据类型的有 wire、tri 等，其中 wire 最常用。
- register 表示抽象的存储单元，但不一定对应于 D 触发器之类的存储器件。表示 register 数据类型的有 reg、integer 等，其中 reg 最常用，简称 reg 型。
- parameter 表示运行时的常数。

以上 wire 型和 reg 型最为常见，parameter 在项目 3 进行介绍，本项目不涉及。

一个电路中节点信号（图 2-6 中的内部信号 Y1 就是一个节点）、输出端口信号，以及有些输出端口信号（如两输入与门的输出）等信号均可以是 net 类型。wire 属于 net，且是最常用的一种，wire 对应于各种物理连线，例如：

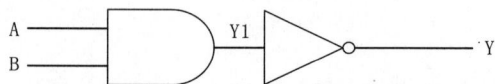

图 2-6　与非门逻辑电路

```
module FPGA_U2_Nand_V1(A,B,Y);
    input  wire  A;            //模块的输入端口为A
    input  wire  B;            //模块的输入端口为B
    output wire  Y;            //模块的输出端口为Y
    wire   Y1;

    assign Y1 = A & B;         //输入信号A和B经过与门送至Y1
    assign Y  = ~Y1;           //Y1经过非门送至Y
endmodule                      //结束模块定义
```

代码中的 A、B、Y1 可以理解为：net 型（或 wire 型）A 和 B 连接库器件两输入与门的输入端子，net 型（或 wire 型）Y1 连接库器件两输入与门的输出端子。Y1 从库器件两输入

与门的输出端子引出连接至库器件非门的输入端子，Y 连接库器件非门的输出端子。最终将 A、B、Y 作为整个设计的宏观端口。除了端口 A、B、Y 以外，内部节点信号也需要声明，即所谓的数据/信号类型声明，包含数据/信号的数据类型、位宽和名称。

wire 型是 Verilog HDL 语法默认信号的格式，所以如果在端口或节点的声明中没有定义数据类型，那么综合器在编译时会将其默认为 wire 型。reg 一词取自于 register（寄存器），寄存器可理解为多位 D 触发器并联构成的电路。因此，从语法上理解 reg 型数据表示要有触发条件，输出才会反映输入，或者抽象的存储单元，通常对应时序逻辑电路中的输出信号（如项目 1 中的计数器输出信号）。但根据编译器的综合结果，有时也对应组合逻辑，具体会在后文 if 语句和 case 语句中详细讨论。

wire 型和 reg 型的区分方法较为复杂，本书后文会逐步通过各种设计实例介绍 reg 和 wire 的经验用法，这种经验用法足以应付绝大多数设计，读者在熟悉常见代码对应的映射电路后，再回过头理解 reg 和 wire 的区别更为容易。wire 和 reg 使用方法示例如下：

```
wire       a,b,c,d,f;    //定义信号 a，b，c，d，f 为 wire 型
reg        cout;         //定义信号 cout 的数据类型为 reg 型
reg[3;0] out;            /*定义信号 out 的数据类型为 4 位 reg 型,总线型数据的表示形式（[3;0] out）
称为向量型变量*/
```

（4）逻辑功能定义。

逻辑功能定义是模块中最核心的部分，Verilog HDL 通常可以使用 4 种不同的方式描述模块实现的逻辑功能。

①结构化描述方式。

使用实例化低层次模块的方法，即调用用户其他已经定义过的低层次模块对整个电路的功能进行描述，或者直接调用 Verilog HDL 预先定义的基本门级元件描述电路的结构。

②数据流描述方式。

使用连续赋值语句（assign）对电路的逻辑功能进行描述，该方式特别便于对组合逻辑电路建模。

③行为级描述方式。

使用过程块语句结构（always）和比较抽象的高级程序语句对电路的逻辑功能进行描述。

④混合描述方式。

在模块中，结构化描述和行为级描述的结构可以自由混合，即模块描述中可以包含实例化的门、模块实例化语句、连续赋值语句以及 always 语句的混合，它们之间可以相互包含。来自 always 语句和 initial 语句（切记只有 register 型数据类型的数据/信号才可以在这两种语句中被赋值）的值能够驱动门或开关，而来自于门或连续赋值语句（只能驱动线网）的值能够反过来用于触发 always 语句和 initial 语句。

三、Verilog HDL 设计电路流程

项目 1 介绍了使用原理图输入方式设计电路的开发流程主要包含以下步骤：设计输入、编译与优化、布局布线、时序分析、编程与调试。具体到基于 Quartus Prime 软件和 FPGA 硬件的完整设计流程是：创建工程、创建 Verilog HDL 文件、设计文件编译、引脚锁定（分配）、重新全编译、仿真、编程（配置或下载）与调试。

接下来介绍 Verilog HDL 文件的创建方式，除了电路设计文件由原理图文件更改为 Verilog HDL 文件外，其余步骤全部一致。以一位半加器工程为例，将文件夹和工程设计文件命名为 FPGA_U2_halfadder。工程新建完成后，在 Quartus Prime 主界面主菜单栏下选择"File"→"New"，弹出图 2-7 所示的"New"对话框，在该对话框中选择"Verilog HDL File"，然后单击"OK"按钮即可进入图 2-8 所示的代码设计工作区界面。设计完代码后，进行全编译（或

分析与综合），此时会弹出 .v 文件保存页面，选择默认名称和路径即可。

　　本项目 2 设计的电路基本和项目 1 重复，因此，项目 2 略去对电路工程进行引脚分配、仿真等环节。取而代之的是通过 RTL 视图来分析设计的代码是否符合设计初衷。Verilog HDL 设计的工程查看 RTL 视图的操作方式为：创建工程→创建 Verilog HDL 文件→书写 Verilog HDL 代码→全编译（或分析与综合）→在 Quartus Prime 主界面主菜单栏下选择"Tool"→"Netlist Wiewers"→"RTL Viewer"，即可看到综合器翻译后的 RTL 视图。

　　编译过程是软件对程序代码进行检查语法错误、综合、映射的过程，如果代码中有不符合语法要求的代码，编译结果会提示错误，此时将编译结果框向上调整大小，双击"Messages"对话框中对应错误提示，软件会自动在代码工作区高亮显示存在问题的行。编译结果及检查问题提示如图 2-9 所示。

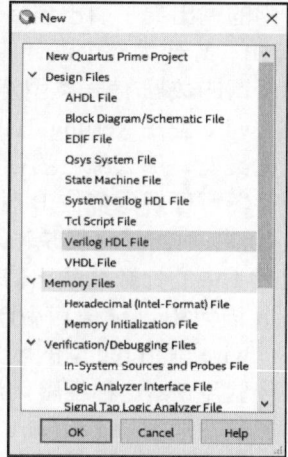

图 2-7　"New"对话框

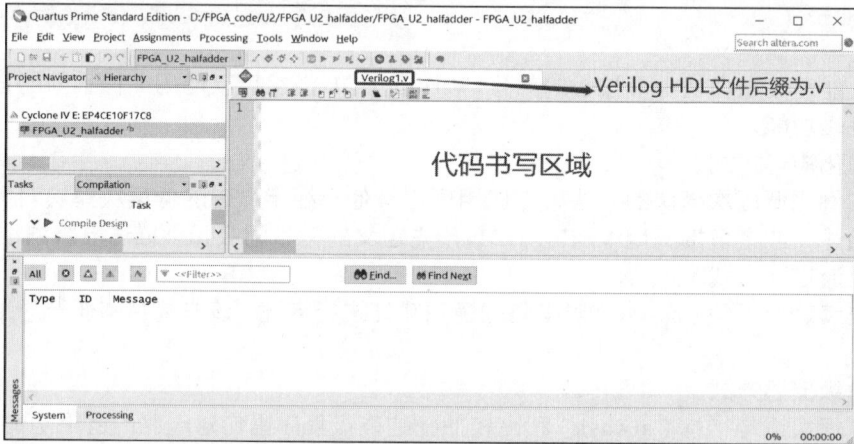

图 2-8　Verilog HDL 代码设计工作区界面

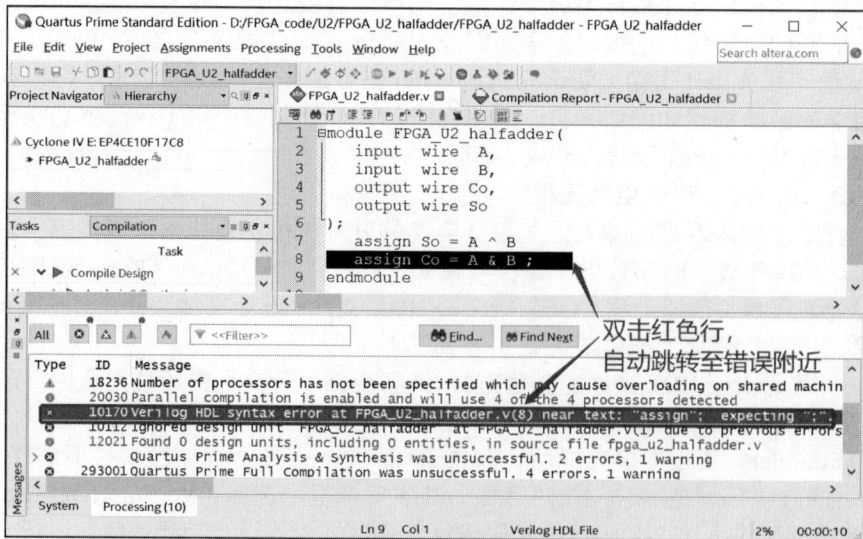

图 2-9　编译结果及检查问题提示

> **小提示** 编译结果虽然会提示代码存在问题，但是提示指向并不一定准确，仅作为检查语法问题的参考，因此，在排除程序问题时需要在报错程序的上下多行间查找不符合程序设计规范的内容。

代码编译全部通过后，仅代表语法层面符合 Verilog HDL 规定，但是 Quartus Prime 软件综合器所综合和映射的电路是否与设计初衷相吻合还须通过仿真、测试等方式予以确认。对于大部分简单电路，也可以通过 RTL 视图的分析予以确认。

四、结构化描述方式

结构化描述方式是指使用实例化低层次模块的方法，即调用用户其他已经定义过的低层次模块对整个电路的功能进行描述，或者直接调用 Verilog HDL 内部预先定义的基本门级元件描述电路的结构。使用最为广泛的是调用用户其他已经定义过的低层次模块，而直接调用 Verilog HDL 内部预先定义的基本门级元件可以看作调用用户其他已经定义过的低层次模块的一种特殊情况，即调用其他用户的其他已经定义过的低层次模块。

1. 直接调用 Verilog HDL 内部预先定义的基本门级元件

Verilog HDL 内置有 26 个基本元件（Basic Primitive），其中 14 个是门级元件（Gata-level Primitive），12 个是开关级元件（Switch-level Primitive）。这 26 个基本元件及其类型见表 2-1。其中，Verilog HDL 中丰富的原语为电路的门级结构描述提供了方便，表 2-2 所示的是部分门级电路的原语。

表 2-1 Verilog HDL 内置的 26 个基本元件及其类型

类型		元件
基本门（Basic Gate）	多输入门	and、nand、or、nor、xor、xnor
	多输出门	buf、not
三态门（Tri-state Drivers）	允许定义驱动强度	buif0、bufif1、notf0、notf1
MOS 开关（MOS Drivers）	无驱动强度	nmos、pmos、cmos、rnmos、rpmos、rcoms
双向开关（Bi_directional Drivers）	无驱动强度	tran、tranif0、tranif1
	无驱动强度	rtran、rtranif0、rtranif1
上拉、下拉电阻	允许定义驱动轻度	pullup、pulldown

表 2-2 部分门级电路的原语

原语	描述	使用
and	与门	and(yout, xin1, xin2, xin3)
nand	与非	nand(yout, xin1, xin2, xin3)
or	或门	or(yout, xin1, xin2, xin3)
nor	或非	nor(yout, xin1, xin2, xin3)
xor	异或	xor(yout, xin1, xin2, xin3)
xnor	同或	nxor(yout, xin1, xin2, xin3)

以一位半加器为例，参考图 1-15，直接调用 Verilog HDL 内部预先定义的基本门级元件（原语）描述的代码如下：

```
module FPGA_U2_halfadder_V1    //定义模块名称
(
```

```
    input wire A,B,   //定义端口方向（输入）和信号类型，注意这里没有列完端口，所以末尾为逗号
    output wire Co,So//定义端口方向（输出）和信号类型，最后不需添加符号
);                    //端口定义完成以"；"结束

    xor(So,A,B);   //调用内置门元件实现逻辑功能，内置门元件端口列表先列输出，再列输入
    and(Co,A,B);
endmodule        //模块定义结束
```

显然，xor 和 and 两个语句的顺序可以互换，这也就是常说的"FPGA 是并行运行"的缘由，图 2-10 所示的是直接调用 Verilog HDL 内部预先定义的基本门级元件的 RTL 视图。

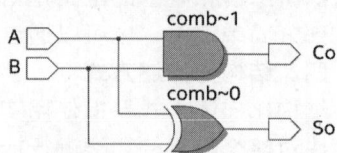

图 2-10　直接调用 Verilog HDL 内部预先定义的基本门级元件的 RTL 视图

2．调用用户其他已经定义过的低层次模块

接下来，以图 2-11 所示的一位全加器逻辑结构调用一位半加器工程中的一位半加器器件（Verilog HDL文件）设计一位全加器为例，介绍如何调用用户其他已经定义过的低层次模块这种结构化描述方式。

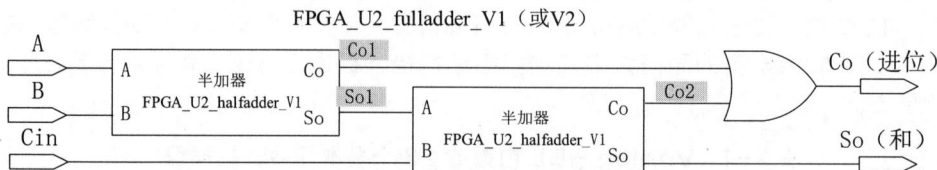

图 2-11　一位全加器逻辑结构

调用用户其他已经定义过的低层次模块又称例化。具体是在一个模块（如一位全加器）中引用/调用另一个模块（如一位半加器），对其端口进行相关连接，叫作模块实例化，常简称例化。例化建立了描述的层次，主要有"位置关联"或"名称关联"两种常见方式。

根据图 2-11 设计一位全加器时，使用两个用户自定义的一位半加器设计一位全加器时可以直接引用该模块。在（一位半加器）模块被例化时，主要工作是描述两个一位半加器端口信号 A、B、Co、So 和一位全加器端口信号 A、B、Cin、Co、So，以及一位全加器的内部信号 Co1、So1、Co2 之间的连接关系。先不关心例化的语法究竟如何设计，以下几步是必要的先行步骤。

第 1 步：创建一位全加器工程。

创建一位全加器工程后，按照图 2-7 所示方式创建一位全加器 Verilog HDL 文件。一位全加器的文件夹名称、工程名，以及后续的 Verilog HDL 文件名称均为 FPGA_U2_fulladder_V1（和 V2）。

第 2 步：复制一位半加器的 Verilog HDL 文件并添加到一位全加器工程中。

无论是位置关联例化方式还是名称关联例化方式，都应将一位半加器的 Verilog HDL 文件 FPGA_U2_halfadder_V1 复制至一位全加器文件夹"FPGA_U2_fulladder_V1"（和 V2）中。原因和项目 1 中使用原理图法调用一位半加器设计一位全加器一样，Quartus Prime 编译工程时只会在 Quartus Prime 安装目录和当前工程文件夹下检索"FPGA_U2_halfadder_V1"相关文件。

第 3 步：添加一位半加器的 Verilog HDL 文件并添加到一位全加器工程中。

因为在设计中调用了一位半加器电路，一般需要将一位半加器 Verilog HDL 文件复制到当前工程目录下，并添加到当前设计工程中。添加的操作方法如下：在 Quartus Prime 主界面

主菜单栏选择"Assignments"→"Settings",弹出图 2-12 所示的"Settings-FPGA_U2_fulladder_V1"对话框,选择左侧边栏的"Files"选项→单击右边"File name"右侧的 "..." 按钮,弹出"Select File"对话框→找到复制过来的一位半加器设计文件"FPGA_U2_halfadder_V1.v"文件→双击添加→单击"OK"按钮完成文件添加。如果将文件复制至工程根目录下,也可以不手动执行添加文件到工程中的操作,Quartus Prime 会自动识别 FPGA_U2_halfadder_V1.v 文件,并将其添加到工程中,具体应视情况而定。

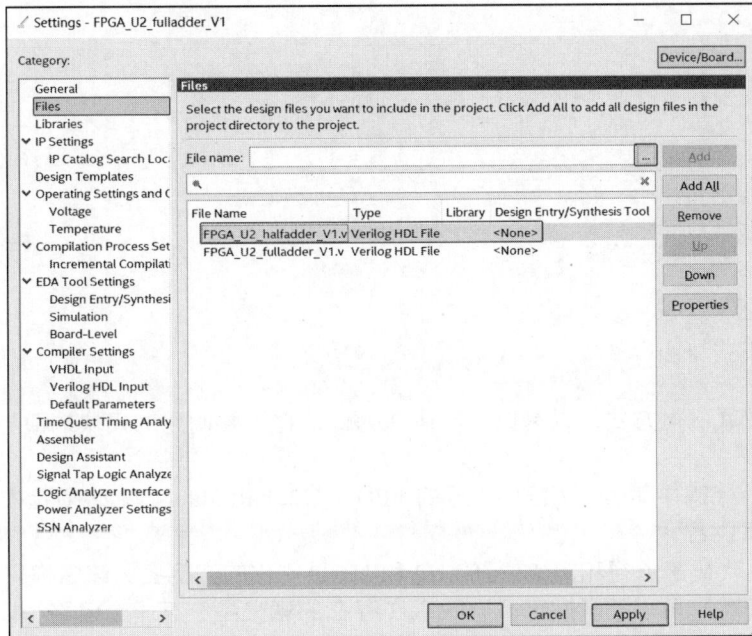

图 2-12　"Settings-FPGA_U2_fulladder_V1"对话框

第 4 步:设计一位全加器电路。

该步主要工作有两项:一是使用例化语句设计调用一位半加器;二是或门的描述。

(1)名称关联例化方式。

名称关联例化方式有以下文本风格:

```
模块名 实例名(
.端口名 1(连接信号名 1),
.端口名 2(连接信号名 2),
……
.端口名 N(连接信号 N 名)
);
```

风格 1:

```
module FPGA_U2_fulladder_V1
(   input  wire A,B,Cin,
    output wire Co,So
);
    wire Co1,Co2,So1;
    FPGA_U2_halfadder_V1 U0 (.A(A),.B(B),.So(So1),.Co(Co1));
    FPGA_U2_halfadder_V1 U1(.A(So1),.B(Cin),.So(So),.Co(Co2));
    or(Co,Co1,Co2););
endmodule
```

风格 2（推荐）：

```
module FPGA_U2_fulladder_V1        //1
(   input  wire A,B,Cin,           //2
    output wire Co,So              //3
);                                 //4
    wire Co1,Co2,So1;              //5
    FPGA_U2_halfadder_V1 U0 (      //6
     .A (A ),                      //7
     .B (B ),                      //8
     .So(So1),                     //9
     .Co(Co1)                      //10
    );                             //11
    FPGA_U2_halfadder_V1 U1(       //12
     .A (So1),                     //13
     .B (Cin),                     //14
     .So(So ),                     //15
     .Co(Co2)                      //16
    );                             //17
    or(Co,Co1,Co2);                //18
endmodule                          //19
```

采用名称关联例化方式，以常见的风格 2 为例，将需要调用的模块端口与外部信号按照其名字进行连接。

①模块名。代码中第 6 行和第 12 行的 FPGA_U2_halfadder_V1 必须是被例化模块的名称，称之例化模块名。

②实例名。代码第 6 行和第 12 行的 U0 和 U1 是例化的实例名，该名称只要符合 Verilog 语法命名规则即可，可以任意指定。U0 和 U1 存在的意义是：某一个电路（如一位半加器）可能被多次例化，可以用实例名 U0 和 U1 加以区分。

③子模块端口名称。代码第 7～10 行和第 13～16 行 "." 后的端口名称 A、B、So、Co 必须和子模块 FPGA_U2_halfadder_V1 的端口名称一致，但顺序可任意调整。

④例化模块的端口名称。代码第 7～10 行、第 13～16 行 "( )" 内的名称，和被调用的子模块端口名称可以一致也可以不一致。

⑤第 7～10 行、第 13～16 行前的 "." 是必不可少的。在例化时用 "." 符号，标明原模块定义时规定的端口名。

⑥如果某些子模块（输出）端口并不需要在外部连接，例化时可以悬空不连接，甚至删除。一般来说，input 端口在例化时不能删除，否则编译报错，output 端口在例化时可以删除。例如，在设计子模块工程时，为了测试部分信号的功能是否正确，经常将这些信号连接到输出端口以方便测试，而在该子模块被例化时悬空不连接即可。

（2）位置关联例化方式。

在例化时，位置关联例化方式严格按照模块定义的端口顺序来连接，不用标明原模块定义时规定的端口名。例如：

```
模块名 实例名(连接端口 1 信号名,连接端口 2 信号名,连接端口 3 信号名,……);

module FPGA_U2_fulladder_V2(
    input  wire A,B,Cin,
    output wire Co,So
);
    wire Co1,Co2,So1;
```

```
    FPGA_U2_halfadder_V1 U0 (A,B,So1,Co1);/*A、B、So1、Co1 必须和 FPGA_U2_halfadder_V1
端口中的 A、B、So、Co 一一对应*/
    FPGA_U2_halfadder_V1 U1 (So1,Cin,So,Co2);/* So1、Cin、So、Co2 必须和 FPGA_U2_halfadder_V1
端口中 A、B、So、Co 一一对应*/
    or(Co,Co1,Co2);
    endmodule
```

为了方便读者阅读，被例化的一位半加器端口代码重述如下：

```
module FPGA_U2_halfadder_V1      //定义模块名称
(
    input  wire A,B, //定义端口方向（输入）和信号类型，注意这里没有列完端口，所以为逗号
    output wire Co,So//定义端口方向（输出）和信号类型，最后不需添加符号
);                               //端口定义完成以";"结束
```

module FPGA_U2_fulladder_V2 代码中 U0 和 U1 后信号的名称顺序必须和 module FPGA_U2_halfadder_V1 顺序完全一致，否则连接关系不对应。

名称关联例化方式的好处在于可以用端口名与被引用模块的端口相对应，而不必严格按端口顺序对应（各端口名顺序可以任意调整），提高了程序的可读性和可移植性，同时当被例化模块的端口发生改变时，更易于修改。通过两种描述方式可以看出，无论哪一种例化方式，都是对照逻辑电路硬件方案进行描述。图 2-13 所示的是名称关联例化方式和位置关联例化方式的 RTL 视图，但内部节点信号 Co1、Co2、So1 综合时会被优化掉。

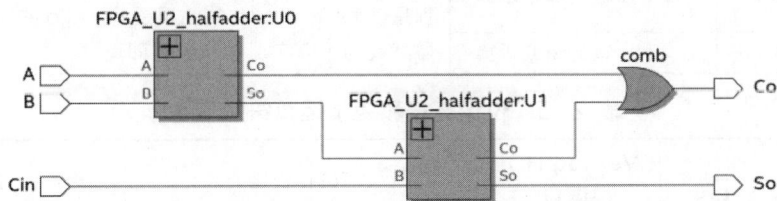

图 2-13　名称关联例化方式和位置关联例化方式的 RTL 视图

五、数据流描述方式

1. 位运算符

表 2-3 所示为 Verilog HDL 中部分位运算符的介绍。

表 2-3　位运算符介绍（部分）

符号	使用方法	说明	特殊情况
~	~a	将 a 的每个位进行取反	如果运算符左右两侧数据只有一位，则表达的实际就是与或非等基础逻辑门，例如~和!、&和&&、|和||等描述的电路完全一致
&	a&b	将 a 的每个位与 b 相同的位进行相与	
|	a|b	将 a 的每个位与 b 相同的位进行相或	
^	a^b	将 a 的每个位与 b 相同的位进行异或	

案例 1：位运算符设计两输入与门

以两输入与门为例，使用位运算符描述时的代码如下：

```
module FPGA_U2_and2_V1(A,B,Y);    //定义模块，模块名称为 FPGA_U2_and2,端口列表 A、B、Y
    input  wire  A;                //模块的输入端口为 A
    input  wire  B;                //模块的输入端口为 B
    output wire  Y;                //模块的输出端口为 Y
```

```
assign Y = A & B;
endmodule
//assign可理解为as+sign，寓意：就像（as）+画图或画符号一样（sign）
```

　　"assign Y = A & B ;"的语法层面的含义是：将右侧的 A、B 做与运算，结果赋值给 Y。
编译器编译该语句的过程就是适配一个可以实现该"语法层面的含义"的电路，显然两输入与门是一个最优方案。位运算符设计两输入与门的 RTL 视图如图 2-14 所示。因此，assign 可以理解为连线操作。

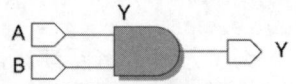

图 2-14　位运算符设计两输入
与门 RTL 视图

　　2. 逻辑运算符

　　表 2-4 所示为 Verilog HDL 中部分逻辑运算符的介绍。位运算符和逻辑运算符有一定相似性。表 2-5 所示为位运算符和逻辑运算符的区别。几种常见的位运算符和逻辑运算符相关的 Verilog HDL 语句和软件自动得到的 RTL 视图的对应关系如表 2-5 所示。

表 2-4　逻辑运算符介绍（部分）

符号	使用方法	说明	注意事项
!	! a	对 a 做逻辑取反运算	如果 a 或者 b 是多位宽信号，那么应将 a 或者 b 看作一个整体。a 只要不是全 0，则认为 a 是真，只有全 0 才认为是 0，即"非全 0 即真"；b 道理相同。
&&	a&&b	a 和 b 做逻辑与运算	例如，a 和 b 分别是二进制 101、000，a、b 的结果分别是 1 和 0，a&&b 的结果是 0，a||b 的结果是 1。
||	a||b	a 和 b 做逻辑或运算	显然或门可以实现"非全 0 即真"

表 2-5　位运算符和逻辑运算符的区别

端口			Verilog HDL 语句	RTL 视图	描述
输入		输出			
a	b	c	assign c=a&b		将 a 和 b 进行（位）与运算，赋给 c
a	b	c	assign =a&&b		将 a 和 b 进行（逻辑）与运算，赋给 c
a[1:0]	b[1:0]	c[1:0]	assign c=a&b		a 高位和 b 高位（位）与，赋给 c 高位；a 低位和 b 低位（位）与，赋给 c 低位
a[1:0]	b[1:0]	c	assign c=a&&b		先将 a[1:0]、b[1:0] 均视为"非全 0 即真"，再做（逻辑）与运算

　　逻辑运算符：被逻辑运算的对象认为是一位宽二进制，且结果也为一位宽二进制。如果被逻辑与、或、非的对象是多位二进制，那么需要将输入先进行转换，转换的原则是多位二进制"非全 0 即真"，显然或门可以实现"非全 0 即真"；再对转换后的一位宽逻辑结果进行逻辑运算。

　　位运算符：被位运算的对象认为是多位二进制（也可以是一位二进制），运算时两个对象"位位相对"进行运算，其结果和输入信号位宽一致。

　　如果被位运算的对象是一位宽二进制，那么逻辑运算和位运算无区别。

案例 2：位运算符或逻辑运算符设计一位半加器

使用数据流描述方式（位运算符或逻辑运算符）设计一位半加器。根据项目 1 介绍的一位半加器逻辑函数重述如下：

$$So = A \oplus B \qquad\qquad\qquad (2\text{-}1)$$

$$Co = A \bullet B \qquad\qquad\qquad (2\text{-}2)$$

使用 Verilog HDL 定义模块逻辑功能时，可以直接使用数据流描述方式来实现逻辑表达式以完成电路设计，数据流描述方式需要用到 assign 语句，具体操作程序如下：

```
module FPGA_U2_halfadder_V2(
    input  wire  A,
    input  wire  B,
    output wire Co,
    output wire So
);

    assign So = A ^ B ;
    assign Co = A & B ;
//上面两行 assign 代码也可以写成下面的形式,但不推荐以下形式
//assign So = A ^ B ,
//          Co = A & B ;
//注意只写一个 assign 时，第 1 行代码后要用英文逗号，不能用英文分号
endmodule
```

在 Verilog HDL 中关键字"assign"是连续赋值语句的标识符，其使用基本格式如下：

```
assign 信号 = 表达式
```

被赋值的对象，可以是一个完整信号、信号的部分位，也可以使用连接符{ }将多个信号连接进行组合，但左侧的信号类型必须是 wire 型变量。"表达式"可以是某个输入类型或双向类型的端口名、某个内部节点信号、某个内部节点信号的部分位选择、内部节点和端口信号之间的组合、信号与操作符（例如与门&就是操作符）的组合、函数调用等。图 2-15 所示为一位半加器 RTL 视图。

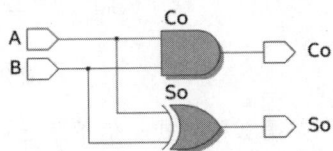

图 2-15　一位半加器 RTL 视图

因此，多条 assign 语句互换顺序，并未改变电路的物理连接关系，这也就解释了"多条 assign 语句顺序可以互换，相互独立且并行执行"。

案例 3：位运算符或逻辑运算符设计一位全加器

由前几节一位全加器和一位半加器的介绍，易得图 2-16 所示的一位全加器的电路。可以使用位运算符或者逻辑运算符直接完成一位全加器的设计。

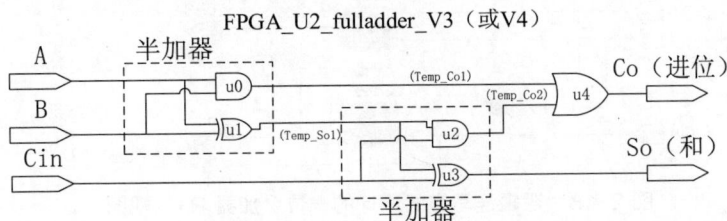

图 2-16　一位全加器电路结构

第 1 种方式：每个 assign（位运算符）语句只描述一个基本逻辑单元，对于电路内部信

号使用 wire 进行定义。显然 wire 型变量或信号可理解为连线或连线节点。在实际代码书写过程中，如图 2-16 所示，可以对图中器件使用自定义名称 u0、u1、u2 和 u3 进行简单地标记以免混淆，并逐个器件进行描述，提升成功率。

```
module FPGA_U2_fulladder_V3(
    input    wire A,B,Cin,
    output   wire Co,So
);
//数据类型定义
wire Temp_So1;
wire Temp_Co1;
wire Temp_Co2;

assign Temp_Co1 = A & B;//u0
assign Temp_So1 = A ^ B;//u1

assign Temp_Co2 = Temp_So1 & Cin;//u2
assign So       = Temp_So1 ^ Cin;//u3

assign Co       = Temp_Co1 | Temp_Co2;//u4
endmodule
```

位运算符设计的一位全加器 RTL 视图如图 2-17 所示。

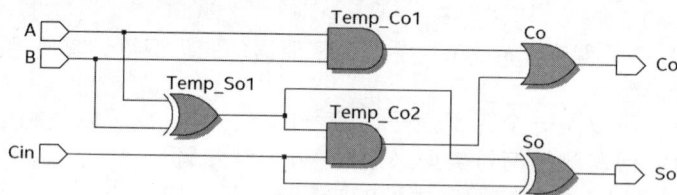

图 2-17　位运算符设计的一位全加器 RTL 视图

第 2 种方式：仍采用 assign（位运算符）语句，但采取逻辑连写的方式。

```
module FPGA_U2_fulladder_V4(
    input    wire A,B,Cin,
    output   wire Co,So
);
assign Co       = (A&B)|((A^B)&Cin);
assign So       = Cin^(A^B);
endmodule
```

逻辑连写方式设计的一位全加器 RTL 视图如图 2-18 所示。

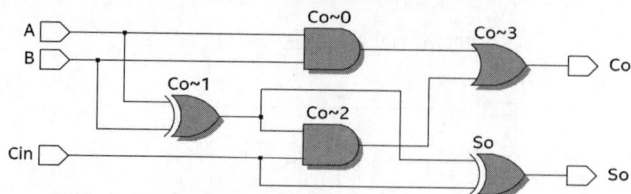

图 2-18　逻辑连写方式设计的一位全加器 RTL 视图

3. 算术运算符

上述数据流描述方法主要从逻辑运算的角度来实现，回到一位半加器电路设计原本的要求，加法运算是算术运算的一种形式，因此，可以直接使用算术运算方式来完成设计。Verilog

HDL 中常用的算术运算符及其使用方法见表 2-6。

表 2-6　Verilog HDL 中常用的算术运算符及其使用方法

符号	使用方法	说明
+	a+b	a 加 b，加法器
−	a−b	a 减 b，加法器及数据转换电路
*	a*b	a 乘 b，乘法器
/	a/b	a 除 b 取商，除法器
%	a%b	a 除以 b 取余，取模电路

注：应特别注意输入、输出位宽

案例 1：算术运算符设计一位半加器

一位半加器的输入是两个一位宽信号，加法运算后的信号最多是二位宽结果，为了防止信号溢出，需要用二位宽的信号来表示结果。Verilog HDL 程序代码如下：

```
module FPGA_U2_halfadder_V3(
    input  wire      A,B,
    output wire [1:0]Y
);
    assign Y = A + B;
endmodule
```

算术运算符设计的一位半加器的 RTL 视图如图 2-19 所示，output wire [1:0]Y 定义了类型为 wire 的二位宽输出信号 Y，这种表示方式称为向量表示法，Y 表示整个向量。向量的每一位可以用中括号中的序号值进行指代，Y 的高位是 Y[1]，低位是 Y[0]，通过 assign 语句对 A + B 的计算结果进行赋值，将 A + B 和的低位赋给 Y[0]，高位赋给 Y[1]，显然 Y[1] 和 Y[0]对应图 2-16 中的 Co 和 So。同样可以将 assign Y = A + B 理解为：将两个一位宽连线或端口 A 和 B 连接到加法器电路的输入端，将加法器的输出结果连接到二位宽信号或端口 Y。

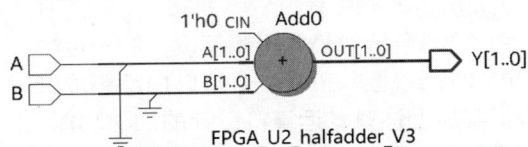

图 2-19　算术运算符设计的一位半加器的 RTL 视图（1）

以算术运算符完成加法运算还可以采用下面的程序完成。

```
module FPGA_U2_halfadder_V4(
    input wire A,B,
    output wire So,Co
);
    assign {Co,So} = A + B;
endmodule
```

上例中"{ }"作为连接符，将 So 和 Co 信号进行组合，相当于将 Co 和 So 合并为一个两位宽的虚拟信号，该虚拟信号的高位为 Co，低位为 So。A 和 B 是一位宽信号，算术运算符"+"一般会综合成加法器，该加法器的输入是 A 和 B，输出是虚拟信号 {Co，So}连接加法器的输出端。其 RTL 视图如图 2-20 所示。

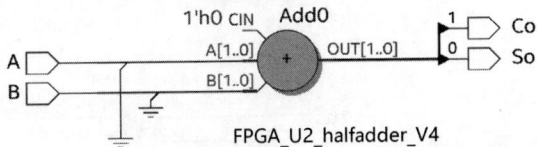

图 2-20　算术运算符设计的一位半加器的 RTL 视图（2）

需要注意的是，N 位二进制信号 A 和 N 位二进制信号 B 经过加法的完整的结果必然是

$N+1$ 位，以一位宽二进制 A 和一位宽二进制 B 为例，一位宽二进制数 A 和一位宽二进制数 B 加法的结果最大值可能是十进制值 2，也就是两位二进制数 10；而 Quartus Prime 中自带的加法器器件输入和输出位宽是一致的，这就是图 2-19 和图 2-20 综合出的加法器输入节点均为二位宽的原图。为了不影响加法器两个输入值大小，图 2-19 和图 2-20 中加法器的两个二位宽输入节点高位分别接入固定值 1'h0，低位分别连接输入端口 A 和 B。图 2-20 输出 OUT[1:0] 接输出端口 Y[1:0]；图 2-19 中输出 OUT[1] 连接输出端口 Co，OUT[0] 接输出端口 So。

此处 1'h0 中的 1 表示一位宽数据或一根线，h 代表十六进制，0 代表"该一根线或一位宽数据的值，用十六进制表示是 0"。再如 5'h8 表示十六进制数 8，对应的二进制是"01000"。Verilog HDL 中常用的常数表示方法见表 2-7。

表 2-7　Verilog HDL 中常用的常数表示方法

进制	举例	含义	备注
二进制	4'b0101	4 位二进制或 4 根线，二进制 0101	也可表示成 4'b101
十进制	4'd2	4 位二进制或 4 根线，对应二进制 0010	也可表示成 4'h2 或 4'b0010
十六进制	4'ha	4 位二进制或 4 根线，对应二进制 1010	也可表示成 4'd10 或 4'b1010

将 A+B 的和分别赋给 So 和 Co。利用"{　}"连接符组合任意信号，那么将一位宽输入信号转换成 2 位宽信号也可实现同样的结果，具体是将信号 A 与 B 与高位 0 进行组合，实现两位加法运算，语句如下：

```
module FPGA_U2_halfadder_V5(
    input   wire      A,B,
    output  wire  [1:0]Y
);
    assign Y = {1'b0,A} + {1'b0,B};
endmodule
```

图 2-21 所示为算术运算符设计的一位半加器的 RTL 视图，FPGA 直接以内部集成的加法器实现上述算术运算符设计的加法功能。

案例 2：算术运算符设计一位全加器

使用算术运算符设计一位全加器的代码如下，逻辑功能定义语句使用了两个加法操作符"+"。

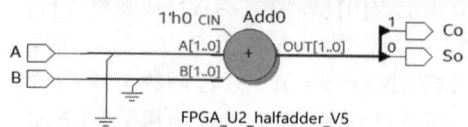

图 2-21　算术运算符设计的一位半加器 RTL 视图（3）

```
module FPGA_U2_fulladder_V5(
    input wire A,B,Cin,
    output wire Co,So
);
assign {Co,So}=A+B+Cin;

endmodule
```

编译器综合出的一位全加器的 RTL 视图如图 2-22 所示，包含两个二位宽加法器。

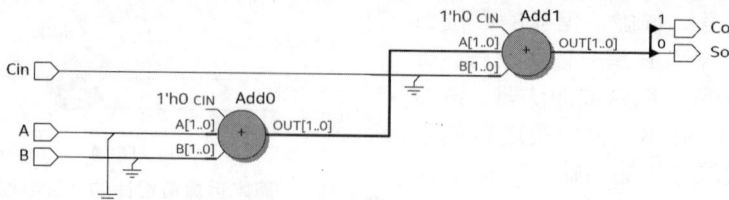

图 2-22　编译器综合出的一位全加器的 RTL 视图

> **注意** 逻辑运算符、位运算符、算术运算符以及后文将要介绍的条件运算符可以以数据流描述方式直接实现，也可以嵌套在行为级描述方式中，使用方法非常灵活。

2.1.2 【任务实施】结构化描述和数据流描述方式实现四位加法器

由上文所讲述的内容可知，实现一位全加器的设计，可以采用调用一位半加器实现一位全加器或者直接描述输入输出逻辑或算术关系的方式实现，具体是分别以结构化描述方式和数据流描述方式进行设计，接下来使用这两种描述方式设计四位加法器。

微课 2-1-2
任务实施

一、结构化描述方式应用——设计四位加法器

任务要求：先使用数据流描述方式（算术运算符）设计一位全加器，再使用例化方式设计四位加法器，如图 2-23 所示。

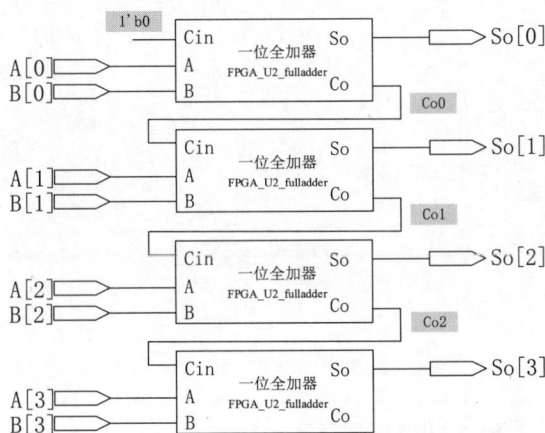

图 2-23 一位全加器设计四位加法器

重述使用数据流描述方式（算术运算符）设计一位全加器的代码如下：

```
module FPGA_U2_fulladder_V5(
    input wire A,B,Cin,
    output wire Co,So
);
assign {Co,So}=A+B+Cin;

endmodule
```

参考图 2-23，采用名称关联例化方式设计的四位加法器代码如下，RTL 视图如图 2-24 所示。

```
module FPGA_U2_4fulladder_V1(
    input  wire [3:0] A,
    input  wire [3:0] B,
    output wire [3:0] S
);
wire Co0,Co1,Co2;
FPGA_U2_fulladder_V5 u0(
.Cin(1'b0),
```

```
.A   (A[0]),
.B   (B[0]),
.So (S[0]),
.Co (Co0 )
);
FPGA_U2_fulladder_V5 u1(
.Cin(Co0 ),
.A   (A[1]),
.B   (B[1]),
.So (S[1]),
.Co (Co1 )
);
FPGA_U2_fulladder_V5 u2(
.Cin(Co1),
.A   (A[2]),
.B   (B[2]),
.So (S[2]),
.Co (Co2 )
);
FPGA_U2_fulladder_V5 u3(
.Cin(Co2),
.A   (A[3]),
.B   (B[3]),
.So (S[3]),
.Co (    )
);
endmodule
```

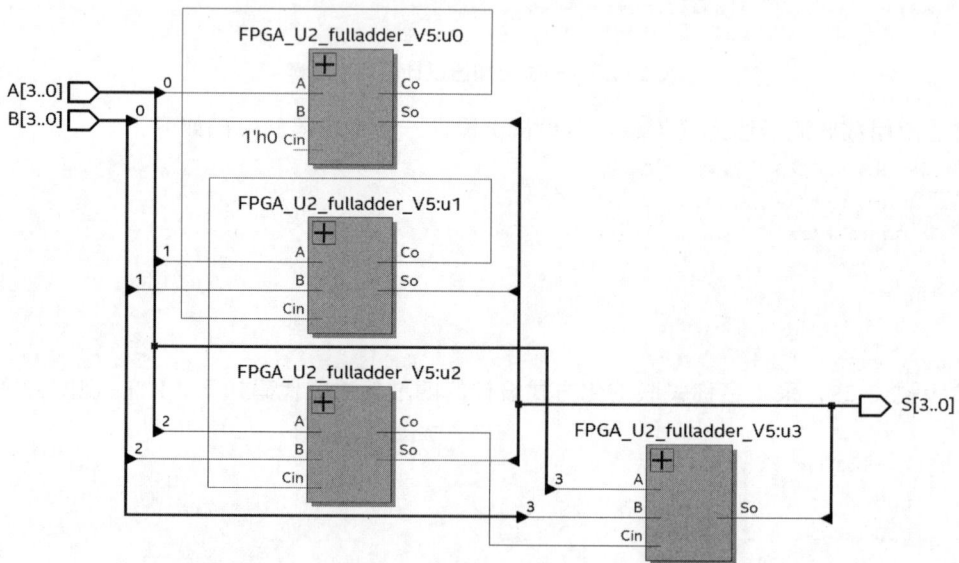

图 2-24　名称关联例化方式设计的四位加法器 RTL 视图

二、数据流描述方式应用——设计四位加法器

任务要求：使用数据流描述方式（算术运算符）设计四位加法器。

以上方式虽相较项目 1 的原理图法设计四位加法器更为简便，但是相较于直接使用数据流描述方式（算术运算符）操作难度更大。以下是直接使用算术运算符设计四位加法器的代码，算术运算符设计的四位加法器 RTL 视图如图 2-25 所示。

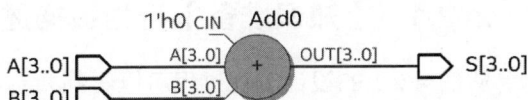

图 2-25　算术运算符设计的四位加法器 RTL 视图

```
module FPGA_U2_4fulladder_V2(
    input  wire [3:0] A,
    input  wire [3:0] B,
    output wire [3:0] S
);
assign  S= A+B;
endmodule
```

任务 2.1 的案例中，介绍了数据流描述方式（位运算符和逻辑运算符）、数据流描述方式（算术运算符）+结构化描述方式这两种电路描述方式。

对于门级电路的描述，数据流描述方式（位运算符和逻辑运算符）相较结构化描述方式（Verilog HDL 内置的门级元件）更为便捷。对于加法器等更高层级的电路设计，数据流描述方式（算术运算符）相较于数据流描述方式（位运算符和逻辑运算符），或者数据流描述方式（位运算符和逻辑运算符）+结构化描述方式（调用用户其他已经定义过的低层次模块）更为简便。

调用用户其他已经定义过的低层次模块这种结构化描述方式在更大规模的电路设计中优越性尤为明显，这在本书后几个项目中会反复使用。FPGA_U2_4fulladder_V1 配合 FPGA_U2_fulladder_V5 使用混合的方式描述四位加法器，应用了数据流描述方式和结构化描述方式，属于 4 种逻辑功能定义方式中的混合描述方式。

Verilog HDL 相较原理图法设计电路，从操作的时效性和代码的维护性上更为高效和便捷。但是，Verilog HDL 在语法层面相较原理图法更为复杂。实际本书只罗列了 Verilog HDL 中的部分语法，且项目 2 电路几乎是对项目 1 电路的重复设计，这种编排模式是为了降低初学者学习 Verilog HDL 的难度。可以看出，在设计电路时，先明确电路的功能以及框架结构，再根据所需功能使用恰当的 Verilog HDL 语句描述电路，这种流程思路更为清晰，也是一种规范的流程。因此，Verilog HDL 仅是一种表述电路连接关系或者设计电路的工具。

小提示

　　1.模块内部的或者小型组合逻辑电路，优先考虑使用数据流描述方式。
　　2.对于大型工程，一般会使用结构化描述方式例化用户自定义子模块后分层次设计，而用户自定义子模块的实现更多的是以行为级描述方式为主。

任务 2.2　Verilog HDL 实现十进制计数器

任务导入

硬件：FPGA 芯片型号为 EP4CE10F17C8 的电路板。

软件：Quartus Prime 17.1 软件。

任务：以 Verilog HDL 中的行为级描述方式为主的混合描述方式设计十进制计数器。

2.2.1 【知识准备】行为级描述方式和混合描述方式

从任务 2.1 的设计实现过程可以看到，结构化描述方式与数字电路直接对应，但是在电路描述过程中，需要根据设计原理通过代码逐段设置连接关系，当电路复杂的时候代码较为烦琐，一般在设计中，如果没有可以直接例化调用的电路设计，那么通常选择数据流描述方式或者行为级描述方式进行设计。

微课 2-2-1
知识准备

一、行为级描述方式——if 语句描述组合逻辑电路

在逻辑电路中，常常需要根据某些条件或状态在几个可能的信号或者数值中进行选择，一个典型的例子就是数据选择器，其输出为选择控制端所选择的某一路输入信号值。Verilog HDL 提供了一个行为级描述方式 if 语句，可以简单地实现这种选择性电路，同时可以在 if 语句描述的数据选择器基础上延伸，需要选择的数据由程序中"if(条件表达式)"中的条件表达式决定。表 2-8 所示的是条件表达式中常用的关系运算符和等式运算符。

表 2-8 关系运算符和等式运算符

运算符类型	符号	运算符执行效果	备注
等式运算	==	判断逻辑等于，或者数值等于	结果为一位宽二进制真（1）或假（0）
	!=	判断逻辑不等于，或者数值不等于	
关系运算	>	判断大于	
	<	判断小于	
	>=	判断大于等于	
	<=	判断小于等于	

在逻辑电路设计中通常会涉及根据某一个或者几个信号的状态确定下一步该执行何种处理的情况，此时需要使用到 Verilog HDL 的条件语句或者决策语句，使用条件语句根据待判断信号的当前值执行不同的处理流程。最为常见的条件判断语句有 if 语句和 case 语句，接下来先介绍 if 语句。

if 语句 3 种常用方式如下。

方式 1：

```
if（条件表达式）
    语句 1；
```

方式 2：

```
if（条件表达式）
    语句 1；
else
    语句 2；
```

方式 3：

```
if（条件表达式 1）
    语句 1；
else  if（条件表达式 2）
    语句 2；
else  if（条件表达式 3）
    语句 3；
……
else  if（条件表达式 n-1）
    语句 n-1；
```

```
else
    语句 n;
```

if 语句中的条件表达式（括号中的条件表达式）一般为逻辑表达式或者关系表达式或者就一个变量。如果表达式的值为 0，则按照"假"处理；若不为 0（例如数值十进制数 7），则按照"真"处理。在应用中，else if 分支的语句数目由实际情况决定，可以有多条 else if 分支，也可以无 else if 分支。if 语句中的 else 可以省略，但在描述组合逻辑中，如果省略 else，软件编译虽然会通过，但会在编译时由综合器综合出锁存器电路，进而导致综合出的电路功能和预期不一致，且极难查错。

> **注意**　强烈建议，if 语句必须以 else 分支收尾，避免综合出锁存器。

if-else 语句是一种 Verilog HDL 行为级描述的定义方式，而行为级描述语句必须嵌套在 always 或者 initial 语句的结构中，电路设计中一般以 always 更为常见，而 initial 语句常出现在仿真的测试激励文件中。

一个 always 结构可以只包含一条语句，也可以包含多条语句。一个典型 module 中可以包含多个 always 结构，每一个 always 可以设计一个功能完整的子电路。always+if 语句的一个重要特征是所包含的语句按给出优先级顺序依次判决生成输出，这与连续赋值语句不同，连续赋值是同时运算的，因此，不包含优先级的概念。在 always 结构中"@"符号后面"（　）"中的部分称为敏感事件列表。这个列表对于使用 Verilog HDL 进行仿真是很重要的，当敏感事件列表中的一个或多个信号值改变时，程序才执行 always 结构中的语句。这种方式简化了仿真过程的复杂度。当用 Verilog HDL 进行电路综合时，敏感事件列表直观展示哪些信号会影响 always 结构产生的输出。always 语句使用方式如下。

```
always@（敏感事件列表）begin//begin 和 end 可以省略
    语句 1;
    语句 2;
end//begin 和 end 可以省略
```

> **小技巧**　if、case 等语句要写在 always（或 initial）中，而所有在 always（或 initial）中被赋值的信号或变量要定义为 reg 型。always 从文字角度可以理解为"每当"。

使用 always 语句设计电路需要注意以下几点。

（1）以下是一种易于记忆的规律，如果使用行为级描述语句给信号赋值，Verilog HDL 语法要求，①if 和 case 等行为级描述语句要在 always（或 initial）中书写；②凡是在 always（或 initial）块中被赋值的信号或变量要被定义为 reg 类型，例如：

```
always@（S,B）//always@ (S or B)
if(S == 0)
A = B;//变量 A 要定义为 reg 类型，否则编译时会提示错误
```

（2）敏感事件列表有多个信号时，可以用逗号分别隔开，或者使用 or 进行分隔。敏感事件列表中还可以是运算式或者使用"{　}"连接符表示的信号。Verilog-2001 标准允许敏感事件列表直接用"*"代替，表示将所有输入信号均加入敏感事件列表，软件会自动识别。如果是 Verilog-1995 标准，则敏感事件列表不能用"*"代替。

1. 二选一数据选择器

使用 if 语句设计一位二选一数据选择器，其中两个数据输入端子分别为 DataA_in 和 DataB_in，输入的数据选择端子为 S，输出数据端子为 Y_out。用文字性语言描述其功能：当数据选择端子 S 为 1 时，将输入数据 DataA_in 传送给 Y_out，否则将输入数据 DataB_in 传送给 Y_out。代码如下，二选一数据选择器的 RTL 视图如图 2-26 所示。

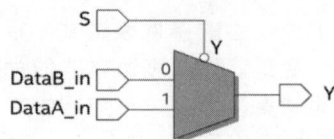

图 2-26　二选一数据选择器的 RTL 视图

```
module FPGA_U2_1mux21_V1
(
    input wire DataA_in,
    input wire DataB_in,
    input wire S,
    output reg Y_out
);
always@ (DataA_in,DataB_in,S)//()内应写该always描述的电路的所有输入端口，或者always@ (*)
    if(S == 1)
        Y_out = DataA_in;
    else
        Y_out = DataB_in;
endmodule
```

从程序角度理解，在程序中 always 定义了程序块，在敏感事件列表中列举了被侦测信号，整个程序块理解为，每当 DataA_in、DataB_in、S 三个信号中任意一个发生变化，则进入条件判断语句，当 S==1 为真时，将 DataA_in 传送给输出，反之则将 DataB_in 传送给输出。从电路角度理解，always 是一个独立的电路，敏感事件列表中的信号应是该独立电路的所有输入端口；被赋值的信号 Y_out 是该电路的输出端口；当输入端口的值发生变化，显然输出端口的值可能会发生变化。修改端口信号位宽，得到四位二选一数据选择器，代码如下：

```
module FPGA_U2_4mux21_V1
(
    input wire [3:0]DataA_in,
    input wire [3:0]DataB_in,
    input wire      S,
    output reg [3:0]Y_out
);
always@ (DataA_in,DataB_in,S)//()内应写该always描述的电路的所有输入端口，或者always@ (*)
    if(S == 1)
        Y_out = DataA_in;
    else
        Y_out = DataB_in;
endmodule
```

2. 四位比较器

记四位比较器的输入数据分别为 A 和 B，输出信号有 3 个，分别是代表 3 种比较结果的 AGB（A 大于 B）、AEB（A 等于 B）和 ALB（A 小于 B）。四位比较器的功能是当 A 大于 B 时 AGB 为 1，否则为 0；当 A 等于 B 时 AEB 为 1，否则为 0；当 A 小于 B 时 ALB 为 1，否则为 0。

第 1 种代码格式——独立书写。示例代码如下：

```
module FPGA_U2_compare_V1(
    input [3:0]A,
```

```
    input [3:0]B,
    output reg AGB,
    output reg AEB,
    output reg ALB
);

always@(A,B)//或简写作 always@(*)
    if(A>B)
        AGB = 1'b1;
    else
        AGB = 1'b0;
always@(A,B)//或简写作 always@(*)
    if(A==B)
        AEB = 1'b1;
    else
        AEB = 1'b0;

always@(A,B)//或简写作 always@(*)
    if(A<B)
        ALB = 1'b1;
    else
        ALB = 1'b0;
endmodule
```

第 2 种代码格式——合并书写。示例代码如下：

```
module FPGA_U2_compare_V2(
    input [3:0]A,
    input [3:0]B,
    output reg AGB,
    output reg AEB,
    output reg ALB
);

always@(A,B)//或简写作 always@(*)
    if(A>B)begin
        AGB = 1'b1;
        AEB = 1'b0;
        ALB = 1'b0;
    end
    else if(A==B)begin
        AGB = 1'b0;
        AEB = 1'b1;
        ALB = 1'b0;
    end

    else begin//其余情况实际就是 A<B
        AGB = 1'b0;
        AEB = 1'b0;
        ALB = 1'b1;
    end
endmodule
```

两种代码格式对应的 RTL 视图如图 2-27 所示。

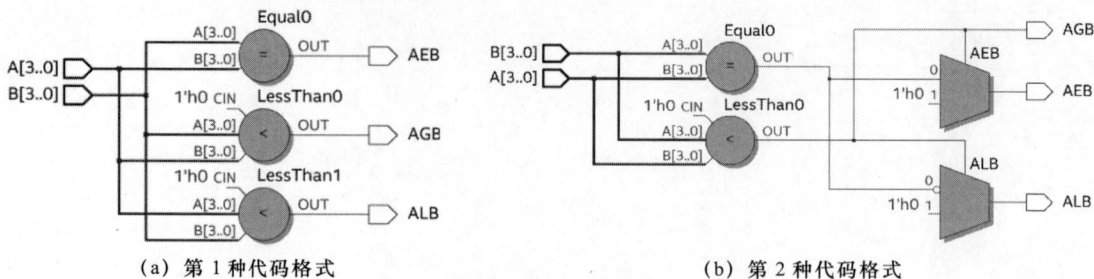

(a) 第 1 种代码格式　　　　　　　　　　(b) 第 2 种代码格式

图 2-27　两种代码格式对应的 RTL 视图

Verilog HDL 没有 C 语言中标记某段程序起始和结束的"{……}"符号，取而代之的是使用"begin……end"作为某段代码的起始和结束的标记。以上 2 例中第 1 例在 always 处没有使用"begin……end"语句，第 2 例使用了"begin……end"语句。if 语句某种条件分支下有多个信号被同时赋值，这种情况在分支处必须添加"begin……end"语句，否则编译报错。

其中 begin 可以写在 if 所在行之后，也可以写在 if 所在行之下，二者没有区别，大多数设计者更习惯前者。

第 2 种格式的常见错误如下：

```
module FPGA_U2_compare_V2(
    input [3:0]A,
    input [3:0]B,
    output reg AGB,
    output reg AEB,
    output reg ALB
);

always@(A,B)//或简写作 always@(*)
    if(A>B)begin
        AGB = 1'b1;
    end
    else if(A==B)begin
        AEB = 1'b1;
    end
    else begin//其余情况实际就是 A<B
        ALB = 1'b1;
    end
endmodule
```

以 AGB 为例，在 A 等于 B 和 A 小于 B 这两种情况下，未明确 AGB 的取值，编译器则默认是保持不变；再考虑到 AGB 在 A 大于 B 这种情况下是 1'b1，因此，图 2-28 所示综合的结果是 AGB 恒为 1'h1，这显然和设计初衷是相违背的。

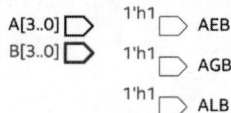

图 2-28　if 语法的比较器电路错误示例

3. 十进制计数器组合逻辑部分（常规方式）

图 1-70 所示十进制计数器组合逻辑电路部分的功能是：当输入数据小于 9 时，输出是输入数据加 1，否则是 4'd0。以下给出 3 种电路以逐步实现十进制计数器组合逻辑电路部分。

第 1 步：数据选择器（选择端子源自比较器），示例代码如下：

```
module FPGA_U2_cnt_of_comb1_V1(
    input       [3:0]DataA_in,
    input       [3:0]DataB_in,
    input       [3:0]DataComp_in,
    output reg  [3:0]DataSel_out
);

always@(DataA_in,DataB_in,DataComp_in)//或简写作 always@(*)
    if(DataComp_in<4'd9)
        DataSel_out = DataA_in;
    else
        DataSel_out = DataB_in;
endmodule
```

图 2-29 所示的是以上代码对应的 RTL 视图，可以看出 if 语句综合出二选一数据选择器，if 后 "( )" 内的条件表达式综合为一个比较器，比较器的输出只有真和假两种情况，并作为二选一数据选择器的选择端子。

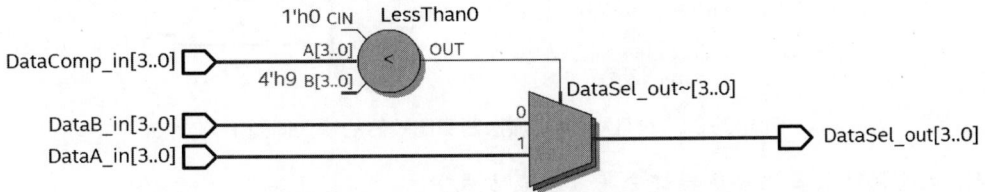

图 2-29　RTL 视图（选择端子源自比较器）

第 2 步：数据选择器（选择端子源自比较器，输入数据端子源自固定值和加法器），示例代码如下：

```
module FPGA_U2_cnt_of_comb2_V1(
    input       [3:0]DataA_in,
    input       [3:0]DataComp_in,
    output reg  [3:0]DataSel_out
);

always@(DataA_in,DataComp_in)//或简写作 always@(*)
    if(DataComp_in<4'd9)
        DataSel_out = DataA_in+4'd1;
    else
        DataSel_out = 4'd0;
endmodule
```

图 2-30 所示的是以上代码对应的 RTL 视图，相比于图 2-29，仅是送入数据选择器的数据由输入信号 DataA_in 和 DataB_in 更换为固定值 4'h0 和源自加法器输出的值。

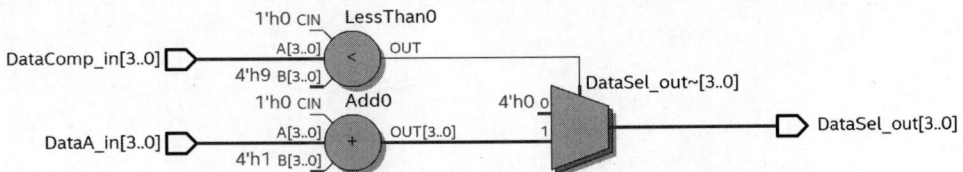

图 2-30　RTL 视图（输入数据端子源自固定值和加法器）

第 3 步：数据选择器（加法器和比较器的输入同源），示例代码如下：

```
module FPGA_U2_cnt_of_comb3_V1(
    input       [3:0]Data_in,
    output reg [3:0]Data_out
);

always@(Data_in)//或简写作 always@(*)
    if(Data_in<4'd9)
        Data_out = Data_in+4'd1;
    else
        Data_out = 4'd0;
endmodule
```

图 2-31 所示的是以上代码对应的 RTL 视图，相比于图 2-30，区别是加法器的输入数据和比较器均源于 Data_in。

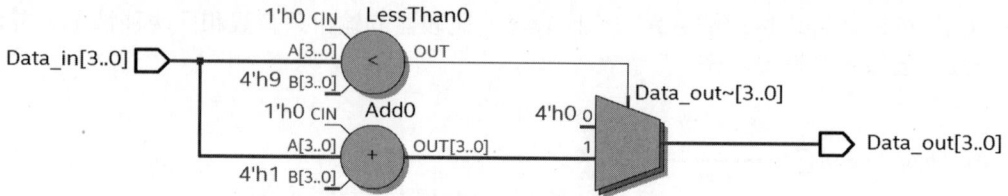

图 2-31　RTL 视图（加法器和比较器的输入同源）

4. 十进制计数器组合逻辑部分（真值表方式）

上述逻辑功能可以表述成另一种形式，代码如下：

```
module FPGA_U2_cnt_of_comb3_V2(
 input  wire[3:0] Data_in,
 output reg  [3:0]Data_out
);
    always@(Data_in)  begin
      if (Data_in == 4'd0)
          Data_out = 4'd1;
      else if(Data_in == 4'd1)
          Data_out = 4'd2;
      else if(Data_in == 4'd2)
          Data_out = 4'd3;
      else if(Data_in == 4'd3)
          Data_out = 4'd4;
      else if(Data_in == 4'd4)
          Data_out = 4'd5;
      else if(Data_in == 4'd5)
          Data_out = 4'd6;
      else if(Data_in == 4'd6)
          Data_out = 4'd7;
      else if(Data_in == 4'd7)
          Data_out = 4'd8;
      else if(Data_in == 4'd8)
          Data_out = 4'd9;
      else
          Data_out = 4'd0;
    end
```

```
endmodule
```

图 2-32 是以上代码的 RTL 视图，代码的逻辑功能是毋庸置疑的，但由图 2-32 可以看出该电路为串联结构，缺点是经过多级串联结构的电路导致最坏情况下延时较大。

以上代码描述的电路功能是：输入信号值为 0～9 任意一个值时，输出信号值是输入信号值加 1，具体是 if 语句分别描述了其真值表所对应的每一个状态变化关系。以这种方式进行描述已知逻辑功能真值表的设计虽然较为方便，但从以上代码综合出的 RTL 视图（见图 2-32）可以看出，该电路为多级串联结构，会导致最坏情况下电路延时较大。

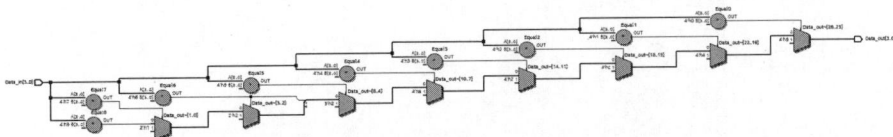

图 2-32　if 语句真值表方式描述组合逻辑电路 RTL 视图

> **注意**　在上例代码中，通过 10 级优先级判断完成了逻辑功能设计，实现的最终逻辑功能没有问题。但是显然优先级会导致电路的层级较多，这会消耗更多的 FPGA 内部资源，也会导致整个电路的延时增大。不建议使用 if 语句描述超过 5 个条件的逻辑，对于判断条件较多的情况，可以参考下文中讲述的 case 语句。

5. 条件运算符（if 语句的简便写法）

Verilog HDL 提供了更为精简的条件运算符来代替 if 语句，条件运算符可以嵌套在 assign 中，也可以嵌套在 always（或 initial）中。条件运算符可以实现：根据条件表达式选取两个值中的一个值进行赋值。在该语法中，涉及以下 3 个运算数：

（条件表达式）　? 真值表达式:假值表达式

以下举例说明。

案例 1：比较器

```
module FPGA_U2_compare_V3(
 input [3:0]A,
 input [3:0]B,
 output wire AGB,
 output wire AEB,
 output wire ALB
);

assign AGB = (A  > B)? 1'b1:1'b0;
assign AEB = (A == B)? 1'b1:1'b0;
assign ALB = (A  < B)? 1'b1:1'b0;
endmodule
```

案例 2：十进制计数器的组合逻辑部分

先介绍使用条件运算符实现二选一数据选择器，示例代码如下：

```
module FPGA_U2_1mux21_V2(
input wire DataA_in,
input wire DataB_in,
input wire  S,
output wire Y_out
```

```
);
assign Y_out = (S)?DataA_in:DataB_in;
//或写作 assign Y_out = (S==1'b1)?DataA_in:DataB_in;
endmodule
```

如果条件表达式（S）或者（S==1'b1）为"真"，则选择真值表达式 DataA_in 的值传递给输出信号 Y_out；否则，选择假值表达式 DataB_in 的值传递给 Y_out。

再在二选一数据选择器基础上逐步衍变实现十进制计数器组合逻辑部分。

第 1 步：数据选择器（选择端子源自比较器），示例代码如下：

```
module FPGA_U2_cnt_of_comb1_V2(
 input      [3:0]DataA_in,
 input      [3:0]DataB_in,
 input      [3:0]DataComp_in,
 output wire[3:0]DataSel_out
);
 assign DataSel_out = (DataComp_in<4'd9)?DataA_in:DataB_in;
endmodule
```

第 2 步：数据选择器（选择端子源自比较器，输入数据端子源自固定值和加法器），示例代码如下：

```
module FPGA_U2_cnt_of_comb2_V2(
 input      [3:0]DataA_in,
 input      [3:0]DataComp_in,
 output wire[3:0]DataSel_out
);
 assign DataSel_out = (DataComp_in<4'd9)?DataA_in+4'd1:4'd0;
//或写作 assign DataSel_out = (DataComp_in<4'd9)?(DataA_in+4'd1):4'd0;
endmodule
```

第 3 步：数据选择器（加法器和比较器的输入同源），示例代码如下：

```
module FPGA_U2_cnt_of_comb3_V3(
 input      [3:0]Data_in,
 output wire[3:0]Data_out
);
 assign Data_out = (Data_in<4'd9)?Data_in+4'd1:4'd0;
endmodule
```

二、行为级描述方式——if 语句描述时序逻辑电路

if 语句除了更适合描述比较器和数据选择器为核心的组合逻辑电路外，还经常描述 D 触发器。下文读者应特别注意理解和区分代码中不同的 if 语句表述的是某种器件，还是某种器件的某个端子的功能。

1. D 触发器

以下是一位 D 触发器的一种代码：

```
module FPGA_U2_DFFE(
input wire D,clk,
output reg Q
);
always@ (posedge clk)
    Q <= D ;
endmodule
```

posedge 是 Verilog HDL 的关键字，Verilog HDL 中使用关键字 posedge 和 negedge 表示信号的边沿，posedge 表示上升沿，即信号由逻辑 0 变为逻辑 1 的瞬间； negedge 表示下降沿，

即信号由逻辑 1 变为逻辑 0 的瞬间。从语法角度来讲，在 always 的敏感事件列表中使用 posedge 和 negedge 指的是通过上升沿或者下降沿触发，或者理解为 always 中被赋值的信号在敏感事件列表中信号的上升沿或下降沿时刻才触发更新。

以上代码字面含义是"每当 clk 上升沿来临，则将 D 赋值给 Q"。从硬件电路角度来看，能实现"每当 clk 上升沿来临，则将 D 赋值给 Q"功能的电路显然是 D 触发器，因此，Quartus Prime 软件将该段代码综合出图 2-33（a）所示的上升沿触发的一位 D 触发器 RTL 视图。

如果一个 always 块中只对一个信号赋值，那么代码中的赋值运算符"<="也可以用"="代替，二者无差别。当一个 always 块中对两个或两个以上信号赋值时，二者综合出的电路差异较大，具体原因会在阻塞赋值和非阻塞赋值处详细介绍，此处将"<="理解为"="即可。

D 触发器也可以在下降沿来触发，将上述代码中

```
always@ (posedge clk)
```

修改为

```
always@ (negedge clk)
```

上述代码综合出的 RTL 视图如图 2-33（b）所示，注意图中 clk 右侧包含一个"○"，该"○"实际是非门的简略表达形式。在数字集成电路设计中，绝大多数情况下 D 触发器只在上升沿触发，这样可以保证设计的一致性，即所谓的电路的同步性。因此，读者将注意力放在 posedge clk 即可。

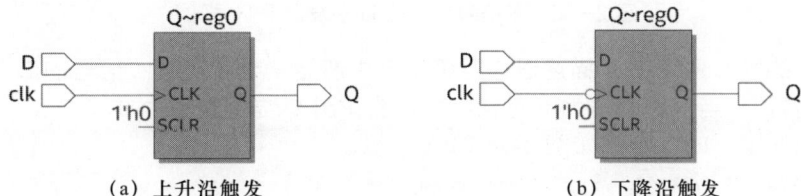

（a）上升沿触发　　　　　　　　（b）下降沿触发

图 2-33　一位 D 触发器 RTL 视图

2. 具有复位端的 D 触发器

完整的 D 触发器设置应至少包含一个复位端子，以便电路上电后有一个确定的初始状态，而 D 触发器的复位有同步复位和异步复位两种。

● 同步复位：复位信号只有在时钟的上升沿瞬间才起作用。

设计代码如下，RTL 视图如图 2-34（a）所示。

```
module FPGA_U2_DFFE_Synchronousrstn(
 input  wire clk,
 input  wire rst_n,
 input wire  D,
 output reg  Q
);
always@(posedge clk )begin
if(rst_n==1'b0)
    Q<=1'b0;
else
    Q<=D;
end
endmodule
```

always 敏感时间列表中只有 posedge clk 信号，因此，只有在 clk 的上升沿到来时才会触发 always 语句块执行，也就是说，只有在 clk 的上升沿到来时，always 中被赋值的信号值才

会更新，具体是先判断 if 语句的复位信号 rst_n 是否零，若是则按 Q<=1'b0 执行赋值，否则按 Q<=D 执行赋值。整个代码执行理解为只有上升沿到来且复位为 0 时，输出才为 0，清零结果与时钟信号保持同步，故称为同步复位。

从语法角度看，以上代码字面含义复位的前提 posedge clk，代码中的 if 和 else 容易让人联想到二选一数据选择器。从电路角度看，大多数 FPGA 库器件的触发器为 D 触发器，D 触发器的复位端的逻辑功能为"若复位有效，输出则为 0，否则输出取决于时钟 clk 的上升沿和 D"，本身既隐含了二选一功能，又隐含了复位端功能在时钟 clk 功能优先级之上，显然 D 触发器的复位端不能直接实现上述代码表达的功能，软件将"if-else"综合成了二选一数据选择器以实现"复位依托在 posedge clk 之下"。因此，代码中 if 语句对应真正意义上的二选一数据选择器。

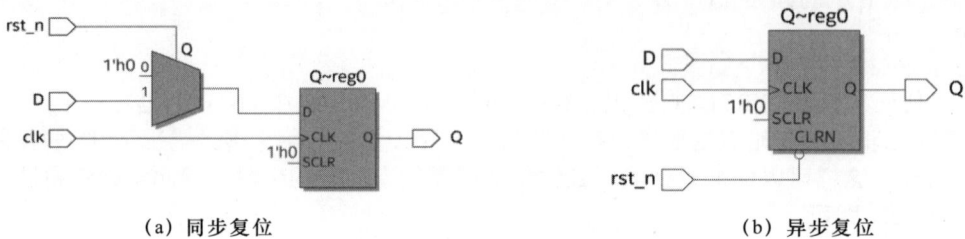

| (a) 同步复位 | (b) 异步复位 |

图 2-34　具有复位端的 D 触发器 RTL 视图

使用特殊的敏感列表和 if 描述语句，可以产生清零（或者置数）信号的 D 触发器。
- 异步复位：当复位信号为 0 时，D 触发器输出 Q 立即复位为 0。

设计代码如下，RTL 视图如图 2-34（b）所示。

```
module FPGA_U2_DFFE_Asynchronousrstn(
  input  wire clk,
  input  wire rst_n,
  input wire  D,
  output reg  Q
);
always@(posedge clk or negedge rst_n )begin
if(rst_n==1'b0)
    Q<=1'b0;
else
    Q<=D;
end
endmodule
```

always 敏感事件列表中除了 posedge clk 信号，还有 negedge rst_n 信号，代码中的 or 表示二者是或的关系，即时钟上升沿到来或者复位信号下降沿到来时触发 always 语句块执行。只要 rst_n 出现下降沿（实际是只要 0），always 就被触发，if 语句先判断 rst_n 是否为 0，若为 0 则直接输出 0，不需等待上升沿的到来。清零输出与时钟信号不同步即异步逻辑。

从语法角度看，FPGA_U2_DFF_Asynchronousrstn 代码中的"if-else"也容易让人联想到二选一数据选择器。从电路角度看，D 触发器复位端的逻辑功能是"若复位有效，输出则为 0，否则输出取决于时钟 clk 的上升沿和 D"，且 D 触发器复位端的逻辑功能优先级在时钟 clk 之上，不依托于时钟 clk，复位端本身隐含的逻辑功能恰好能实现代码中的"if-else"，不需要综合出二选一数据选择器，图 2-33（b）证明了这一点。因此，上述代码中"if-else"只是描述 D 触发器复位端功能的一种固定的语法搭配而已，不会综合出二选一数据选择器。

> **注意** 异步复位不能忽略关键字 negedge，因为敏感事件列表中不能既包含边沿触发信号
> 又包含电平触发信号，所以下降沿 negedge 应理解为低电平更为通俗易懂。

3. 具有使能端的 D 触发器

在许多应用电路中，当有效时钟沿到来时，需要使用 D 触发器使能输入端阻止已经存储在 D 触发器中的数据发生变化，进而达到暂停状态变化的目标。对于 D 触发器可以通过在 D 触发器前添加一个多路数据选择器实现这样的功能，也可以使用一个两输入与门实现 D 触发器的使能特性。带使能控制的 D 触发器如图 2-35 所示，图 2-35（a）中当 En 为 0 时，D 触发器输出不能改变,原因是数据选择器将 D 触发器输出 Q 端经数据选择器与 D 触发器输入 D 端连接在一起；当 En 为 1 时，数据选择器允许二选一数据选择器左侧的"D"数据加载到 D 触发器中。在图 2-35（b）中，当 En 为 0 时，阻止时钟信号到达 D 触发器的时钟输入。

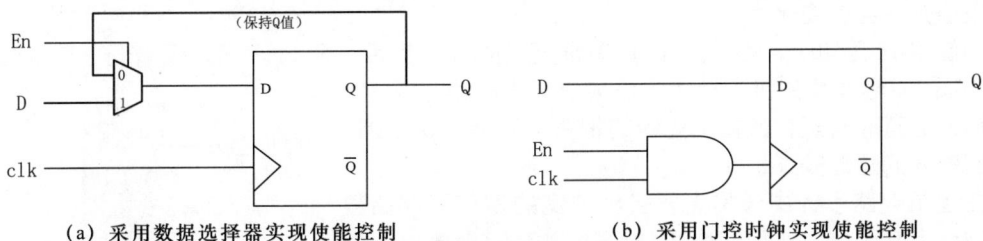

（a）采用数据选择器实现使能控制　　　　　（b）采用门控时钟实现使能控制

图 2-35　带使能控制的 D 触发器

上述两种方式从理论角度分析均可以达到目标，采用门电路控制的方式电路更简单，但是在实际操作中由于时钟经门电路后产生延时会造成电路时序问题，所以使用数据选择器方式来实现使能控制更好。因为大多数 FPGA 库器件提供的 D 触发器已经经过优化，所以图 2-35 不是本书讨论的重点，读者应将重心放在 D 触发器使能端代码的设计上。

带异步复位和使能控制的 D 触发器的 Verilog HDL 代码如下，RTL 视图如图 2-36 所示。

```verilog
module FPGA_U2_DFFE_En(
 input  wire clk,
 input  wire rst_n,
 input  wire En,
 input wire  D,
 output reg  Q
);
always@(posedge clk or negedge rst_n)begin
 if(rst_n==1'b0)
         Q<=1'b0;
 else  begin
       if(En==1'b1)
          Q<=D;
       else
        . Q<=Q;
 end
end
endmodule
```

从语法角度看，代码中 En 处的"if-else"同样容易让人联想到二选一数据选择器。然而，从电路角度看，D 触发器的使能端逻辑功能是"在上升沿有效时，En 决定了输出端 Q 的数值

是保持还是将 D 端的值存入"，这本身就隐含了二选一功能和优先级，因此，无需综合出使能端对应的二选一数据选择器，图 2-36 证明了这一点。综上所述，代码中 En 处的 "if-else" 只是描述 D 触发器使能端功能的一种固定的语法搭配而已，不会综合出二选一数据选择器。

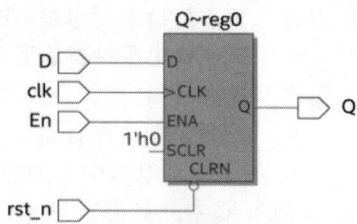

图 2-36　带异步复位和使能控制的
D 触发器 RTL 视图

always 模块首先定义了复位的状态，然后使用嵌套的 if 语句确保已经存储在 D 触发器中的数据只有当 En=1 时才能改变。通常情况下，Verilog HDL 代码是并行执行的，可以理解为当电路上电后，所有信号均已全部接入电路，只是根据控制逻辑发生状态变化。结合本例 D 触发器工作原理可以看出，if 语句描述硬件电路时，可以产生不同优先级，具体情况如下。

①多个 if 语句描述组合逻辑电路。在语法上 if 描述的语句虽有优先级区别，但是信号输出逻辑值并不会有变化。

②使用 if 语句时，第一个 if 具有最高优先级，最后一个 else 优先级最低。在综合出的 RTL 视图中，最高优先级的相关电路最靠近电路输出端，输出到输入的延时较短；最低优先级的相关电路远离输出端，输出到输入的延时较长。

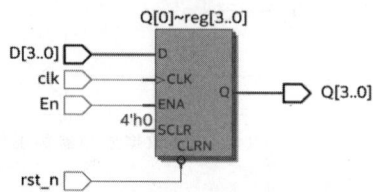

图 2-37　四位 D 触发器构建寄存器
RTL 视图

在逻辑电路设计中通常需要各种位宽的寄存器存储数据，结合上文示例，实现四位 D 触发器构建寄存器代码如下（这里只需要把信号 D 和 Q 的定义修改为多位宽信号，清零、使能等控制信号的描述方式完全一致）。对应的 RTL 视图如图 2-37 所示。

```
module FPGA_U2_4DFFE(
 input  wire clk,
 input  wire rst_n,
 input  wire En,
 input wire  [3:0]D,
 output reg  [3:0]Q
);
always@(posedge clk or negedge rst_n)begin
 if(rst_n==1'b0)
    Q<=4'd0;
 else begin
        if(En==1'b1)
            Q<=D;
        else
            Q<=Q;
 end
end
endmodule
```

三、行为级描述方式——case 语句

在逻辑电路设计中，逻辑状态存在很多种判断条件时（例如译码器电路等），如果使用 if 语句编写代码，整个代码的可读性较差，而且分析控制逻辑也不够清晰。这种情况下使用 case 语句比 if 语句方便，case 语句定义为：

```
case（表达式）
    选择1: 语句1;
```

```
        选择 2: 语句 2;
        选择 n: 语句 n;
        default: 语句 n+1;//相当于 else
    endcase
```

case 语句是一种多路选择结构语句，根据表达式中的值，对选项从上到下一一进行匹配。若有选项与表达式对应，则执行该选项的表达语句，并从 case 语句退出。若所有选项均无法匹配表达式，则执行 default 语句中的语句；若无 default 语句且所有选项均不匹配表达式，则什么也不执行。当 case 选项全部描述完成后，需要使用 endcase 结束 case 语句描述。应注意：选择 1～n 不能重合或重复，一般还应写 default 以免遗漏表达式的某种情况。

以下分别给出 3-8 线译码器、二选一数据选择器和一位全加器的 case 语句设计方式。

1. 3-8 线译码器

在上例中看出 case 语句定义的模块就是一个译码器，这里以 3-8 线译码器为例直观地查看译码器实现逻辑及编译综合的结果，代码如下：

```verilog
module FPGA_U2_38Decoder
(
input wire [2:0]A,
output reg [7:0]Y
);
always@ (A)
begin
 case(A)
        3'b000 : Y = 8'b0000_0001;
        3'b001 : Y = 8'b0000_0010;
        3'b010 : Y = 8'b0000_0100;
        3'b011 : Y = 8'b0000_1000;
        3'b100 : Y = 8'b0001_0000;
        3'b101 : Y = 8'b0010_0000;
        3'b110 : Y = 8'b0100_0000;
        3'b111 : Y = 8'b1000_0000;
        default : ;
 endcase
end
endmodule
```

3-8 线译码器 RTL 视图如图 2-38 所示。

在上述条件判断描述中，每当信号 A 状态发生变化，执行 always 语句块，整个条件判断过程只有 case 语句，case 语句在 Verilog HDL 中的综合结果即为译码器。所有的判断条件是并行执行的，执行判断语句之间没有优先级区别，当某一判断条件满足时，执行对应赋值语句，结束本次判断过程。

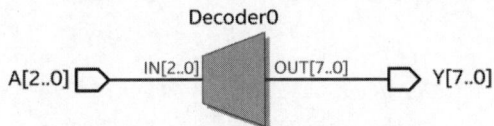

图 2-38 3-8 线译码器 RTL 视图

2. 二选一数据选择器

在之前的示例中，使用条件运算符和 if-else 语句设计了二选一数据选择器，根据选择信号 S 的状态确定输出信号的状态，这里以 case 语句实现的代码如下，RTL 视图如图 2-39 所示。

```verilog
module FPGA_U2_1mux21_case
(
input wire A,
input wire B,
```

```
input wire S,
output reg Y
);
always@ (A,B,S)
 case(S)
        1'b0 : Y = A ;
        1'b1 : Y = B ;
        default : Y = 1'b1;
 endcase
endmodule
```

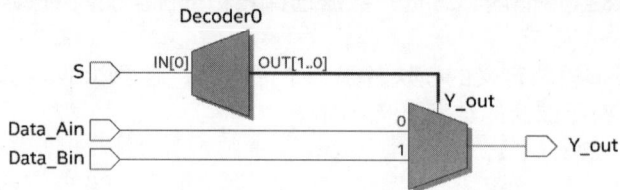

图 2-39　case 语句描述二选一数据选择器 RTL 视图

在 RTL 视图中，综合器将 case 语句的判断对象 S 综合为译码器电路，然后通过数据选择器完成数据选择功能。

3. 一位全加器

从上例可以看出 case 语句特别适合描述真值表已知的电路设计，任务 1 中设计一位全加器电路用 case 语句表达的代码如下，RTL 视图如图 2-40 所示。

```
module FPGA_U2_fulladder_case
(
  input wire A,B,Cin,
  output reg So,Co
);
wire [2:0]S;
assign S = {Cin,B,A};
always@ (S)begin
 case (S)
 3'b000 : begin Co = 1'b0 ; So = 1'b0 ; end
 3'b001 : begin Co = 1'b0 ; So = 1'b1 ; end
 3'b010 : begin Co = 1'b0 ; So = 1'b1 ; end
 3'b011 : begin Co = 1'b1 ; So = 1'b0 ; end
 3'b100 : begin Co = 1'b0 ; So = 1'b1 ; end
 3'b101 : begin Co = 1'b1 ; So = 1'b0 ; end
 3'b110 : begin Co = 1'b1 ; So = 1'b0 ; end
 3'b111 : begin Co = 1'b1 ; So = 1'b1 ; end
 default : ;
 endcase
end
endmodule
```

通过 RTL 视图可以看出这段代码实现了以译码器设计一位全加器的效果。

通过以上几例可以看出，case 语句描述逻辑电路只需按照真值表修改对应判断条件和输出结果，优点是直观快捷。case 和 if 语句在某些情况下较为相似，case 语句的特点是更适合描述真值表，且综合出的电路一般以译码器为核心，延时更小；而 if 语句相对于 case 语句特点之一是有优先级，特点之二是可以描述 D 触发器或时序逻辑电路。

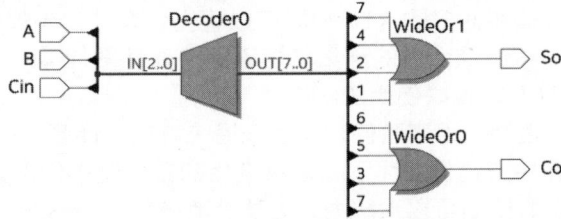

图 2-40　case 语句描述一位全加器 RTL 视图

四、阻塞赋值和非阻塞赋值

在 D 触发器之前的所有例子中，都是使用"="进行赋值，"="称为阻塞赋值，Verilog HDL 编译器按照这些赋值语句在 always 块中的先后次序顺序执行。如果一个变量通过阻塞赋值语句赋值，则这个新赋的值会被该块中所有后续语句使用。Verilog HDL 中也提供非阻塞赋值方式，使用符号"<="表示。下面两个代码示例分别使用阻塞赋值和非阻塞赋值方式描述 D 触发器电路，对比分析一下两者的区别。

阻塞赋值代码如下，对应的 RTL 视图如图 2-41（a）所示。

```
module FPGA_U2_DFFE_Blocking
(
input wire D,clk,
output reg Q1,Q2
);

always@ (posedge clk)begin
        Q1 = D ;
        Q2 = Q1 ;
end
endmodule
```

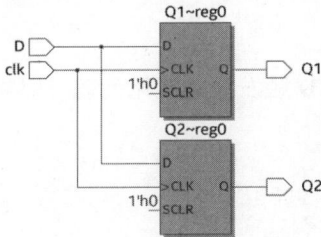

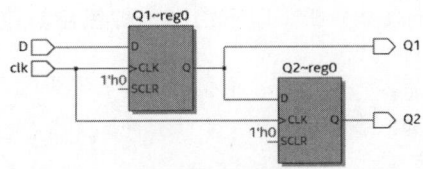

（a）阻塞赋值　　　　　　　　　　　　　　（b）非阻塞赋值

图 2-41　阻塞赋值和非阻塞赋值方式描述两级 D 触发器 RTL 视图

非阻塞赋值代码如下，对应的 RTL 视图如图 2-41（b）所示。

```
module FPGA_U2_DFFE_Nonblocking(
input wire D,clk,
output reg Q1,Q2
);

always@ (posedge clk)begin
        Q1 <= D ;
        Q2 <= Q1 ;
```

```
     end
   endmodule
```

通过比较上述两个代码和对应的 RTL 视图可以看出，两个代码仅仅只有赋值符号不同，其他语句完全一样，但是编译综合后的结果截然不同，显然图 2-41（b）的结果更符合时序逻辑电路设计中两级 D 触发器级联使用的状态。

语句解析：从语法角度看，阻塞赋值是在上升沿来临前，计算 always 内部右侧所有的赋值语句，若某个赋值语句中左侧值变化了，则将变化的左侧值再代入其他赋值语句，等上升沿来临后更新；而非阻塞赋值则可以理解为，上升沿来临前 always 内部右侧所有的赋值语句仅计算一次，等上升沿来临后更新。

推荐代码方式：无论是阻塞赋值方式还是非阻塞赋值方式，不同的书写方式均可以实现同样的逻辑功能。但依据组合逻辑电路和时序逻辑电路的工作特性，编写代码时推荐使用阻塞赋值方式来描述组合逻辑电路，使用非阻塞赋值方式来描述时序逻辑电路。这里所讲的阻塞赋值、非阻塞赋值，与组合逻辑电路和时序逻辑电路并没有严格的对应关系，只是对于初学者在分析逻辑及时序关系尚不熟练的情况下，建议使用阻塞赋值方式描述组合逻辑电路，非阻塞赋值方式描述时序逻辑电路。后期对电路时序较为熟悉后根据具体状态灵活使用，需要强调的是在一个广义的模块（例如 1 个 always 语句）中阻塞赋值与非阻塞赋值不能混合使用。

> **注意** 非阻塞赋值符号 "<=" 与关系运算符的小于等于符号 "<=" 输入方法一样，在代码中通过符号所在位置来判断符号，在条件语句下理解为判定小于等于是否成立，用作赋值时是非阻塞赋值符号。

> **小提示** 对于同一个设计任务，无论阻塞赋值还是非阻塞赋值均可以达到同样的目的，但代码表面的区别可能较大，只是设计习惯的区别。"使用阻塞赋值语句设计组合逻辑电路，使用非阻塞赋值语句设计时序逻辑电路" 这一方式足以应对几乎所有的设计，这也是绝大多数工程师的一种通用习惯。

五、D 触发器及其衍生电路的推荐格式

1. 一位 D 触发器的推荐格式

基于以上分析，以下给出一种包含复位和使能端子的 D 触发器的通用代码，以供读者修改使用。

```
module XXXX(
 input  wire clk,
 input  wire rst_n,
 input  wire En,
 input wire  D,
 output reg  Q
);
always@(posedge clk or negedge rst_n)begin
 if(rst_n==1'b0)        //复位
          Q<=1'b0;
 else  begin
      if(En==1'b1)       //不复位但使能，在上升沿更新
                 //读者根据实际需求修改，可以再嵌入if-else等各种语句
      else             //不复位也不使能，即保持
          Q<=Q;
```

```
      end
   end
endmodule
```

2. 多位 D 触发器的推荐格式

在逻辑电路设计中通常需要多位宽的寄存器存储数据，结合上文示例，实现四位 D 触发器构建寄存器电路的代码如下（只需要把信号 D 和 Q 的定义修改为多位宽信号，复位、使能等控制信号的定义和描述方式完全一致）：

```
module FPGA_U2_4××××(
  input   wire clk,
  input   wire rst_n,
  input   wire En,
  input wire   [3:0]D,
  output reg   [3:0]Q
);
always@(posedge clk or negedge rst_n)begin
  if(rst_n==1'b0)
      Q<=4'd0;
  else begin
          if(En==1'b1)
              Q<=D;
          else
              Q<=Q;
  end
end
endmodule
```

3. 组合逻辑后添加 D 触发器

案例 1：两输入与门后添加一级 D 触发器。

独立的两输入与门逻辑电路用数据流描述方式即可轻松实现，而 D 触发器需要使用行为级描述方式实现，二者的结合方式很多，以下是将数据流描述方式嵌入到行为级描述方式中的一种示例。

```
module XXXX(
  input   wire clk,
  input   wire rst_n,
  input   wire En,
  input   wire A,
  input   wire B,
  output reg   Y
);
always@(posedge clk or negedge rst_n)begin
  if(rst_n==1'b0)            //复位
      Y<=1'b0;
  else  begin
      if(En==1'b1)        //不复位但使能，在上升沿更新
        Y<= A && B; //读者根据实际需求修改
      else                //不复位也不使能，即保持
        Y<=Y;
  end
end
endmodule
```

案例 2：3-8 线译码器后添加一级 D 触发器。

独立的 3-8 线译码器用以 case 为主的行为级描述方式即可轻松实现，而 D 触发器需要使用以 if 语句为主的行为级描述方式，以下是二者结合的一种方式。

```verilog
module XXXX(
 input  wire    clk,
 input  wire    rst_n,
 input  wire    En,
 input  wire [2:0]A,
 output reg  [7:0]Y
);
always@(posedge clk or negedge rst_n)begin
 if(rst_n==1'b0)           //复位
      Y<=8'b0000_0000;
 else  begin
    if(En==1'b1)        //不复位但使能，在上升沿更新
          case(A)
              3'b000 : Y = 8'b0000_0001;
              3'b001 : Y = 8'b0000_0010;
              3'b010 : Y = 8'b0000_0100;
              3'b011 : Y = 8'b0000_1000;
              3'b100 : Y = 8'b0001_0000;
              3'b101 : Y = 8'b0010_0000;
              3'b110 : Y = 8'b0100_0000;
              3'b111 : Y = 8'b1000_0000;
              default : ;
          endcase
    else             //不复位也不使能，即保持
        Y<=Y;
 end
end
endmodule
```

2.2.2 【任务实施】混合描述方式实现十进制计数器

根据项目 1 所描述的电路设计框图可以看出，十进制计数器设计分为两个部分，D 触发器构成的时序逻辑电路主要实现数据的保存，而实现数据递增和任意进制跳转的状态主要由组合逻辑电路来实现，组合逻辑电路主要由加法器、比较器、数据选择器构成。本节结合 2.2.1 节所讲述 Verilog HDL 代码描述组合逻辑电路和时序逻辑电路的方式，将十进制计数器的 D 触发器和组合逻辑电路两个部分整合起来描述。

微课 2-2-2
任务实施

一、数据流和行为级混合描述——设计十进制计数器

计数器电路输入信号包含时钟 clk、复位 rst_n 和使能控制 En，输出信号为 D 触发器输出 Q，同时 Q 也是组合逻辑控制部分的输入信号，组合逻辑电路输出信号是 D 触发器的输入信号，需要定义一个变量 Data 来进行连接。组合逻辑实现"当 Q< 9 时，Data 加 1，当 Q 等于 9 时，Data 变为 0"。判断选择可以使用条件运算符或者 if 语句实现。

第 1 种方式：条件运算符描述组合逻辑电路部分。

使用条件运算符实现十进制计数器的代码如下，对应的 RTL 视图如图 2-42 所示。

```verilog
module FPGA_U2_cnt0_9_assign
```

```
(
 input  wire clk,
 input  wire rst_n,
 input  wire En,
 output reg  [3:0]Q
);
//程序分为两个部分，0～9 计数器的 D 触发器和组合逻辑部分
wire [3:0] Data;
assign Data = (Q<4'd9)?(Q+4'd1):4'd0;           //0～9 计数器组合逻辑部分
always@(posedge clk or negedge rst_n) begin     //0～9 计数器 D 触发器部分
 if(rst_n==1'b0)
    Q<=4'd0;
 else begin
     if(En==1'b1)
            Q<=Data;
     else
            Q<=Q;
 end
end
endmodule
```

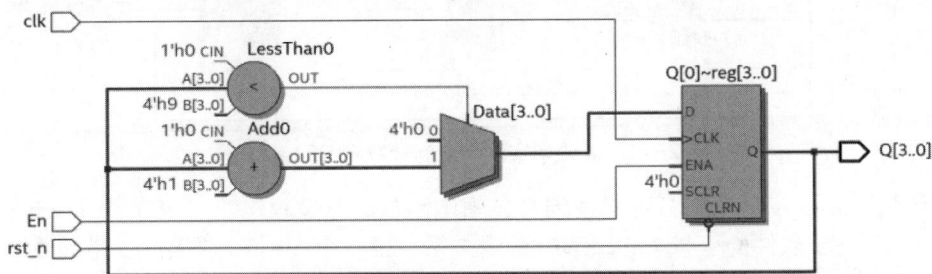

图 2-42　条件运算符描述十进制计数器 RTL 视图

assign 语句描述组合逻辑电路功能，Q＜4'd9 为判断条件，当条件满足 Q＜9 时，此时二选一数据选择器将 Q+1 的值赋给 Data 后送入 D 触发器；当条件不满足时，即 Q 为 9，此时数据选择器将 0 赋给 Data 后送入 D 触发器。

always 块描述了 D 触发器构建寄存器的基本逻辑，清零信号优先级最高，然后是使能控制端，优先级最低的是 D 触发器保持功能，当时钟信号上升沿到来时，D 触发器将输入 Data 存储并输出。

第 2 种方式：if 语句描述组合逻辑电路部分

使用 if 语句对条件运算符的逻辑进行描述的代码如下，对应的 RTL 视图如图 2-43 所示。

```
module FPGA_U2_cnt0_9_if
(
 input  wire clk,
 input  wire rst_n,
 input  wire En,
 output reg  [3:0]Q
);
//程序分为两个部分，0～9 计数器的 D 触发器和组合逻辑部分
reg [3:0] Data;
```

```
always@ (Q)          //0~9计数器组合逻辑部分
 if(Q < 4'd9)
        Data = Q + 4'd1;
 else
        Data = 4'd0;
always@(posedge clk or negedge rst_n) begin   //0~9计数器 D 触发器部分
 if(rst_n==1'b0)
    Q<=4'd0;
 else begin
        if(En==1'b1)
            Q<=Data;
        else
            Q<=Q;
 end
end
endmodule
```

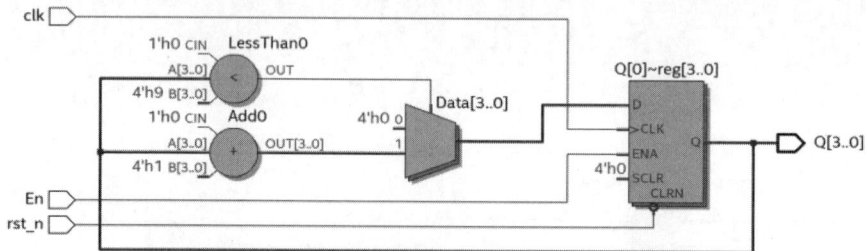

图 2-43　if 语句实现十进制计数器 RTL 视图

采用两个 always 块语句分别描述组合逻辑电路与时序逻辑电路，第 1 个 always 块使用 if 语句描述了基于条件 Q＜4'd9 的二选一逻辑关系；第 2 个 always 块描述了带清零、使能控制功能的 D 触发器构建寄存器的逻辑。在两个 always 块中赋值方式不同，在组合逻辑电路描述中使用阻塞赋值，即 "=" 进行赋值；在时序逻辑电路描述中使用非阻塞赋值，即 "<=" 进行赋值，两者的区别在前面内容中已经进行解释。

对比以上两种方式，综合后实现的电路结果完全一致。

二、组合与时序混合描述——设计十进制计数器

上文描述十进制计数器两例的代码中，均采取了分别描述组合逻辑电路与时序逻辑电路的方法。可以看出，组合逻辑电路的判断条件依据时序逻辑电路输出结果进行变化，而时序逻辑电路的赋值又依据组合逻辑的输出而进行变化，可以将组合逻辑电路的判断逻辑与时序逻辑电路赋值进行整合，这样可以使代码更简洁，示例代码如下，对应的 RTL 视图如图 2-44 所示。

```
module FPGA_U2_cnt0_9_comb
(
 input wire clk,
 input wire rst_n,
 input wire En,
 output reg [3:0]Q
);
always@ (posedge clk or negedge rst_n)begin
 if(!rst_n)
        Q <= 4'd0;
 else begin
```

```
            if(En == 1'b1)
                /**********组合逻辑开始**********/
                Q <= (Q < 4'd9 ) ? (Q + 4'd1) : 4'd0;  /**/
                /**********组合逻辑结束**********/
            else
                Q <= Q;
    end
end
endmodule
```

这种描述方式将条件判断语句与赋值结合，其中条件判断语句采用条件运算符。条件运算符描述条件判断更适合二选一这种情况，缺点是如果计数器的条件判断分支过多，那么这种方式就会受到限制，这在后续几个项目设计中可以看出，此处不深入探讨。以下这种设计方式同样可以达到相同的设计效果，其 RTL 视图和图 2-44 完全一致。从语法角度看，代码更为直观、清晰，便于修改。

```
module FPGA_U2_cnt0_9_comb2
(
 input wire clk,
 input wire rst_n,
 input wire En,
 output reg [3:0]Q
);
always@ (posedge clk or negedge rst_n)begin
 if(!rst_n)
        Q <= 4'd0;
 else
 begin
        if(En == 1'b1)
         begin
         /**********组合逻辑开始**********/
            if(Q == 4'd9)                //
                Q <= 4'd0;               //
            else                         //
                Q <= Q + 4'd1;           //
            end                          //
         /**********组合逻辑结束**********/
        else
            Q <= Q;
    end
end
endmodule
```

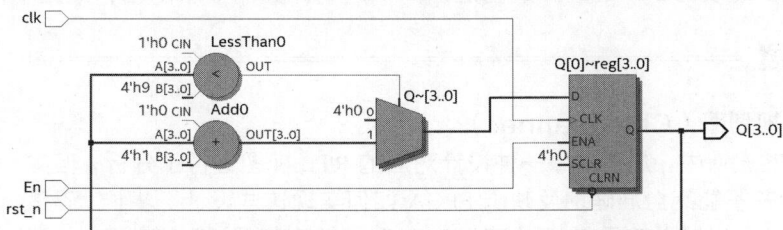

图 2-44 组合与时序逻辑电路综合描述实现十进制计数器 RTL 视图

从语法角度看，以上两种描述方式将条件判断语句与赋值结合，代码更为直观、清晰，便于修改。但如果初学者对于 0～9 计数器的电路结构不是特别清晰时，容易将代码中描述组合逻辑的 if 语句和描述 D 触发器复位功能的 if 语句、使能功能的 if 语句和对应电路混淆。因此，以上两种描述方式对于初学者而言不够友好，后文几乎所有代码均是以上两种代码的衍变，建议读者对以上两种代码多加思考和理解。至此，本书设计的 Verilog HDL 语法基本已经介绍完，虽不够完整，但足以应对绝大多数设计。

三、原理图和 Verilog HDL 混合设计——设计十进制计数器显示电路

Verilog HDL 在设计电路前，如果能够理解每种语法的功能，或者能够理解每种语法映射的电路，那么 Verilog HDL 设计方法在设计功能独立模块电路时，从时效性、易修改易移植性等多方面相较原理图法优势明显。然而，原理图法对于初学者较为友好，在各独立模块电路互连时，优势也较为明显。以下介绍一种原理图法和 Verilog HDL 混合设计方法，具体是先使用 Verilog HDL 设计如计数器和数码管译码器等独立模块，再使用原理图法完成二者的互连。这种方式在初学者学习巩固阶段较为合适。

项目 1 的 0～9 十进制计数器显示电路中的十进制计数器和数码管译码器相对独立，现以此为例介绍原理图法和 Verilog HDL 混合设计方法。

第 1 步：为上文 Verilog HDL 设计的 0～9 计数器和 case 设计的数码管译码器程序分别创建器件符号。为 Verilog HDL 文件设计的电路创建器件符号操作示意如图 2-45 所示。具体操作方法是：任意打开一个上文 Verilog HDL 方法设计的 0～9 计数器工程并打开程序，在 Quartus Prime 主界面主菜单栏下选择"File"→"Create/Updata"→"Create Symbol Files for Current File"，为 Verilog HDL 文件设计的电路创建的器件符号如图 2-46 所示。按照同样的方法，为上文 case 语句设计的数码管译码器电路创建器件符号。

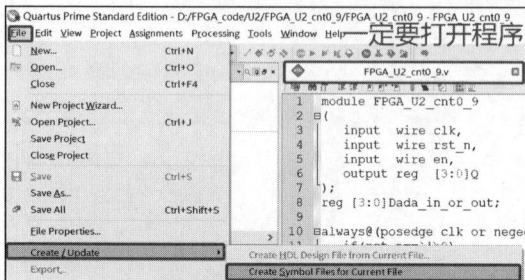

图 2-45　为 Verilog HDL 文件设计的
电路创建器件符号操作示意

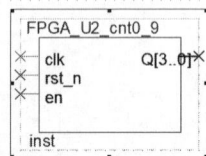

图 2-46　为 Verilog HDL 文件描述的
电路创建的器件符号

第 2 步：为十进制计数器显示综合电路创建文件夹和工程，并将 0～9 计数器和数码管译码器的后缀为.bsf 的器件符号文件以及二者对应的后缀为.v 的代码文件共计 4 个文件复制至计数显示综合电路文件夹。

第 3 步：参照项目 1 介绍的原理图法设计十进制计数器显示电路，此处不再赘述。

知识拓展

一、器件规划图（Chip Planner）

在项目 2 的设计中，几乎对每一种设计对应的 RTL 视图进行了分析，但实际上 RTL 视图并不能完全准确地反映出 FPGA 如何实现这些设计。以下代码是一个简单的设计，当输入信号 D 为十进制数 2 时，输出信号 Q 才能为 1，否则为 0。图 2-47 所示的是以下代码的 RTL 视图，这是一个典型的组合逻辑和 D 触发器构成的时序逻辑电路。

```
module FPGA_U2_Map_test(
 input  wire       clk,
 input  wire [1:0]D,
 output reg    Q
);
always@(posedge clk )begin
    Q<=(D==2'd2)?1'b1:1'b0;
end
endmodule
```

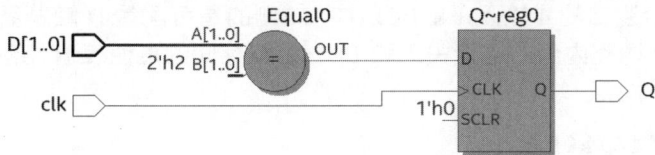

图 2-47　RTL 视图

RTL 视图是一种反映模块之间连接关系的逻辑层面的视图，与工艺库、FPGA 类型等都无关。有一种和 RTL 视图较为类似的视图——技术映射视图（Technology Map Viewer），技术映射视图实际上是 Quartus Prime 编译器将用户的设计进行分析、综合、编译，并映射到具体 FPGA 芯片后的电路视图，其相较 RTL 视图，更为贴近真实物理电路。技术映射视图又分为两种：一种是 Technology Map Viewer（Post-Mapping），即映射后的技术映射视图；另一种是 Technology Map Viewer（Post-Fitting），即适配后的技术映射视图。

Technology Map Viewer（Post-Mapping）的具体打开方式是：参考 RTL 视图的打开方法打开 Technology Map Viewer，在 Quartus Prime 主界面主菜单栏下依次单击"Tools"→"Netlist Viewers"→"Technology Map Viewer（Post-Mapping）"，弹出图 2-48 所示的映射后的技术映射视图。而 Technology Map Viewer（Post-Fitting）的具体打开方式是在 Quartus Prime 主界面主菜单栏下依次单击"Tools"→"Netlist Viewers"→"Technology Map Viewer（Post-Fitting））"。

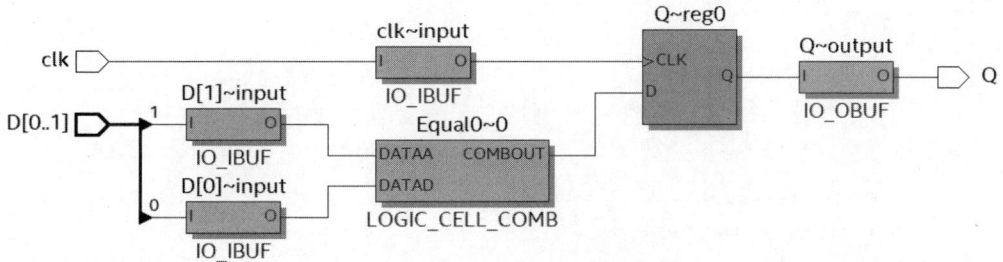

图 2-48　映射后的技术映射视图

映射后的技术映射视图和适配后的技术映射视图基本相似，后者为了提供更佳的电路时序参数，针对 FPGA 芯片型号对布局布线进行了更为精准的适配。本节主要阐述映射后技术映射视图相关知识，适配后的技术映射视图相关知识在任务 3.4 进行阐述。

在此，结合图 1-83～图 1-85 对图 2-48 进行简要介绍，图 2-48 所示电路包含缓冲器、组合逻辑电路和触发器 3 部分，第一，图 2-48 中每个输入引脚或输出引脚和内部电路之间均有一个输入缓冲器 IO_IBUF 或输出缓冲器 IO_OBUF。从逻辑功能来讲，缓冲器相当于导线，从模拟电路角度来讲，缓冲器可以提升信号的驱动（扇出）能力。第二，图 2-48 电路中的触发器是一位 D 触发器电路，FPGA 直接以其内部 LE 中的可配置触发器实现用户描述的 D 触发器电路。第三，电路中的"Q<=(D==2'd2)?1'b1:1'b0;"从逻辑功能来讲是一个两输入单输出组合逻辑电路，FPGA 综合组合逻辑电路时，将所有组合逻辑电路均以真值表的形式看待，以 FPGA 内部 LE 中的 LUT 器件实现组合逻辑电路。Altera 厂家的 Cyclone 系列器件的 LUT 均是四输入一输出的 LUT，因此，该电路总共消耗 1 个 LUT 和 1 个 D 触发器资源。

在 Quartus Prime 主界面主菜单栏下选择"Tools"→"Chip Planner"→弹出图 2-49 所示的"Chip Planner"视图→按住 "Ctrl"键的同时滑动鼠标滚轮，将图 2-49 中的深色方块区域放大，得到图 2-50 所示的"Chip Planner"视图。双击图 2-50 中标注的非浅色方块后，弹出图 2-51 所示的 LE 结构。图 2-51 是 EP4CE10F17C8 型号的 FPGA 内部 LE 的真实结构，其左侧是用于实现组合逻辑的 4 输入 1 输出 LUT，右侧的是可配置 D 触发器。软件根据用户的具体电路设计，自动调整内部的连接关系和 LUT 内部存储的真值表值，这也就是 FPGA 具有"可编程"能力的根本原因。

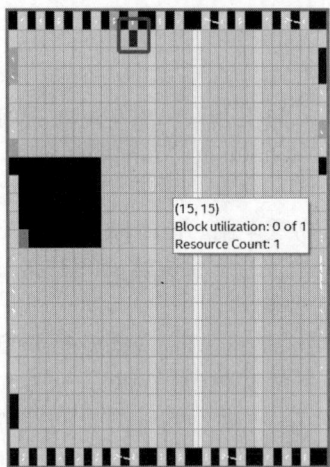

图 2-49 "Chip Planner"视图　　　图 2-50 "Chip Planner"视图放大后局部视图

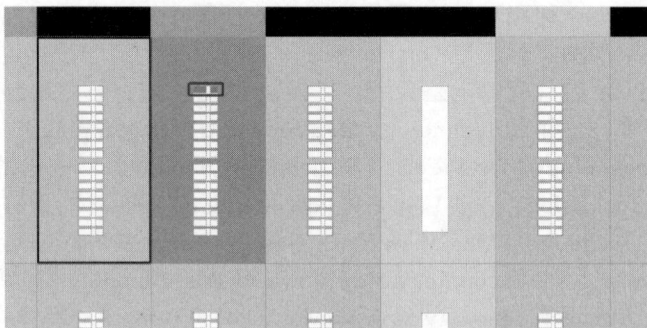

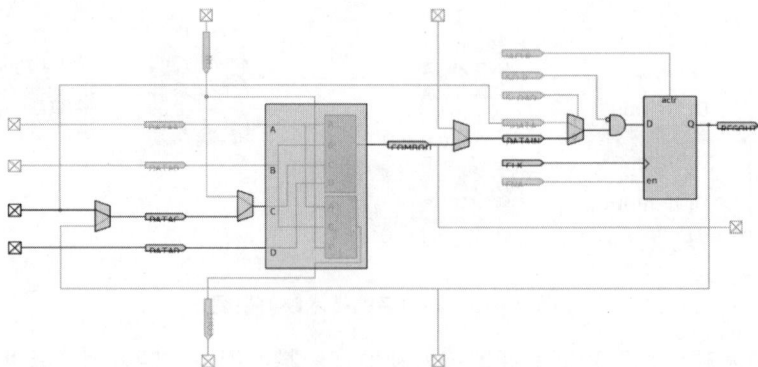

图 2-51 LE 结构

图 2-49 中的除去白色、黄色区域（黑白印刷显示为浅色），剩余的区域（深色）是 30 行 23 列计 690 个，再除去 9 行 5 列共计 45 个黑色区域，剩余 645 个浅蓝色方块，这些浅蓝色方块称为一个逻辑块阵列（Logic Array Block，LAB）。每个 LAB 放大后可以看出，其又由 16 个小的方块组成，这些更小的方块为逻辑单元（Logic Element，LE）。每个 LE 由 1 个 4 输入 1 输出的 LUT 和可配置的 D 触发器构成。因此，EP4CE10F17C8 型号的 FPGA 共计 645×16=10 320 个 LUT 和 D 触发器，这和 EP4CE10F17C8 的 Quartus Prime 工程编译信息汇

总（见图 1-33）中 10 320 个"Total logic elements"相对应。但是，不同厂家的 FPGA 内部结构会略有差异，LAB、LE、LUT 等名称、结构、之间的构成比例关系也存在差异。

对于两输入与门来说，其输入是 2 个端子，输出是 1 个端子，因此，1 个 LUT 就可以实现；一位半加器是两输入两输出组合逻辑电路，输入是 2 个端子，输出为 2 个端子，需要 2 个 LUT 实现。

二、D 触发器电路的时间参数

在项目 1 中，通过 Timing Simulation 仿真分析看到了输出信号传输延时对信号的影响。在简单的组合逻辑电路设计中通常可以忽略延时的影响，而在时序逻辑电路中必须考虑这些延时。逻辑电路设计中传输延时和逻辑芯片类型、电路组成及布线等诸多因素有关，此处先介绍相关的概念。

建立时间（set up time）：在时钟的有效边沿到达之前，D 触发器的数据输入 D 端的输入数据应该保持稳定值的最小时间，通常记为 t_{su} 或 T_{su}。

保持时间（hold time）：D 触发器的数据输入 D 端的数据在时钟有效边沿到达后保持稳定的最小时间，称为保持时间，通常记为 t_h 或 T_h。

D 触发器的传播延时（clock output delay）：D 触发器的输出 Q 端的数据，从时钟 clk 上升沿到来开始到 Q 端数据更新的时间，通常记为 t_{co} 或 T_{co}，也称为 D 触发器的输出延时，记为 t_{cq} 或 T_{cq}。

以 D 触发器为例，在时钟 clk 从 0 变为 1 的时刻，即 clk 上升沿，它将当前输入 D 的值存储在 D 触发器中。若此刻 D 信号是稳定的（不变化），则电路可稳定工作；但是如果此时信号 D 也发生改变，则电路会进入"亚稳态"的不稳定状态。因此，逻辑电路设计者必须保证在时钟信号发生变化的关键时刻所产生的信号 D 是稳定的。D 触发器的时序示意如图 2-52 所示，T_{su} 为 D 触发器的建立时间；T_h 为 D 触发器的保持时间；Q 值的改变发生在时钟 clk 上升沿时刻之后，一般 Q 值从 1 到 0 和从 0 到 1 的 D 触发器传播延时并不完全一样，但为了便于分析，一般假定这些延时是相等的，其为 D 触发器的传播延时 T_{co} 或 D 触发器输出延时 T_{cq}。

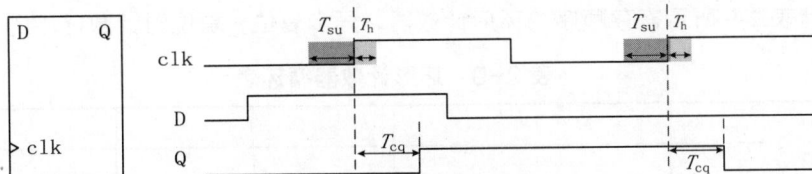

图 2-52　D 触发器时序示意

T_{su}、T_h、T_{cq} 三者的值取决于集成电路的材料及制造技术，对于商用 D 触发器芯片，通过芯片的数据手册可以查到该数据，现在的 FPGA 芯片的这三个参数一般在 0.1ns 量级，一般 T_{cq} 比 T_{su} 和 T_h 略大。

思考与练习

一、简答题

1. 模块 module 由几个部分组成？
2. 常见的端口方向分为几种？
3. 模块中的逻辑功能定义可以由哪几类语句或语句块组成？它们出现的顺序会不会影响功能的描述？
4. 最基本的 Verilog HDL 变量有几种类型？

5. reg 型和 wire 型变量/信号的差别是什么？

6. 被连续赋值语句（assign）赋值的变量/信号能否是 reg 类型？

7. 简要说明阻塞赋值与非阻塞赋值的区别。

8. 在 always 模块中被赋值的变量能否是 wire 型？如果不能是 wire 型，那么一般应该是什么类型？它们表示的一定是实际的寄存器电路吗？

9. 四位十进制计数器和四位十六进制计数器分别需要几个 LUT 和 D 触发器来实现？

实战演练

1. 使用 Verilog HDL 语言设计图 2-53 所示的电路。

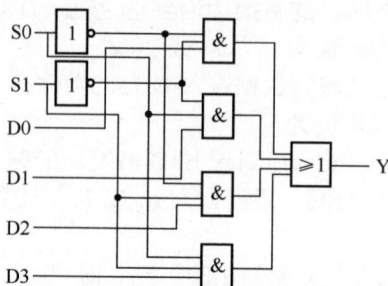

图 2-53　习题 2-1 电路

2. 编写 Verilog HDL 代码设计一个 3 人表决器，实现功能 2 人及以上同意，表决通过，输出"1"，否则输出"0"。

3. Verilog HDL 描述一个带进位输入、进位输出的 8 位全加器。端口：A、B 为加数，Ci 为进位输入，S 为加法和，Co 为进位输出。

4. 设计四选一数据选择器，并给该电路后加一级 D 触发器。

5. 设计表 2-9 所示寄存顺序的环形计数器，异步复位，复位时计数器中的值为 4'b0001。

表 2-9　环形计数器循环表

0	0	0	1
0	0	1	0
0	1	0	0
1	0	0	0
0	1	0	0
0	0	1	0
0	0	0	1

项目3
分频计数显示综合系统

03

项目导读

项目 1 和项目 2 介绍了计数器的设计、仿真与测试等，其中测试环节均可参考图 1-68，图 1-68 中的时钟信号可以借助外部函数信号发生器来产生 1Hz 的脉冲信号，但函数信号发生器作为时钟源的方式不够灵活。项目 3 重点介绍在 FPGA 内部使用 Verilog HDL 设计分频器电路，以将外部晶振送入的 50MHz 的时钟信号转为频率为 1Hz 或者其他频率的时钟信号，作为计数器等其他电路的时钟信号，以此代替外部函数信号发生器。项目 3～项目 8 会反复使用分频器电路，项目 3 围绕图 3-1 展开。

项目导读

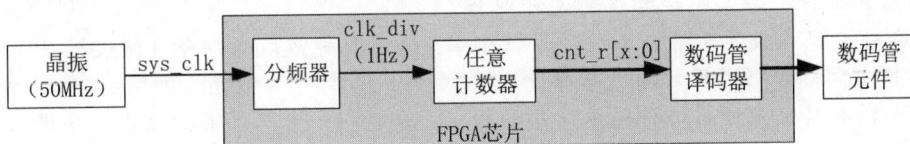

图 3-1　分频计数显示综合系统框架

学习目标

1. 能熟练操作 Quartus Prime 和第三方仿真软件 ModelSim。
2. 熟悉分频器的电路框架，能够修改通用分频器的推荐代码，以实现任意分频系数的分频器的设计。
3. 理解分频器中同步时序逻辑电路的优点和必要性。
4. 熟悉综合电路设计的流程，掌握综合电路设计中的例化方法。
5. 掌握 parameter 语法的使用。
6. 了解电路中的典型延时，能够进行简单的时序约束，具备一定的时序分析能力。

素质目标

1. 通过熟悉 ModelSim 的操作环节，培养逻辑思维和问题解决能力。
2. 通过项目拆解，整合电路的设计流程，养成严格遵守设计流程的习惯，提升设计时效性。
3. 具有自主学习专业知识和积极探索的能力，具有资料收集与整理的能力、制订和实施计划的实际能力。
4. 在层次化设计中引导学生规范命名，养成按照行业规范从事专业技术活动的职业习惯。

思维导图

图 3-1 中分频器输出的脉冲信号频率为 1Hz，Quartus Prime 自带的仿真器因其最大仿真时长（Set End Time）限制为 100μs，因此不能完成该分频器电路的仿真。为解决 Quartus Prime 自带仿真器的因仿真时长限制而导致的仿真局限性，项目 3 引入更为专业和通用的第三方仿真软件 ModelSim。项目 3 思维导图如图 3-2 所示。

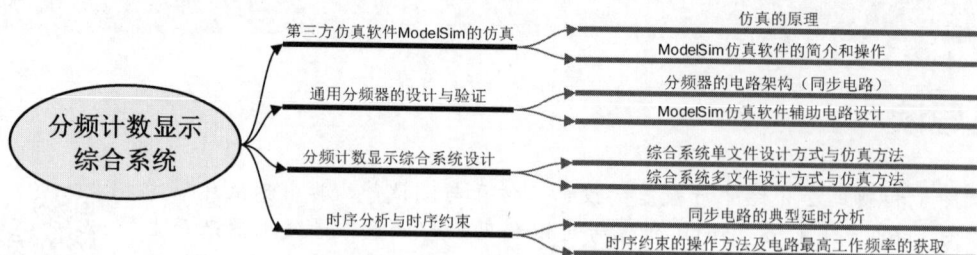

图 3-2　项目 3 思维导图

（1）以任意计数器（取较为简单成熟的 0～9 计数器）为例，介绍仿真的原理和 ModelSim 软件的仿真操作思路和操作方法。

（2）以分频器为任务载体，通过设计、仿真并定位设计缺陷、设计改进、再仿真等流程完成分频器的设计，融入同步电路的设计理念。

（3）介绍分频计数显示综合系统的设计框架，给出几种常用的综合系统设计及仿真方法，为后续项目中的综合任务设计奠定基础。

（4）剖析和整合分频器这种同步电路的框架，分析同步电路的典型延时，并借助 Quartus Prime 软件的时序约束工具获取电路的最高工作频率。

任务 3.1　第三方仿真软件 ModelSim 的仿真

任务导入

任务：使用 ModelSim 软件仿真 0～9 计数器。

3.1.1　【知识准备】第三方仿真软件 ModelSim

一、Quartus Prime 自带仿真工具的限制

FPGA 设计流程中的验证包括电路仿真和测试，而仿真分为功能仿真和时序仿真。仿真是指使用设计软件包对已实现的设计进行完整的测试，并模拟电路在实际物理环境下的工作情况，以确保 HDL 描述的电路能够满足设计者的最初意图。功能仿真是指仅对逻辑功能进行模拟测试，以明确其实现的功能是否满足原设计的要求，仿真过程没有加入时序信息，不涉及具体器件的硬件特性，如延时特性等，因此又称为前仿真，是一种理想状态下的仿真。时序仿真则是在 HDL 可以满足设计者功能要求的基础上，在布局布线后，提取有关的器件延时、连线延时等时序参数信息，并在此基础上进行的仿真，也称为后仿真，是接近于器件真实工作状态的一种仿真。例如，选择 Intel 的两块不同型号 FPGA 芯片，同样的 Verilog HDL 代码在软件上的前仿真结果一般一致，但是由于不同型号 FPGA 芯片的结构和延时特性等参数不同，二者的后仿真结果有一定差异。

标准化的设计流程是先进行功能仿真，再进行时序仿真。对于 Quartus Prime 软件而言，设计完 Verilog HDL 后，如果仅进行功能仿真，可以只进行分析与综合，也可以进行全编译，后者所需时间更长；如果进行时序仿真，则必须进行全编译，且为了能更贴近真实使用场景，推荐分配引脚后再进行一次全编译，最后进行时序仿真。对于小规模电路，因软件进行分析与综合、全编译运行时间均较短，所以无论功能仿真还是时序仿真，设计者通常均可直接采取全编译。

注：分析与综合的具体操作是：在 Quartus Prime 主界面主菜单栏下选择"Processing"→"Start Analysis &Synthesis"；而全编译具体操作是：在 Quartus Prime 主界面主菜单栏下选择"Processing"→"Start Compilation"。

功能仿真的一个典型优点是时效性更高；另一个优点是内部信号不会被编译器优化，因此设计的端口和电路内部节点信号均存在，设计者可以灵活添加并仿真电路中涵盖的几乎所有信号。功能仿真的典型缺点是仿真结果和电路实际运行状况有一定偏差。时序仿真的优点是更贴近真实的电路运行状况；但是其中一个缺点是全编译时因电路内部部分信号被优化而导致部分内部信号不易甚至不能被添加和仿真，这对通过电路内部信号来定位设计错误和缺陷带来一定的困难；另一个缺点是时序仿真前所要求的全编译操作相对功能仿真要求的分析和综合耗时更多，在大型工程编译时尤为明显。大型工程全编译操作耗时可达数分钟、数小时甚至更久；相对应的 ModelSim 运行时序仿真相对功能仿真也更为耗时。因此，电路设计流程中先通过功能仿真快速判断电路运行状况是否和设计初衷一致，同时定位设计错误和缺陷并对电路及时改正，待功能仿真无误后再分配引脚、全编译，最后进行时序仿真，这样可以减少时序仿真的次数，提高工程设计的时效性。

二、第三方仿真软件 ModelSim

1. HDL 第三方仿真软件简介

HDL 的仿真软件种类很多，如 VCS、VSS、NC-Verilog、NC-VHDL、ModelSim 等。FPGA 开发人员可以使用 FPGA 厂家提供的集成开发环境，如 Xilinx 公司的 ISE、Altera 公司的 Quartus Prime 等，这些开发环境均有自带的仿真工具。但是这些自带仿真工具的仿真性能往往比不上专业的 EDA 公司的仿真工具，如 ModelSim AE（Altera Edition）、ModelSim XE（Xilinx Edition）等。以 Quartus Prime 为例，其设有第三方仿真工具的接口，可以直接在 Quartus Prime 界面调用其他 EDA 公司的仿真工具，这极大地提高了 EDA 设计的效率和质量。

2. ModelSim 仿真软件简介

ModelSim 是 Model Technology（Mentor Graphics 的子公司）的 HDL 的仿真软件。该软件可以用来实现对设计的 VHDL、Verilog HDL 或是两种语言混合的代码进行仿真，同时也支持 IEEE 常见的各种硬件描述语言标准。无论是从使用界面和调试环境，还是从仿真速度和效果来看，ModelSim 都可以算得上是业界比较优秀的 HDL 仿真软件。

ModelSim 是唯一的单内核支持 VHDL 和 Verilog HDL 混合仿真的仿真器，是做 FPGA/ASIC 设计的 RTL 和门级电路仿真的非常好的选择。ModelSim 采用直接优化的编译技术，Tcl/Tk（工具控制语言/Tcl 图形控制工具箱）技术和单一内核仿真技术，具有仿真速度快，且编译的代码与仿真平台无关，以及便于 IP 核的保护和加快错误程序定位等优点。

3. ModelSim 的分类

ModelSim 分几种不同的版本：ModelSim SE、ModelSim PE、ModelSim LE 和 ModelSim OEM，其中 SE、PE、LE 版本编译速度较快，SE 版本仿真速度是 OEM 版本 10 倍左右。OEM 版本就是集成在 FPGA 厂家设计工具中的版本，只针对某个厂家的 FPGA 配套来使用，如后面使用到的 ModelSim AE 就是专门针对 Altera 公司的 Quartus Prime 的配套 OEM 产品。与 AE 版本相似的还有 ModelSim ASE 版本，后者限制 1 万行代码但可以免费获取，前者对代码量无限制，但需授权。

4. ModelSim 的获取

在 Intel 中国官方网站上可以下载各个 Quartus Prime 版本对应的免费版本 ModelSim Starter 进行使用，实际上 ModelSim Starter 属于 OEM 版本的一种。项目 1 介绍 Quartus Prime 的安装时，已经介绍过 ModelSim 的获取与安装方法。ModelSim 因其通用性较高，使得设计者可以很轻松获取各类相关的学习参考资料，任务 3.1 介绍 ModelSim 的使用。

三、ModelSim 软件使用前瞻

仿真的本质是给待仿真电路输入端口加入信号并通过观察、对比输出端口信号、输入端口信号，甚至电路内部信号来判定电路是否符合设计要求，同时也可以定位错误位置。将加入待仿真电路输入端的信号抽象理解为来自外部数字信号发生器的输出信号，仿真信号观测窗口可抽象为多通道示波器。在项目 1 的图 1-42～图 1-46 所示步骤介绍 Quartus Prime 自带仿真工具"Simulation Waveform Editor"使用时，设计者以图形化界面方式设定待仿真电路的输入端口信号在何时为何值；而使用 ModelSim 对 Quartus Prime 中待仿真电路进行仿真时，同样要求设定待仿真电路输入端口信号在何时为何值，但一般以 Verilog HDL 代码的形式实现，该文件称为测试激励文件，也常称为 Tset Bench，文件格式后缀为.vt。

测试激励文件主要完成两个工作，第一，测试激励文件中"描述输入端口信号何时为何值（波形）"的语句，可以理解成设计"抽象的数字信号发生器"的语句，该语句主要是指定"抽象的数字信号发生器"输出端口信号在何时为何值，但"抽象的数字信号发生器"不会映射成 FPGA 内部的物理电路。由此可见，Verilog HDL 代码不仅可以描述实际电路，也可以描述"抽象出的数字信号发生器"电路，这一点尤为重要。第二，测试激励文件中还需描述"抽象的数字信号发生器"和待测试电路的连接关系，这涉及项目 2 介绍的结构化描述中的例化概念。明确以上两点，对于测试激励文件的书写非常重要。图 3-3 给出了使用 ModelSim 进行电路仿真时的电路文件层级关系和仿真的思维框架，一般待仿真电路以.v 文件在 Quartus Prime 中完成，而测试激励文件.vt 可以在 Quartus Prime 完成，也可以在 ModelSim 完成，但最后仿真时将.v 和.vt 文件统一在 ModelSim 中运行。

综上所述，.vt 文件主要完成两个功能，一是设计或描述"抽象的数字信号发生器"电路；二是完成"抽象的数字信号发生器"和待仿真电路的连接（例化）。

使用 ModelSim 对 Quartus Prime 设计的电路进行仿真，从两个软件调用角度来看主要有两种方式，第一种是直接使用 ModelSim 对 Quartus Prime 编译的电路网表等进行仿真，也称为手动仿真或独立仿真；第二种是在 Quartus Prime 中对仿真工具进行相关设置以达到自动调用 ModelSim 的目的，称为自动仿真或者联合仿真。二者仿真的结果一致，仅操作流程略有差异，本书项目 3 及后续项目均采取操作更加便捷的联合仿真方式。

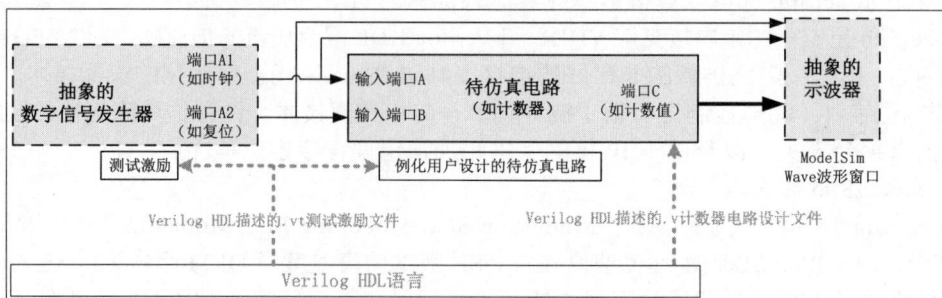

图 3-3 仿真的电路文件层级和仿真的思维框架

3.1.2 【任务实施】ModelSim 仿真计数器的实施方法

使用 ModelSim 仿真 Quartus Prime 工程下的电路时，以联合仿真方式为例，其操作步骤较为烦琐，以下 5 点是调用 ModelSim 仿真软件的思路，这些思路有助于理解和记忆仿真操作。

（1）在 Quartus Prime 下设置仿真软件：在 Quartus Prime 中将仿真方式设置为联合仿真模式 ModelSim-Altera，以便 Quartus Prime 明确是调用自带仿真工具还是第三方仿真软件。

（2）在 Quartus Prime 下指定 ModelSim 路径：设定 ModelSim 的安装路径，以便 Quartus Prime 可以访问 ModelSim。

（3）在 Quartus Prime 下设计测试激励.vt 文件：在 Quartus Prime 中自动生成测试激励模板.vt 文件，并修改内容和文件名称。

（4）在 Quartus Prime 下指定仿真所需测试激励.vt 文件：在 Quartus Prime 中指定所采用的测试激励.vt 文件名称及其所在路径。

（5）在 Quartus Prime 下启动 ModelSim 仿真：根据设计需要或流程启动功能仿真或时序仿真。启动后，设计者根据实际情况，在 ModelSim 添加内部信号、调整信号显示格式等进行仿真分析。

这几点对于 ModelSim 使用较为重要。需要注意的是，上述第（2）步骤只需在 Quartus Prime 中操作一次便可以保存到软件中，后续工程不需再次设置。

一、Quartus Prime 工程中指定第三方 ModelSim 仿真软件

用户可以在新建 Quartus Prime 工程时就指定仿真软件及仿真软件的安装路径，也可以在已建立的工程中修改仿真软件等相关设置。

1. 仿真工具设置方法——新建工程

以在 D:/FPGA_code/U3/cnt_modelsim 路径中新建 Quartus Prime 工程为例，工程命名为 cnt_modelsim。按项目 1 介绍的方法创建工程，直至出现图 3-4（a）所示的"New Project Wizard EDA Tools Settings"对话框→在图 3-4（b）所示的仿真工具指定界面的"Simulation"行、"Tool Name"列选择"ModelSim-Altera"→在"Simulation"行、"Format(s)"列选择语言"Verilog HDL"。"ModelSim-Altera"选项用于设定 Quartus Prime 和 ModelSim 自动联合仿真方式，即在 Quartus Prime 界面下启动 ModelSim。"ModelSim"选项用于设定独立仿真模式，即独立启动 ModelSim，二者仅启动方式略有不同，本书均采取自动联合仿真方式，选择"ModelSim-Altera"。

2. 仿真工具设置方法——现有工程

在现有工程中设置 ModelSim 具体操作：在 Quartus Prime 主界面主菜单栏下选择"Assignments"→"Settings"，弹出图 3-4（c）所示的"Settings_cnt_modelsim"对话框；在左侧选择"EDA Tool Settings"→"Simulation"，与新建工程类似，将右侧的"Tool Name"指定为"ModelSim-Altera"，"Format for output netlist"指定为"Verilog HDL"，然后单击"Apply"→"OK"按钮即可。图 3-4（c）中下半部分的"Compile test bench"行是测试激励文件相关选项，在下文会进行具体介绍。

微课 3-1-2
任务实施

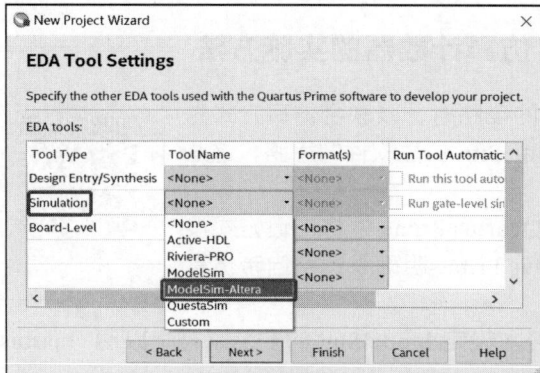

（a）"New Project Wizard EDA Tools Settings"对话框   （b）仿真工具指定界面

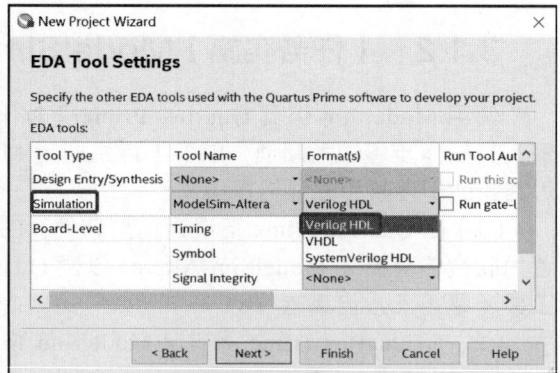

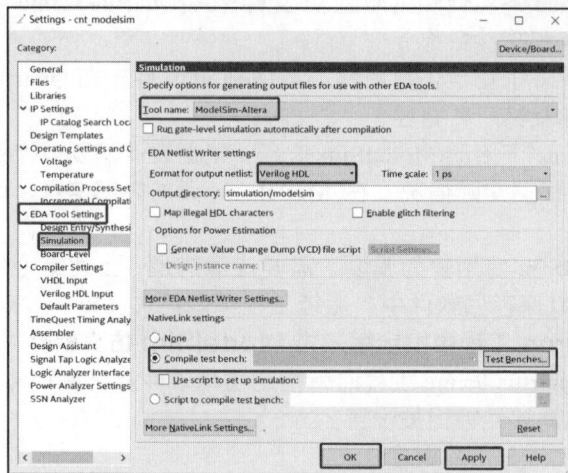

（c）"Settings_cnt_modelsim"对话框

图 3-4　新建工程仿真设置

二、Quartus Prime 工程中指定 ModelSim 安装路径

对于自动联合仿真方式而言，上述步骤仅指定了使用第三方 ModelSim 仿真软件，还需在 Quartus Prime 中指定 ModelSim 软件的安装路径，以便 Quartus Prime 可以自动调用并打开 ModelSim，具体操作方法是：在 Quartus Prime 主界面主菜单栏选择"Tools"→"Options"，弹出图 3-5 所示的"Options"对话框；先选择"EDA Tool Options"，再在"ModelSim-Altera"行单击"..."按钮指定"ModelSim.exe"实际安装目录，最后单击"OK"按钮。

三、Quartus Prime 工程中测试激励文件的设计与存储

1. 待仿真电路设计

图 3-5　"Options"对话框

为使得读者快速掌握 ModelSim 的仿真操作，待仿真电路选取前两个项目重点介绍过的

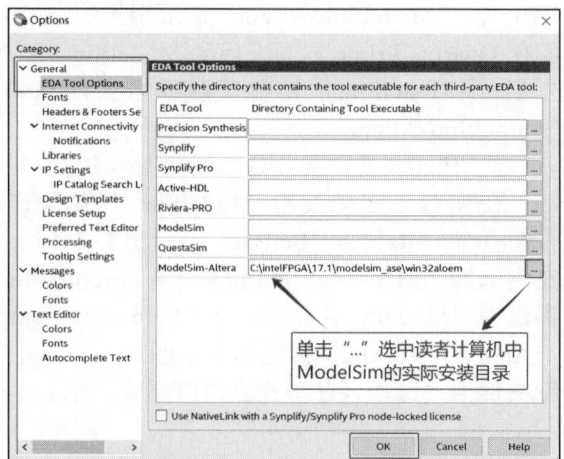

0～9 计数器，电路设计完之后对电路工程进行全编译，以下是 0～9 计数器的代码。

```
1.module cnt_modelsim(
2.input    wire        clk_in,
3.input    wire        rst_n,
4.output   reg [3:0]cnt_o
5.);
6.
7.always@(posedge clk_in or negedge rst_n)
8.if(!rst_n)
9.    cnt_o <= 4'd0;
10.else begin
11.    if(cnt_o==4'd9)
12.        cnt_o <= 4'd0;
13.    else
14.        cnt_o <= cnt_o+4'd1;
15.end
16.
17.endmodule
```

2．测试激励模板文件生成操作

ModelSim 仿真软件常使用的一种测试激励文件是.vt 格式的文件，通常由 Verilog HDL 设计 。.vt 文件中主要的一部分内容是描述送给待仿真电路输入端口的信号波形，这部分内容称为测试激励。用户可以自行新建.vt 文件并编写测试激励，也可以借助 Quartus Prime 自动生成测试激励模板文件，并对其进行修改，使用后者可以大大减少设计者的工作量。功能仿真和时序仿真的测试激励文件一般通用。

借助 Quartus Prime 自动生成测试激励模板文件的具体操作方法：在 Quartus Prime 主界面主菜单栏下选择"Processing"→"Start"→"Start Test Bench Template Writer"（开始生成测试激励模板），注意此时 Quartus Prime 主界面下的"Messages"对话框中会显示"Test Bench File"（测试激励文件）所在的目录，该目录默认在当前工程所在文件夹下的"simulation"子文件夹中的"modelsim"子文件夹。

打开测试激励文件的方法是：在 Quartus Prime 主界面主菜单栏下选择"Files"→"Open"，弹出图 3-6 所示的"Open File"对话框→将文件类型选择为"All Files（*.*）"→将文件路径定位到"modelsim"文件夹下的"cnt_modelsim.vt"文件→单击"打开"按钮，自动生成的.vt 代码如下：

```
1.`timescale 1 ps/ 1 ps
2.module cnt_modelsim_vlg_tst();
……//完整代码见配套资源
```

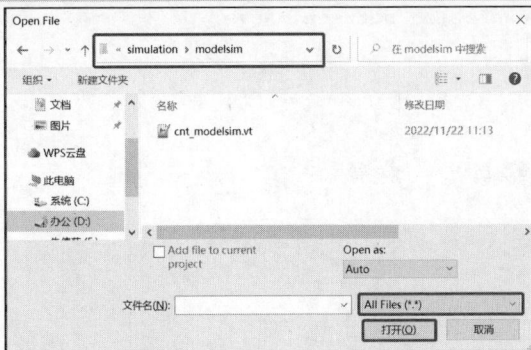

图 3-6 "Open File"对话框

3. 测试激励模板文件修改操作

仿真是给待仿真电路输入端口加入测试激励，并通过在 ModelSim 波形窗口观察电路输出信号与输入信号的时序关系来判定电路设计是否满足要求。将 cnt_modelsim.vt 文件理解为由抽象的数字信号发生器、待仿真电路以及示波器 3 个部分组成的测试系统，cnt_modelsim.vt 文件抽象框架如图 3-7 所示。测试激励信号理解为源于抽象的数字信号发生器电路的输出，待测试电路为 cnt_modelsim.v，波形窗口为可以观察所有信号的抽象示波器。

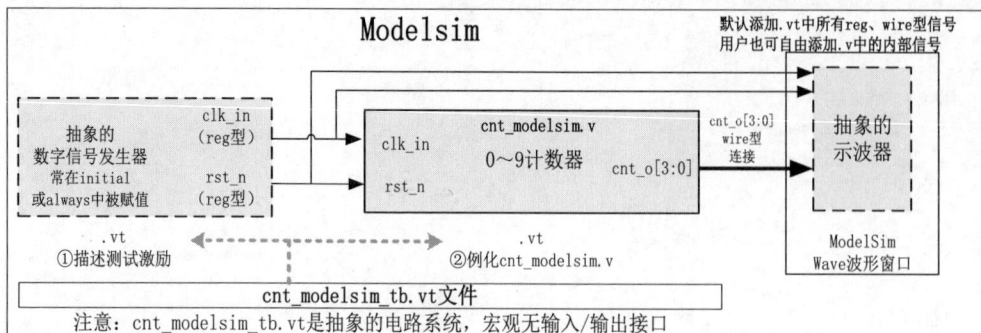

图 3-7　cnt_modelsim.vt 文件抽象框架

类似电路设计采用 Verilog HDL 的 assign 和 always 等赋值语句，抽象的数字信号发生器的输出信号也主要采用 assign 和 always 等赋值语句，此外更为常用的还有 initial 语句。简单的原则是无论是在 assign、always 语句中还是在 initial 语句中，被赋值的激励信号均需定义为 wire 型或 reg 型。这些激励信号连接至待仿真电路的输入端，待测试电路输出端信号由 wire 型引线引出，抽象的示波器会自动添加并显示测试激励文件中所有的 wire 型和 reg 型信号波形。以下是一种修改后的测试激励文件代码示例：

```
1.`timescale 1 ns/ 1 ps
2.module cnt_modelsim_tb();
3.  // test vector input registers
4.reg clk_in;
5.reg rst_n;
6.// wires
7.wire [3:0]  cnt_o;
8.
9.// assign statements (if any)
10.cnt_modelsim i1 (
11.// port map - connection between master ports and signals/registers
12.    .clk_in(clk_in),
13.    .cnt_o(cnt_o),
14.    .rst_n(rst_n)
15.);
16.//initial 中的代码只会执行一次;
17.initial
18.begin
19.        rst_n <= 1'b0;
20.        clk_in<= 1'b0;
21.    #100  rst_n <= 1'b1;
22.end
23.always
```

```
24.begin
25.    #10   clk_in <= ~clk_in;
26.end
27.endmodule
```

（1）时间尺度预编译指令。

修改后的代码的第 1 行`timescale 及其所在行的语句依次为时间尺度预编译指令、时间单位、时间精度。

①时间尺度预编译指令。时间尺度预编译指令`timescale 标准语句，不需更改。

②时间单位和时间精度。二者都包含数值和数值的单位两部分，数值可以设置为 1、10 和 100，数值的单位可以设置为 s、ms、µs、ns、ps 和 fs。修改后代码的第 1 行`timescale 后 1ns 代表时间单位，那么第 21 行的#100，代表延时 100 倍的 1ns 时间单位，即 100ns。修改后代码第 1 行`timescale 后的 1ps 理解为仿真精度更为贴切，代表 ModelSim 仿真结果精度可达 1ps。

显然，时间单位不能比时间精度小。前者常写 1ns，后者常写 1ps 或 1ns，二者的数值和单位应视具体电路应用场景而定。

（2）模块重命名。

将模块名称修改为 "cnt_modelsim_tb.vt"。

（3）信号定义。

第 4～7 行顺序可以互换。代码的第 4～5 行是抽象的数字信号发生器输出信号 clk_in 和 rst_n 的定义，亦即测试激励信号。测试激励信号一般直接在.vt 文件中定义和赋值，模板文件对测试激励信号均已定义，用户一般只需根据需要赋值即可。

①名称。第 4、5、7 行的 clk_in、rst_n、cnt_o 名称可以自定义，但一般默认即可；第 12～14 行的 "（ ）" 内部的名称应和第 4、5、7 行名称或修改后的名称一致；第 12～14 行的 "（ ）" 左侧的名称必须和待仿真电路端口名称一致。自动生成模板文件中第 12～14 行的 "（ ）" 内部和左侧两种名称默认一致，一般不需修改。

②类型。clk_in 和 rst_n 类型取决于该信号在 assign、always 还是在 initial 中被赋值，在何种语句中赋值取决于设计者。和电路设计中规则类似，若在连续赋值语句 assign 中被赋值，则需修改为 wire 型；若在 always 或 initial 过程赋值语句块中被赋值，需修改为 reg 型。模板文件默认 clk_in 和 rst_n 在 initial 或 always 过程赋值语句块中被赋值，因此默认为 reg 型，实际情况大多也是如此。

在.vt 文件中将待测试电路视为黑盒子，待仿真电路的输出信号 cnt_o 在 cnt_modelsim.v 中被驱动，只需用 wire 型的连线将其引出即可，wire 型连线的位宽应和对应的待仿真电路的端口位宽一致，代码第 7 行默认和 cnt_modelsim.v 中位宽、名称一致，一般不需修改。

③位宽。第 4、5、7 行中位宽应和与之连接的电路端口位宽一致，一般不需修改。

ModelSim 中默认自动将 cnt_modelsim_tb.vt 中所有 wire 型和 reg 型信号添加到仿真窗口中，除此之外，用户也可将 cnt_modelsim.v 中电路内部信号添加到波形窗口，后文多次操作中均有介绍。

（4）例化语句。

在项目 1 原理图设计中，电路之间的连接或调用以连线方式实现；而任务 2.1 介绍过，在 Verilog HDL 中不同模块之间的连接或彼此之间调用通过结构化描述语句中的例化语句实现。代码的第 10～15 行是对待测试的计数器电路的例化语句，属于任务 2.1 介绍的名称关联例化方式。名称关联例化方式重述如下：

```
模块名  实例名(
.端口名 1(连接信号名 1),
```

107

```
    .端口名 2(连接信号名 2),
    ......
    .端口名 N(连接信号名 N)
    );
```

参考图 3-7 所示的 cnt_modelsim.vt 文件抽象框架，代码的第 10 行中第 1 个名称是例化的模块名，必须和被测试或例化的 cnt_modelsim.v 电路名称一致，是对该电路的调用；第 2 个名称可以自定义为实例名，可自由命名；第 12～14 行，以第 12 行为例，含义是将待仿真电路 cnt_modelsim.v 中的输入端口信号 clk_in（第 12 行“( )”左侧的 clk_in）连接到 cnt_modelsim_tb.vt 中的抽象的数字信号发生器的输出信号或者测试激励信号 clk_in（第 12 行“( )”内的 clk_in）。和第 12 行一样，第 13、14 行“( )”左侧名称必须和 cnt_modelsim.v 中对应端口名称相同，而“( )”内的名称应和第 4、5、7 行的名称相同。

（5）赋值语句。

①initial 语句块。.vt 主体的第一部分是 initial 后的 begin 和 end 之间的语句，initial 的语句只会执行一次，其内部是顺序执行，一般用于给抽象的数字信号发生器赋初始值，其中“rst_n <= 1'b0；”含义是启动仿真后，第 0 时刻，给 rst_n 赋值 0；“clk_in<= 1'b0；”含义是执行完上一句，也就是再过 0 时刻，给 clk_in 赋初值 0；“#100 rst_n <= 1'b1；”含义是执行完上句后等待 100 倍的 1ns（时间单位）后给 rst_n 再赋值 1 以解除复位。

注意 所有激励信号均应赋有初始值，否则时序状态不明确。

---

②always 语句块。.vt 主体的第二部分是 always 后的 begin 和 end 之间的语句，其内部也是顺序执行，always 语句类似于 C 语言中的 while(1)，会循环执行，“#10 clk_in <= ～clk_in；”含义是延时 10ns，clk_in 取反，always 是重复循环执行，因此这段语言可以模拟出周期为 20ns，占空比为 50%的时钟信号 clk_in。但应注意，initial 和 always 对 clk_in 的赋值同时有效，因此赋值时应避免时间冲突。

从宏观上看 initial 和 always 两部分并行执行，两个语句块的位置可以调换。如果电路中有其他类似于 clk_in 的周期变化信号，可以再添加一个 always 语句块进行单独赋值，也可以在同一个 always 中和 clk_in 共同赋值，但前者思路更为清晰，时间上不易冲突。initial 语句同样也可以有多个，但因只执行一次，所以每个信号在某个时间节点为何值是明确的，因此一般只写一个 initial 语句避免混淆。

其他：如果用户将第 5 行的 rst_n 定义为 wire 类型，则只能在 assign 中赋值，例如：assign rst_n = 1'b1。但 initial 语句块不仅可以完成此功能，还可以对多个信号在不同时间节点同时赋值，因此一般不采取 assign 的方式对测试激励信号赋值，这也解释了为什么 Quartus Prime 自动生成的模板文件中待赋值信号默认类型为 reg 型。

4. 测试激励模板文件另存操作

修改完测试激励文件中的代码后，推荐操作是将该 cnt_modelsim_tb.vt 另存。试想如果设计者设计了一个电路并设计了.vt 文件，但若项目需求发生一定变化，例如要求对当前工程中待测试电路.v 文件的端口进行修改，设计者修改电路端口后再编译，再次自动生成新的测试激励模板文件，其名称仍默认 cnt_modelsim_vlg_tst.vt，该文件中虽然会自动更新输入端口和输出接口等，但也会覆盖之前设计者已经修改的 cnt_modelsim_ vlg_tst.vt 文件。因此，建议设计者将修改后的.vt 文件另存为自定义的如“cnt_modelsim_tb.vt”或“cnt_modelsim_tb1.vt”等名称，以避免被自动生成的新.vt 文件覆盖。

文件另存名称命名如果和.vt 文件代码第 2 行 module 后的名称一致的话会更为清晰，常见重命名为 cnt_modelsim_tb.vt（tb 是测试激励英文名称 Test Bench 的缩写），对应的.vt 文件代码中第 2 行的模块名也应重新修改为 cnt_modelsim_tb。另存的具体操作步骤是：在 Quartus Prime 主界面主菜单栏下选择"File"→"Save As"，弹出图 3-8 所示的"另存为"对话框，修改文件名后单击"保存"按钮。

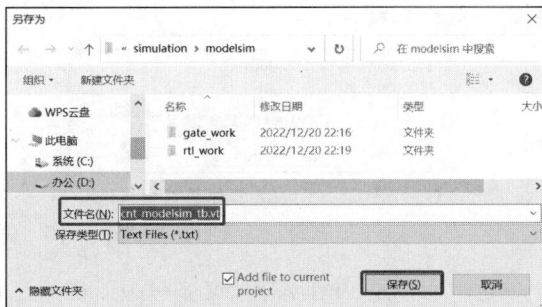

图 3-8 "另存为"对话框

四、Quartus Prime 工程中指定测试激励文件的名称和路径

修改并另存测试激励文件后，需在 Quartus Prime 中指定该测试激励文件名称和路径。具体操作步骤：Quartus Prime 主界面主菜单栏下选择"Assignments"→"Settings"→弹出"Setting"对话框→选择左侧"Simulation"→勾选"Compile test bench"→选择"Test Benches"→弹出图 3-9（a）所示的"Test Benchs"对话框→单击"New..."按钮→弹出图 3-9（b）所示的"New Test Bench Settings"对话框→单击选择"File name："右侧的"..."按钮→弹出"Select File"对话框→将路径定位到 cnt_modelsim_tb.vt 所在路径→双击"cnt_modelsim_tb.vt"文件返回图 3-9（b）所示的"New Test Bench Settings"对话框→在"Test bench name"栏输入"cnt_modelsim_tb"名称→单击"Add"按钮→单击"OK"按钮返回图 3-4（c）所示的"Setting_cnt_modelsim"对话框→单击"Apply"按钮→单击"OK"按钮。此过程指定了仿真所需.vt 测试激励文件，并指定了该文件名称，至此仿真所需的测试激励文件添加完成。

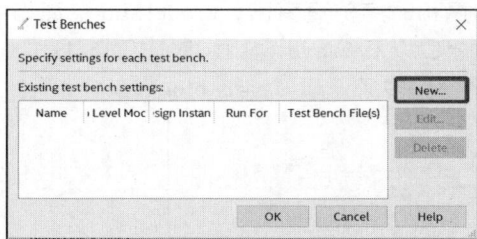

（a）"Test Benches"对话框　　　　　（b）"New Test Bench Settings"对话框

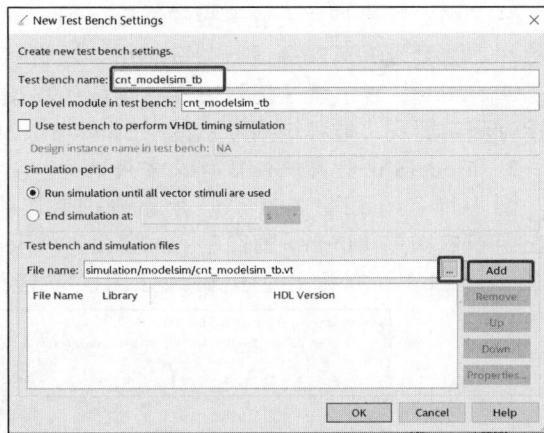

图 3-9 指定仿真文件

五、ModelSim 仿真操作

1. 启动 ModelSim

启动仿真的具体操作是：在 Quartus Prime 主界面主菜单栏下选择"Tools"→"Run Simulation Tool"→"RTL Simulation"（RTL 行为级仿真，绝大多数设计者也称为功能仿真）或"Gate Level Simulation"（门级仿真，绝大多数设计者称为时序仿真）。时序仿真还会额外弹出图 3-10（a）所示的"EDA Gate Level Simulation"对话框。其中"Slow -8 1.2V 85 Model"的含义是速度等级（-8）、内核电压（1 200mV）、模仿运行温度（85℃）、慢速（slow）仿真

模式，具体解释如下。

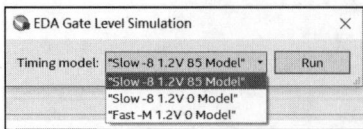

（a）EP4CE10F17C8 器件仿真模式选择 （b）EP4CE10F17C7 器件仿真模式选择

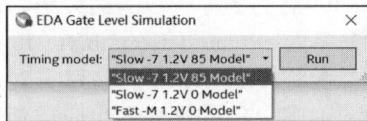

图 3-10 仿真模式选择

① "-8" 是 FPGA 芯片速度等级。在建工程时，以选择 EP4CE10F17C8 器件为例，该器件速度等级为 C8。若将器件类型选择为 EP4CE10F17C7，选择 "Gate Level Simulation"（时序仿真）后弹出图 3-10（b）所示的对话框，注意图 3-10（a）、图 3-10（b）有所不同。Altera FPGA 的代表速度等级的数字如 8 越小，其速度等级越高，如 EP4CE10F17C7 比 EP4CE10F17C8 速度等级高，相对来说器件的延时也更小，对应的最高工作频率上限也更高。

② "1 200mV" 是 Cyclone FPGA 的内核电压。Cyclone IV 系列内核电压分为 1.2V 和 1.0V 两种，前者适用于 C6、C7、C8、I7、A7 类型，后者适用于 C8L、C9L、I8L 类型。Cyclone 系列的芯片命名最后一位 "L" 代表低电压，EP4CE10F17C8 名称最后无 "L"，因此内核电压为 1.2V。集成电路中一般内核电压越高，最高工作频率越低。

> **注意** 在 FPGA 内部，FPGA 内核逻辑门和引脚之间 "电压转换电路" 的存在导致二者电压不同，FPGA 的引脚一般以 Bank（块）划分，每个块的引脚电压取决于该块对应的 VCCIOX 引脚的外接电压，各个块的电压可以不同；而内核电压取决于 VCCINT 引脚的外接电压。

③ "85℃" 是芯片工业等级的温度上限，85℃对于 FPGA 是一种最坏的极端温度。同一块芯片，温度越高其最高运行频率越小，运行状况也越差。

④ "slow" 表示慢速仿真模式。慢速仿真模式相对快速仿真模式所需时间更长，但结果更接近真实情况。推荐选择默认的 "Slow -8 1.2V 85 Model" 仿真模型。

2. ModelSim 仿真软件窗口及常用操作

图 3-11（a）和图 3-11（b）所示分别是功能仿真和时序仿真窗口，ModelSim 主窗口中从左至右依次是 Library 窗口、sim 窗口、Objects 窗口以及 Wave 窗口。对比图 3-11（a）和图 3-11（b）可以看出时序仿真窗口相对功能仿真窗口多了一项 "hard_block"。

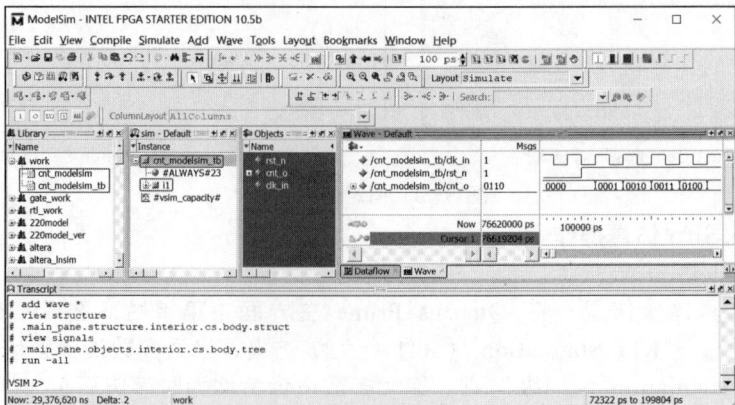

（a）功能仿真窗口

图 3-11 ModelSim 功能仿真和时序仿真窗口

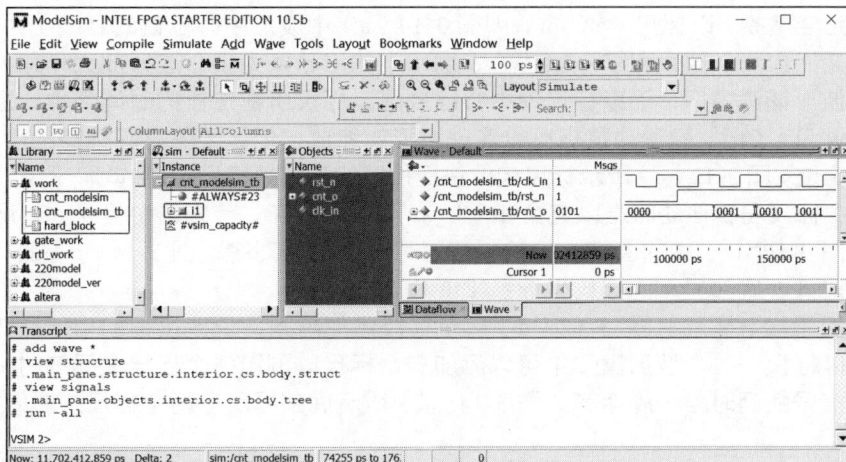

（b）时序仿真窗口

图 3-11　ModelSim 功能仿真和时序仿真窗口（续）

（1）Library 窗口。

Library 窗口主要显示库文件，包含 Quartus Prime 全编译后生成的布局布线等数据。

（2）sim 窗口。

sim 窗口是仿真信号或模块窗口，cnt_modelsim_tb 是仿真激励文件名称，可以理解为上文所述的由抽象的数字信号发生器、待仿真电路以及示波器 3 个部分组成的整个测试系统；i1 是 cnt_modelsim_tb.vt 文件中代码第 10 行处的 i1，是该测试系统中被例化的待仿真电路实例名。

（3）Objects 窗口。

Objects 窗口是信号窗口，会根据 sim 窗口选中的项目不同而变化，特别是电路有内部信号时，可以将该窗口的内部信号添加到 Wave 窗口。

（4）Wave 窗口。

Wave 窗口从左至右依次为信号名称、信号在标尺所在位置的值、波形窗口。

3．ModelSim 仿真软件常用快捷方式及常用操作

（1）仿真启停等操作。

图 3-12（a）所示仿真启停快捷按钮从左至右依次是 Restart（重新开始仿真）、单步仿真时间输入设置、Run（单步仿真）、ContinueRun（继续仿真）、Run-All（全速仿真）、Break（跳出当前仿真）、Stop（停止仿真）。

①单击 Restart 后单步仿真或全速仿真停止，且 Wave 窗口中波形将清除。

②单步仿真时间和 Run 相配合，在单步仿真时间窗口输入单次仿真的时间值和时间单位，鼠标左键单击 Run 即可运行一次。例如，在图 3-12（a）中，每单击一次 Run 只运行 400ns，但可多次单击。

③ContinueRun 是 Run 的继续启动选项。例如将单步仿真时间设置为 100ms，软件需要数秒甚至更久的时间完成 100ms 的时长仿真，当 100ms 的仿真未完成时单击 Stop 可以暂停，再单击 ContinueRun 则在之前的基础上继续仿真。

④单击 Run-All 后系统将永不停息地运行。

⑤单击 Stop 后，无论是单步仿真还是全速仿真均停止，但不清除 Wave 窗口中已有的波形。

（2）波形显示比例和标尺操作。

①波形缩放。图 3-12（b）所示波形缩放快捷按钮从左至右依次是对波形窗口横轴的放

大、缩小、完全缩放、以标尺（cursor，即图 3-14（a）中波形中心位置的竖线）为中心放大、在两个标尺之间放大。放大和缩小以 Wave 窗口下的滚动条为中心进行放大和缩小；完全缩放是将整个波形铺满窗口；而以标尺为中心缩放是以标尺所在位置的时间为中心进行缩放。此外，按住键盘"Ctrl"键滚动鼠标可以实现波形的缩放，但是要注意鼠标箭头所在的位置。

②标尺定位。图 3-12（c）所示标尺定位快捷按钮的功能是标尺定位选项，例如，在图 3-14（a）中，选中标尺左右移动时难以完全和 clk_in 上升沿对齐。若先选中信号 clk_in 后再选中标尺，单击图 3-12（c）中的图标，标尺将和信号边沿精准对齐。图 3-14（a）的标尺和时钟上升沿完全对齐，底部显示的标尺坐标是 190 和 200。

③标尺的添加与删除。图 3-12（d）所示标尺添加与删除快捷按钮的功能是在波形窗口中添加或删除标尺。一个波形窗口中可以添加多个标尺以测量各个标尺之间的时间间距，以此来分析各信号的延时差、周期等，图 3-14（a）所示底部显示了两个标尺的时间距离。

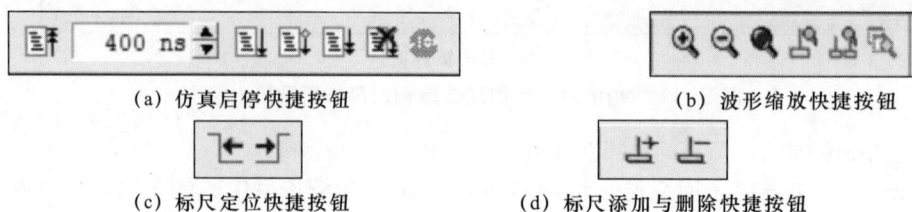

（a）仿真启停快捷按钮　　　　　　　　　　（b）波形缩放快捷按钮

（c）标尺定位快捷按钮　　　　　（d）标尺添加与删除快捷按钮

图 3-12　ModelSim 快捷按钮

（3）信号数值显示格式和波形显示格式操作。

图 3-11 所示的 Wave 窗口中信号默认以二进制格式显示，但在大部分应用中经常将多位宽信号以"Unsigned"（无符号十进制）等格式显示更为直观。信号数值显示格式设置的具体操作方式如图 3-13（a）所示：选择"cnt_o"→"Radix"→"Unsigned"，即可将信号数值显示格式更改为无符号十进制。常用的还有二进制（Binary）、八进制（Octal）、十六进制（Hexadecimal）等类型。

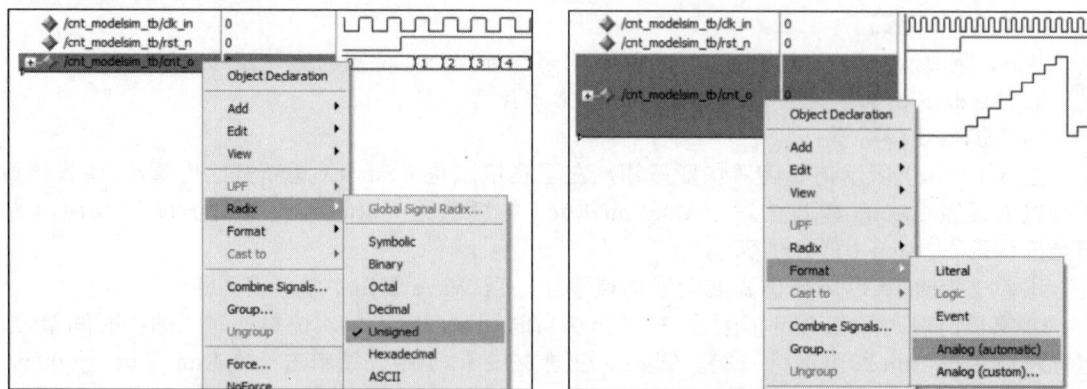

（a）信号数值显示格式设置　　　　　　　　　（b）信号波形显示格式设置

图 3-13　信号显示格式设置

有时将多位宽信号以更为直观的模拟波形形式展现，易于分析问题，例如项目 4 的正弦波信号的仿真。信号以模拟波形显示格式设置的具体操作方法如图 3-13（b）所示：选择"cnt_o"→"Format"→"Analog(automatic)"或"Analog(custom)"二者任一，即可将信号以模拟波形形式展现。若需要取消波形显示，选择"Literal"即可。类似于示波器的幅度显示调节，Analog(automatic)会根据信号幅值自动调节模拟波形的高度并以合适比例显示在波形窗口，而 Analog(custom)需要手动设置幅度范围，一般选择前者即可。但应注意，设置模拟波形前，先根据需要设置信号的数值显示格式。

4. ModelSim 软件仿真及分析——以任意计数器为例

（1）功能仿真（前仿真）分析。

采取 800ns "单次运行模式"，图 3-14（a）所示的功能仿真结果显示当复位信号 rst_n 解除复位后，cnt_o 在每个 clk_in 上升沿时加 1，完成 0～9 循环计数；图 3-14（b）所示的是放大后的功能仿真结果，结果显示输出信号 cnt_o 相对 clk_in 无延时，这显然不符合物理器件的特性，这也印证了上文介绍的功能仿真并不考虑电路实际延时等物理信息。

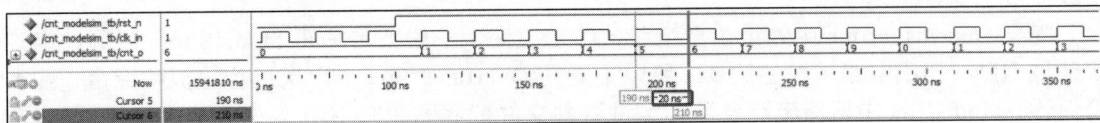

（a）功能仿真结果

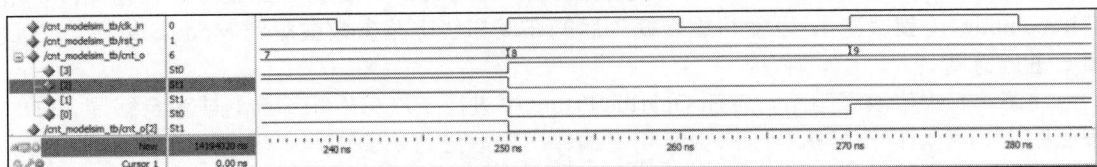

（b）功能仿真结果（放大后）

图 3-14 0～9 计数器功能仿真结果

（2）时序仿真（后仿真）分析。

时序仿真应尽可能模拟真实情况，因此分配引脚后再进行全编译更有意义。rst_n 可以分配外接按键的引脚、clk_in 分配外接晶振的引脚、cnt_o 分配外接 4 个 LED 的引脚或者空置引脚，时序仿真和功能仿真的设置方法以及测试激励文件一般通用。

图 3-15（a）所示时序仿真结果表明电路可以完成 0～9 计数功能；图 3-15（b）所示放大后的时序仿真结果表明 cnt_o 在时钟 clk_in 上升沿延时约 6.6ns 开始变化，并经历约 1.7ns 竞争冒险后稳定。

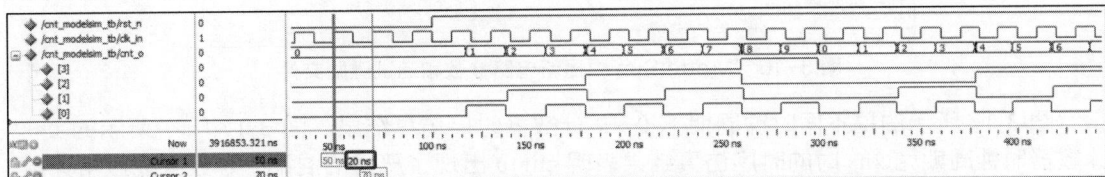

（a）clk_in 周期 20ns 时序仿真结果

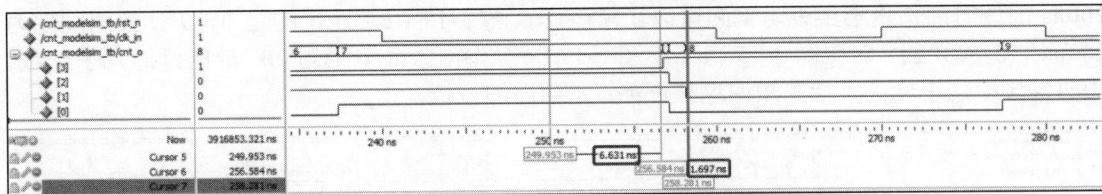

（b）clk_in 周期 20ns 时序仿真结果（放大后）

图 3-15 0～9 计数器时序仿真结果

以上时序仿真结果证明：第一，D 触发器的输出相对于时钟信号上升沿有一定的延时，这符合 D 触发器本身的特性；第二，电路中位宽较多的信号存在竞争冒险现象，这符合时序逻辑电路和组合逻辑电路的特性，实际还涉及信号的路径延时，任务 3.4 将对这些延时进行详细的分析。

（3）电路或测试激励文件修改后的重新仿真操作方法。

举例说明，将 Quartus Prime 中的测试激励文件 cnt_modelsim_tb.vt 中 clk_in 周期语句

```
25.    #10   clk_in <= ~clk_in;
```

修改为 2ns

```
25.    #1    clk_in <= ~clk_in;
```

或修改为 200ns

```
25.    #100  clk_in <= ~clk_in;
```

修改完成后保存。

如果 Quartus Prime 中的待仿真电路端口未改变，一般不需关闭 ModelSim。该例只修改了测试激励，但因电路未发生改变，所以不需在 Quartus Prime 中再次进行分析和综合，或者全编译。ModelSim 中更新电路参数和测试激励文件按照图 3-16 所示，在 Library 窗口同时选中"work"下展开的 3 个文件，依次鼠标右键选择"Update"（更新电路或测试激励文件）和"Recompile"（重编译），以便将重新编译后的布局布线电路参数重载到 ModelSim 中，最后重新进行仿真。

注意，如果修改了电路，应在 Quartus Prime 中进行一次分析和综合，或者全编译，同时按照图 3-16 所示的操作执行一次更新和重编译，最后进行仿真即可。

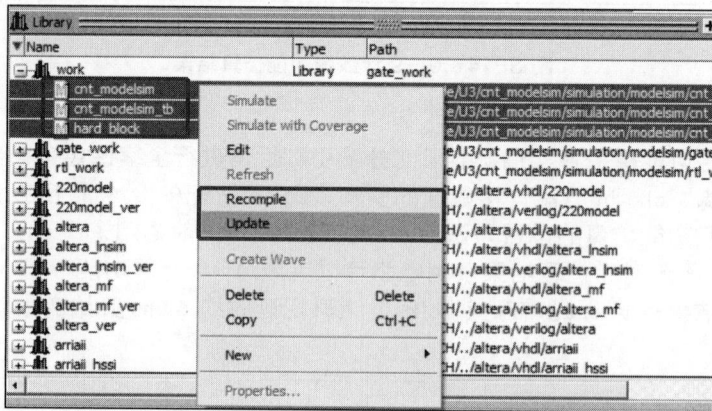

图 3-16　ModelSim 中更新电路参数和测试激励文件

图 3-17 所示的是不同时钟周期下 0~9 计数器时序仿真结果。图 3-17（a）所示的 0~9 计数器时钟周期为 2ns 时的时序仿真结果表明 cnt_o 出现了严重的混乱，导致未能正常计数，这证明了时序逻辑电路最高工作频率有上限。图 3-17（b）所示的 0~9 计数器时钟周期为 200ns 时的时序仿真结果表明电路可以正常工作。图 3-17（c）所示的是 0~9 计数器周期为 200ns 时的放大图，对比图 3-15（b）和图 3-17（c），输出 cnt_o 相对 clk_in 的延时几乎一致，和时钟频率几乎无关，相关知识这在任务 3.4 会详细分析。

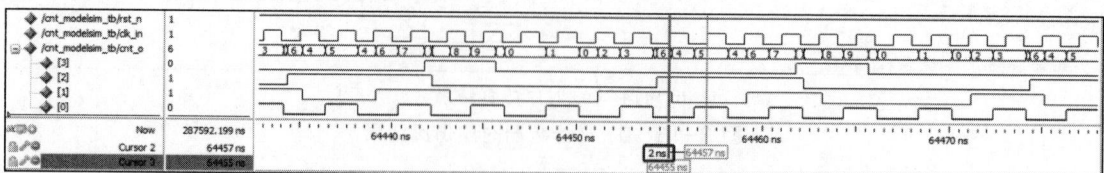

（a）clk_in 周期为 2ns

图 3-17　0~9 计数器时序仿真结果（不同时钟周期）

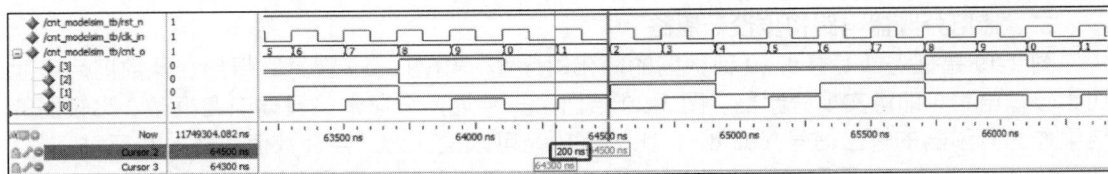

（b）clk_in 周期为 200ns

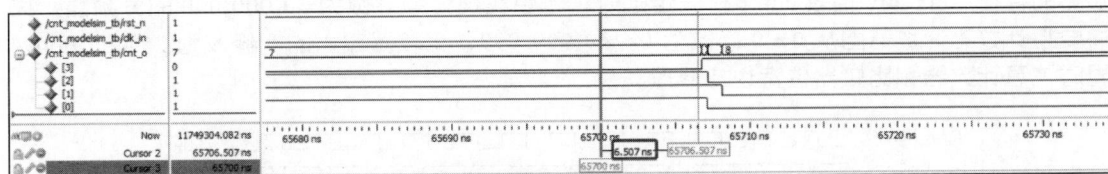

（c）clk_in 周期为 200ns（放大后）

图 3-17　0～9 计数器时序仿真结果（不同时钟周期）（续）

任务 3.2　通用分频器的设计与验证

任务导入

分频器设计要求见表 3-1。

表 3-1　分频器设计要求

参数	指标
输入时钟频率	50MHz
输出时钟频率	1Hz
输出时钟占空比	50%，误差 1%

3.2.1　【知识准备】分频器的设计思路

一、分频器概念

如图 3-18 所示，将输入时钟信号变为更低频率时钟信号的电路称为分频器，反之称为倍频器。将 50MHz 时钟分频为 1MHz 时钟的电路称为分频系数为 50 的分频器，其分频系数为 50，反之称为倍频系数为 50 的倍频器，其倍频系数为 50。任务 3.2 的任务要求为设计分频系数为 50 000 000 的分频器。分频器按实现方法有数字方式和模拟方式，按分频系数有奇数分频、偶数分频、小数分频以及整数分频等，有些应用场景还对分频后的时钟信号相位有一定要求。倍频器一般采用模拟电路实现。大多数 FPGA 提供相应的倍频器电路，接口是数字端口，项目 4 的高速信号发生器设计中介绍的 PLL IP 核就是 Altera FPGA 内置的可配置参数的分频器和倍频器电路。对于时钟要求不太严格或频率较低的场景，可以通过 Verilog HDL 设计数字分频器以获得分频时钟，这种电路的分频系数便于实时修改，应用也更为灵活。

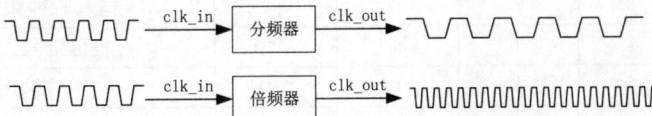

微课 3-2-1
知识准备

图 3-18　分频器、倍频器功能示意

二、通用分频器电路初步设计思路

图 3-19 是任务 3.1 中 0~9 计数器的简化时序图，由图 3-19 容易联想到在计数器后级添加比较器电路，即可实现分频器，图 3-20 给出了一种通用分频器的具体电路框架，比较器的结果作为分频器的输出信号 clk_div，比较器功能可以设计为"当计数值 cnt_r 小于 5 时，clk_div 输出逻辑 0，否则输出逻辑 1"。图 3-21 所示为预想的通用分频器时序图，图中因比较器的存在，clk_div 相较 cnt_r 有一定延时。若想实现分频系数为 50 000 000 的分频器，只需要将计数器计数范围从 0~9 修改为 0~49 999 999，比较器输入的 5 修改为 25 000 000，同时注意计数器和比较器位宽也应修改。

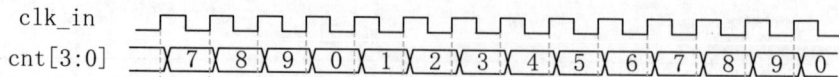

图 3-19　0~9 计数器的简化时序图

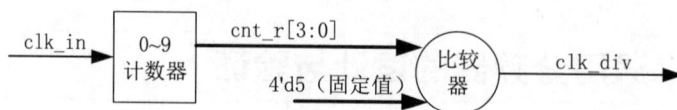

图 3-20　通用分频器初步设计电路框架

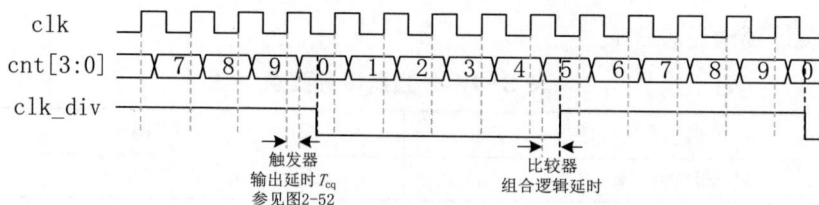

图 3-21　预想的通用分频器时序图

3.2.2　【任务实施】通用分频器电路设计与验证

一、通用分频器电路端口和内部关键信号

参考图 3-21 设计分频系数为 50 000 000 的分频器，显然分频器的计数器部分输出信号 cnt_r 计数范围应为十进制数 0~49 999 999，49 999 999 对应的二进制是共 26 位，这是计数器位宽设计的主要依据。分频器中的比较器功能是：如果计数值 cnt_r 小于 25 000 000，clk_div 输出逻辑 0，否则输出逻辑 1。这是一个"if-else"的逻辑，可以用 assign 结合条件运算符语句设计，也可以用 if 语句设计，二者仅是表达方式不同，综合的结果一致，这里采用后者。采取单个 .v 文件设计计数器和比较器的方式更为便捷，分频器电路的信号定义见表 3-2，clk_div 和 cnt_r 在 always 中被赋值，因此定义为 reg 型。

表 3-2　分频器电路的信号定义

信号名称		位宽	方向	类型	描述
端口信号	clk_in	1	in	wire	输入时钟频率为 50MHz
	rst_n	1	in	wire	复位信号，低电平有效
	clk_div	1	out	reg	输出时钟
内部信号	cnt_r	26	无	reg	由计数器生成，作为比较器的输入

二、通用分频器电路初步设计

参考图 3-20 和表 3-2 设计分频器电路，代码如下：

```
1.module div(
2.input    wire          clk_in,
3.input    wire          rst_n,
4.output   reg           clk_div
5.);
6.//NO1-0～49_999_999计数器设计，时序逻辑电路
7.reg [25:0]cnt_r;
8.always@(posedge clk_in or negedge rst_n)
9.if(!rst_n)
10.    cnt_r <= 26'd0;
11.else begin
12.    if(cnt_r==26'd49_999_999)
13.        cnt_r <= 26'd0;
14.    else
15.        cnt_r <= cnt_r+26'd1;
16.end
17.//NO2-比较器设计，纯组合逻辑电路
18.always@(*)
19. begin
20.    if(cnt_r<26'd25_000_000)
21.        clk_div <= 1'b0;
22.    else
23.        clk_div <= 1'b1;
24.end
25.endmodule
```

三、通用分频器电路仿真及存在的问题

先进行功能仿真，再进行时序仿真。因电路的输入只有时钟 clk_in 和复位 rst_n，所以测试激励文件只需给这二者赋值，赋值语句可参考任务 3.1 中 0～9 计数器测试激励文件 cnt_modelsim_tb.vt。输出信号 clk_div 变化 2 次需要计数器值从 0 变化到 49 999 999，49 999 999 对于 ModelSim 来说是一个非常大的数值，仿真时长将达到数分钟甚至更久。针对这种仿真耗时较长的情形，一般先采取缩小仿真法，即将电路中的参数等比例缩放为更小值，如将 49 999 999 和 25 000 000 缩放到 49 999 和 25 000，这样在未改变电路的架构前提下可以快速发现电路中的问题，并对问题进行修改。当缩小仿真法验证无误后，再将参数还原，进行一次正常参数的仿真。

> **注意** 如果电路中信号的变化时长超过 100ms，这会导致 ModelSim 仿真时长将长达数十分钟，因此一般采取缩小仿真法。例如分频器电路中，将关键参数统一缩小数千倍。

1. 通用分频器功能仿真

（1）通用分频器测试激励文件。

通用分频器测试激励文件中的代码如下：

```
1.`timescale 1 ns/ 1 ps
2.module div_tb();
//完整代码见配套资源
```

（2）通用分频器仿真设置。

如图 3-22 所示，系统默认的仿真信号只有复位 rst_n、输入时钟 clk_in 和输出时钟 clk_div，

为了更直观地观察电路的运行状态，进行如下设置。

① 添加电路内部信号 cnt_r 至波形窗口。为了更直观地观察电路中计数器和比较器的运行状态与逻辑关系，需将 cnt_r 添加进波形窗口，图 3-22 中并未显示 cnt_r，原因在于 cnt_r 是测试激励文件中虚拟字模块 i1 的内部信号，而非顶层文件 div_tb.vt 中的

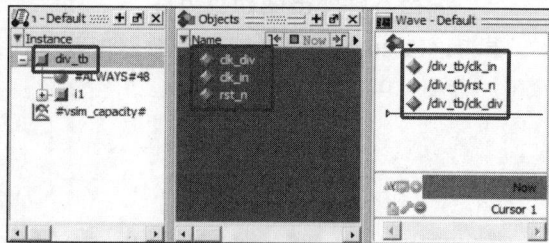

图 3-22　分频器仿真默认信号

信号，ModelSim 默认不会自动将电路内部信号添加至仿真列表，因此需要设计者手动添加。添加方法是在 sim 窗口先单击选择"i1"，再在"Objects"对话框中右击"cnt_r"，最后选择"Add Wave"将其添加进列表，如图 3-23（a）所示。图 3-23（b）是时序仿真窗口添加 cnt_r 的方法，相对功能仿真信号繁多且杂乱，这在大型工程中尤为明显，这也是时序仿真相对于功能仿真的一个缺点，信号杂乱的原因将在任务 3.4 进行介绍。

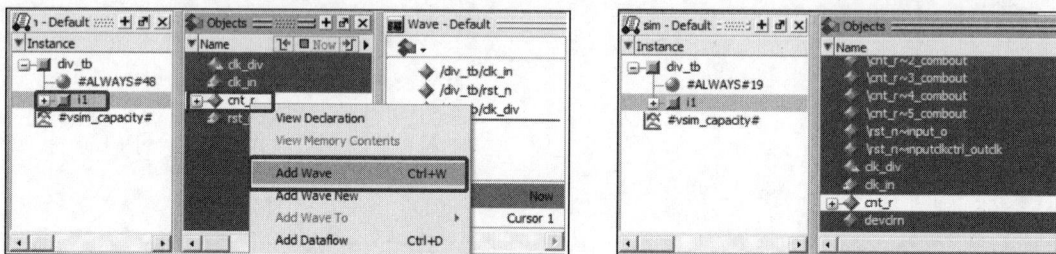

（a）功能仿真添加信号　　　　　　　　　　（b）时序仿真添加信号

图 3-23　仿真添加信号

② 设置信号显示格式并调整信号顺序。首先将 cnt_r 设置为 Unsigned 显示格式以便于观察；其次，因 clk_div 依据 cnt_r 而变化，所以选中 cnt_r 信号并拖动至 clk_div 上部，在分析时因果关系更为清晰。

③ 仿真。单击"Restart"以重新开始仿真，再单击"Run-All"进行全速运行，ModelSim 运行时可实时反复单击"完全缩放"按钮，直至界面出现数个 clk_div 变化周期，再停止仿真。

（3）通用分频器功能仿真结果及分析。

图 3-24（a）中标尺测量 clk_div 的周期为 1 000 000ns，这符合缩小仿真法的参数。图 3-24（b）和图 3-24（c）中 clk_div 在 cnt_r 从 24 999 变化到 25 000、从 49 999 变化到 0 时发生了变化，比较器做出了正确的判断。图 3-24（d）表明各级电路之间无任何延时。功能仿真未考虑器件延时，因此不能证明设计无误。

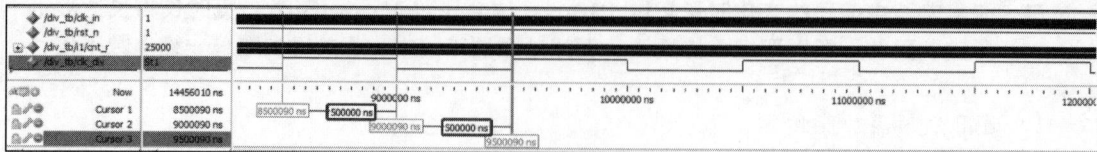

（a）仿真结果

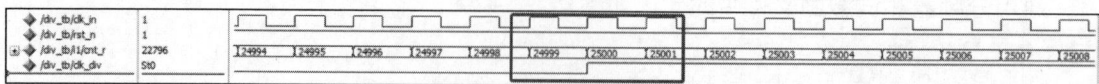

（b）仿真结果细节 1

图 3-24　分频器功能仿真结果

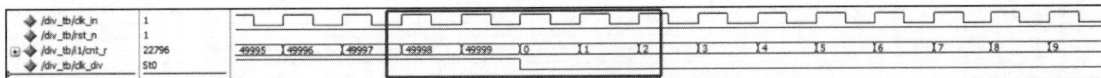

（c）仿真结果细节 2

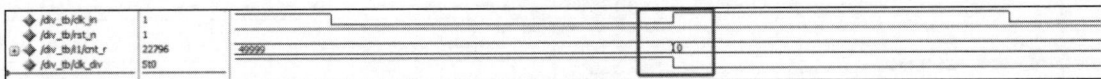

（d）仿真结果细节 3

图 3-24　分频器功能仿真结果（续）

2.　通用分频器时序仿真

在时序仿真前可以分配引脚，以此更为贴近电路真实运行状况。

（1）通用分频器分配引脚。

clk_div 推荐分配一个外接时钟的引脚，rst_n 推荐分配一个外接按键的引脚，clk_div 推荐分配一个外接 LED 的引脚或者空置引脚。分配引脚后先进行一次全编译，再启动时序仿真。

（2）通用分频器仿真结果分析（分配引脚）。

图 3-25（a）所示为分配引脚情况下通用分频器时序仿真结果，图 3-25（b）所示为图 3-25（a）第一次放大后的时序仿真结果，图 3-25（c）所示为图 3-25（a）第二次放大后的时序仿真结果，图 3-25（d）所示为图 3-25（a）第三次放大后的时序仿真结果。

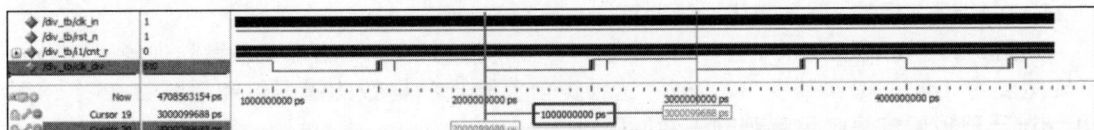

（a）仿真结果

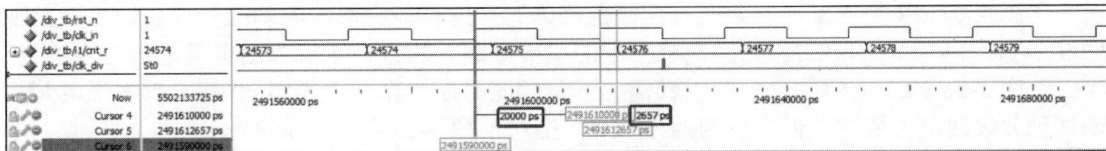

（b）仿真结果（第一次放大）

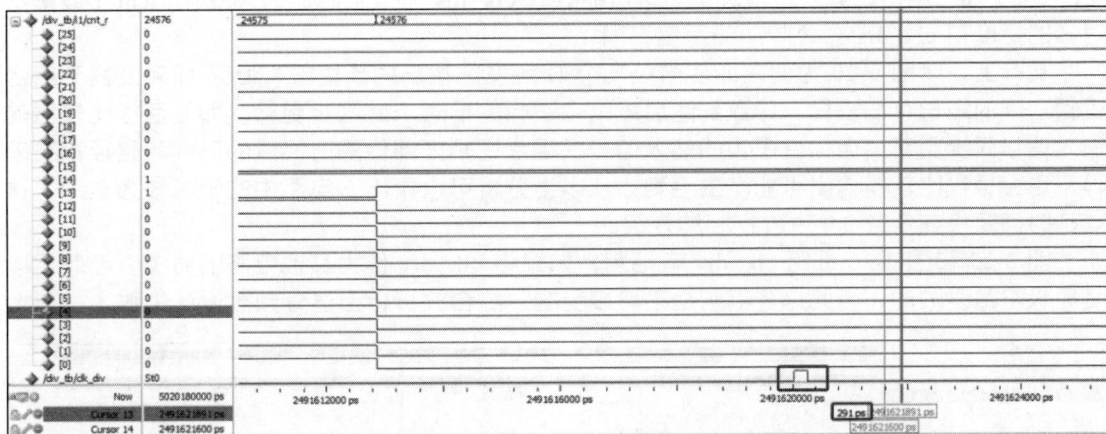

（c）仿真结果（第二次放大）

图 3-25　分配引脚情况下通用分频器时序仿真结果

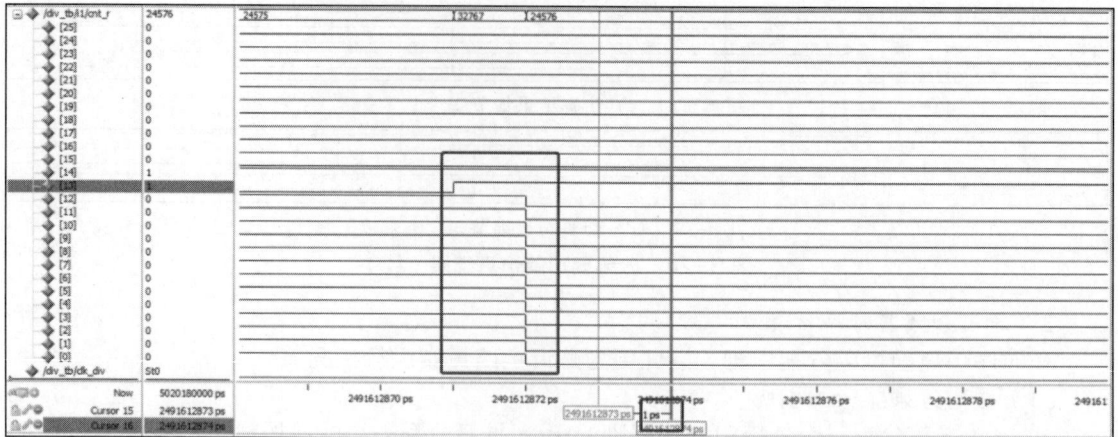

（d）仿真结果（第三次放大）

图 3-25　分配引脚情况下通用分频器时序仿真结果（续）

①图 3-25（a）表明 clk_div 有更多的毛刺，未达到分频器设计要求，但大致周期为 1 000 000 000ps，即 1ms。

②图 3-25（b）中，clk_in 的逻辑 1 宽度为 10ns，可以看出 clk_div 其中一个毛刺（cnt_r 为 24 576 附近）相较 cnt_r 变化沿延时约 10ns-2.657ns=7.343ns。

③图 3-25（d）显示 cnt_r 在 24 575 向 24 576 切换时，cnt_r 出现竞争冒险现象导致 cnt_r 出现宽度约 1ps 的错误数字 32 767。这种竞争冒险现象导致的错误可能是图 3-25（c）中 clk_div 出现短暂的高电平毛刺的主要原因。

（3）分配时序仿真结果（取消引脚分配）。

引脚距离 FPGA 内部的电路有一定的路径延时，这可能会影响毛刺的分析。为了更直观地显示 clk_div 毛刺的产生原因，先将分配的引脚删除，再进行全编译后重新进行时序仿真。

①图 3-26（a）所示的未分配引脚情况下分频器时序仿真结果表明 clk_div 有多个毛刺，未达到分频器设计要求，但大致周期为 1ms，相对于图 3-25（a）毛刺略少。

②图 3-26（b）所示为未分配引脚情况下放大后分频器时序仿真结果，图 3-26（b）中 cnt_r 和图 3-25（d）均出现竞争冒险现象，这可能导致 clk_div 未按预想的时序变化。cnt_r 波形不对齐的宽度和 clk_div 短暂脉冲的宽度不同。

实际上，以图 3-20 为例，即使前级几个 D 触发器输出同步更新，但因 D 触发器到组合逻辑之间的线长存在差异，导致到达后级组合逻辑的信号未必同步更新；即使后级比较器的输入信号同步更新，但组合逻辑的输入信号在组合逻辑内部传输时经过的器件和路径存在差异，也会导致比较器输出可能产生毛刺。从以上分析可以看出，电路中的延时较为复杂，这些延时问题将在任务 3.4 中进行归纳介绍。

图 3-25 和图 3-26 证明 clk_div 有毛刺，如果将 clk_div 作为其他电路的时钟，毛刺足以使后级电路误触动，因此这些毛刺是不可接受的。综合分析，上述分频器设计失败。

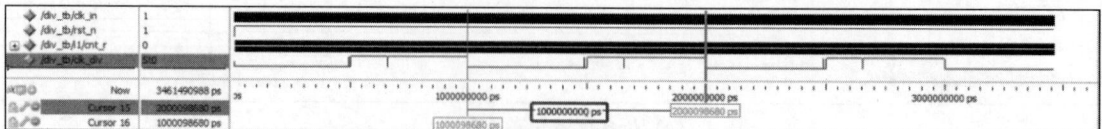

（a）时序仿真结果

图 3-26　未分配引脚情况下分频器时序仿真结果

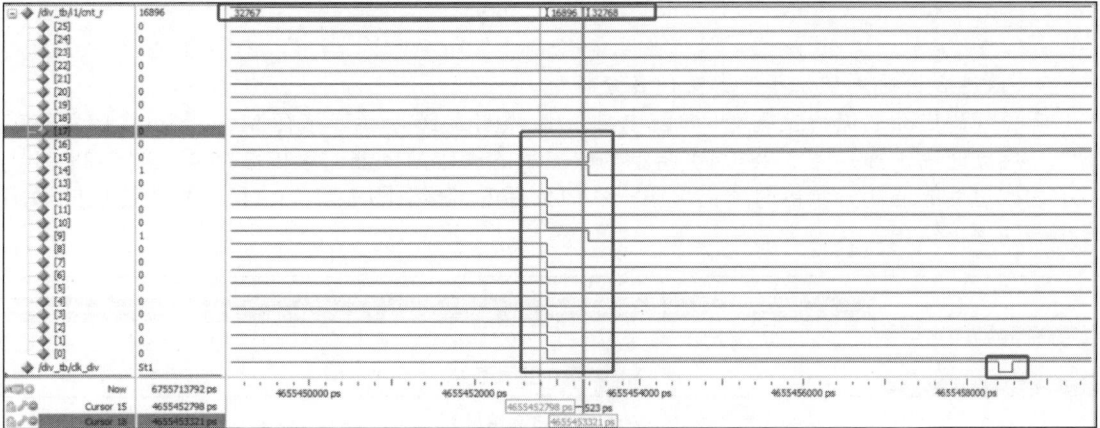

（b）时序仿真结果（放大后）

图 3-26　未分配引脚情况下分频器时序仿真结果（续）

四、通用分频器电路改进

1. 通用分频器改进思路

上述设计的分频器电路失败是由数字电路的竞争冒险引起的，而竞争冒险现象是客观存在的，不可消除，但可以通过合理的设计规避竞争冒险对电路造成的影响。由图 3-25（b）仿真结果显示，D 触发器的输出 cnt_r 的毛刺出现在时钟 clk_in 上升沿之后约 3ns，但在下次时钟上升沿之前至少 10ns 范围内处于稳定状态。如果比较器只在 cnt_r 稳定期进行比较，clk_div 输出可能无毛刺，这显然不易于实现。若将比较器输出信号只在其稳定期输出，则可解决上述问题，实现方式是在比较器后加一级 D 触发器，以实现只在 clk_in 上升沿时将比较器的输出结果打入后级 D 触发器。

2. 改进后的通用分频器电路设计

改进后的通用分频器电路如图 3-27 所示。

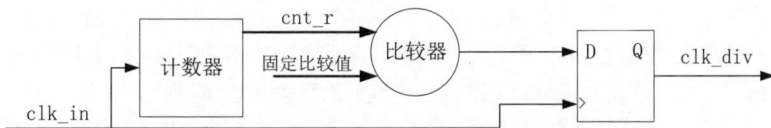

图 3-27　改进后的通用分频器电路

图 3-27 给出了增加一级 D 触发器后的改进后的通用分频器电路，该 D 触发器和计数器共用时钟 clk_in 和复位 rst_n，二者因时钟相同所以称为同步电路。代码只需修改比较器部分即可，改进的方法是将组合逻辑的 always@(*)修改为时序逻辑的 always@(posedge clk_in or negedge rst_n)，并且增加复位状态，具体代码如下：

```
1.//NO2-比较器+D 触发器
2.always@(posedge clk_in or negedge rst_n)
3.if(!rst_n)
4.    clk_div <= 1'b0;
5.else begin
6.    if(cnt_r<26'd25_000)
7.        clk_div <= 1'b0;
8.    else
9.        clk_div <= 1'b1;
```

```
10.end
```

3. 改进后的通用分频器仿真及仿真分析

电路代码更新后进行全编译（分配引脚），参照图 3-16 所示方法在 ModelSim 中更新并重编译，启动时序仿真。图 3-28（a）所示为改进后的通用分频器时序仿真结果，图 3-28（b）所示为改进后的通用分频器时序仿真第一次放大后的结果，图 3-28（c）所示为改进后的通用分频器时序仿真第二次放大后的结果。

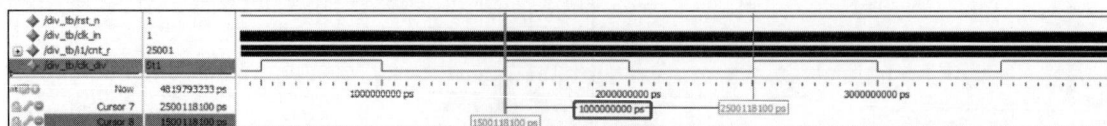

（a）时序仿真结果

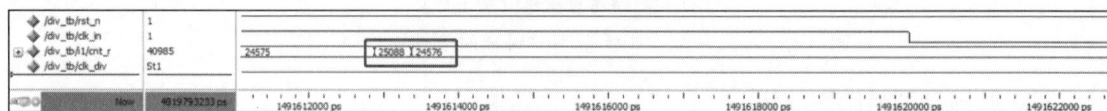

（b）时序仿真结果（第一次放大）

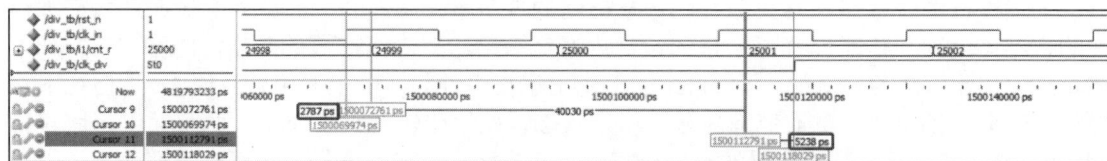

（c）时序仿真结果（第二次放大）

图 3-28　改进后的通用分频器时序仿真结果

通过仿真分析结果可知，第一，图 3-28（a）表明电路的输出 clk_div 波形无毛刺，且周期为 1ms，满足设计要求。第二，图 3-28（b）表明 cnt_r 仍有竞争冒险现象，但该值距离下次 clk_in 上升沿较远，因此并不会导致后级 D 触发器输出毛刺。图 3-28（c）显示 cnt_r 在第 X 个 clk_in 上升沿之后数据更新，再经比较器组合逻辑电路送至右侧 D 触发器的 D 端，但在第 $X+1$ 个 clk_in 上升沿才将比较结果打入，规避了竞争冒险问题。第三，对比图 3-24（b）和图 3-28（c），后级 D 触发器的添加导致 clk_div 延后了 1 个 clk_in 周期，通用术语是延时 1 拍，原因就在于后级 D 触发器 clk_in 在第 $X+1$ 个时钟上升沿打入数据是"上一级计数器中的 D 触发器在第 X 个 clk_in 上升沿输出的数据再经组合逻辑电路处理的结果"，因此会延时 1 拍。

> **注意**　串联形式电路中每增加一级 D 触发器，均会导致增加的 D 触发器的输出延时一拍。

图 3-28（c）显示 cnt_r 的变化相对时钟上升沿的延时为 2.787ns，clk_div 的变化比 cnt_r 的变化相对时钟上升沿的延时大 5.238ns。而 clk_div 和 cnt_r 是同时钟 D 触发器的输出，图 3-28（c）中时序仿真中仿真的 clk_div 是 FPGA 引脚处的时序情况，因此相差的 5.238ns 主要源于 FPGA 内部信号到引脚有一定的路径延时。以上这些延时将在任务 3.4 进行详细介绍。

一般而言，D 触发器的加入可以有效规避组合逻辑竞争冒险现象带来的问题，这也是 FPGA 设计的基本思想——同步电路；虽然每引入一级 D 触发器会造成数据延时 1 拍，但在常规设计中并不影响电路性能。

4. 改进后的通用分频器的测试——示波器

缩小仿真法仿真无误后，按正常设计流程应将参数值还原再次进行时序仿真，1s 的仿真时间对于 ModelSim 消耗巨大，仿真时间可达数分钟甚至更久。对于逻辑较为简单的设计，也可以直接采取实物测试的方式对电路进行验证。图 3-29 分别为分频系数为 50 000 和 50 000 000 时改进后的通用分频器输出的示波器测试结果，输出时钟频率分别为 1kHz 和 0.996Hz（实际为 1Hz），二者均无毛刺，后者出现误差的主要原因是示波器采样率以及电路的噪声。

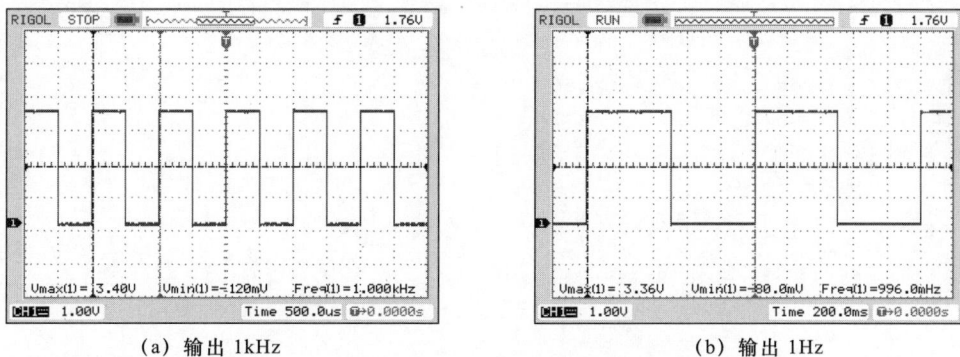

(a) 输出 1kHz

(b) 输出 1Hz

图 3-29　改进后的通用分频器输出示波器测试结果

五、通用分频器的推荐代码

1. 并行赋值风格

（1）电路并行风格重绘与分析。

上文成功设计了通用分频器，通用分频器是 FPGA 学习中的一个很重要的电路，同时也是应用极为广泛的电路。通用分频器电路由计数器、比较器和 D 触发器构成，而计数器由比较器、选择器、加法器等组合逻辑电路和 D 触发器构成（即组合逻辑+D 触发器）。两组 D 触发器在同一时钟驱动下，依据这一规律可以以并行风格重新绘制分频器的框架。

图 3-30 所示的是并行风格通用分频器框架，其特点是，第一，D 触发器同时钟，同时钟的不同 D 触发器的输出信号均在时钟上升沿之后更新；第二，D 触发器的 D 端的数据均来自组合逻辑电路的输出，而组合逻辑电路的输入均来自于 D 触发器的输出。计数器内部包含的组合逻辑电路和比较器组合逻辑电路的一个典型区别在于输入来源不同，前者来源于计数器自身的 D 触发器的输出，后者来源于其他 D 触发器的输出。

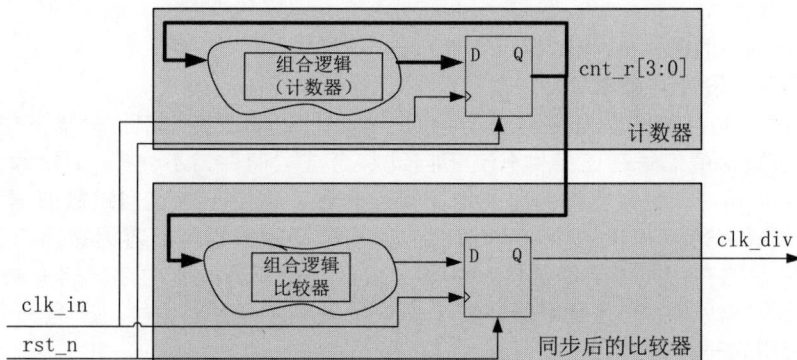

图 3-30　并行风格通用分频器框架

（2）并行赋值风格通用分频器代码设计。

从 D 触发器输出更新的时间角度来看，两个 D 触发器输出 Q 端同时在时钟上升沿之后更新，而 always 设计的时序逻辑电路中被赋值信号均在时钟上升沿更新，因此可以在同一个 always 模块对两个同时钟 D 触发器同时赋值。以下是这种并行赋值风格通用分频器的代码：

```
1.module div(
2.input    wire        clk_in,
3.input    wire        rst_n,
4.output   reg         clk_div
5.);
6.reg [25:0]cnt_r;
7.always@(posedge clk_in or negedge rst_n)
8.if(!rst_n) begin
9.    cnt_r   <= 0;
10.    clk_div <= 0;
11.end
12.else begin
13.    if(cnt_r == 26'd49_999_999)begin
14.        cnt_r   <=0;              //注意：第 14 和 15 行代码从语法上是同时执行的
15.        clk_div <= ~clk_div;
16.    end
17.    else if(cnt_r == 26'd24_999_999)begin
18.        cnt_r   <=  cnt_r+1;
19.        clk_div <= ~clk_div;
20.    end
21.    else begin
22.        cnt_r   <= cnt_r+1;
23.        clk_div <= clk_div;
24.    end
25.end
26.
27.endmodule
```

以上代码将计数器和比较器两部分判断条件进行了整合后得到 3 个条件。

①cnt_r 为满值的一半时：即 cnt_r 为 24 999 999 时，clk_div 取反（或置 1 或置 0），同时 cnt_r 加 1。

②cnt_r 为满值时：即 cnt_r 为 49 999 999 时，clk_div 取反（或置 0 或置 1）的同时，cnt_r 由 49 999 999 变为 0。

③cnt_r 为其余值时：clk_div 保持不变，cnt_r 加 1。

并行赋值语句设计注意事项：

时序逻辑中，若被赋值信号在 if 语句的 if、else if、else 的某个条件分支下省略赋值语句，EDA 软件将该被赋值信号在该条件分支下自动综合成"值保持不变"，例如取消第 23 行的"clk_div <= clk_div"，编译器综合出的电路完全一致。但是不建议省略赋值语句，原因是当该信号在某个条件分支下的赋值需要修改时，因省略了赋值语句而容易被遗忘。

图 3-30 所示的并行风格电路结构是 FPGA 设计几乎所有同步时序电路的共性，与之相对应的并行赋值风格代码中的信号赋值方式（多个相关联的 reg 型信号，在同一个 always 中被赋值）是最常用的一种方式。

2. parameter 定义局部参数

为了提升电路的通用性和可移植性，下面代码引入的 parameter 语法用来定义代码的局部参数，以方便修改分频器的分频系数。

（1）引入 parameter 语法后的通用分频器电路代码如下所示。

```
1.module div
2. //    #(parameter CNT_MAX = 50_000,   //后文会对此处进行改进
3.//     parameter WIDTH_CNT = 16  //后文会对此处进行改进
4.//     )   //后文会对此处进行改进
5.(
6.input   wire         clk_in,
7.input   wire         rst_n,
8.output  reg          clk_div
9.);
10.//
11.parameter CNT_MAX = 50_000;     //后文会对此处进行改进
12.parameter WIDTH_CNT = 16;   //后文会对此处进行改进
13.reg [WIDTH_CNT-1:0]cnt_r;
//完整代码见配套资源
```

（2）parameter 语法简介与代码解析。

参数 parameter 的作用大体与 C 语言中宏定义#define 类似，用来改变一个模块的局部参数，如信号宽度、数值参数等。parameter 的声明有两种格式：一种是 Verilog-1995，在模块内部声明，即上文代码中的 parameter 定义在端口之后；另一种是 Verilog-2001，新增了可以在模块名字和端口之间声明。Verilog-2001 更加友好，且在模块之间例化传递参数更为直观，推荐使用 Verilog-2001 新增的格式。将上述代码的第 2～4 行解除注释，并将第 11～12 行注释则是 Verilog-2001 格式，任务 3.3 在讲解例化时会详细介绍。

parameter 可以有一个类型（type: signed or unsigned）说明和一个位宽（range）范围说明，[type]默认为 unsigned 类型，即无符号值。其标准格式为：

parameter[type] [range] list_of_param_assignments

上述代码中两处使用了 parameter 语法，其中第 7 行是定义计数器的最大值 CNT_MAX，如果修改分频器的分频系数，仅需修改第 11 行；第 12 行引入的好处是，如果修改 CNT_MAX 的同时修改 WIDTH_CNT 可以减小电路逻辑资源消耗。例如，分频系数 50 000 000，计数器位宽应为 26；分频系数是 50 000，计数器位宽为 16 即可；如果均定义为 26 位，会造成逻辑资源的浪费，因此修改 WIDTH_CNT 可以直接限定电路的位宽，从而有效避免 FPGA 资源浪费。分频器是 FPGA 设计中一个极其常用的电路，只需修改电路中的 parameter 相关语句，即可直接完成分频器的调用。而 parameter 也是 Verilog HDL 中常用的一种语法。

此外，还有功能相近的 localparameter 等。以上为了条理清晰，仅介绍了 parameter 语法的使用方法，且只介绍了 parameter 语法中一种使用方法。

3. 通用分频器的推荐代码特点

并行赋值风格的通用分频器代码体现了电路的同步性，引入 parameter 便于代码的维护，这是本书中通用分频器的推荐代码，特点具体总结如下。

（1）定型后的代码不仅通用性更强，且引入 parameter 定义分频系数使得代码更易修改和移植，提高设计效率的同时，可以避免因分频器设计错误而导致的工程进展受阻。

（2）parameter 定义电路位宽可以有效避免 FPGA 资源浪费。

（3）计数器电路、分频器电路以及分频器电路的衍生电路涵盖了绝大多数电路设计，分频器电路和计数器电路从语法上较为相似，充分掌握分频器代码以及代码和电路图的映射关系，一来有助于初学者对 FPGA 设计中的电路框架理解，二来定型后的并行赋值风格的代码从语法上足以应对绝大多数电路设计。

任务 3.3　分频计数显示综合系统设计

任务导入

任务：参考图 3-1 所示的分频计数显示综合系统框架，FPGA 外部晶振输入时钟 50MHz，完成 0～9 计数，每秒计数 1 次，在单个数码管显示计数值。

3.3.1　【知识准备】综合系统设计方法

任务 3.3 介绍综合系统设计常见的多种方式，其中单文件设计与验证在分频器设计中已经详细介绍过，3.3.1 节重点介绍多文件设计方法，并在 3.3.2 节对其实施方式进行详细介绍。

一、综合系统常见设计方法与信号命名规范

1. 综合系统设计常见设计方法

任务 3.1 以计数器为例介绍了 ModelSim 仿真操作，任务 3.2 介绍了分频器的设计，并使用 ModelSim 对分频器端口信号和分频器组成之一的计数器进行了仿真。分频器是模块电路向综合电路过渡的一个典型案例，上文借助在一个 always 中对 cnt_r 和 clk_div 两个信号同时进行赋值实现分频器这个小型综合电路。任务 3.3 在此基础上，使用 Verilog HDL 设计分频计数显示综合系统，该电路是一个真正意义上的系统级综合电路，包含分频器、任意计数器、数码管译码器 3 个功能完整且独立的模块。

综合系统的设计方法一般有 3 种。

第 1 种是单文件工程设计，即将分频器、任意计数器、数码管译码器写在同一个 Verilog HDL 文件中，缺点是电路模块间的连接关系不够直观，特别是内部信号类型的定义难以区分，不适合初学者；另外两种是单工程多文件设计方法，即先分 3 个工程独立设计分频器、计数器、数码管译码器，仿真（或测试）验证无误后，再创建一个分频计数显示综合系统顶层工程，顶层工程包含 1 个顶层文件，在顶层文件中调用（或例化）3 个子模块。单工程多文件设计方法又分为两种方法，分别记作第 2 种方法和第 3 种方法。

第 2 种方法是比较直观，具体是在 3 个子工程中分别通过"create symbol files"生成 Symbol 文件（器件符号文件），再在顶层工程中以原理图输入方式调用 3 个子电路，优点是直观且适合初学者，缺点是 ModelSim 因不能直接仿真 Symbol 文件对应的原理图，导致不能仿真整个工程，且电路不易修改和移植。

第 3 种方法是比较常用也是推荐读者要掌握的方法，在顶层文件使用 Verilog HDL，以任务 2.2 介绍的结构化描述方式中的例化语法对 3 个子模块电路对应的 Verilog HDL 代码进行例化，这种方法对初学者而言虽不够直观，但代码的移植性和可修改性更好。

设计结构相对简单或相对成熟的电路，可以使用上述第 2 种方法设计；但实际中更推荐采取最后一种方法，本书介绍的分频器电路、多位数码管驱动电路是被调用频率较高的一些电路，直接例化 3 个子模块的方法相比将 3 个模块融合到一个独立的.v 文件的设计方法而言，时效性和成功率更高，且极易修改参数。上述第 2 种方法可以作为初学者进阶的一个过渡，本书不予以介绍。

2. 一种推荐的信号命名规则

单 Verilog HDL 文件设计综合电路前应首先明确输入端口和输出端口信号，同时还应明确重要的电路内部信号。在多文件设计方法中，顶层模块和子模块的输入、输出等是相对的

微课 3-3-1
知识准备

概念，可以通过合适的命名在一定程度上区分这些信号。电路中信号合理的命名规范可以提升电路的可读性，为区分 module 中的内部信号和端口信号，一般将除时钟和复位信号的其余信号分为 4 类，分别是输入信号、输出信号、内部 reg 型信号、内部 wire 型信号。以下是一种推荐的信号命名示例，也是全书采用的命名方式，同时也是一种行业通用的命名方式。

（1）输入信号建议加后缀 "_i"。"_i" 代表 input。

（2）输出信号建议加后缀 "_o"。"_o" 代表 output。

（3）内部 reg 型信号建议加后缀 "_r"。"_r" 代表 reg。

（4）内部 wire 型信号建议加后缀 "_w"。"_w" 代表 wire。

（5）系统时钟建议命名 "sys_clk"。"sys_clk" 是 system 和 clk 的组合。

（6）系统复位建议命名 "sys_rst_n"。"sys_rst_n" 是 system 和 reset 的组合。

（7）低电平有效信号建议加后缀 "_n"。"_n" 是 not 的缩写，代表低电平有效。

（8）时钟和复位等信号一般可不加 "_r" "_w" 等后缀。

二、综合电路单文件设计流程

在 3.2.2 节分频器的设计中，采用的是单文件设计，对于简单、模块较少的电路采取这种方式较为恰当，以下对单文件设计方法进行简要介绍。

1. 综合电路——电路划分

模块是 Verilog HDL 最基本的概念，狭义上的模块指 module，一般一个 Verilog HDL 文件描述一个 module，而广义上的模块指任何有独立功能的电路，如 3.2.2 节分频器第一种设计方法中计数器和比较器都可以称为模块，一个 module 中可能包含多个广义上的模块。设计前对综合系统按功能进行模块划分，应尽可能细分，但切勿为了划分而划分导致各模块之间关系混乱。在单文件中实现一个简单的综合系统的划分原则是将电路划分到寄存器传输级，保证每一块电路功能完整且易于设计即可。设计前应先明确综合系统包含几个主要广义模块，再根据主要广义模块初步绘制电路框架，并深入分析各广义模块之间连接关系以进一步完善电路框架细节。电路框架绘制与完善的目的是提升设计的可实施性。初学者电路积累较少、缺乏经验，因此绘制框架是一件相对困难工作，但恰恰绘制框架可以将综合任务拆解成多个易于设计的子模块，这也是学习 FPGA 设计的必经之路。图 3-31 所示为一种分频计数显示综合系统的电路框架。

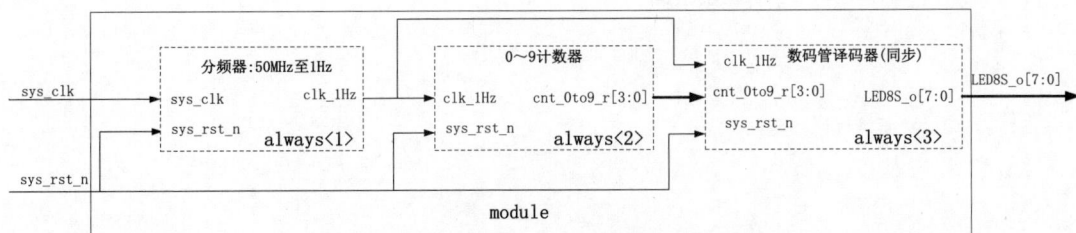

图 3-31　分频计数显示综合系统的电路框架

分频器的输入端口和输出端口的确定较为简单，且电路设计较为成熟，使用 always 语法设计即可；计数器的输出最大数值为 9，对应位宽为 4，因为是时序逻辑电路，所以必须包含复位端口，复位端口接系统复位 sys_rst_n 即可，使用 always 语法设计；数码管译码器本质是组合逻辑电路，是否需要在后级添加 D 触发器取决于 FPGA 芯片外部的数码管，数码管是一种显示器件，单个数码管对于时序严谨性不高，因此后级 D 触发器可有可无，此处不妨添加一级 D 触发器，因此也需要添加时钟和复位。数码管和 0~9 计数器是同步电路，故时钟接 clk_1Hz，复位接全局复位。可见，电路的分解和框架的绘制使得设计者抓住了电路设计的切入点，同时降低了电路设计的难度。

通过图 3-31 的绘制与分析，明确了电路中的主要信号。如果设计者熟悉分频器的框架，很容易联想到分频器组成之一的计数器输出信号也需要被命名。分频计数显示综合电路的信号命名见表 3-3。

表 3-3   分频计数显示综合系统的信号命名

信号名称	位宽	方向	类型	描述
sys_clk	1	in	wire	输入端口信号：系统时钟，50MHz
sys_rst_n	1	in	wire	输入端口信号：系统复位，低电平有效
LED8S_o	8	out	reg	输出端口信号：外接数码管（以共阴极为例）
cnt_div_r	26	无	reg	内部信号：分频器结构之一的计数器输出信号
clk_1Hz	1	无	reg	内部信号：分频器输出时钟，频率 1Hz，驱动 cnt_0to9_r 和 LED8S_o
cnt_0to9_r	4	无	reg	内部信号：0~9 计数器计数值信号

2．综合电路——代码框架设计

参照分频器的设计，设计代码时建议先设计电路框架以明确综合电路的划分，再补全 always 或 assign 等代码。具体是先根据细化后的框架明确代码分为几部分，以及电路端口信号的各部分之间的重要连接信号。代码框架如下所示：

```
1.module U3_3_1_Disp0to9_top(
2.input    wire        sys_clk,
3.input    wire        sys_rst_n,
4.output   reg   [7:0] LED8S_o
5.);
6.//NO1:分频器:50MHz 至 1Hz,时序逻辑电路
7.reg      clk_1Hz;
8.reg [25:0]cnt_div_r;
9.always@()
10.
11.//NO2:0~9 计数器,时序逻辑电路
12.reg [3:0]cnt_0to9;
13.always@()
14.
15.//NO3:数码管译码器电路
16.always@()
17.
18.endmodule
```

完成代码框架设计后，再补全代码框架内容即可，这种设计方法在宏观上较为清晰，不容易遗漏重要电路设计。仿真可参照通用分频器的仿真方法。

三、综合电路多文件（层次）设计流程

无论多么复杂的系统，总能划分成多个小的功能模块，将分频计数显示综合系统分解为分频、计数、显示 3 部分功能完整的狭义上的模块，然后分别在 3 个独立的工程中进行设计和验证；最后将 3 个子工程中的.v 文件整合在一个顶层工程进行设计。这种方式的特点及优点是，第一，更适合大型工程或者团队协作的设计方式，设计时效性更高。第二，在时序仿真中添加内部信号时相对单文件设计方法更加便捷，更易排查设计问题。第三，相对于单文件设计方法，这种"先分后总"的设计方法因子工程电路的规模更小，所以仿真难度更低、仿真占用时间更

短，在子模块设计过程中可以排除绝大多数设计错误，从而提升综合系统的设计成功率。因此，在中大型工程设计中，更推荐采取这种方式。系统的设计可以按照下面 3 个步骤进行。

1. 综合电路模块划分方法

将系统按照功能合理划分为若干个模块，并规划各模块的接口。图 3-32（a）所示为分频计数显示综合系统多文件设计方法的子模块划分及端口命名，将分频器的接口命名为 clk_in、rst_n、clk_div，0～9 计数器的接口命名为 clk_in、rst_n、cnt_0to9_o；数码管译码器的接口命名为 clk_in、rst_n、num_i、LED8S_o。根据子模块划分及端口命名给出以下代码。

（1）分频器模块划分与端口规划。

```
1.module div(
2.input    wire        clk_in,
3.input    wire        rst_n,
4.output   reg         clk_div
5.);
6.//Verilog HDL 分频器电路描述，预留，先不设计
7.endmodule
```

（2）0～9 计数器模块划分与端口规划。

```
1.module main_cnt(
2.input    wire        clk_in,
3.input    wire        rst_n,
4.output   reg [3:0]cnt_0to9_o
5.);
6.  //Verilog HDL 0～9 计数器电路描述，预留，先不设计
7.endmodule
```

（3）数码管译码器模块划分与端口规划。

```
1.module led8s(
2.input    wire        clk_in,
3.input    wire        rst_n,
4.input    wire [3:0]num_i,
5.output   reg [7:0]LED8S_o
6.);
7.//Verilog HDL 数码管译码器电路描述，预留，先不设计
8.endmodule
```

2. 综合电路子模块设计与验证

子模块作为综合系统的组成部分，在被顶层工程调用之前应至少完成仿真分析以保证各子模块电路设计的准确性。设想一个电路共 10 个子模块，如果综合系统的顶层仿真时序和预期不一致，往往在顶层工程中难以定位错误发生在哪一个子模块，更难以定位错误发生的具体位置。因此，科学的设计方法是将子模块视为一个完整独立的电路和工程，完成设计、仿真等步骤，必要时还须借助 Quartus Prime 自带的测试工具或外接仪器进行测试。3 个子模块分别在 3 个独立的工程或 Verilog HDL 中设计、仿真验证。

3. 综合电路顶层模块的例化方法

各模块连接可以通过一个顶层模块（top-module）来实现，顶层模块（module）也是一个独立的工程或 Verilog HDL，因此也包含端口和模块中的 Verilog HDL 语法。顶层模块内部实现各个子模块之间的连接以及各子模块与顶层端口，也就是说顶层模块例化子模块，顶层模块只关注各个子模块的名称和端口，并不关注子模块内部的具体设计。在一个模块中引用（调用）另一个模块，对其端口进行相关连接，叫作模块例化。模块例化建立了描述的层次，可以通过任务 2.1 介绍的"位置关联"或"名称关联"两种常见方式实现，以下结合信号命

名、parameter 例化、仿真等环节再进行更为详细的介绍。

图 3-32（b）所示为分频计数显示综合系统多文件设计方法的顶层模块例化框架。

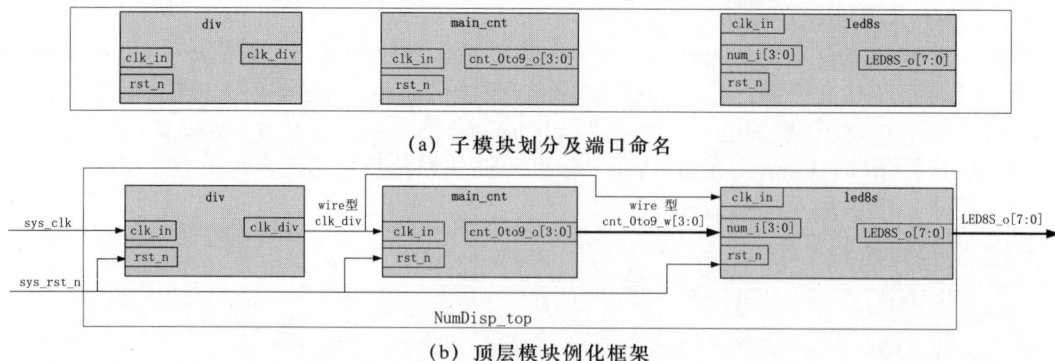

（a）子模块划分及端口命名

（b）顶层模块例化框架

图 3-32 分频计数显示综合系统多文件设计方法

（1）名称关联例化。

名称关联例化方式，将需要调用的模块端口与外部信号按照其名字进行连接，以下是顶层模块使用名称关联例化方式调用分频器子模块的代码（部分）示例。

```
1.module NumDisp_top(
2.input   wire      sys_clk,
3.input   wire      sys_rst_n,
4.output  reg  [7:0]LED8S_o
5.);
6.wire      clk_div;
7.wire [3:0] cnt_0to9_w;
8.//NO1: 分频器例化
9.div u0(
10.    .clk_in (sys_clk),
11.    .rst_n  (sys_rst_n),
12.    .clk_div(clk_div)
13.    );
```

①模块名。上述代码中第 9 行的 div 必须是调用模块的名称，称之例化模块名。

②实例名。上述代码第 9 行 u0 是例化的实例名，该名称只要符合 Verilog HDL 语法命名规则即可，可以任意指定。此外，该名称存在的另一个意义是，当某一子模块在顶层模块中被多次例化时，实例名可以对其加以区分。

③子模块端口名称。上述代码第 10～12 行 "." 后的端口名称 clk_in、rst_n 和 clk_div 必须和子模块端口名称一致。

④例化模块的端口名称。上述代码第 10～12 行 "（ ）" 内的名称和子模块端口名称可以一致也可以不一致。

⑤端口顺序任意。顶层模块例化被调用模块时，例化语句中的端口顺序和被调用 Verilog HDL 文件中的端口顺序可以不一致，只要保证端口名称与外部信号匹配即可，即代码中的第 10～12 行可以任意调换顺序。

⑥第 10～12 行前的 "." 是必不可少的。

⑦如果某些子模块的输出端口并不需要在外部连接，例化时可以悬空不连接，甚至删除。一般来说，输入端口在例化时不能删除，否则编译报错，输出端口在例化时可以删除。例如，在设计子模块工程时，为了测试部分信号的功能是否正确，经常将这些信号连接到输出端口以方便测试。

（2）位置关联例化。

位置关联例化方式和名称关联例化方式较为相似，只需列出例化的端口名称即可，但必须和子模块端口名称顺序一一对应，同时不需在名称前加"."。显然按位置关联例化，例化时书写比较简单，非常类似于 C 语言函数调用，缺点是位置不能变化，且当信号数量较多时，因对应关系不够直观而导致混淆。上述代码中的第 9～13 行改成以下代码，即为位置关联例化方式。

```
1.div u0(  sys_clk,  sys_rst_n,  clk_div  );
```

（3）在模块例化中 parameter 传递。

除此之外，例化可以进行参数（parameter 或 defparam）传递，参数的例化虽然可以提高代码的移植性，但是应合理、适度使用。参数例化的代码设计方式多样，以下给出两种常用的方式。

①方式 1：顶层模块例化之 parameter 在子模块端口之后。

将 3.2.2 节"引入 parameter 语法后的通用分频器电路代码"代码（部分）前几行重抄如下。

```
1.module div
2. //   #(parameter CNT_MAX = 50_000,
3.//     parameter WIDTH_CNT = 16
4.//   )

5.(
6.input   wire       clk_in,
7.input   wire       rst_n,
8.output  reg        clk_div
9.);
10.//
11.parameter CNT_MAX = 50_000;
12.parameter WIDTH_CNT = 16;
```

子模块中 parameter 在模块内部定义，顶层模块代码必须使用 defparam 传递参数。顶层模块代码（部分）如下。

```
1.   //参数例化：顶层模块 defparam 强制更改子模块 paramenter
2.   defparam u0.CNT_MAX  =50_000_000;
3.   defparam u0.WIDTH_CNT=26;
4.   div u0
5.   //端口例化
6.   ( .clk_div(clk_div),
7.     .clk_in (sys_clk),
8.     .rst_n  (sys_rst_n)
9.   );
```

顶层模块例化子模块（module div）时，顶层模块代码中的实例名 u0 的端口例化方法和上文一致。分频器子模块（module div）内部的 parameter 类型中 CNT_MAX 和 WIDTH_CNT 对应值 50_000 和 16 无效(以上 module div 代码第 11～12 行)，被顶层模块代码中的 defparam 的对应值 50_000_000 和 26 强制更改。

②方式 2：顶层模块例化之 parameter 位于子模块端口之前。

将分频器子模块（module div）代码（部分）修改如下，在端口之前定义 parameter。

```
1.module div
2.   #(parameter CNT_MAX = 50_000,
3.   parameter WIDTH_CNT = 16
4.   )

5.(
```

131

```
6.input    wire       clk_in,
7.input    wire       rst_n,
8.output   reg        clk_div
9.);
10.
11.//parameter CNT_MAX = 50_000;
12.//parameter WIDTH_CNT = 16;
```

顶层模块代码（部分）如下：

```
1.div    //子模块名称
2.//参数例化
3.#(
4.    .CNT_MAX(50_000_000),
5.    .WIDTH_CNT(26)
6.)
7.u0//实例名
8.//端口例化
9.(  .clk_div(clk_div),
10.    .clk_in (sys_clk),
11.    .rst_n  (sys_rst_n)
12.);
```

上述顶层模块代码调用分频器子模块（module div）时，子模块分频器（module div）中的 CNT_MAX 和 WIDTH_CNT 对应值 50_000 和 16 无效（上述 module div 代码第 2～3 行），被上述顶层模块代码中第 4～5 行的 50_000_000 和 26 强制更改。

显然，方式 2 的 parameter 例化方式更为便捷，这也是上文提到的 Verilog-2001 新增的格式更为友好的原因。参数例化的设计方法非常常用，例如，一个综合系统中往往需要多个分频时钟，分频器电路可以以不同分频系数被多次例化，从而综合出多个分频器电路，采用参数的例化传递这种便捷的方式可以提高代码阅读性和设计时效性。

localparam 和 parameter 的用法较为相似，localparam 不可以用于参数传递，一般在模块内部进行状态机（8.2.1 节介绍）相关设计时更多选择 localparam，而在涉及位宽可变的电路设计时选择 parameter。

另外需要注意的是，以分频器为例，子模块自身的仿真更适合功能仿真。对于时序仿真而言，在测试激励文件中例化 parameter 无意义，原因在于 Quartus Prime 只编译.v 文件而不编译.vt 文件，.vt 文件的编译由 ModelSim 进行。Quartus Prime 全编译电路文件时会根据子模块中的 parameter 生成电路对应的网表等数据进行仿真，ModelSim 调用 Quartus Prime 编译后的网表等数据进行仿真，因此单纯地在.vt 中例化 parameter 并不会对电路生效，进而导致例化 parameter 的时序仿真无意义。

使用多文件设计方法设计综合系统相比单文件设计方法思路更加清晰、更易排查电路故障，且更适合团队协作。单文件设计方法更适合较为简单或成熟模块较多的系统，但在一些场景下也可以设计较为复杂电路，例如，在任务 5.3 的动态数码管电路设计中，电路规模虽较大但仍采取单模块设计方法，好处是在该电路被例化时，对于顶层工程而言文件管理更为简洁。具体采用哪种方式应视具体情况而定。

3.3.2 【任务实施】分频计数显示综合系统设计与验证

一、分频计数显示综合系统−单文件直接设计方法

3.3.1 节介绍了单文件设计方法和多文件例化设计方法，单文件设计方

微课 3-3-2
任务实施

法的仿真参照 0～9 计数器仿真方法，本节重点介绍多文件仿真方法的仿真技巧。

1. 综合电路设计

完成代码的框架设计后，再补全代码框架的这种设计方法在宏观上思路较为清晰，不容易遗漏重要电路设计。

```
1.module U3_3_1_Disp0to9_top(
……//完整代码见配套资源
```

2. 综合电路时序仿真

功能仿真和时序仿真方法和分频器类似，采取缩小仿真法，单文件设计方法在上文中已经初步介绍过，此处不再赘述。图 3-33 所示为分频计数显示综合电路时序仿真结果，其显示设计无误。

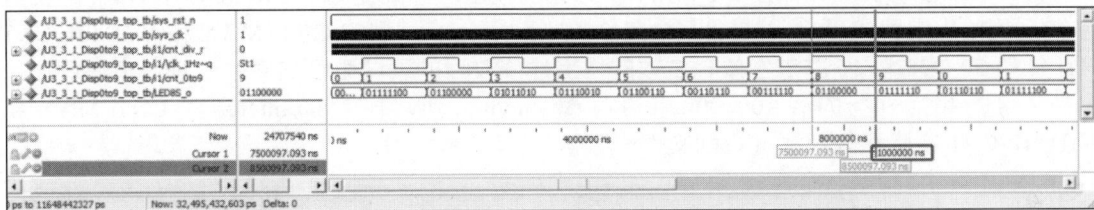

图 3-33　分频计数显示综合系统时序仿真结果（缩小仿真法）

> **注意**　对于较为简单、清晰的设计，实际设计中可以直接进行时序仿真和下载测试以验证电路功能。但是对于较大的工程，应严格按照功能仿真、时序仿真、测试的流程进行，以尽可能筛查出电路的缺陷，实际中这种方式看似烦琐，但反而更节省时间。

二、分频计数显示综合系统——多文件例化设计方法

子模块中的计数器是本书中较为成熟的设计，其对端口名称进行重新命名设计；相比于纯组合逻辑设计数码管译码器，本节为进一步规避组合逻辑的竞争冒险现象，采取同步设计。

1. 子模块设计

（1）分频器子模块设计与仿真。

分频器直接引用 3.2.2 节末尾的"引入 parameter 语法后的通用分频器电路代码"，并将前 12 行重抄并修改如下：

```
1.module div
2.  #(parameter CNT_MAX = 50_000,
3.   parameter WIDTH_CNT = 16
4.   )
5.(
6.input   wire        clk_in,
7.input   wire        rst_n,
8.output  reg         clk_div
9.);
10.//
11.//parameter CNT_MAX = 50_000;
12.//parameter WIDTH_CNT = 16;
……//完整代码见配套资源
```

如果在测试激励文件中例化分频器的 parameter，则只能进行功能仿真。将测试激励文件中的分频器模块例化代码修改如下：

```
6.div
7.#(
8.    .CNT_MAX(100_000),
9.    .WIDTH_CNT(17)
10.)
11.i1
12.(
13.    .clk_div(clk_div),
14.    .clk_in(clk_in),
15.    .rst_n(rst_n)
16.);
```

分频器功能仿真结果如图 3-34 所示，分频器输出时钟周期为 2 000 000ns，cnt_r 的位宽为 17，反映出电路代码 module div 中第 2～3 行 paramater 型的 CNT_MAX 和 WIDTH_CNT 对应的值 50_000 和 16 并未生效，生效的是上述修改后的测试激励文件中分频器模块例化代码中第 8 行和第 9 行的值 100_000 和 17，即 module div 中的 parameter 型 CNT_MAX 和 WIDTH_CNT 实际和外部测试激励文件一致。

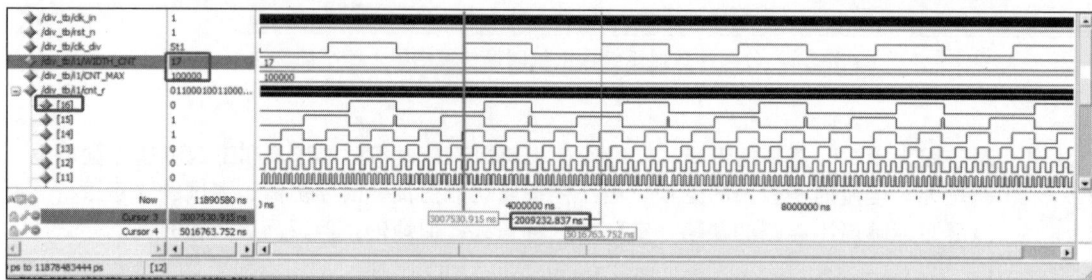

图 3-34　分频器功能仿真结果

（2）计数器子模块设计与仿真。

计数器设计和任务 3.1 的 cnt_modelsim 保持一致，可以将工程名和模块名称改为 main_cnt。

（3）数码管译码器子模块设计与仿真。

数码管译码器的代码如下：

```
1    module led8s(
……//完整代码见配套资源
```

2. 顶层模块设计与仿真

（1）顶层模块设计。

参照图 3-32（b）所示的顶层模块例化框架设计顶层模块，代码如下：

```
1.module NumDisp_top(
2.input  wire      sys_clk,
3.input  wire      sys_rst_n,
4.output wire [7:0]LED8S_o
5.);
6.wire [3:0]cnt_0to9_w;//主计数器输出，驱动数码管译码器
7.wire      clk_div;//分频输出，驱动主计数器和数码管译码器
8.//NO1: 分频器例化
9.div
10.#(
11.    .CNT_MAX(100_000),
12.    .WIDTH_CNT(17)
13.)
```

```
14.u0(  .clk_div(clk_div),
15.     .clk_in (sys_clk),
16.     .rst_n  (sys_rst_n)
17.);
18.//NO2: 0~9计数器例化
19.main_cnt u1(
20..clk_in    (clk_div),
21..rst_n     (sys_rst_n),
22..cnt_0to9_o(cnt_0to9_w)
23.);
24.//NO3: 数码管译码器例化
25.led8s u2(
26..clk_in (clk_div),
27..rst_n  (sys_rst_n),
28..num_i  (cnt_0to9_w),
29..LED8S_o(LED8S_o)
30.);
31.endmodule
```

不同分频系数下分频器的逻辑资源耗费情况见表 3-4，将分频器子模块代码中的参数分别修改为 50_000 和 16，按表 3-4 所示依次对顶层模块代码中的例化参数进行修改后再次全编译，几种不同参数的编译报告的逻辑资源消耗依次递增，印证了分频器子模块在顶层模块被例化时，例化参数成功传递。

表 3-4　不同分频系数下分频器的逻辑资源耗费情况

子模块参数		例化参数		逻辑资源消耗	
CNT_MAX	WIDTH_CNT	.CNT_MAX()	.WIDTH_CNT()	逻辑单元	寄存器
50_000	16	1000	10	33	22
		50_000	16	43	28
		100_000	17	44	29
		1_000_000	20	48	32
		50_000_000	26	63	38

（2）顶层模块仿真。

仿真同样先采取缩小仿真法，只需将顶层模块文件第 11~12 行的参数修改为 50_000 和 16。相对于任务 3.1 的 0~9 计数器和任务 3.2 的分频器，综合系统顶层模块的输入接口均为 sys_clk 和 sys_rst_n，因此测试激励文件中只需对 sys_clk 和 sys_rst_n 赋值即可。先进行功能仿真，再进行时序仿真，并在仿真中适当添加电路内部信号。

顶层工程仿真添加内部信号界面如图 3-35 所示。图 3-35（a）所示的功能仿真界面的 sim 和 Object 窗口的模块名称和信号名称更加简洁；而图 3-35（b）所示时序仿真界面中，编译过程中部分内部信号会被优化，而且其显示的信号是真实电路的节点，所以电路层次和信号名称稍显凌乱，不利于电路内部信号的筛选和添加。因此，功能仿真在多文件综合系统设计中也有重要意义。顶层工程时序仿真结果（缩小仿真法）如图 3-36 所示，结果表明分频器输出 clk_div 周期为 1ms，计数器 cnt_0to9_o 以 1ms 的速率完成 0~9 循环计数，数码管输出信号和计数器的值相对应，如计数器为 1 时，输出为二进制 11111100，表明设计无误。

（a）功能仿真界面　　　　　　　　　　　　（b）时序仿真界面

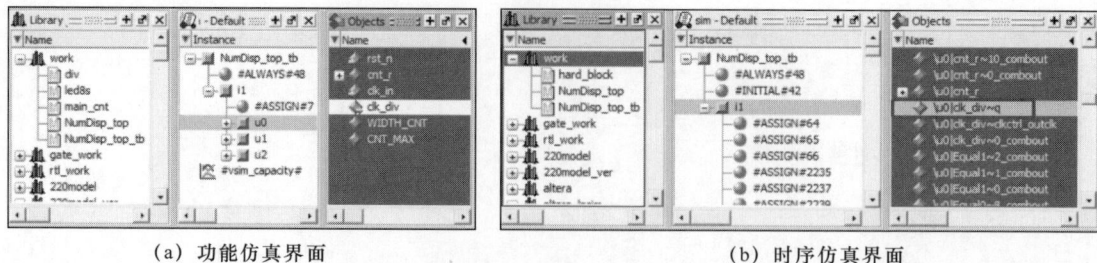

图 3-35　顶层工程仿真添加内部信号界面

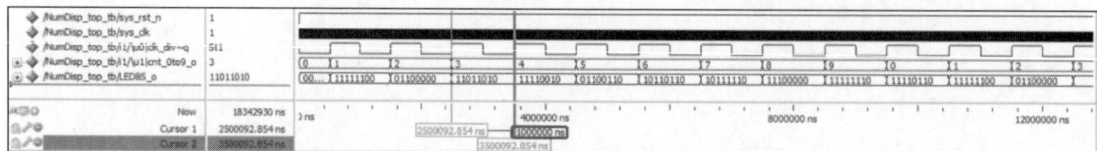

图 3-36　顶层工程时序仿真结果（缩小仿真法）

三、分频计数显示综合系统顶层电路测试

1. 使用单个数码管测试

本项目电路的测试可以使用单个外接数码管进行测试，FPGA 引脚的输出电流能力足够驱动数码管，但 FPGA 引脚之间必须接限流电阻以免击穿 FPGA 芯片，可参考任务 5.3 的三极管驱动单个共阳极数码管电路（见图 5-39）进行外部连接。本任务设计的数码管均以共阴极为例，因此需将本节数码管的段选译码值全部按位取反即可，例如，将代码 LED8S_o<=8'b0110_0110 修改为 LED8S_o<=8'b1001_1001 或 LED8S_0<=～8'b0110_0110。

2. 使用多位数码管测试

FPGA 电路板设计数码管时，为了通用性更好一般均设计为多位数码管，且为了节省 FPGA 引脚多为动态连接形式，详细请参照任务 5.3 介绍的动态数码管原理，测试本节电路需将本节顶层模块代码中的 LED8S_o 连接在 8 个段选端子 a、b、c、d、e、f、g、dp，以 6 位动态数码管为例，FPGA 送至数码管位选端的数据为固定二进制值 111110，可参考如下代码；

```
1.module NumDisp_top(
2.input  wire    sys_clk,
3.input  wire    sys_rst_n,
4.output wire [7:0]LED8S_o,
5.output wire [5:0]wei_o,
6.);
7.assign wei_o = 6'b111110;
……//可自行补全设计
```

任务 3.4　时序分析与时序约束

任务导入

任务：对分频系数为 50 000 000 的分频器进行分析，并获取其可以正常工作时输入时钟的最高工作频率。

3.4.1 【知识准备】Cyclone 系列 FPGA 电路中的典型延时

任务 3.2 中设计的分频系数为 50 000 000 的分频器，通过仿真得知该电路在输入时钟频率为 50MHz 时可以正常工作。当输入时钟频率变为 250MHz 时，按照分频系数计算，输出时钟频率理论上应该为 5Hz，然而该电路是否可以工作在 250MHz 呢？如果可以，该电路支持的输入时钟频率最高是多少呢？这是 FPGA 设计中经常遇到的问题，即明确电路的最高工作频率。

微课 3-4-1
知识准备

本节以分频器这一典型时序逻辑电路为例分析系统的最高工作频率，也就是图 1-5 中的时序逼近。一种直观方法是迭代法，具体操作是逐步调整测试激励文件中的时钟周期，通过时序仿真判定电路在当前时钟频率下是否正常工作，最终得到系统的最高工作频率。但是这种方法的缺点是耗时，例如 3.2 节的分频系数为 50 000 000 的分频器，如果不采用缩小仿真法而是采用正常的全值仿真方法，输出 clk_div 每变化一个周期，普通的计算机需要运行几十分钟，且输入时钟频率还要逐步调整迭代，这显然是不现实的。本节介绍另一种时序逼近的方式，使用 Quartus Prime 自带的时序分析插件 TimingQuest Timing Analyzer 获取电路的最高工作频率这一参数。

在此之前先了解分频器电路在 FPGA 芯片中的具体实现结构，通过 Quartus Prime 直接获取的映射图可以实现该目标，参照映射图可以更直观地在质的层面分析分频器电路内部各个组件的延时。如此一来才能明确 TimingQuest Timing Analyzer 环节添加时序约束的含义，并借助该工具从量的层面得到电路的最高工作频率。

一、映射后的电路解析

为了便于分析，以 3.2.2 节改进后（并非推荐代码）的分频器为载体进行分析，该电路的架构是一个典型的自反馈+串联时序逻辑电路，将分频器电路位宽修改为 4 位，计数范围 0～9，具体代码如下：

```
1.module div(
……//完整代码见配套资源
21.        if(cnt_r<4'd5)
22.            clk_div <= 1'b0;
23.        else
24.            clk_div <= 1'b1;
25.    end
26.endmodule
```

图 3-37（a）所示为 10 分频电路的 RTL 视图，图 3-37（b）所示为 RTL 视图的等效示意图。本节为了分析 FPGA 内部电路的真实结构，将电路的 RTL 视图、映射后的技术映射视图、适配后的技术映射视图进行综合对比分析。

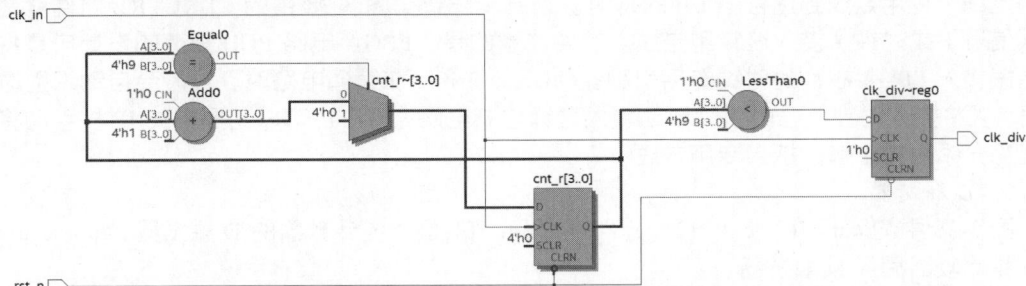

(a) 10 分频电路的 RTL 视图

图 3-37　10 分频电路的 RTL 视图和 RTL 视图的等效示意图

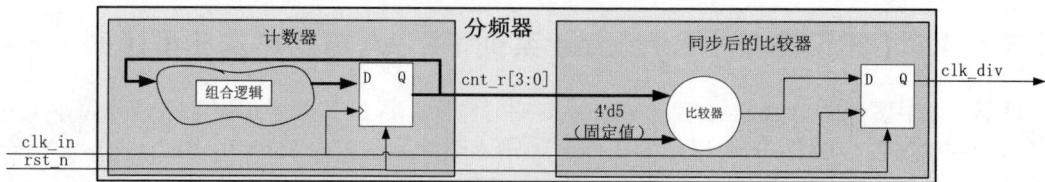

（b）RTL 视图的等效示意图

图 3-37　10 分频电路 RTL 视图和 RTL 视图的等效示意图（续）

对以上代码进行一次全编译，参照任务 2.2 知识拓展环节的介绍，在 Quartus Prime 主界面主菜单栏下依次选择"Tools"→"Netlist Viewers"→"Technology Map Viewer（Post-Fitting）"，弹出图 3-38 所示的 10 分频电路适配后的技术映射视图。

为了对比映射后的技术映射视图和适配后的技术映射视图区别，同时为了下文"组合逻辑（LUT 实现）"环节分析不同分频系数的 LUT 结构层数，给出了图 3-39 所示的 20 分频电路映射后的技术映射视图，具体操作方式是：将以上代码的分频系数调整为 20，cnt_r 位宽调整为 5，重新编译后，在 Quartus Prime 主界面主菜单栏下依次选择"Tools"→"Netlist Viewers"→"Technology Map Viewer（Post-Mapping）"。

读者可以分别打开 10 分频电路和 20 分频电路映射后的技术映射视图和适配后的技术映射视图。通过对比图 3-38 和图 3-39 可以看出，映射后的技术映射视图和适配后的技术映射视图基本相似，前者针对 FPGA 芯片型号对布局布线进行了更为精准的适配，更便于对电路时序进行分析，后者缺少时钟控制电路 CLKCTRL 等器件。

图 3-40 所示的 10 分频电路适配后的技术映射视图简化示意是图 3-38 的简化示意，此图便于理解和分析。为了便于叙述，将计数器的 D 触发器称为 reg_cnt3、reg_cnt2、reg_cnt1、reg_cnt0，并合称为 reg_cnt，后级的 D 触发器称为 reg_div；D 触发器的输入 D 端称为 reg_div_D，输出 Q 端称为 reg_div_Q。以下结合图 3-38～图 3-40 进行分析。

1. 输入输出缓冲器 IO_IBUF 和 IO_OBUF

图 3-38 中最左侧▷形状 clk_in 代表 FPGA 的引脚，而 IO_IBUF 是 FPGA 输入引脚缓冲器，FPGA 中有大量的缓冲器电路。从逻辑功能来讲，缓冲器相当于导线，但缓冲器可以提升信号的驱动（扇出）能力。扇出能力即带负载能力，例如，在后续项目的设计中时钟引脚输入的时钟信号需驱动数百个 D 触发器，这就需要多个 IO_IBUF 器件。和 IO_IBUF 对应的还有输出引脚缓冲器 IO_OBUF。

2. 时钟控制电路 CLKCTRL

信号从 FPGA 引脚引入 FPGA 内部，大致分为两种走线，第一种是 FPGA 内部的普通走线，走线的路径长短取决于 Quartus Prime 的编译；第二种是在设计和生产时已经经过优化的专用走线，专用走线到达各个 LE 的延时认为基本一致。图 3-38 中的 CLKCTRL 器件就是将输入信号（或时钟）接入该专用走线。需要注意的是，FPGA 电路 PCB 规范的设计应是将外部晶振接入 FPGA 芯片的时钟专用引脚。Quartus Prime 在编译电路时，一般会自动识别时钟信号，并将接入时钟信号的引脚自动接入时钟控制电路，用户也可以利用相关 IP 核手动将内部通用分频器输出信号接入专用走线。

3. D 触发器

图 3-38 中的 cnt_r[0]、cnt_r[2]、cnt_r[1]、cnt_r[3]是 4 位计数器的 D 触发器，而 clk_div～reg0 是比较器后级 D 触发器。

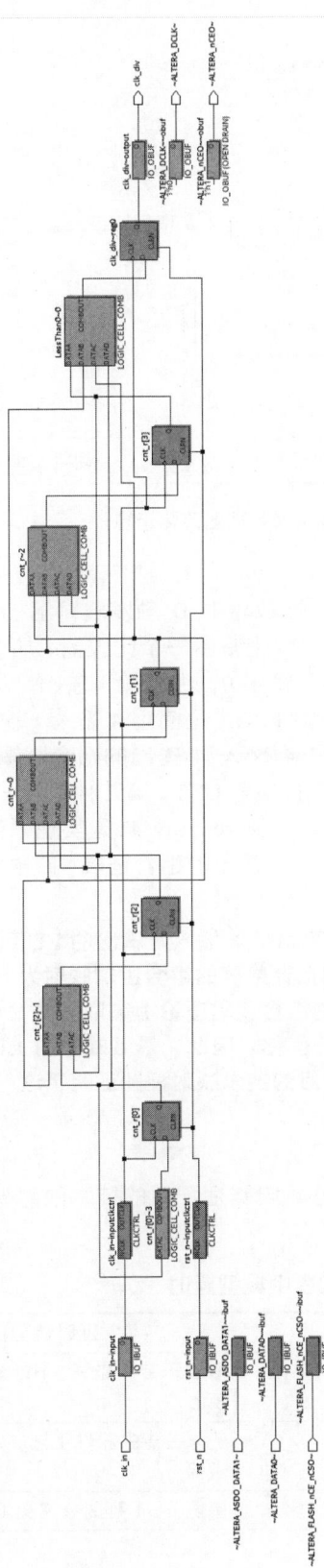

图 3-38　10 分频电路适配后的技术映射视图

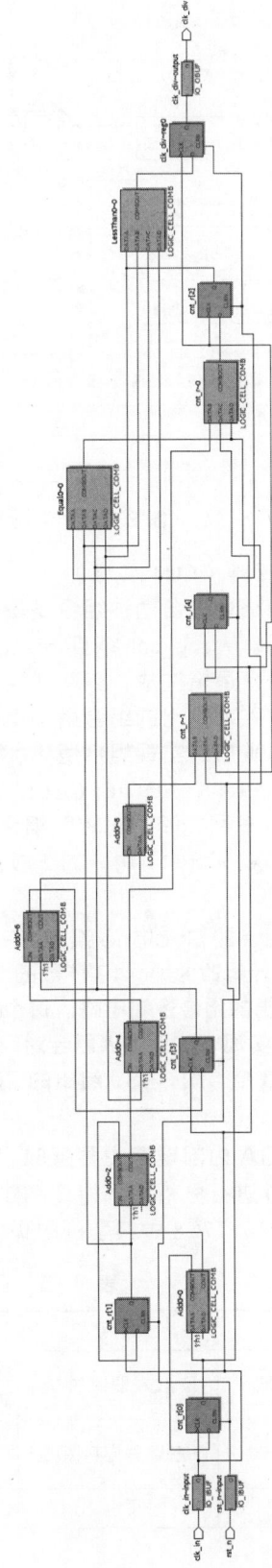

图 3-39　20 分频电路映射后的技术映射视图

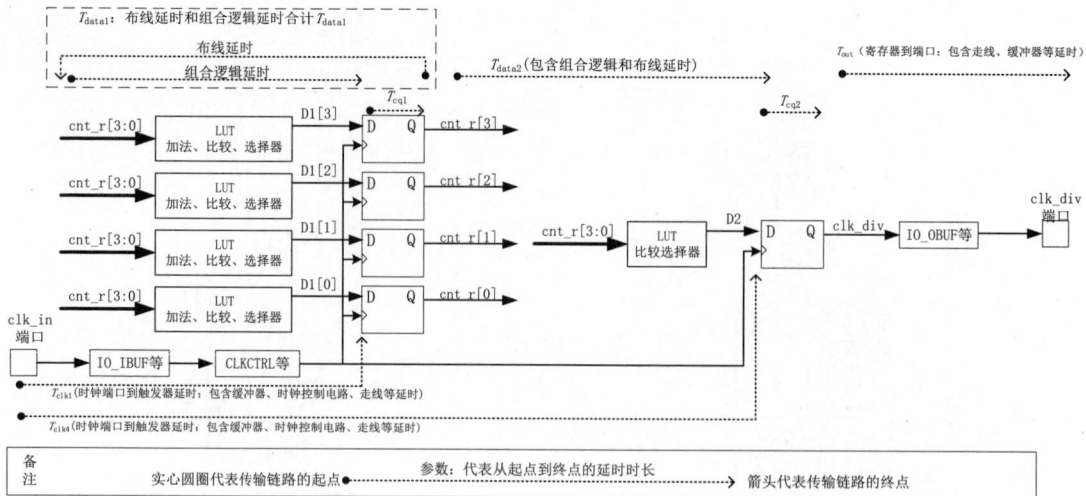

图 3-40　10 分频电路适配后的技术映射视图简化示意

4. 组合逻辑（LUT 实现）

分频器电路中包含两种组合逻辑电路。第一种是计数器中 D 触发器输出 Q 端到自身 D 端的组合逻辑。从 reg_cnt_Q 到 reg_cnt_D 的自反馈组合逻辑由一个比较器、加法器、数据选择器共 3 种组合逻辑构成，实现"当 cnt_r 等于 9 时，输出 0，否则加 1 输出"功能，宏观来看是一个 4 输入 4 输出的组合逻辑电路。Altera 大多数 FPGA 是使用 4 输入 1 输出的 LUT 以组合逻辑真值表形式实现组合逻辑，因此系统编译时 4 输入 4 输出的组合逻辑映射为 4 个 LUT，图 3-38 中 4 个 LOGIC_CELL_COMB 就是对应的 4 个 LUT。第二种是第一级 D 触发器和第二级 D 触发器之间的比较器组合逻辑。从 reg_cnt_Q 到 reg_div_D 是实现"当输入小于 5 时，输出 0，反之输出 1"功能的比较器，是一个 4 输入 1 输出的组合逻辑，映射为 1 个 LUT。

> **注意**　Altera 的 Cyclone 系列 FPGA 内部的 LUT 均是 4 输入 1 输出的 LUT，如果将上述设计修改为 0～19 计数的 20 分频电路，那么计数器的组合逻辑映射为 5 个 5 输入 1 输出的组合逻辑电路。每个 5 输入 1 输出的组合逻辑理论上来说需要 2 个 LUT 组合来实现，然而编译器会对组合逻辑电路进行优化，因此，最后映射的 LUT 可能少于 10 个，图 3-39 给出的 20 分频电路映射后的技术映射视图证明了这一点。

二、FPGA 内部电路主要延时

对图 3-40 进行分析可以得到图 3-41 所示的 10 分频电路适配后的技术映射视图内部时序示意，EP4CE10F17C8 中典型延时见表 3-5。

表 3-5　EP4CE10F17C8 中典型延时

起点	终点	内部器件	延时典型值
时钟输入引脚	D 触发器时钟端	缓冲器，时钟控制电路，走线	取决于专用走线，1ns 量级，例如 2～3ns
D 触发器 D 端	D 触发器自身 Q 端	D 触发器	T_{cq}，主要由器件工艺决定，常见 0.1ns 量级
LUT 输入	LUT 输出	LUT	单层 LUT 延时，常见 0.1ns 量级

起点	终点	内部器件	延时典型值
上级 D 触发器 Q 端	下级 D 触发器 D 端	若有组合逻辑，则包含组合逻辑（可能是多层 LUT 且包含 LUT 间走线）延时和组合逻辑相关走线延时，否则为走线延时	归一化后的 T_{data}，路径延时为单层 LUT 的数倍，根据电路编译结果变化较大。一般在 1ns 量级，取决于电路复杂程度和（约束后的编译）编译
D 触发器 Q 端	引脚	走线、缓冲器等电路	一般在 1ns 量级，主要取决于电路编译结果，可约束，约束后编译器自动调整；或手动指定快速寄存器
输入数据引脚	FPGA 内部器件		
D 触发器建立时间			常见 0.1ns 量级
D 触发器保持时间			常见 0.1ns 量级

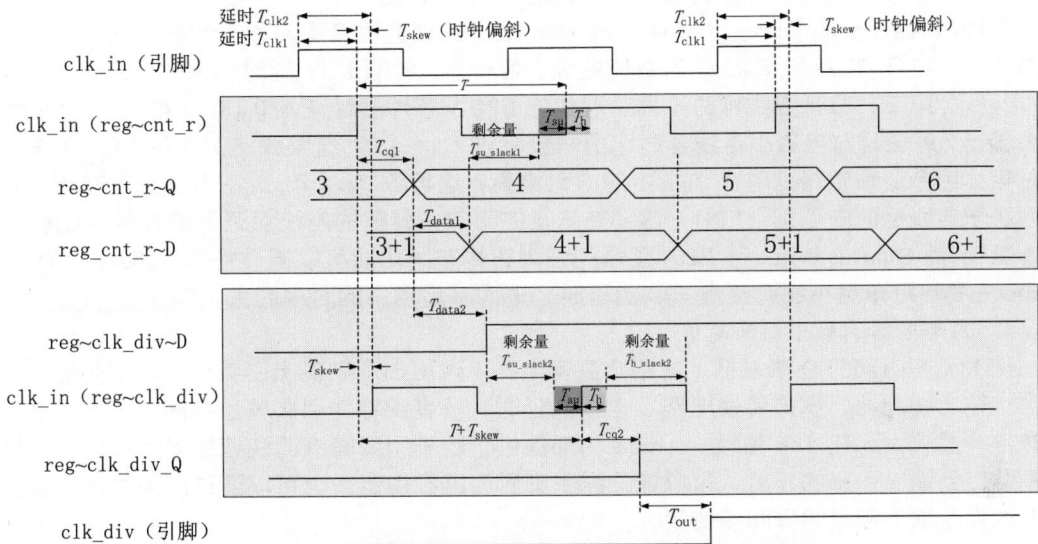

图 3-41　10 分频电路适配后的技术映射视图内部时序示意

1. 输入引脚到达内部电路的延时

输入引脚到达内部电路的延时称为引脚输入延时，记为 T_{in}。T_{in} 主要包含以下几项。

（1）从引脚到缓冲器 IO_IBUF 路径延时。

（2）缓冲器 IO_IBUF 的自身输入到输出本身存在一定的器件延时。

（3）从缓冲器 IO_IBUF 到时钟控制电路 CLKCTRL（仅时钟引脚有）路径延时。

（4）时钟控制电路 CLKCTRL 的自身输入到输出本身存在一定的器件延时。

（5）从时钟控制电路 CLKCTRL 到 FPGA 内部的 D 触发器输入端之间均存在一定的路径延时。

如果是时钟信号，一般包含以上 5 项，延时合计一般在 1ns 量级。如若是普通数据信号，一般不包含上述 5 项的 CLKCTRL 相关延时。对于时钟信号而言，从 clk_in 引脚到 FPGA 内部不同 D 触发器器件时钟输入端口延时 T_{in} 必然有差异，这个差异称为时钟偏斜，常写作 T_{skew}。图 3-41 左上方展示了引脚 clk_in 到达计数器 D 触发器的延时 T_{in} 和到达比较器 D 触发器的延时 T_{in} 略有不同，二者分别为 T_{clk1} 和 T_{clk2}，二者之差则是 T_{skew}。如果给 clk_in 分配引脚时，使用的是 FPGA 的时钟专用引脚，编译器默认走线为专用走线，一般认为时钟偏斜相对很小，可以忽略不计。对于 EP4CE10F17C8 器件而言，T_{in} 一般在数 ns，Altera 内部提供了距离引脚较近的快速输入寄存器，有助于改善引脚到输入端口的延时，可以在分配引脚界面进行指定，也可以通过添加时序约束文件的方式促使软件通过编译间接使用。

2. 内部电路延时——D 触发器输出延时 T_{cq}

D 触发器 Q 端的信号在时钟上升沿延时一定的时间后发生变化，称这段时间为 D 触发器输出延时，常写作 T_{cq} 或 T_{cQ}，对应图 3-41 中的 T_{cq1} 和 T_{cq2}。T_{cq} 主要由电路的工艺决定，Cyclone IV C8 系列的 T_{cq} 在 0.1ns 量级。一块 FPGA 芯片内部的所有 D 触发器 T_{cq} 参数基本一致。

3. 内部电路延时——组合逻辑延时 T_{data}

10 分频电路中 reg_cnt_Q 到 reg_cnt_D 的延时，reg_cnt_Q 到 reg_div_D 端的延时是组合逻辑延时，前者主要包含：

（1）四路并行的"实现组合逻辑的单层 LUT"自身的延时。

（2）LUT 相关的一定长度的走线。

不妨将二者归一化，统称为组合逻辑延时，记为 T_{data1}。

同理从 reg_cnt_Q 到 reg_div_D 包含 1 级 LUT 实现的组合逻辑和一定长度的走线，延时记为 T_{data2}。对于 T_{data1} 和 T_{data2} 延时数值量级，第一，二者的 LUT 延时和器件工艺相关，参数基本一致；第二，二者走线延时不同，现代的 FPGA 芯片已经进入 0.18μm 和 0.13μm 的深亚微米工艺，逻辑延时与最小走线延时比值一般超过 1:1～1:2，这导致 T_{data} 中的 LUT 相关走线延时相比组合逻辑电路延时在 T_{data} 中的占比更高，这导致 T_{data1} 和 T_{data2} 可能差异较大，且主要取决于走线延时的差别。FPGA 内部有丰富的可自由分配的走线资源为调节各 T_{data} 提供了硬件基础，而 Quartus Prime 等 EDA 工具的强大布局布线功能可以调节各 T_{data}，实际上 Quartus Prime 主要利用布局布线调整各 T_{data} 的延时，进而满足用户的时序约束（期望）。

4. 内部电路到输出引脚延时

从 FPGA 内部的 D 触发器（或组合逻辑电路）输出端子到输出引脚有一定的延时，主要包含：输出缓冲器、模拟转换电路、走线的延时，三者统称为引脚输出延时，记为 T_{out}，这一参数一般较大，在 1ns 量级。Altera 内部提供了距离引脚较近的快速输出寄存器，有助于改善端口到输出引脚的延时，可以在分配引脚界面进行指定，也可以通过添加时序约束文件的方式促使软件通过编译间接使用。

三、仿真结果获取的电路延时信息与解析

图 3-42 所示为 0～9 计数器完整时序仿真结果，缓冲器输出的时钟相对输入引脚的时钟延时、时钟控制电路输出的时钟相对缓冲器输出的时钟延时分别约为 735ps、289ps；输出引脚处的 clk_div 相较 D 触发器输出的 clk_div～reg0_q（reg_div_Q）延时约 3 652ns；其他组合逻辑之间的延时包含走线延时，但值都较小。注意，在此不深入分析仿真定位的是内部信号的具体节点，因此，图 3-42 中信号的延时差仅供参考。

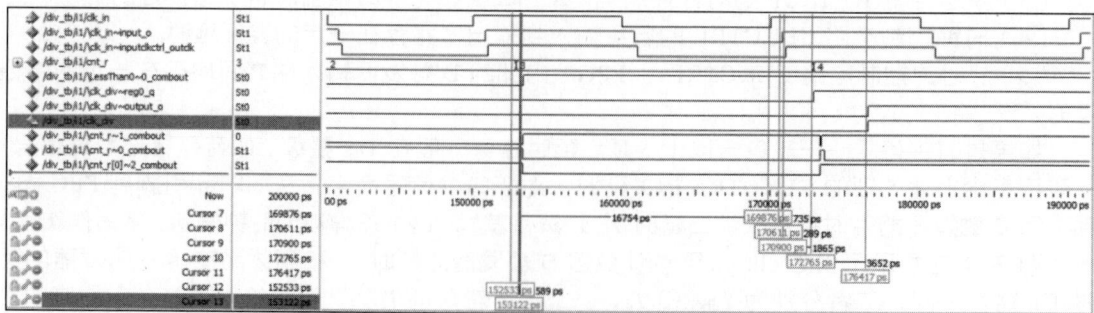

图 3-42 0～9 计数器完整时序仿真结果

1. 自反馈电路延时分析——计数器电路

送入 D 触发器（reg_cnt）的时钟（clk_in）相对引脚（clk_in）延时 T_{clk1}，第 X 个时钟上升沿之后经过时长为 T_{cq} 的延时 D 触发器（reg_cnt_Q）更新，再经 T_{data1} 后送入 D 触发器（reg_cnt_D 端），在第 $X+1$ 个时钟上升沿能够成功打入 D 触发器（reg_cnt_D 端）的条件是必须满足 D 触发器的建立时间（对应图 3-41 的 T_{su_slack1} 必须大于 0）计数器电路才可以正常工作。将时钟周期记为 T，定义建立时间的余量为

$$T_{su\_slack1} = T - (T_{cq1} + T_{data1} + T_{su}) \qquad (3\text{-}1)$$

自反馈电路时钟偏斜可忽略，主要受建立时间影响，可忽略保持时间余量。

观察图 3-41 可知，当 T_{data1} 增大或者时钟周期减小时，只要保证 T_{su_slack1} 大于 0，电路即可正常运转。以本书选用的 EP4CE10F17C8 器件其 T_{cq1}、T_{su} 以及 T_{data1} 中的 LUT 延时均由器件工艺决定，其中即使 T_{data1} 中的走线延时足够小，三者之和也在 1ns 量级，因此，0~9 计数器的最高工作频率不会高于 1GHz。如果计数器位宽增大，显然需要更多层级的 LUT 适配以实现计数器中加法等组合逻辑电路，这会引入更多的走线，从而增加 T_{data1}，最终降低计数器的最高工作频率上限。

为保证 T_{su_slack1} 大于 0，若选用 T_{cq}、T_{su}、T_{data} 更小的器件，则可容许时钟周期 T 更小，对应的电路的最高工作频率上限越高。

综上所述，对于同一块 FPGA 芯片而言，位宽较大计数器 T_{data1} 更大，最高工作频率上限更低；对于不同的 FPGA 芯片，同位宽计数器因工艺不同导致 T_{data1} 不同，因此，最高工作频率也不同。

2. 级联电路延时分析——两级 D 触发器

送入 reg_div 的 clk_in 相对引脚的 clk_in 延时 T_{clk1}，第 X 个时钟上升沿之后经过时长为 T_{cq} 的延时 reg_cnt_Q 更新，再经 T_{data2} 后送入 reg_div_D 端，在第 $X+1$ 个时钟上升沿能够成功打入 D 触发器必须满足 D 触发器的建立时间和保持时间。建立时间的余量为

$$T_{su\_slack2} = (T + T_{skew}) - (T_{cq1} + T_{data2} + T_{su}) \qquad (3\text{-}2)$$

其中

$$T_{skew} = T_{clk2} - T_{clk1} \qquad (3\text{-}3)$$

保持时间的余量为

$$T_{h\_slack2} = (T_{cq1} + T_{data2}) - (T_h + T_{skew}) = T_{cq1} + T_{data2} - T_h - T_{skew} \qquad (3\text{-}4)$$

上述公式显示 T_{skew} 一定程度上偏大，对于 reg_div 的建立时间有利，但对保持时间不利。以下再举一例说明 T_{skew} 应当接近于 0，图 3-43 所示为 FPGA 电路的常见形式，如果后一级 D 触发器的时钟相较前一级 D 触发器时钟均有一定的延时 T_{skew}，某一级 D 触发器的输出是后几级触发器前端的组合逻辑的输入，当电路层级太多，会出现某一级触发器的建立时间和保持时间不被满足的现象，最终导致电路混乱，因此，时钟偏斜为 0 是一种较为理想的情况。由此可知，来自于时钟走线的时钟优于来自于分频器的时钟（未进行相关处理），但实际上编译器一般会自动将"always@(posedge clk_in or negedge rst_n)"中的"clk"识别成时钟，进而对其路径在一定程度上进行优化。

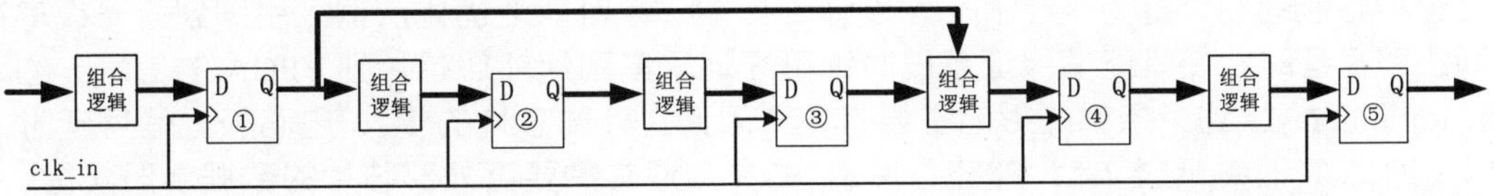

图 3-43 FPGA 电路的常见形式

分频器是一个非常典型的时序逻辑电路，计数器部分由"D 触发器和自反馈组合逻辑"构成，而计数器和后级比较器及 D 触发器是典型的"D 触发器+组合逻辑+D 触发器"结构，这两种结构是所有综合系统的基本模型。综合系统组成部分的大部分电路是计数器、分频器以及二者的衍生电路，这也是 FPGA 设计综合系统理念的核心和思维切入点。FPGA 设计中有一句经典名言"学会了数数（计数器）就学会了 FPGA 设计"，换句话说就是 FPGA 设计的精髓是"在哪个时间（时钟）干什么事情"，而"哪个时间"的参照标准是计数器，这也是和 C 语言的本质区别。

3.4.2 【任务实施】Quartus Prime 时序约束的实施

一、时序约束基本概念

1. 时序约束含义

时序约束主要用于规范设计的时序行为，表达设计者期望满足的时序条件，指导综合和布局布线阶段的优化算法等。时序约束主要包括周期约束（FFS 到 FFS，即 D 触发器到 D 触发器）和偏移约束（IPAD 到 FFS、FFS 到 OPAD）以及静态路径约束（IPAD 到 OPAD）等。

通俗来讲，就是设计者通过在 EDA 软件（Quartus Prime、Vivado、ISE 等工具）中进行相关设置来告知软件输入引脚和输出引脚是哪些、期望的输入引脚到 FPGA 内部的延时是多少、期望的时钟周期是多少、期望的 FPGA 内部到输出引脚的延时是多少，软件在综合和布局布线时通过自动布局布线等操作尽可能满足设计者的期望，同时软件还会给出时序分析报告，该报告包含以上 3 个指标期望的延时指标和内部所有电路节点的延时情况。

2. 时序约束的作用

（1）提高设计电路的工作频率。

通过附加约束可以控制逻辑的综合、映射、布局和布线，以减小逻辑和布线延时，从而提高电路的最高工作频率。

（2）获得正确的时序分析报告。

FPGA 设计平台都包含静态时序分析工具，利用这类工具可以获得映射或布局布线后的时序分析报告，从而对设计的性能做出评估。

（3）指定 FPGA/CPLD 引脚位置与电气标准。

第一，可编程特性使电路板设计加工和 FPGA 设计可以同时进行，而不必等 FPGA 引脚位置完全确定，从而节省了系统开发时间。第二，通过约束还可以指定引脚所支持的接口标准和其他电气特性。

3. 时序约束路径

时序约束主要围绕 4 种时序路径进行设置：从输入引脚到寄存器、从寄存器到寄存器、从寄存器到输出、从输入到输出的纯组合逻辑。

（1）时钟定义。

主要对时钟的周期、占空比、抖动和延时进行描述。

（2）输入延时的设定。

这种路径的约束是为了让 FPGA 设计工具能够尽可能地优化从输入引脚到第一级寄存器之间的路径延时，使其能够保证系统时钟可靠地采集到从外部芯片到 FPGA 的信号，约束名称：input delay。约束条件的影响主要有 4 个因素：外部芯片的 T_{cq}、电路板上信号延时 T_{pd}、FPGA 的 T_{su}、时钟延时 T_{clk}。外部芯片 T_{cq} 的参数通常需要查外部芯片的数据手册获得。

（3）寄存器到寄存器延时的设定。

这种路径的约束是为了让 FPGA 设计工具能够优化 FPGA 内寄存器到寄存器之间的路径，使其延时时间必须小于时钟周期，这样才能确保信号被可靠地传递。由于这种路径只存在于 FPGA 内部，通常通过设定时钟频率的方式对其进行约束。对于更深入的优化方法，还可以采用对寄存器的输入和寄存器的输出加入适当的约束，来使逻辑综合器和布线器能够对某条路径进行特别的优化。还可以通过设定最大扇出数来迫使工具对其进行逻辑复制，减少扇出数量，提高性能。

（4）输出延时的设定。

这种路径的约束是为了让 FPGA 设计工具能够优化 FPGA 内部从最后一级寄存器到输出引脚的路径，确保其输出的信号能够被下一级芯片正确采集到。约束名称：output delay，约束条件的影响主要有 3 个因素：外部芯片的 T_{su}、电路板上信号延时 T_{pd} 与时钟延时 T_{clk}。 T_{su} 的参数通常需要查询外部芯片的数据手册获得。

（5）输入引脚到输出引脚延时设定。

这种路径是指组合逻辑的延时，指信号从输入到输出没有经过任何寄存器。给这种路径加约束条件，需要虚拟一个时钟，然后通过约束来指定哪些路径是要受该虚拟时钟的约束。

二、时序约束的操作

对任务 3.2 最终的"引入 parameter 语法后的通用分频器电路代码"进行时序分析，将 parameter 分别调整到 50 000 000 和 26，分配引脚，进行全编译，再进行时序约束。

1. 时序约束的操作方法 1——界面设置方法

在 Quartus Prime 主界面主菜单栏下选择"Tools"→"TimeQuest Timing Analyzer"，弹出图 3-44 所示的"TimeQuest Timing Analyzer"（时序约束和分析器）对话框→在该对话框下选择"Update Timing Netlist"，以将编译的电路网表导入时序约束和分析器中→在"TimeQuest Timing Analyzer"对话框选择"Constraints"→"Create Clock"，弹出图 3-45 所示的"Create Clock"（创建时钟约束）对话框。

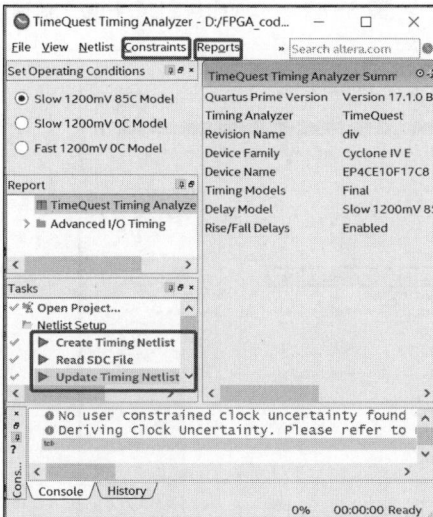

图 3-44 "TimeQuest Timing Analyzer"对话框

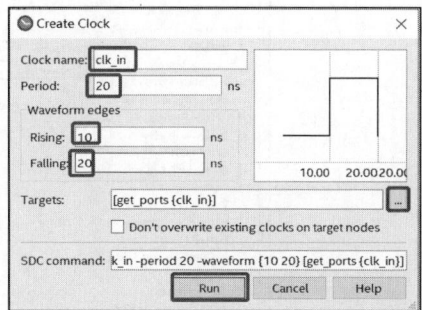

图 3-45 "Create Clock"对话框

在"Clock name"处输入时钟名称，该名称可以任意命名，此处以和分频器的输入时钟 clk_in 名称保持一致为例，在"Period"（时钟周期）处输入目标周期 20→"Rising"（上升沿）处输入 10，"Falling"（下降沿）处输入 20，即时钟 clk_in 的上升沿发生在 10ns，下降沿发生在 20ns 处。单击"Targets"（目标）后的"..."按钮，弹出图 3-46 所示的"Name Finder"

（名称筛选）对话框，单击"List"按钮，选择"clk_in"→">"→"OK"按钮，返回"Create Clock"对话框，单击"Run"返回"TimeQuest Timing Analyzer"对话框，在该对话框中选择 "Constraints"→"Write SDC File"，弹出图 3-47 所示的"Write SDC File"（时钟约束文件写入）对话框，单击"OK"按钮即可将上述时钟约束参数写入 div.out.SDC 文件中。

不需关闭"TimeQuest Timing Analyzer"对话框，返回 Quartus Prime 主界面，在主菜单栏下选择"Assigments"→"Settings"，弹出图 3-48 所示的"Settings_div"对话框，选择左侧"Files"→单击"File name:"右侧的"..."按钮，找到工程目录下的"div.out.SDC"文件，注意文件类型选择为"All Files（*.*）"→双击即可选中并自动返回"Settings_div"对话框，单击"Add"→"Apply"→"OK"。最后对工程进行全编译，Quartus Prime 则按照用户的时序约束重新布局布线。

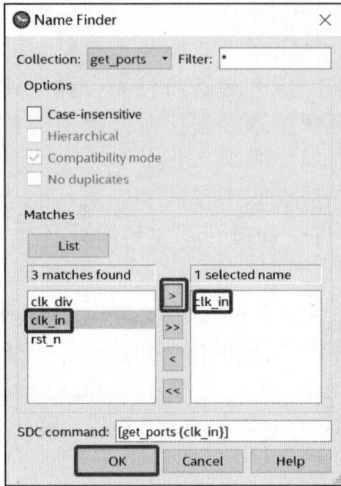

图 3-46　"Name Finder"对话框

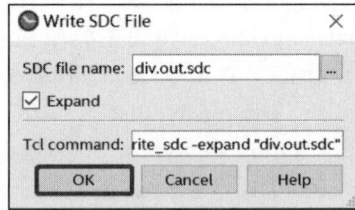

图 3-47　"Write SDC File"对话框

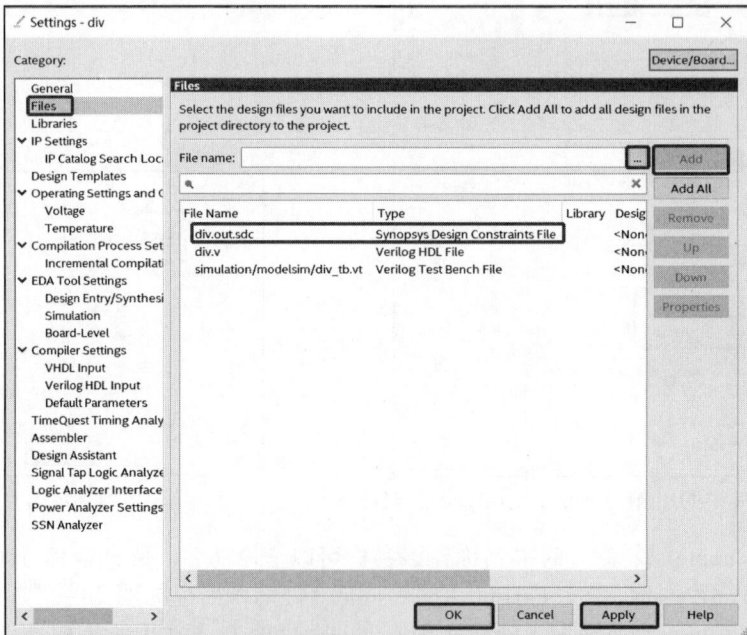

图 3-48　"Settings_div"对话框

2．时序约束操作方法 2——文本输入方法

在 Quartus Prime 主界面打开上文操作中生成的 div.out.SDC 文件，文件内容如下：

```
1.#****************************************************************
2.# Time Information
3.#****************************************************************
4.set_time_format -unit ns -decimal_places 3
5.#****************************************************************
6.# Create Clock
7.#****************************************************************
8.create_clock -name {clk_in} -period 20.000 -waveform { 10.000 20.000 } [get_p
orts {clk_in}]
9.#****************************************************************
……//完整代码见配套资源
29.#****************************************************************
30.# Set Input Delay
31.#****************************************************************
32.
33.#****************************************************************
34.# Set Output Delay
#****************************************************************
```

第 8 行中 create_clock 是创建时钟约束命令，后面是命令的各种选项。其中"-name {clk_in}"选项是"Create Clock"对话框中"Clock name"的时钟 clk_in；"-period 20.000"是指定时钟的周期为 20ns。"-waveform {10.000 20.000}"是指定时钟上升沿和下降沿时刻；"[get_ports {clk_in}]"是嵌套的 tcl 命令，指定 clk_in 对应的 port（端口），即"Name Finder"对话框中选择的真实电路信号，注意最后的"[get_ports {clk_in}]"是电路中的真实信号，而"-name {clk_in}"的名称为用户自定义名称，和电路无关。此外，从 div.out.SDC 文件的注释中可以看出，除了时钟约束外还有其他各种约束。

创建了 div.out.SDC 文件后，可以将该文件作为一个模板文件，只需修改其中的信号名称和参数，即可进行时钟约束的修改。

3．时序约束报告的获取

编译完成后，双击"TimeQuest Timing Analyzer"对话框下的"Create Timing Netlist"→"Read SDC Files"→"Update Timing Netlist"以完成时序网表的创建、时序约束文件的读取和时序网表的更新。

在"TimeQuest Timing Analyzer"对话框下选择"Reports"（报告）→"Datasheet"（数据手册）→"Report Fmax Summary"（报告最高时钟频率总结），"TimeQuest Timing Analyzer"对话框中会弹出图 3-49 所示的"Slow 1200mV 85C Model"内嵌对话框，这就是电路最高工作频率的时序报告。报告中"Fmax"列的"176.52MHz"是分频器的最高工作频率，显然大于约束时期望的 50MHz，满足时序约束的目的；报告中"Restricted Fmax"列的"176.52MHz"是限制的最高工作频率，指的是 FPGA 引脚的切换频率可以支持到 176.52MHz，这在下文有详细案例分析。

Slow 1200mV 85C Model				
Fmax	Restricted Fmax	Clock Name		Note
1 176.52 MHz	176.52 MHz	clk_in		

图 3-49 "Slow 1200mV 85C Model"内嵌对话框

> **注意** 时序约束可理解为时序期望或时序目标更为贴切，也就是用户告知编译器希望时钟的工作最高频率，编译器根据用户的目标或期望对电路重新布局布线以尽可能满足用户的设计需求。

三、通用分频器电路的时序约束分析

时钟约束频率为 50MHz 后，电路重新编译后的最高工作频率为 176.53MHz；不同时序约束下的电路最高工作频率见表 3-6，其给出了对 div.out.SDC 中的时钟周期（或频率）以不同参数进行重新约束、编译、更新得到的时序报告。

表 3-6　不同时序约束下的电路最高工作频率

CNT_MAX=50000000; WIDTH_CNT=26;			CNT_MAX=50000; WIDTH_CNT=16;		
约束时钟频率（MHz）	报告时钟频率（MHz）	是否满足要求	约束时钟频率（MHz）	报告时钟频率（MHz）	是否满足要求
50	176.53	是	50	202.14	是
100	180.73	是	100	236.85	是
200	225.07	是	200	253.1 或 250	是
250	239.98	否	250	306.75 或 250	是
500	246.49	否	500	298.78 或 250	否

分析表 3-6 可以得出以下结论。

（1）Quartus Prime 会根据用户的时序约束通过编译尽可能满足用户需求。

（2）时序约束中时钟频率越高，约束后的电路的最高工作频率会有一定程度的提升，但是最高工作频率有上限，上限包括两种，第一种是内部电路自身的限制；第二种是图 3-50 所示的"Slow 1200mV 85C Model"内嵌对话框，结果显示内部逻辑门电路最高工作频率为 306.75MHz，限制的最高工作频率为 250MHz，从图 3-50 的"Note"列提示信息可以看出，限制的原因是 FPGA 引脚的最高切换频率为 250MHz。

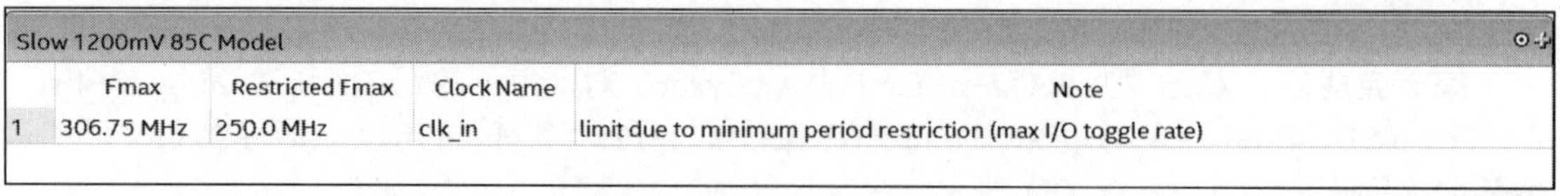

Slow 1200mV 85C Model				
	Fmax	Restricted Fmax	Clock Name	Note
1	306.75 MHz	250.0 MHz	clk_in	limit due to minimum period restriction (max I/O toggle rate)

图 3-50　"Slow 1200mV 85C Model"内嵌对话框

（3）电路越复杂，最高时钟上限越低。例如分频系数为 50 000 000 相较 50 000 的分频器其内部实现的组合逻辑的 LUT 层数越多，T_{data} 延时越大，后级 D 触发器的建立时间余量越小，以至于不满足触发器的建立时间和保持时间。这也是后续项目尽量避免使用除法器这种较大延时组合逻辑电路的原因。

思考与练习

简答题

1. 使用 ModelSim 对一个现成的组合逻辑电路进行仿真，需要进行哪些操作？
2. 时序仿真和功能仿真的区别有哪些？各有什么优缺点？
3. 时序约束的作用是什么？

4．某 FPGA 内部的是 4 输入 1 输出 LUT，分析实现一位半加器需要几个 LUT？实现本项目中的数码管译码器的组合逻辑部分需要几个 LUT？

实战演练

1．使用 ModelSim 对项目 2 的一位半加器组合逻辑电路进行功能仿真和时序仿真。

2．使用 ModelSim 对项目 2 的二选一数据选择器组合逻辑电路进行功能仿真和时序仿真。

3．使用 ModelSim 完成数码管译码器电路的功能仿真与时序仿真。

4．使用 Quartus Prime 的 TimeQuest Timing Analyzer 工具分析 3.1.2 节 cnt_modelsim 电路的最高工作频率。

5．参考分频计数显示综合系统的设计，完成 4 个 LED 的流水灯设计，要求每 0.5s 切换一次花型，从左至右依次亮一个。读者也可自行设计 LED 的个数和花型。提示：修改数码管译码器电路的 case 语句及相关信号位宽即可。

项目4
高速信号发生器

04

项目导读

信号发生器是一种可以生成各种频率、波形和幅度信号的设备，各种波形中正弦波信号在电子学科中应用更为广泛，例如，在模拟电子技术中测量三极管放大电路的放大倍数、输入阻抗、幅频特性等参数，通信系统中的基带部分调制、解调等功能都需要正弦波信号发生器，这些领域中要求的正弦波信号频率可达 1kHz 或 1MHz 量级。相对于 51 单片机、ARM 处理器而言，FPGA 更适合设计性能稳定的高速信号发生器。

设计要求：以 FPGA 和 DAC 器件为核心，完成正弦波信号的生成，要求峰峰值均不小于 6V，频率分别为 300kHz、125/32MHz、1MHz，具体参照任务 4.1、任务 4.2、任务 4.3 的要求设计。

学习目标

1. 熟悉信号发生器的电路框架。
2. 熟悉 DAC 器件常用参数和时序要求。
3. 熟悉 PLL、ROM IP 核的功能，能根据要求熟练配置 IP 核，并完成 IP 核的例化与移植。
4. 能够根据项目需求完成 ROM IP 核中 .mif 初始化文件的生成。
5. 了解 NCO IP 核的基本原理与参数配置。

素质目标

1. 在实际产品设计中，具备产品设计要求指标化的意识。
2. 通过不同方式实现信号发生器，培养善于思考和总结，以及知识迁移能力。
3. 通过项目拆解、整合，培养制定和实施计划的实际执行能力。
4. 在层次化设计中规范命名，养成按照行业规范从事专业技术活动的职业习惯。

思维导图

任务 4.1 介绍图 4-1 所示的项目 4 信号发生器电路主体框架，包含分频器、相位累加器、相位-幅度查找表电路共 3 个模块。分别参考项目 2 和项目 3 中的通用分频器、计数器、数码管译码器来实现，理论部分介绍 DAC 的功能、原理、参数，实施环节介绍 DAC 时序和 FPGA 时序的匹配。电路架构和项目 3 中的分频计数显示综合系统的框架极为相似，这种编排模式可以降低整体设计的难度，便于读者切入。

任务 4.2 使用 Altera 自带的锁相环（Phase Locked Loop，PLL）IP 核来代替任务 4.1 的分频器，以实现更高频率的正弦波；再使用 Altera 自带的只读存储器（Read-Only Memory，ROM）

IP 核（后文简称 ROM IP 核）来代替任务 4.1 中的相位-幅度查找表电路，以节省 FPGA 逻辑资源。

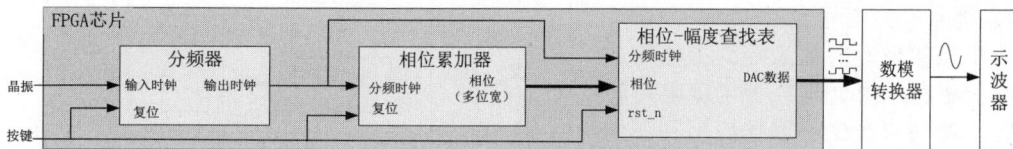

图 4-1　项目 4 信号发生器电路主体框架

任务 4.3 介绍使用数字控制振荡器（Numerically Controlled Oscillator，NCO）IP 核（后文简称 NCO IP 核）直接实现高精度、高速正弦波信号发生器，其中参照任务 4.1 和任务 4.2 的电路架构和参数对 NCO 进行剖析。图 4-2 给出了项目 4 的思维导图。

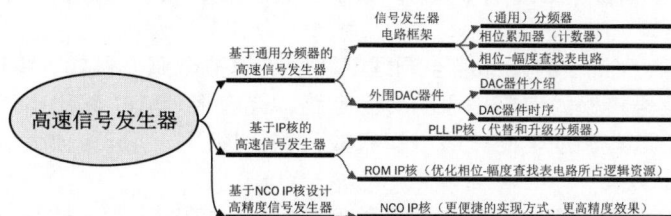

图 4-2　项目 4 思维导图

任务 4.1　基于通用分频器的高速信号发生器

任务导入

设计要求：高速信号发生器设计要求见表 4-1。

表 4-1　高速信号发生器设计要求

参数	指标
波形	正弦波
幅度	$V_{pp} > 6V$
频率	300kHz，误差 10%
其他	肉眼观看无明显失真

4.1.1　【知识准备】基于通用分频器的高速信号发生器设计分析

信号发生器产生的波形是幅度随时间变化的模拟信号，实现方法有模拟和数模混合两种方式。其中数模混合方式更易实现、精度稳定且参数易于调整，适合 FPGA 实现。FPGA 是只能输出二进制信号的数字器件，因此，可借助 FPGA 实现信号发生器所必需的核心器件是数模转换器（Digital-to-Analog Converter，DAC），又称 D/A 转换器。在现今的电子设计中广泛使用的 DAC 是一种把离散二进制数字量转变成以标准量（或参考量）为基准的模拟量（电流或者电压）的器件，作为数字电路通向模拟电路的一个桥梁。DAC 输入是二进制数字信号，

微课 4-1-1
知识准备

151

输出是模拟信号，可以使用单片机、ARM、DSP 或者 FPGA 等控制器驱动 DAC 得到模拟信号，但 DAC 还要经过以三极管或运算放大器为主体的放大电路进行幅度调理或者电流电压转换等，最后将产生的信号应用到其他电路中。图 4-3 所示为基于 FPGA 的正弦波信号发生器整体框架。

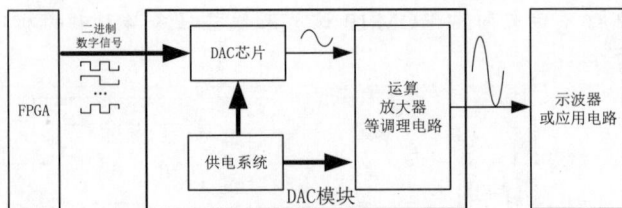

图 4-3　基于 FPGA 的正弦波信号发生器整体框架

广义上的 DAC 是指能实现数模信号转换的器件，狭义上的 DAC 是指 DAC 芯片，工程中所见到的绝大多数 DAC 芯片外围至少包含 3 种电路。

（1）DAC 芯片内部数字电路以及 DAC 数字引脚所需的数字电源，一般一个稳压芯片即可实现。

（2）辅助 DAC 芯片工作的外部信号调理电路所需模拟电源。例如，将电流型 DAC 输出的不同强度的电流信号转换为电压信号的转换电路，或者将 DAC 输出电流、电压信号进行放大的放大器电路，这些调理电路一般以运算放大器为核心，而运算放大器电源又以正负双电源供电居多。

（3）DAC 芯片内部模拟电路工作需要多种模拟电压，如模拟电源电压、模拟参考电压等，其中模拟参考电源的精度一般要求更高。

为了和 DAC 芯片区分，后文将包含 DAC 芯片、供电电路和信号调理电路的广义 DAC 称为 DAC 模块。项目 3 介绍了 FPGA 的最高工作频率可达数百兆赫兹，因此，使用 FPGA 驱动 DAC 模块实现的信号发生器的特点是高速、稳定。考虑到高速 DAC 模块的 PCB 设计需要注意高频信号串扰等问题，因此，建议初学者直接选取现成的 DAC 模块。

一、DAC 器件及相关参数

1. DAC 模型

图 4-4 所示为某理想的 3 位电压型线性 DAC 模块数学模型。该图呈现了这款 DAC 模块输入的二进制值和输出电压值的关系，输入信号的取值范围从二进制 000 到 111 共 8 种值，输入为二进制 111 时输出满幅 5V，输入为二进制为 000 时输出 0V，显然输入二进制值每增加 1，对应的输出模拟电压增加 5/7V。

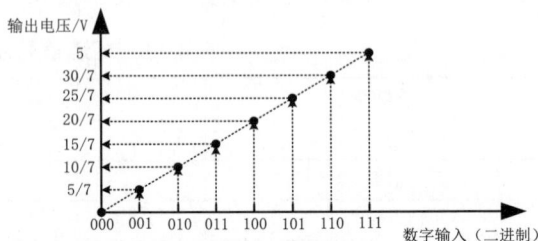

图 4-4　某理想的 3 位电压型线性 DAC 模块数学模型

2. DAC 重要参数

（1）分辨率。

3 位二进制有 8 种值，因此，3 位 DAC 可以产生 8 种不同幅度的模拟电压（或电流）值。假设该 DAC 模块输入位宽由 3 位提升至 8 位，同时输出模拟电压仍为 0～5V，那么输入二进制值每增加 1，对应的输出模拟电压增加 5/255V。对比 3 位 DAC 模块和 8 位 DAC 模块可知，DAC 的输入位宽越大，输出的模拟电压值越精细。这种精细程度用分辨率来描述。

分辨率常见的一种定义方式是最小输出电压 U_{LSB} 与满量程输出电压 U_{Omax} 之比，如式 4-1 所示。其中 U_{LSB} 是指输入数字量只有最低有效位为"1"时（以 8 位常见 DAC 为例，8 位数字输入值为二进制值 00000001）DAC 的输出模拟电压，U_{Omax} 是指输入数字量所有有效位全为"1"时（以 8 位 DAC 为例，8 位数字输入值为二进制值 11111111）DAC 的输出模拟电压。

$$分辨率 = \frac{U_{\text{LSB}}}{U_{\text{Omax}}} = \frac{1}{2^N - 1} \tag{4-1}$$

以图 4-4 所示 3 位 DAC 模块为例，输入为二进制 001 对应 U_{LSB}，值为 5/7V，输入为二进制 111 对应 U_{Omax}，值为 5V，分辨率是二者之比为 1/7，即 $1/(2^3-1)$；同理，位宽 N 为 8 时，分辨率为 $1/(2^8-1)$。实际中使用的 DAC 位宽 N 一般在 8 位及以上，DAC 集成产品参数表中有时直接将 2^N 或 N 作为 DAC 的分辨率。

DAC 的分辨率为 $1/(2^N-1)$，显然仅与位宽有关。而 DAC 能够分辨的最小电压为 $U_{\text{Omax}}/(2^N-1)$，其不仅与 DAC 位宽有关，还和 DAC 的满量程输出电压 U_{Omax} 有关，而 U_{Omax} 一般由 DAC 芯片的参考电压及 DAC 芯片外围辅助放大电路决定。

（2）线性度。

用非线性误差的大小表示 D/A 转换的线性度。把理想的输入输出特性的偏差与满刻度输出之比的百分数定义为非线性误差。理想的 DAC 电路，输入的数字信号每增加 1，输出模拟电压或者电流变化相同的值。而实际 DAC 模块由于芯片设计或者制作工艺以及 DAC 模块外围电路设计与制作的非理想性等原因，导致输入的数字信号每增加 1 时，输出模拟电压或者电流变化的值略有偏差。如果图 4-4 中斜线是绝对直线，这代表 DAC 线性度高；实际上 DAC 模块的这条斜线并非绝对直线，但一般偏差均较小。

（3）转换精度。

DAC 模块转换精度与 DAC 芯片的结构和接口电路配置等有关。如果不考虑其他转换误差，DAC 的转换精度就是分辨率的大小；同时影响转换精度的主要因素有失调误差、增益误差、非线性误差和微分非线性误差，这些与外接电路的配置有关，外部电路器件或电源质量较差会造成较大的转换误差。要提升 DAC 转换精度，首先要保证选择有足够分辨率的 DAC 转换器，同时保证外围电路的设计质量。

（4）转换速度。

转换速度一般由建立时间决定。由输入全 0 突变为全 1 时开始，到输出电压稳定在 $U_{\text{Omax}} \pm \frac{1}{2} U_{\text{LSB}}$ 范围内或以 $U_{\text{LSB}} \pm x\% U_{\text{LSB}}$ 指明范围内为止，这段时间称为建立时间。它是 DAC 的最大响应时间，用来衡量转换速度的快慢。

3. DAC 的分类

DAC 分类方式较多，根据输出模拟信号是电流还是电压可以分为电流型和电压型；根据 DAC 芯片内部转换原理分为积分型、逐次逼近型、并行比较型等；按位宽区分常见的有 8 位、10 位、12 位、14 位等；按照接口和时序（或通信协议）又可以将 DAC 分为并行数模转换和串行数模转换。串行模数转换根据串行协议又可以分为很多类，例如有通用型的 SPI 方式、I^2C 方式，也有一些其他私有通信协议。一般而言 DAC 分辨率越高，线性度、转换精度、转换速度等参数越优，但对硬件要求更高，同时也会增加系统的成本。实际应用中以"够用原则"为准。对 DAC 使用者而言，DAC 的接口和时序最为重要，其决定了使用者如何驱动该 DAC。

（1）并行 DAC。

并行 DAC 相较串行 DAC 的接口时序更为简单。以 8 位 DAC 为例，其分辨率为 256，并行方式是 FPGA 等控制器和 DAC 之间主要以 8 根并行数据线的形式将 8 位数据一次性送入 DAC，此外往往还辅以控制信号线和时钟信号线。并行 DAC 又根据是否有时钟信号线分为同步 DAC 和异步 DAC，例如，DAC0832 和 AD9708 均是 8 位并行 DAC 芯片，但前者除了 8 个数据引脚和使能等相关控制信号引脚外并无时钟信号引脚，后者包含与并行数据同步的时钟信号引脚。若 DAC 器件无时钟信号线，则会因 FPGA 和 DAC 之间的线长不同等原因导致出现明显的竞争冒险现象，进而表现为 DAC 输出的模拟信号出现毛刺。因此，高性能的并行 DAC 一般均辅以时钟信号引脚。

（2）串行 DAC。

串行 DAC 芯片的数据引脚一般较少，以 8 位串行 DAC 为例，串行方式是 FPGA 等控制器将 8 位数据通过 1 路数据线按照指定通信协议逐位发送至 DAC 芯片。DAC 芯片内部先自动将串行数据进行串并转换，再做数模转换。串行 DAC 一般除 1 个数据引脚外还有与之配合的时钟信号引脚或者等效的时钟信号引脚，例如，TLC5620 等芯片均有专用的时钟信号引脚，此外一些 I²C 通信接口的 DAC 芯片包含等效的时钟引脚。虽然串行 DAC 因通信协议的存在而使得时序更为复杂，但是通信接口更少，适合电路板布局，常见于高分辨率、低速 DAC 芯片。并行 DAC 相较串行 DAC，最典型的优点是数据传输更快，缺点是分辨率一般不高，常见于高速、低分辨率 DAC 芯片。

表 4-2 列出了几种常见的 DAC 芯片及其主要特性。

表 4-2　常见的 DAC 芯片及其主要特性

位数	典型产品	最高转换速率	通道	并行/串行	时钟接口	说明
8	DAC0832		1	并行	无	低速、并行、无时钟，适合 DAC 器件的原理性学习，电流稳定时间 1μs
8	PCF8591		1	串行	I²C	I²C 协议，包含 4 路 8 位模数转换器和 1 路数模转换器，最高转换速率取决于 I²C
8	AD9708	125MHz	1	并行	有	经典的 8 位高速 DAC 芯片
8	3PD9708E	125MHz	1	并行	有	国产、完全兼容 AD9708、性价比高
10	3PD5651E	125MHz	1	并行	有	国产 10 位并行 DAC
12	TLV5618		2	串行	SPI	3 线串行 SPI 接口，转换速度可调，快速模式下转换时间为 3μs
14	AD9764	125MHz	1	并行	有	ADI 公司经典低功耗系列产品

4．DAC 接口和时序

因为设计要求中对信号发生器的频率要求较高，所以首选并行 DAC；但是对波形的精细程度要求仅是肉眼观看无明显失真，可以选择成本更低的 8 位 DAC。3PD9708E 是一款国产的性能优异、性价比较高的 8 位并行 DAC 芯片，最高时钟频率可达 125MHz，时序简单、易于设计，满足本项目设计需求，因此，本书选择一款以 3PD9708E 为核心的 DAC 模块。

图 4-5 所示为 3PD9708E 数据手册部分截图。图 4-5（a）所示为 3PD9708E 的引脚，其中和 FPGA 相连的仅有 8 个数据引脚 DB7～DB0 和时钟引脚 CLOCK。对 3PD9708E 而言，这 9 个引脚均为数字输入接口，图 4-6 给出了 FPGA 和 3PD9708E 的连接示意。图 4-5（b）所示为 3PD9708E 内部主要结构，这有利于理解图 4-5（c）所示的 3PD9708E 时序图。从图 4-5（b）可以看出，时钟 CLOCK 引脚上升沿时，将数据引脚处的 DB7～DB0 送入 DAC 内部的锁存器 "LATCHES"，在图 4-5（b）中的模拟电路配合下，最终由 "SEGMENTED SWITCHES" 转换器完成数模转换，等待一定时间后转换为差分电流信号 IOUTA 或 IOUTB。根据 3PD9708E 数据手册可知，DB7～DB0 是 8 位自然二进制，对应十进制为 0～255，即 DB7～DB0 全为 0 时，输出的模拟电流值最小，全 1 时输出的模拟电流值最大，其他值等间隔步进。

为了降低设计难度以便快速切入到设计中，在 FPGA 电路设计完成后的时序仿真环节，再根据图 4-5（c）中 t_S、t_H 等参数的要求对设计进行分析、修正。

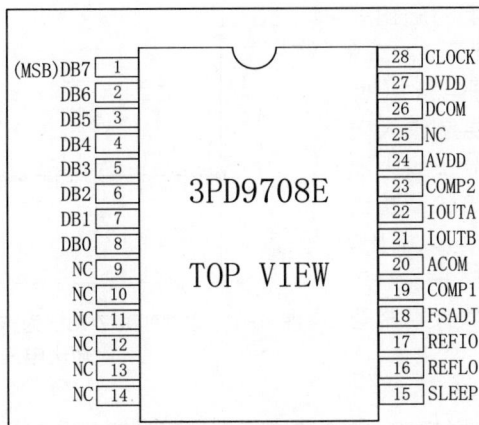

（a）3PD9708E 的引脚

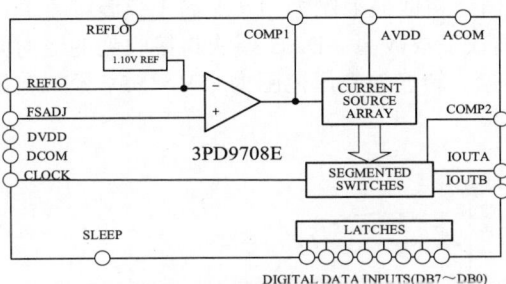

（b）3PD9708E 内部主要结构　　　　　（c）3PD9708E 时序图

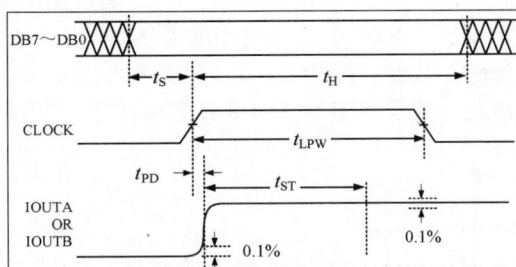

图 4-5　3PD9708E 数据手册部分截图

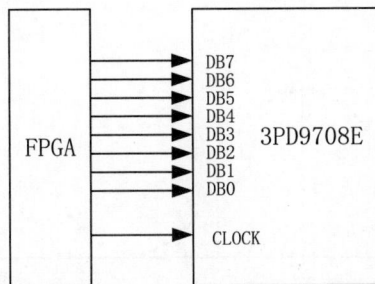

图 4-6　FPGA 和 3PD9708E 的连接示意

二、信号发生器设计方案

正弦波信号 3 个核心参数是频率、初始相位和幅度。初始相位是一个相对的概念，对单一正弦波信号而言初始相位无意义，因此，重点分析频率和幅度两个参数。正弦波幅度的改变可以通过更改送入 DAC 的二进制值或者修改 DAC 芯片外围的模拟调理电路实现，再或者在 DAC 模块和示波器（或应用电路）之间增加一个幅度缩放调理电路。正弦波频率取决于 FPGA 送入 DAC 模块的二进制值的切换速率。

本项目直接选取的一款以 3PD9708E 为核心芯片的 DAC 模块。该 DAC 模块在 3PD9708E 的模拟信号输出引脚后级增加了多级以运算放大器为核心的模拟调理电路，同时提供一个可以调节模拟调理电路放大倍数的旋钮式电阻。该 DAC 模块的数字输入和输出电压的关系如图 4-7 所示。

如果调节 DAC 模块上的旋钮式电阻，也就是调节图 4-3 所示 DAC 芯片外的"运算放大器等调理电路"（此DAC 模块的调理电路主要是放大电路）的反馈电阻，进而调节了放大器的放大倍数。如果将放大倍数调整到饱和临界点，那么由图 4-7 可以看出，当输入的二进制值为 0~255 时，对应的输出电压为+5V~-5V（放大电路有反相功能）。

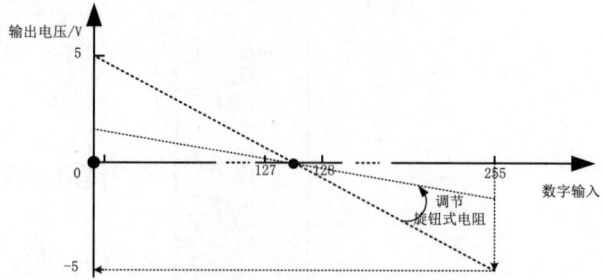

图 4-7　以 3PD9708E 为核心的 DAC 模块数字输入和输出电压的关系

1. 信号发生器数学模型

8 位 3PD9708E 模块可以接收 0~255 共 256 种离散数值，任务要求产生频率为 300kHz正弦波。一种简单的设计思路是先将正弦波从时间轴上等间隔离散化分割，具体是将 0~2π等间隔 32 等分；然后计算出 32 个相位值的幅度值，将取值范围为-1~1 的正弦波幅度值换算到便于 FPGA 生成并输出的范围为 0~255 的离散整数数值。DAC 模块将接收到的随时间变化的、数值范围为 0~255 的离散值进行数模转换，转换为电压范围为+5V~-5V 模拟电压值输出。接下来参照图 4-8 和表 4-3 进行详细介绍。

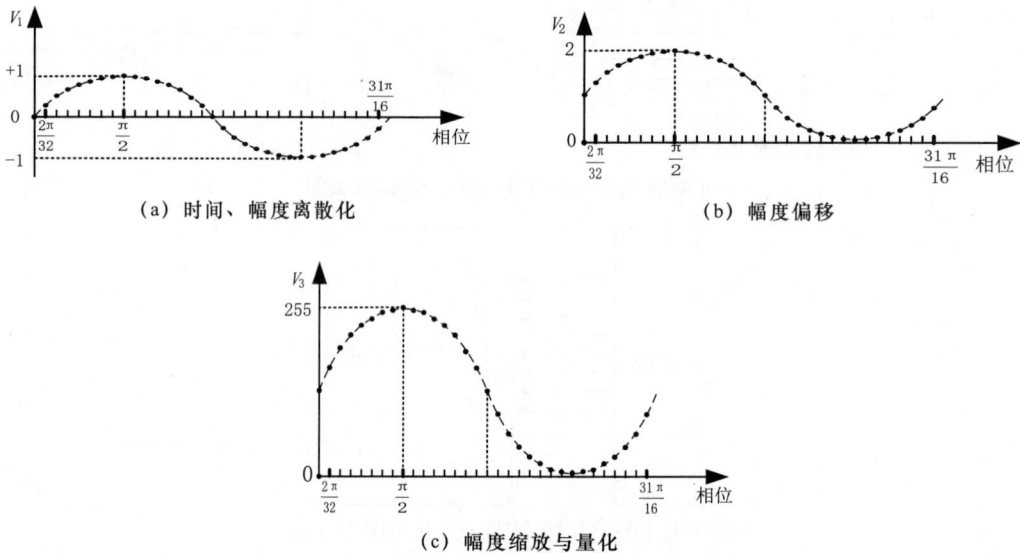

（a）时间、幅度离散化

（b）幅度偏移

（c）幅度缩放与量化

图 4-8　正弦波信号量化处理

（1）正弦波时间和幅度离散化处理。

如图 4-8（a）所示，在时间轴上将正弦波单周期从 0~2π 进行等间隔 N 等分，用 n 来表示每个横轴时间，范围为 0~N-1，求出 N 个离散相位对应的幅度值记作 $V_1(n)$。$V_1(n)$ 取值范围是-1~1，具体值见表 4-3 的 V_1 列。下文 N 默认为 32。

$$V_1(n) = \sin\left(\frac{2\pi}{32} \times n\right) \qquad (n = 0,1,2,\cdots,31) \qquad （4-2）$$

（2）正弦波幅度偏移、缩放、量化。

在幅度轴上，将取值范围为-1~1 的 $V_1(n)$ 映射到 DAC 器件对应 0~255。为了方便计算，按幅度偏移、幅度缩放、幅度量化 3 个步骤进行处理。

①幅度偏移：如图 4-8（b）所示，将 V_1 加 1 得到 V_2，V_2 的取值范围为 0～2，具体值见表 4-3 的 V_2 列。

$$V_2(n) = V_1(n) + 1 \qquad (n = 0,1,2,\cdots,31) \tag{4-3}$$

②幅度缩放：如图 4-8（c）所示，V_2 取值范围为 0～2，映射到 0～255 需放大 255/2 倍，放大后记为 V_3。V_3 的取值范围为 0～255，但 V_3 并非整数，具体值见表 4-3 的 V_3 列。

$$V_3(n) = V_2(n) \times \frac{255}{2} = (V_1(n)+1) \times \frac{255}{2} \qquad (n = 0,1,2,\cdots,31) \tag{4-4}$$

③幅度量化：将 V_3 进行四舍五入得到量化值 V_4，V_4 取值范围为 0～255 的整数，最终 V_4 对应 8 位自然二进制，具体值见表 4-3 的 V_4 列。

表 4-3 正弦波幅度映射关系

n	V_1	V_2	V_3	V_4	n	V_1	V_2	V_3	V_4
0	0	1	127.50	128	16	0.0000	1.0000	127.50	128
1	0.1951	1.1951	152.37	152	17	-0.1951	0.8049	102.63	103
2	0.3827	1.3827	176.29	176	18	-0.3827	0.6173	78.71	79
3	0.5556	1.5556	198.34	198	19	-0.5556	0.4444	56.66	57
4	0.7071	1.7071	217.66	218	20	-0.7071	0.2929	37.34	37
5	0.8315	1.8315	233.51	234	21	-0.8315	0.1685	21.49	21
6	0.9239	1.9239	245.29	245	22	-0.9239	0.0761	9.71	10
7	0.9808	1.9808	252.55	253	23	-0.9808	0.0192	2.45	2
8	1.0000	2.0000	255	255	24	-1.0000	0	0	0
9	0.9808	1.9808	252.55	253	25	-0.9808	0.0192	2.45	2
10	0.9239	1.9239	245.29	245	26	-0.9239	0.0761	9.71	10
11	0.8315	1.8315	233.51	234	27	-0.8315	0.1685	21.49	21
12	0.7071	1.7071	217.66	218	28	-0.7071	0.2929	37.34	37
13	0.5556	1.5556	198.34	198	29	-0.5556	0.4444	56.66	57
14	0.3827	1.3827	176.29	176	30	-0.3827	0.6173	78.71	79
15	0.1951	1.1951	152.37	152	31	-0.1951	0.8049	102.63	103

借助 FPGA，以 T 为周期，将表 4-3 中 V_4 列对应的 128、152、176 等二进制值逐次顺序、周期性发送至 DAC 模块，理想情况下 DAC 模块产生的模拟电压波形如图 4-9 所示，信号发生器输出的波形呈台阶状。但是实际 DAC 器件因电路寄生电容的滤波效应导致输出的波形台阶状稍平缓一些，且频率越高寄生电容影响越大，这在后文测试结果中可以看出。应注意，考虑到图 4-7 中以 3PD9708E 为核心的 DAC 模块数字输入和输出电压成反比，因此，图 4-9 中正弦波的幅值增减方向和表 4-3 中 V_4 的增减方向相反，也可以看作是相位偏差为半个周期。

图 4-9 的正弦波周期为 $32T$，也就是说该正弦波的频率为 $1/(32T)$。若要求产生的正弦波频率 $f_{\sin}$ 为 300kHz，可得式 4-5。

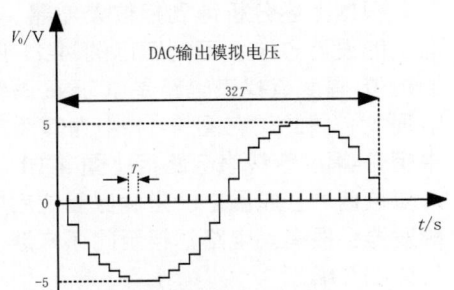

图 4-9 理想情况下 DAC 模块产生的模拟电压波形

$$f_{\sin} = \frac{1}{32 \times T} = 300(\text{kHz}) \Rightarrow \frac{1}{T} = 32 \times 300(\text{kHz}) = 9.6(\text{MHz}) \qquad (4\text{-}5)$$

由式 4-5 可以得知，FPGA 送入 DAC 器件的二进制值的更新频率应为 9.6MHz，这一点是 FPGA 设计信号发生器一个重要切入点。

2. 信号发生器电路（初步）设计框架

采取自底向上的设计方法，按照任务要求先得到电路的重要子模块，再分析子模块的连接方式及细节。图 4-10 所示为正弦波信号发生器电路子模块，包含相位累加器、相位-幅度查找表电路、分频器。

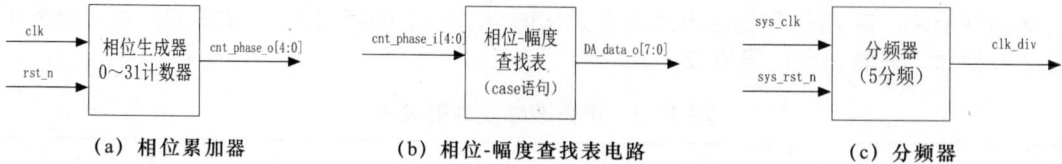

（a）相位累加器　　　　　（b）相位-幅度查找表电路　　　　　（c）分频器

图 4-10　正弦信号发生器电路子模块

（1）相位累加器。

电路设计的突破点是相位累加器，相位共 32 种，可以用 0、1、2、…、31 来代表，相位累加器用 0～31 计数器实现。相位累加器如图 4-10（a）所示。

（2）相位-幅度查找表电路设计。

设计的难点是相位-幅度查找表电路。离散相位生成后，还需要一个图 4-10（b）所示的相位-幅度查找表电路，以实现"将表 4-3 中代表相位的 5 位二进制数据 n 转换成代表 DAC 幅度的 8 位二进制数据 $V4$"，这是一个 5 输入 8 输出的组合逻辑电路，FPGA 不能或者极其不擅长计算正弦值，推荐的替代方法是使用 case 语句设计查找表。

（3）分频器设计。

任务要求中的正弦波的频率 $f_{\sin}$ 为 300kHz，式 4-5 显示 FPGA 送入 DAC 的数据更新速率应为 9.6MHz，对应的相位累加器（0～31 计数器）的驱动时钟为 9.6MHz。按照任务 3.2 的介绍，直接用 Verilog HDL 设计一个分频系数为 50MHz/9.6MHz=5.208 分频器来实现。然而 5.208 是一个小数，项目 3 介绍的通用分频器分频系数均按照整数设计，若分频系数取近似值 5，那么分频器输出的实际频率为 50MHz/5=10MHz，10MHz 分频时钟的逻辑 1 和逻辑 0 占空比并非 50%，但因该频率较小，所以占空比的偏差不会影响后级电路的工作。在 10MHz 时钟信号驱动下，相位累加器的一个完整周期或者说正弦波的周期为 10MHz/32，值为 312.5kHz，与任务要求中的 300kHz 相比，相对误差为 4.17%，在误差允许值 10% 以内，满足设计要求。分频器如图 4-10（c）所示。

（4）信号发生器电路整体设计框架。

根据上述分析得到相位累加器、相位-幅度查找表电路和分频器 3 个子模块，采取自底向上的设计方法，可制定出图 4-11 所示的正弦波信号发生器电路框架。图 4-10（b）所示的相位-幅度查找表电路是以 case 语句为核心的组合逻辑电路，而组合逻辑容易产生竞争冒险现象，因此，在图 4-11 中为其添加一级 D 触发器可以保证数据的质量，这就是图 4-11 中相位-幅度查找表电路相比图 4-10（b）多出了一个 clk_in 时钟端口的原因。D 触发器要引入复位信号，原因之一是确保复位后电路有确定值，原因之二是 ModelSim 仿真无复位的 D 触发器会报错。电路框架至此还未涉及 DAC 芯片或模块的时序问题，4.1.2 节将对该问题进行详细介绍。

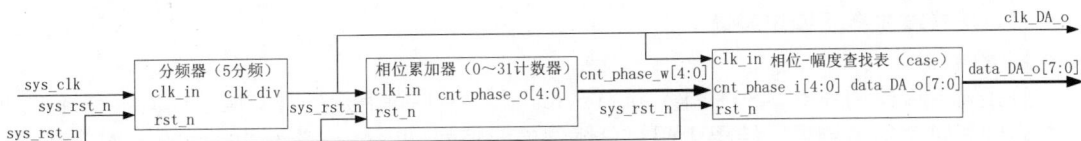

图 4-11　正弦波信号发生器电路框架

4.1.2　【任务实施】基于通用分频器的高速信号发生器设计实施

一、信号发生器设计流程

1. 信号发生器电路接口及时序

设计综合系统前应先指定顶层电路的接口并预先绘制指定接口的时序。正弦波信号发生器电路接口及引脚分配见表 4-4，其中引脚分配列仅是一种示例，读者应根据现有的 FPGA 电路板进行引脚分配。对初学者来说，明确接口较为简单，但是因缺乏经验导致难以预先绘制接口时序，接口时序主要是考虑图 4-5（c）中 3PD9708E 数据手册中的时序要求。关于这一点，本节采取先设计，再仿真，最后根据仿真结果的不足改进电路设计流程的方式。

微课 4-1-2
任务实施

表 4-4 中的引脚分配仅为一种示例，设计者应在电路设计之前预先分配清楚电路的引脚，否则待设计仿真无误后，可能会因电路板预留的引脚不满足电路需求而导致电路设计失败。例如，如果 FPGA 电路板预留给信号发生器的接口只有 8 个，那么该电路板不能满足图 4-6 所示的连接关系。

表 4-4　正弦波信号发生器电路接口及引脚分配

信号名称	方向	位宽	描述	引脚分配							
sys_clk	input	1	系统时钟，一般外接 50MHz 晶振	M1							
sys_rst_n	input	1	系统复位，低电平有效，一般外接按键	E1							
data_DA	output	8	DAC 信号，由 FPGA 发送至 DAC 器件，和 clk_DA 配合	7	6	5	4	3	2	1	0
				B5	A5	B6	A6	B7	A7	B8	A8
clk_DA	output	1	DAC 时钟，由 FPGA 发送至 DAC 器件；相对 data_DA，应满足建立时间和保持时间	A4							

2. 信号发生器电路模块划分

将宏观设计分解为若干功能独立的子模块更易完成设计，分解后应明确各模块之间的连接关系及时序。图 4-11 给出了一种模块划分方案，将系统划分为分频器、相位累加器、相位-幅度查找表电路共 3 个子模块。该 3 个子模块逻辑简单，对应的代码量较少，所以可以在一个 Verilog HDL 文件中实现，具体方法参照任务 3.3 的综合电路的单文件设计方法，也可以参照任务 3.3 的综合电路的多文件设计方法。本节采取多文件设计方法，以便于任务 4.2 使用 PLL IP 核和 ROM IP 核逐步替换本节的分频器和相位-幅度查找表电路。

3. 信号发生器子模块设计实施方法

多文件设计方法中，每个子模块在不同的 Verilog HDL 文件中设计，设计前同样需要明确其输入端口和输出端口，设计完成后进行仿真，仿真无误才可被顶层模块调用，否则若顶层模块仿真时出现问题，再通过仿真检查与定位错误的难度极大，且相当耗时。

二、信号发生器子模块设计

1. 分频器设计

分频器直接使用任务 3.3 中引入 parameter 语法后的通用分频器的推荐代码，图 4-12 所示为分频器时序仿真结果，结果表明：分频器输入信号 clk_in 周期为 20 000ps，对应频率为 50MHz；输出信号 clk_div 的周期为 100 000ps（高电平宽度 59 903ps 与低电平宽度 40 097ps 之和），对应频率 10MHz，完成 5 分频；分频器输出高低电平比例为 59 903:40 097，占空比约为 60%，原因在于分频器中的计数器为 0～4，计数总数为奇数。占空比对应的时序是否满足设计要求在后文进行分析。

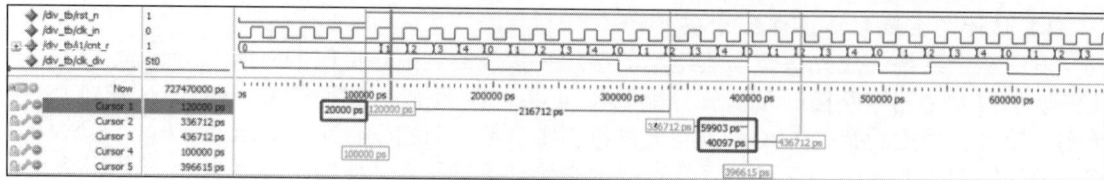

图 4-12　分频器时序仿真结果

2. 相位累加器设计

（1）相位累加器使用计数范围为 0～31 计数器，将模块名称命名为 phase（相位），计数器输出信号命名为 cnt_phase_o。代码如下所示：

```
1.module phase(
2.input  wire       clk_in,    //模块时钟
3.input  wire       rst_n,     //复位信号，低有效
4.output reg  [4:0] cnt_phase_o  //计数值输出 0～15
5.);
6.
7.//0～31 计数器
8.always@(posedge clk_in or negedge rst_n) begin
9.      if(!rst_n) begin
10.             cnt_phase_o <= 5'd0;
11.      end
12.      else begin
13.             cnt_phase_o <= cnt_phase_o+5'd1;
14.      end
15.end
16.
17.endmodule
```

（2）功能仿真或时序仿真。上文的分频器输出信号频率为 10MHz，占空比为 60%，仿真代码中对 clk_in 的赋值应尽可能贴近分频器的输出。以下代码中 always 内部的第 24 行和第 25 行循环执行，initial 和 always 两部分并行执行。

```
……//完整代码见配套资源
……//或参照 3.1.2 节中 0～9 计数器仿真
16.initial
17.begin
18.      clk_in <= 1'b0;
19.      rst_n  <= 1'b0;
20.#100 rst_n  <= 1'b1;
21.end
22.always
```

```
23.begin
24.#40    clk_in <= ~clk_in;
25.#60    clk_in <= ~clk_in;
26.end
27.endmodule
```

图 4-13 所示为相位累加器时序仿真结果，结果表明，测试激励信号 clk_in 高电平为 60ns、低电平为 40ns、周期为 100ns，对应频率为 10MHz，计数器完成 0～31 循环计数，每循环一次 3 200ns，对应频率为 312.5kHz，和设计目标一致。

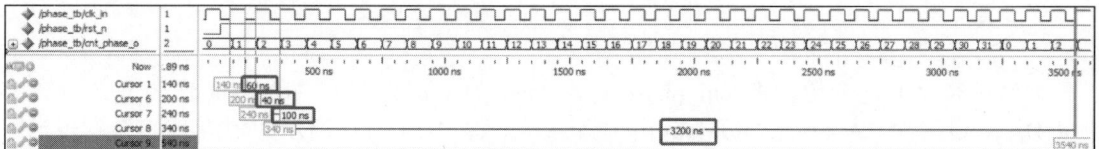

图 4-13   相位累加器时序仿真结果

3. 相位-幅度查找表电路设计

（1）相位-幅度查找表电路的真值表是表 4-3 中的 n 列和 $V4$ 列，用 case 语句直接可以实现，同时构造成时序逻辑电路可以减小竞争冒险带来的影响。代码如下所示：

```
1.module   Phase_Amp(
2.input   wire       clk_in, //时钟
3.
4.input   wire       rst_n,  //使能端
5.input   wire  [4:0] cnt_phase_i,
6.output reg   [7:0] data_DA_o
7.);
8.always@(posedge clk_in or negedge rst_n)begin
9.    if(!rst_n)begin
10.        data_DA_o<=8'b0000_0000;
11.    end
12.    else begin   //else of rst_n
13.            case(cnt_phase_i)
14.                5'd0 :begin data_DA_o <= 8'd128;end
……//完整代码见配套资源
45.                5'd31:begin data_DA_o <= 8'd103;end
46.                default: ;
47.            endcase
48.        end//end of else of rst_n
49.end//end of always
50.
51.endmodule
```

（2）功能仿真或时序仿真。相位-幅度查找表电路和相位累加器共用同频时钟，因此，测试激励信号中时钟信号的设置与相位累加器的测试激励信号保持一致。需要注意的是 phase_i 信号实际应来源于上一级相位累加器电路中的 D 触发器的 Q 端，参照任务 3.4 的表 3-5 所示，延时取 1ns。

```
1.  //4.1.2节（子模块）相位-幅度查找表电路测试激励文件
2.  `timescale 1 ns/ 1 ps
3.  module Phase_Amp_tb();
……//完整代码见配套资源
26. always
```

161

```
27. begin
28. #40    clk_in <= ~clk_in;
29. #60    clk_in <= ~clk_in;
30. end
31. always
32. begin
33. #41    cnt_phase_i <= cnt_phase_i + 5'd1;
34. #59;//含义是等待,不做任何事情。若无分号,ModelSim报语法错误,也可写作#59 cnt_phase_i
<= cnt_phase_i ;
35. end
36. endmodule
```

参考任务 3.1 的介绍,将 cnt_phase_o 和 data_DA_o 设置为"Unsigned"类型,此外将 data_DA_o 设置为"Analog(AutoMatic)"显示模式。图 4-14(a)所示为相位-幅度查找表电路时序仿真结果,可以看出,电路产生了正弦波,同时正弦波中有大量毛刺出现。图 4-14(b)所示为相位-幅度查找表电路放大后的时序仿真结果,可以看出,即便经过 D 触发器进行同步,输出幅度信号 data_DA_o 各线之间仍有微小的延时差。但这些毛刺只要不在送入 DAC 的时钟上升沿附近被打入 DAC 模块,就不会导致 DAC 输出的模拟正弦波波出现毛刺,具体后文解决。

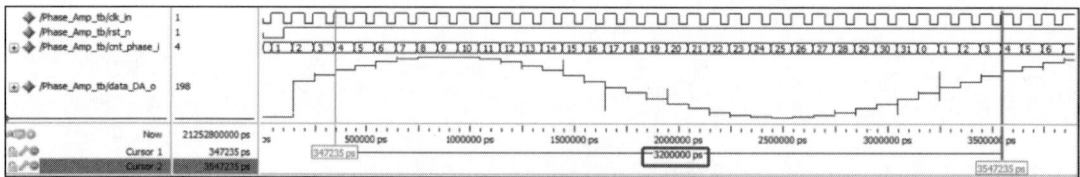

（a）时序仿真结果

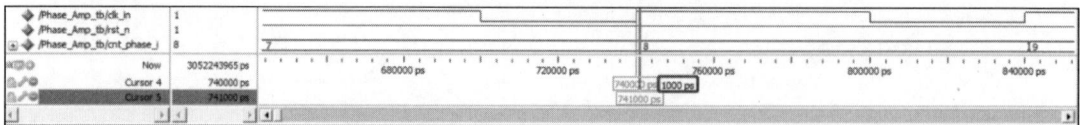

（b）时序仿真结果（放大后）

图 4-14　相位-幅度查找表电路时序仿真结果

三、信号发生器顶层电路设计与验证

分频器、相位累加器、相位-幅度查找表 3 个子模块的时序仿真结果显示设计均无误,接下来创建顶层工程,并在顶层 Verilog HDL 文件中对 3 个子模块进行例化。第 1 步:建立存放顶层工程的新文件夹并命名 sin_top。第 2 步:在 sin_top 文件夹中新建顶层工程,同样命名为 sin_top;第 3 步:将 3 个电路对应的 Verilog HDL 文件复制至 sin_top 文件夹;第 4 步:在 sin_top 工程下新建命名为 sin_top 的 Verilog HDL 文件用于存放顶层电路代码。

1. 信号发生器顶层.v 文件设计

参照图 4-11 和表 4-4 设计顶层文件代码,具体代码如下:

```
1.  //信号发生器（第1版本-分频器div只输出1路时钟,需改进）
2.  module sin_top(
3.  input  wire        sys_clk  ,//外接50MHz时钟
4.  input  wire        sys_rst_n,//复位,低电平有效
5.  output wire  [7:0] data_DA_o,//DAC8位并行数据
6.  output wire        clk_DA_o  //DAC时钟
7.  );
8.
```

```
9.   //NO1-分频器, 分频系数 5
10.  div
11.  #(
12.    .CNT_MAX   (5),//分频系数 5
13.    .WIDTH_CNT(3)
14.  )
15.  u0(
16.  .clk_in    (sys_clk    ),//时钟
17.  .rst_n     (sys_rst_n  ),//复位, 低电平有效
18.  .clk_div   (clk_DA_o   )
19.  );
20.
21.  //NO2-相位累加器 0~31
22.  wire [4:0]cnt_phase_w;//中间信号, 硬连线, wire 型
23.  phase u1(
24.  .clk_in    (clk_DA_o   ),//源自分频器 div 的输出时钟//
25.  .rst_n     (sys_rst_n  ),//全局复位信号, 低有效
26.  .cnt_phase_o(cnt_phase_w)  //计数值输出 0~31
27.  );
28.
29.  //NO3-相位-幅度查找表模块
30.  Phase_Amp u2(
31.  .clk_in    (clk_DA_o   ),//源自分频器 div 的输出时钟
32.  .rst_n     (sys_rst_n  ),//复位, 低电平有效
33.  .cnt_phase_i(cnt_phase_w),//相位值, 来自于相位累加器
34.  .data_DA_o  (data_DA_o  ) //输出正弦波幅度值, 送至 DAC
35.  );
36.  endmodule
```

（1）子模块端口和顶层模块输入端口相连。第 3 行定义的 sys_clk 为顶层模块端口输入时钟信号，第 16 行的分频器子模块自身的输入时钟端口 clk_in 和顶层模块输入时钟端口 sys_clk 相连。

（2）子模块端口和顶层模块输出端口相连。第 5 行定义的 data_DA_o 为顶层模块数据输出端口，第 34 行相位-幅度查找表子模块的输出端口 data_DA_o 和顶层模块输出端口 data_DA_o 相连，注意顶层模块端口 data_DA_o 可以和相位-幅度查找表子模块的输出端口 data_DA_o 名称一致，也可以不一致。

应特别注意，顶层模块的内部信号名称可以复用顶层模块输出端口名称 clk_DA_o，如第 6、18、24、31 行。

（3）子模块端口之间通过 wire 型连线相连。第 26 行的 cnt_phase_o 和第 33 行的 cnt_phase_i 通过第 22 行定义的 cnt_phase_w 连接，该信号由相位累加器子模块的 cnt_phase_o 端口产生，驱动相位-幅度查找表子模块的 cnt_phase_i 端口。因 cnt_phase_o 在子模块 phase 中的 always 语句中被赋值，所以在 phase.v 中被定义为 reg 型，但是在顶层模块只是将其通过连线连接到相位-幅度查找表子模块的对应端口，并未对其进行赋值，因此仅属于硬连线，定义为 wire 型即可，为了和子模块输出端口名 cnt_phase_o 加以区分，命名为 cnt_phase_w。

2. 信号发生器顶层电路仿真与分析

（1）信号发生器测试激励文件。

电路设计完之后，若编译无误则先进行功能仿真，再进行时序仿真，二者测试激励文件一般通用，此处只给出时序仿真结果。

```
1.`timescale 1 ns/ 1 ps
2.module sin_top_tb();
……//完整代码见配套资源
```

（2）信号发生器仿真设置。

参照项目 3 时序仿真内部信号的添加方法，添加 clk_div~q 和 cnt_phase_o 信号。因 Quartus Prime 的全编译会导致内部如 cnt_phase_w 之类的信号被优化，导致时序仿真添加内部信号较为不易。参考项目 3 将 cnt_phase_o 和 data_DA_o 设置为"Unsigned"类型，再进一步将 data_DA_o 设置为"Analog(AutoMatic)"显示模式。

（3）时序仿真结果分析。

图 4-15（a）所示为顶层电路工程时序仿真结果。仿真结果表明，电路生成了周期为 3 200ns（对应频率 312.5kHz）的正弦波信号。

图 4-15（b）所示为顶层电路工程放大后的时序仿真结果，仿真结果显示 data_DA_o 相对于 clk_DA_o 延时 2.347ns。

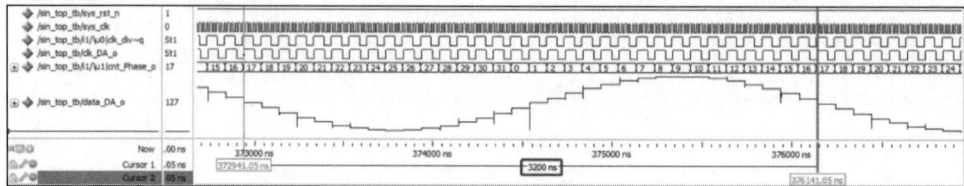

（a）时序仿真结果

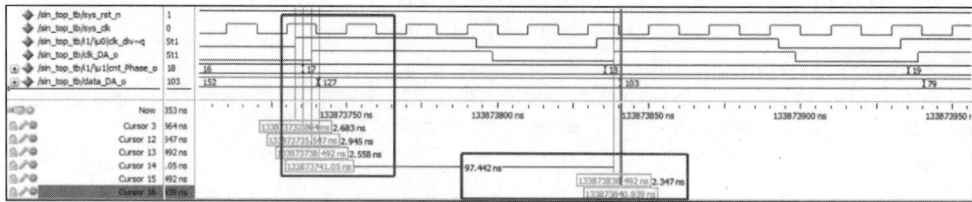

（b）时序仿真结果（放大后）

图 4-15 顶层电路工程时序仿真结果

图 4-16 所示为正弦波信号发生器在 FPGA 适配后的技术映射视图简化示意，下面根据图 4-16 分析延时原因。图 4-16 中分频器的 D 触发器的 Q 端输出的信号 clk_div~q 分为 3 路。

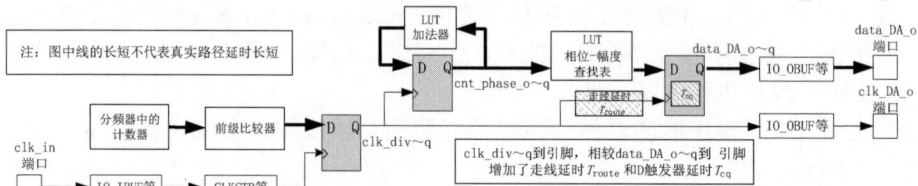

图 4-16 正弦波信号发生器在 FPGA 适配后的技术映射视图简化示意

第 1 路经 IO_OBUF 到 FPGA 的 clk_DA_o 引脚。

第 2 路和第 3 路分别送至触发器 cnt_phase_o 和触发器 data_DA_的时钟端口，现只分析第 3 路，显然 clk_div~q 经内部走线延时 T_{route} 到达 D 触发器 data_DA_o，再经 T_{cq} 延时后更新 D 触发器 data_DA_o 的 Q 端 data_DA_o~q，data_DA_o~q 相较 clk_div~q 有一定的路径延时 T_{route} 和 D 触发器自身的延时 T_{cq}，前者占主体，合计约 1ns。

从 D 触发器输出 Q 端 data_DA_o~q 和 clk_div~q 经 IO_OBUF 到 FPGA 引脚，包含路径延时和 IO_OBUF 延时，二者会因 Quartus Prime 的编译而有较大浮动，假设二者延时一致，前者相较后者整体会延时 $T_{route}+T_{cq}$。

任务 3.4 介绍过，现代工艺下的 FPGA 内部 D 触发器自身的建立时间、保持时间 T_{cq} 值都较小，本任务选取的 EP4CE10F17C8 器件的 T_{cq} 的延时典型值为 0.1ns 量级，而布线延时一般为 1ns 量级。总结：引脚处的 data_DA_o 相对 clk_DA_o，多了 D 触发器到 D 触发器的走线延时 T_{route} 和后级 D 触发器的 T_{cq}，这是图 4-16（b）data_DA_o 相对于 clk_DA_o 延时 2.347ns 主要原因。表 4-5 所示为正弦波信号发生器输出信号主要延时。

表 4-5　正弦波信号发生器输出信号主要延时

起点	终点	描述
分频器的 D 触发器 Q 端 clk_div~q	FPGA 引脚（clk_DA_o）	内部寄存器经 IO_OBUF 到引脚的走线等，值较大
分频器的 D 触发器 Q 端 clk_div~q	相位-幅度查找表电路 data_DA_o 的 D 触发器 Q 端 data_DA_o~q	后级 D 触发器的 T_{cq}+相关走线延时 T_{route}
相位-幅度查找表电路 data_DA_o 的 D 触发器 Q 端 data_DA_o~q	FPGA 引脚（data_DA_o）	内部寄存器经 IO_OBUF 到引脚的走线等，值较大

3. 信号发生器时序缺陷

分析仿真结果之前，应明确 3PD9708E 的时序参数对时钟和数据的时序要求，而时序参数的分析涉及 3PD9708E 的内部结构，其内部结构如图 4-5（b）所示，其工作原理是在 CLOCK 配合下，FPGA 将数据经 DB7～DB0 引脚送入内部数字电路 LATCHES 中，图 4-5（b）中上半部分的模拟电流源阵列根据 LATCHES 中的数字值转换出对应的电流信号，用符号"I_{OUTA}"和"I_{OUTB}"（对应图 4-5 和图 4-6 中的 IOUTA 和 IOUTB 引脚）表示。需要注意的问题有两个，第一，因为 LATCHES 的存在，所以时序设计必须满足相关的建立时间和保持时间等要求；第二，信号送入 LATCHES 后，再经内部数模转换芯片转换后有一定的延时。

表 4-6 所示为 3PD9708E 时序参数要求，其是根据 3PD9708E 数据手册总结出的和本任务设计相关的主要参数。3PD9708E 时序要求：3PD9708E 的 DB7～DB0 引脚在 CLOCK 引脚上升沿之前需满足大于 2ns 的建立时间 t_S，在 CLOCK 上升沿之后需满足不小于 1.5ns 的保持时间 t_H，CLOCK 引脚的高电平时间宽度 t_{LPW} 应不小于 3.5ns。

表 4-6　3PD9708E 时序参数要求

宏观参数	参数		值	描述	总结
数字部分	数据建立时间	t_S	>2ns	时钟上升沿之前数据的建立时间	数据周期不小于 3.5ns
	数据保持时间	t_H	>1.5ns	时钟上升沿之后数据的保持时间	
	时钟高电平时间宽度	t_{LPW}	>3.5ns	时钟的高电平时间	时钟高电平时间不小于 3.5ns
	时钟最高工作频率	f_{CLOCK}	125MHz	时钟最高速率	时钟周期不小于 8ns
模拟部分	输出模拟电流延时及稳定时间	t_{PD}	>1ns	数字信号转换为模拟电流信号的延时	时钟上升沿之后的电流延时及稳定时间大于 3.5ns
		Output Rise Time 或 Output Fall Time	>2.5ns	模拟信号从变化到基本稳定的时间	
		t_{ST}	>35ns	t_{PD} 之后模拟信号完全稳定的时间	非高精度场合可以不考虑

FPGA 输出的数据信号 data_DA_o 相对时钟信号 clk_DA_o 延后 2.347ns，数据和时钟信号从 FPGA 引脚经 FPGA 电路板 PCB 和 DAC 模块 PCB 到达 3PD9708E，将 FPGA 引脚到 3PD9708E 引脚全部等效成 PCB 走线，PCB 延时经验值为 600mil/ns（1mm = 39.37mil），经过换算，PCB 线长 15.2mm 会带来 1ns 的延时。考虑到 clk_DA_o 和 data_DA_o 因 Quartus Prime 编译的随机性导致的延时差有一定的浮动，再者因 PCB 的走线距离不同也会导致二者延时差有一定浮动，所以送入 DAC 模块的 data_DA_o 数据相对时钟 clk_DA_o 的延时差会在 2.347ns 这个数值附近波动，延时差一旦小于 1.5ns，则不满足 DAC 芯片的时序要求。因此上述设计的电路存在一定风险，需进行改进。

四、信号发生器设计完善

上述仿真结果中除了 t_H 值冗余度不足，而 t_S 和 t_{LPW} 二者的余量十分充足，利用这一特点，给出以下 3 种改进方法。

1. 改进方法 1——时钟取反

（1）改进思路——时钟取反。

观察图 4-15 发现 clk_DA_o 上升沿和 data_DA_o 变化边沿相隔较近，一种思路是设计成图 4-17 所示的时钟取反方式电路框图。图 4-17 中相位累加器和相位-幅度查找表电路的时钟仍直接从分频器引出，而顶层模块的输出信号 clk_DA_o 接分频器经非门取反后的时钟信号，这样有两个好处：①clk_DA_o 相较改进之前多了一个非门延时，与此同时，非门会引入一定的器件和走线延时，和上文介绍的相位-幅度查找表电路中的 D 触发器延时 T_{cq} 与 T_{route} 之和基本抵消，如此一来 clk_DA_o 和 data_DA_o 的边沿基本对齐；②clk_DA_o 相较之前反相。因此，clk_DA_o 的上升沿几乎位于 data_DA_o 相邻两次变化沿的中心位置。

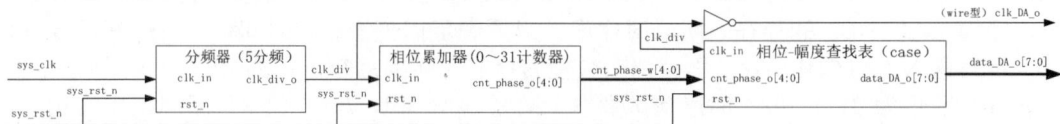

图 4-17　时钟取反方式电路框图

（2）改进实施方法——时钟取反。

```
//信号发生器（第 2 版本-改进方法 1——时钟取反）
module sin_top(
……//完整代码见配套资源
```

（3）改进后的仿真结果——时钟取反。

图 4-18 所示为时钟取反方式时序仿真结果。仿真结果表明，和设计初衷一致，clk_DA_o 的上升沿处在 data_DA_o 两次数据变化边沿中心位置，因为 clk_DA_o 占空比为 40%，所以并非在正中心位置。注意，图 4-18 中的 data_DA_o 在每次变化会有短暂的竞争冒险现象。data_DA_o 只会在 clk_DA_o 的上升沿被打入 DAC 芯片中，因此该竞争冒险并不会影响 DAC 生成正弦波，后文同理。

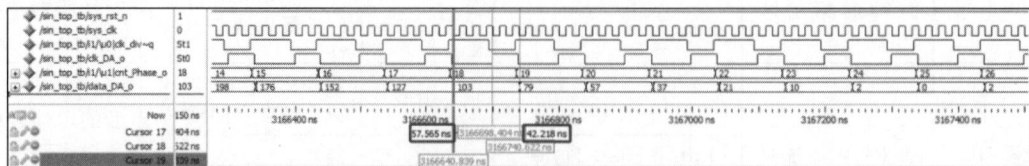

图 4-18　时钟取反方式时序仿真结果

2. 改进方法 2——分频模块产生两个同频反相时钟

（1）改进思路——分频模块产生两个同频反相时钟。

图 4-19 所示为同频反相时钟方式电路框图，和时钟取反类似，本方法也是修改分频器电路，在之前基础上额外产生一路和 clk_div 同频反相的时钟 clk_div_N 作为 DAC 的时钟，而相位累加器和相位-幅度查找表电路仍连接原有 clk_div 时钟。

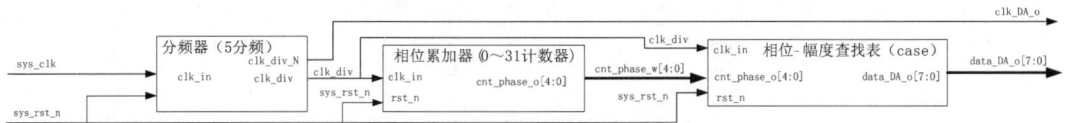

图 4-19　同频反相时钟方式电路框图

（2）改进实施方法——分频模块产生两个同频反相时钟。

代码的修改包含分频器和顶层例化代码两部分。

①分频器修改，产生两个同频反相时钟。

```
1.//两路差分分频输出
2.       module div
3.       #(
4.        parameter CNT_MAX  = 50_000_000,
5.        parameter WIDTH_CNT = 26
6.       )
7.       (
8.       input   wire       clk_in,
9.       input   wire       rst_n,
10.      output  reg        clk_div,
11.      output  reg        clk_div_N //增加一路反相输出分频时钟
……//完整代码见配套资源
```

②顶层例化代码修改。

```
1.//信号发生器（第 3 版本-改进方法 2—分频模块产生两个同频反相时钟）
2.       module sin_top(
……//完整代码见配套资源
```

（3）改进后的仿真结果——分频模块产生两个同频反相时钟。

图 4-20 所示为同频反相时钟方式时序仿真结果。仿真结果表明，和设计初衷一致，clk_DA_o 的上升沿处在 data_DA_o 相邻两次数据变化边沿中心位置。

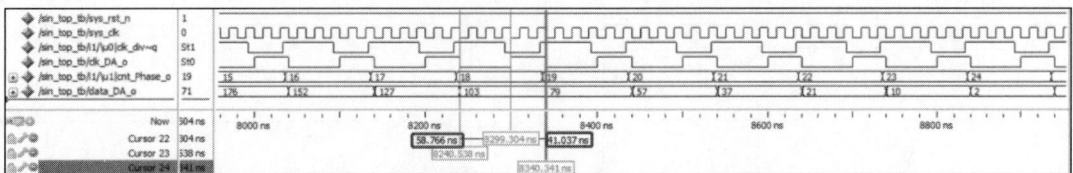

图 4-20　同频反相时钟方式时序仿真结果

3. 改进方法 3——使用快速寄存器

（1）改进思路——快速寄存器。

图 4-15 中 clk_DA_o 和 data_DA_o 之间延时差较小，在时序图中将前者的延时缩小（波形图提前）即可改善图 4-15 的设计风险。Altera 大多数 FPGA 中有距离引脚更近的快速寄存器，可以减小内部寄存器输出到引脚的延时。

（2）改进实施方法——快速寄存器。

在 Quartus Prime 主界面主菜单栏下选择"Assignments"→选择"Pin Planner"，弹出如

图 4-21 所示"Pin Planner"对话框→在"clk_DA_o"行的"Fast Output Regsiter"列选择"on"→关闭"Pin Planner"对话框→对工程再进行一次全编译。

Node Name	Direction	Location	I/O Bank	/REF Group	/O Standar	Reserved	rrent Stren	Slew Rate	fferential P:	:t Preserva	Fast Output Register	tter Locatic	ock Setting
clk_DA_o	Output	PIN_A4	8		B8_N0	2.5 V		8mA ...ult)	2 (default)			on	PIN_A4
data_DA_o[7]	Output	PIN_B5	8		B8_N0	2.5 V		8mA ...ult)	2 (default)				PIN_B5
data_DA_o[6]	Output	PIN_A5	8		B8_N0	2.5 V		8mA ...ult)	2 (default)				PIN_A5
data_DA_o[5]	Output	PIN_B6	8		B8_N0	2.5 V		8mA ...ult)	2 (default)				PIN_B6
data_DA_o[4]	Output	PIN_A6	8		B8_N0	2.5 V		8mA ...ult)	2 (default)				PIN_A6
data_DA_o[3]	Output	PIN_B7	8		B8_N0	2.5 V		8mA ...ult)	2 (default)				PIN_B7
data_DA_o[2]	Output	PIN_A7	8		B8_N0	2.5 V		8mA ...ult)	2 (default)				PIN_A7
data_DA_o[1]	Output	PIN_B8	8		B8_N0	2.5 V		8mA ...ult)	2 (default)				PIN_B8
data_DA_o[0]	Output	PIN_A8	8		B8_N0	2.5 V		8mA ...ult)	2 (default)				PIN_A8
sys_clk	Input	PIN_E1	1		B1_N0	2.5 V		8mA ...ult)					PIN_E1
sys_rst_n	Input	PIN_M1	2		B2_N0	2.5 V		8mA ...ult)					PIN_M1
<<new node>>													

图 4-21 "Pin Planner"对话框

（3）改进后的仿真结果——快速寄存器。

图 4-22 所示为快速寄存器方式时序仿真结果。对比图 4-15（b）和图 4-22，仿真结果表明，快速寄存器的使用将分频器输出到引脚的延时减小了 3.39ns（5.737ns-2.347ns）。

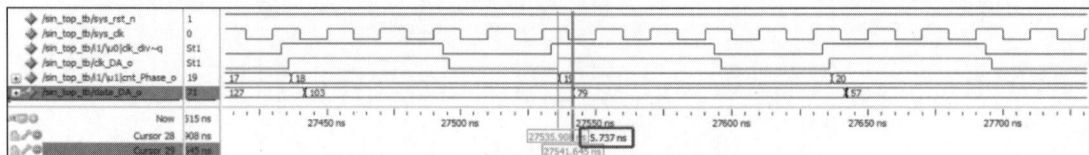

图 4-22 快速寄存器方式时序仿真结果

上述 3 种改进方法中第 1 种和第 2 种思路基本一致，且改进后的电路冗余度更高，其中第 1 种代码改动量最小；第 3 种虽干预程度较小，但不需改动代码。

五、信号发生器测试

将 DAC 模块数字输入端连接到 FPGA 电路板中，将 DAC 模块模拟输出端连接到示波器，将上文中的设计下载到 FPGA 电路板中，并调整图 4-7 所示的 DAC 模块的电阻旋钮以改变 DAC 输出的模拟信号波形幅度。图 4-23（a）是第一种改进方法改进后的 300kHz 示波器截图，幅度均大于 8V，满足设计要求，频率为 312.5kHz，频率误差小于 10%，也满足设计要求。将分频器的分频系数从 5 调整至 500，图 4-23（b）是 3kHz 的示波器截图，实测频率为 3.012kHz。图 4-23（c）、图 4-23（d）是 300kHz 和 3kHz 对应的放大后的示波器截图，可以看出 DAC 输出的幅度确实为台阶状，且频率越高台阶越平缓，这主要源于电路中的寄生电容等带来的滤波效应。

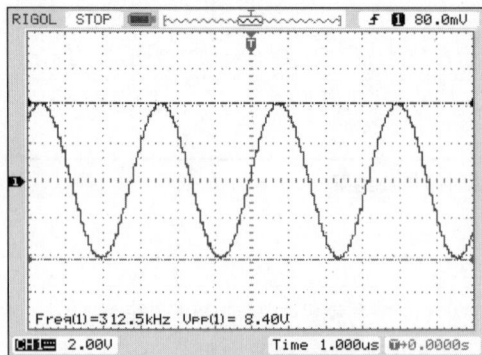

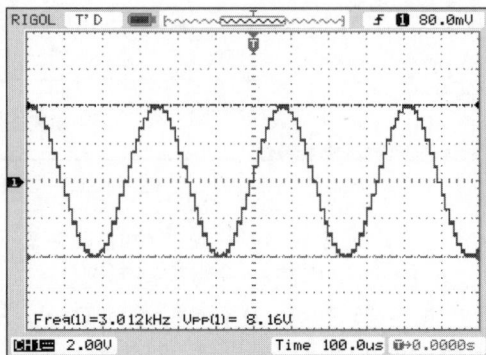

（a）300kHz 示波器截图　　　　　（b）3kHz 示波器截图

图 4-23 示波器测量现象

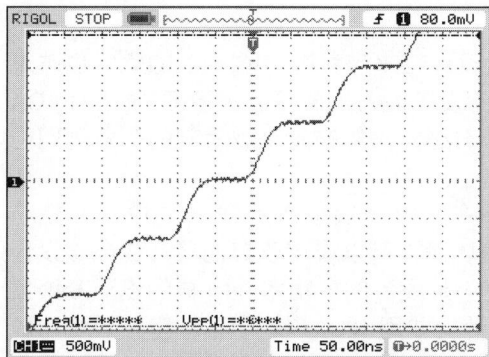

(c) 300kHz 示波器截图（放大后）　　　　　　　(d) 3kHz 示波器截图（放大后）

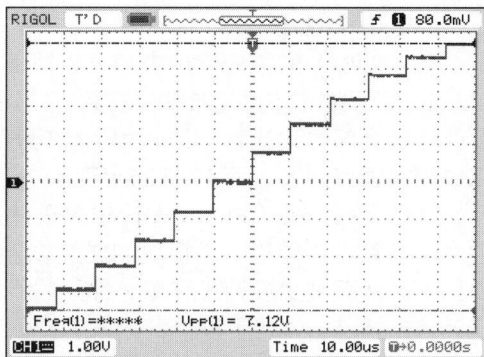

图 4-23　示波器测量现象（续）

任务 4.2　基于 IP 核的高速信号发生器

任务导入

基于 IP 核的高速信号发生器设计要求见表 4-7。按照表 4-7 所示参数，设计高速信号发生器。

表 4-7　基于 IP 核的高速信号发生器设计要求

参数	指标
波形	正弦波
幅度	$V_{pp}>6V$
时间分辨率	每周期 32 点采样
频率	125/32MHz，误差 1%

3PD9708E 的最高工作频率可达 125MHz，可以产生比任务 4.1 中频率更高的正弦波，而 FPGA 外接晶振一般为 50MHz，如何将 50MHz 时钟倍频到 125MHz，并驱动 DAC 产生更高频率的正弦波是本任务的核心。

4.2.1　【知识准备】Altera IP 核介绍

Verilog HDL 设计的基于计数器的数字分频器更适合进行整数分频，但难以实现倍频。增加一个外部晶振是一种最直观的解决思路，但实际上一个综合电路系统中往往需要使用多个频率的时钟信号或同频不同相位的时钟信号。例如，视频图形阵列（Video Graphics Array，VGA）显示驱动电路要求的时钟频率为非整数频率；再如在 FPGA 的一些高级应用里都需要借助 SRAM 存储数据，而 SRAM 的时序要求 FPGA 提供两个同频不同相位的时钟信号。

微课 4-2-1
知识准备

更换或增加外接晶振会提高硬件成本，虽在某些场合能在一定程度上解决问题，但因各独立的晶振相位的随机性，导致这种方式难以实现不同时钟的相位控制。

Altera 几乎所有型号的 FPGA 芯片内部都固化一个或多个 PLL IP 核，可以实现一定范围内的整数和小数分频与倍频。PLL IP 核是数字接口电路，用户只需在 Quartus Prime 的图形化界面中进行相关配置，即可生成一个方便 Verilog HDL 直接调用的分频或倍频模块。

一、IP 核概念

随着 FPGA 的集成度越来越高、规模越来越大、设计越来越复杂，IC 行业的竞争也越来越激烈，产品的交付周期越来越短，这与设计者有限的设计能力形成了巨大矛盾。如果 FPGA 设计还是全部由设计者从最底层的代码开始设计，那么必然不能在越来越苛刻的开发周期内完成相关项目开发，而 IP 核的出现解决了这个问题。

集成电路行业（FPGA 设计也属于此范畴）中所说的 IP 一般也称为 IP 核。IP 核是指芯片中具有独立功能的电路模块的成熟设计，该电路模块设计可以应用于其他芯片或电路设计项目中，从而减少设计工作量、缩短设计周期、提高芯片设计的成功率。IP 核的设计凝聚着设计者的智慧，体现了设计者的知识产权，因此，芯片行业用 IP 核来表示这种电路模块的成熟设计。事实上，FPGA 中大部分 IP 核都需要授权或者付费，如 RS 编码器、FIR 滤波器、SDRAM 控制器、PCI 等。不过仍有很多免费的 IP 核资源，其中最主要的是每个 FPGA 厂商都会为自己的软件集成开发环境提供一些比较基本且免费的 IP 核，来增加自家产品的行业竞争力，如最常用的 PLL、ROM 等 IP 核，这些免费的 IP 核足以应对绝大多数基础设计。对于设计者来说，利用好这些免费的 IP 核能达到事半功倍的效果。

二、IP 核分类

IP 核分为 3 类：软核、硬核、固核。

1. IP 软核

IP 软核（HDL）一般指的是用硬件描述语言描述的功能块，它并不涉及用什么具体电路元器件实现这些功能，软核的代码直接参与设计的编译流程，就像设计者编写的 HDL 代码一样。举例来说，若技术人员无法攻克信号发生器电路，或者自行设计信号发生器电路较为耗费资源或设计周期较长而不满足项目需求，可以购买他人设计成熟的程序来解决这些问题。优点是设计周期短、设计投入少。缺点是在一定程度上使后续工序无法适应整体设计，从而需要一定程度的软 IP 核修正，还要注意 IP 核保护问题，虽然一般会对软核的 RTL 代码进行加密，但是其保密性还是比较差。

2. IP 硬核

IP 硬核（版图形式）是指已经经过验证的设计版图，在 EDA 设计领域中具有特殊的含义。IP 硬核的优点是具有可预见性、针对特定工艺、功耗和尺寸进行了优化、易于实现 IP 核保护。缺点是灵活性和可移植性差。

3. IP 固核

IP 固核（网表形式）是软核与硬核的一个折中，它只对描述功能中一些比较关键的路径进行预先的布局布线，而其他部分仍然可以任由编译器进行相关优化处理。例如，当使用 IP 核生成一个 8×8 的乘法器时，如果选择使用逻辑资源块来实现，那么此时的乘法器 IP 核就相当于一个软核；如果选择使用 DSP 资源来实现，此时的乘法器 IP 核就相当于一个硬核。再例如，用 DSP 资源生成一个 36×36 的乘法器时，FPGA 需要若干 DSP 资源来实现，此时每个 DSP 资源在 FPGA 中的布局布线是固定的，但是到底选择哪几个 DSP 资源来实现是可以由编译器来决定的，此时的乘法器 IP 核就相当于一个固核。

调用 IP 核能避免重复劳动，大大减轻设计人员的负担，因此，使用 IP 核已成为将来 FPGA 设计的一个发展趋势。但是对于设计中 IP 核部分的跨平台移植（不同厂商 FPGA 之间移植）、改进有较大限制，同时部分 IP 核需要授权和收费也会提升设计成本。

三、Altera IP 核介绍

Altera IP 核是指 Altera 及其合作伙伴提供的、针对其 FPGA 芯片结构进行了优化的逻辑功能块。其常用 IP 核主要有以下几类。

（1）逻辑运算 IP 核。包括与、或、非等基本逻辑运算单元和复用器，以及三态缓冲器等复杂逻辑运算模块。

（2）数学运算 IP 核。Altera 的数学运算 IP 核分为整数运算和浮点运算两大类，整数运算 IP 核包含加/减法器、乘法器、除法器、比较器、绝对值计算器以及整数平方根计算器等。浮点运算 IP 核包含浮点乘法器、浮点除法器、浮点数正弦计算器及反正切计算器等。

（3）存储器 IP 核。包含 D 触发器、寄存器、ROM、RAM、FIFO 等模块，此外还提供了包含 RAM 初始化器等辅助存储器设计 IP 核。本任务会使用 ROM IP 核代替任务 4.1 用 case 语法实现的相位-幅度查找表电路，任务 7.2 和任务 7.3 任务中会分别介绍 RAM IP 核和 FIFO IP 核。

（4）设计调试 IP 核。包括辅助设计的 SignalTap IP 核、ISSP IP 核等，任务 5.2 和任务 5.3 设计中将介绍这两种 IP 核。

（5）数字信号处理 IP 核。Altera 提供了各类数字滤波器和快速傅里叶变换（FFT）等 IP 核。

（6）其他。Altera 提供了信号处理相关的 IP 核以及锁相环等输入/输出 IP 核。

4.2.2 节使用 Altera 的 PLL IP 核代替任务 4.1 的分频器子模块实现正弦波信号发生器；4.2.3 节使用 Altera 的 ROM IP 核代替任务 4.1 的相位-幅度查找表电路实现正弦波信号发生器；任务 4.3 直接使用 NCO IP 核实现正弦波信号发生器。

4.2.2 【任务实施 1】基于 PLL IP 核的高速信号发生器设计实施

PLL IP 核对时钟网络进行系统级的时钟管理和偏移控制，具有时钟倍频、分频、相位偏移和可编程占空比的功能。PLL IP 核不仅能实现小数分频，还能实现小数倍频，与以 Verilog HDL 实现的分频器有以下区别：①前者不仅可以分频，也可以倍频；②前者分频系数和倍频系数可以是一定范围内的小数；③以分频为例，前者可以按照分频系数在一定范围内任意指定各输出信号之间的相位差以及输出信号与输入信号的相位差。

微课 4-2-2
任务实施 1

用户通过在 Quartus Prime "IP Catalog" 对话框对 PLL IP 核进行配置，并生成纯数字接口电路，通过 Verilog HDL 对其进行例化调用以快速实现分频器或倍频器电路。本节任务分为两个阶段：①单独配置 PLL IP 核，并进行独立仿真，以验证 PLL IP 核功能是否符合设计要求；②PLL IP 核验证无误后，使用 PLL IP 核替换任务 4.1 高速信号发生器工程中的分频器子模块，以完成本任务要求频率为 125/32MHz 的正弦波信号发生器。

一、PLL IP 核配置与使用

为明确 PLL IP 核的配置与设计，设计一个独立工程验证 PLL IP 核，设计要求如下：输入时钟频率为 50MHz；输出两路频率均为 125MHz，但相位相反的时钟。

1. 独立的 PLL IP 核配置

以下参照图 4-24 所示的 PLL IP 核配置，对 PLL IP 核的配置方法进行介绍。

（1）建立文件夹并创建工程，均命名为 PLL_125MHz；建立子文件夹并命名为 ip_pll，用于存放 PLL IP 核的配置文件。

（2）在 Quartus Prime 主界面主菜栏下选择 "Tools" → "IP Catalog"（IP 目录），Quartus Prime 主界面右侧弹出图 4-24（a）所示的嵌入式 "IP Catalog" 对话框→输入 "PLL" →双击 "ALTPLL" 后弹出图 4-24（b）所示的存储选项 "Save IP Variation" 对话框→勾选 "Verilog" →单击 "..." 按钮弹出图 4-24（c）所示的 "Save IP Variation File" 对话框→选择 PLL IP 核的存储路径为 "ip_pll" 文件夹→在 "文件名" 后输入 "ip_pll" →单击 "保存" 按钮后自动返回图 4-24（b）所示的对话框→单击 "OK" 按钮，弹出图 4-24（d）所示的 PLL IP 核配置引导 "Megawizard Plug" 对话框。

（3）配置输入时钟频率。默认 FPGA 电路板外接晶振时钟为 50MHz。操作：在图 4-24（d）所示"Megawizard Plug"对话框中的"what is the frequency of the clk0 input"（输入信号频率）后输入"50"→将单位选择为"MHz"→单击"Next"按钮，弹出图 4-24（e）所示的复位和输出锁定标志信号配置界面。

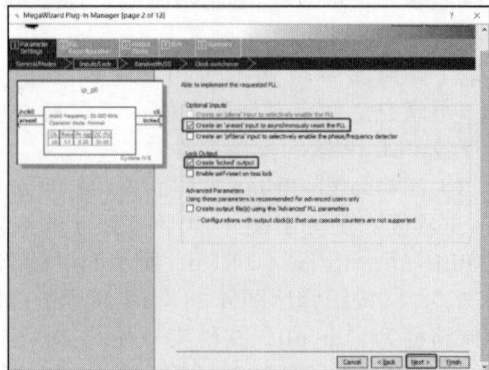

（4）复位和输出锁定标志配置选项。ALTPLL IP 核为用户提供了可选的高电平复位 areset 输入端口和输出锁定指示端口 locked，在 areset 为高时 IP 核复位，复位解除后内部锁相环需要短暂的时间进行调节才能得到稳定的输出，当稳定后输出锁定指示端口 locked 指示信号变高。为保证设计的严谨性与完整性，应保留默认已勾选的 areset 和 locked 配置。操作：单击"Next"按钮直至弹出图 4-24（f）所示的第 1 个输出时钟 c0 的输出时钟配置子界面。

（5）配置第 1 路输出时钟。在输出时钟配置界面先配置第 1 路输出时钟 c0，具体参数设置：频率为 125MHz，相位为 0°，占空比 50%。操作：勾选"Use this clock"和"Enter output clock frequency"→输入时钟频率"125"→单位选择为"MHz"→单击"Next"按钮弹出图 4-24（g）所示的第 2 路输出时钟 c1 的输出时钟配置界面。

> **注意**　图 4-24（f）、（g）中的"Actual Setting"列给出软件实时分析出的输出信号的真实频率、相位、占空比等参数，可能和预期的指标有所偏差。

（6）配置第 2 路输出时钟。在输出时钟配置界面配置第 2 路输出时钟 c1，具体参数是：频率为 125MHz，相位为 180°，占空比 50%。和 c0 配置操作类似，区别在于将"Clock phase shift"设置为"180°"，连续单击"Next"按钮直至出现图 4-24（h）所示的仿真库"Simulation Libraries"界面。

（7）第三方仿真库生成。勾选"Generate netlist"→单击"Next"按钮→弹出图 4-24（i）所示的输出文件选择界面。此步的操作是为了生成仿真网表，以便第三方仿真软件 ModelSim 可以仿真。

（a）"IP Catalog"对话框　　（b）"Save IP Variation"对话框　　（c）"Save IP Variation File"对话框

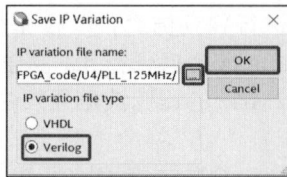

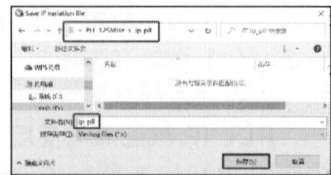

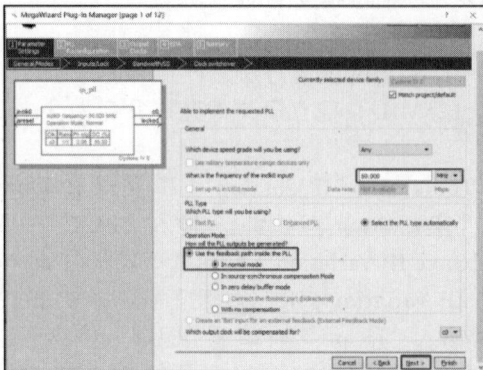

（d）"Megawizard Plug"对话框　　　　（e）复位和输出锁定标志信号配置界面

图 4-24　PLL IP 核配置

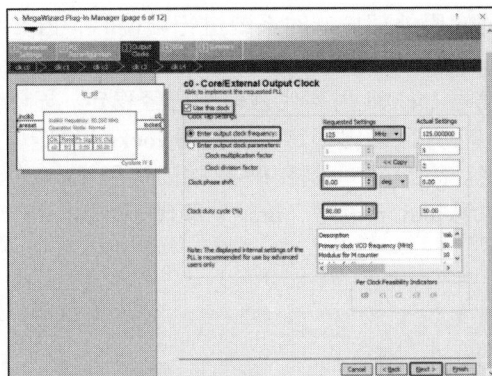

(f) 输出时钟配置界面（输出时钟 c0）　　　　(g) 输出时钟配置界面（输出时钟 c1）

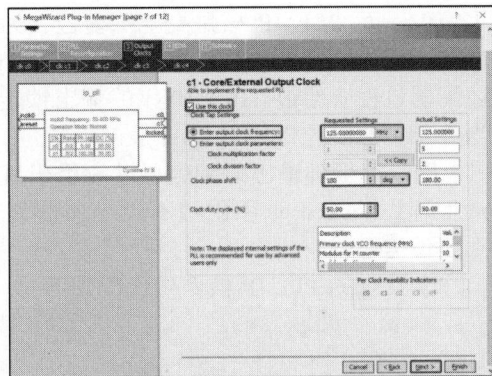

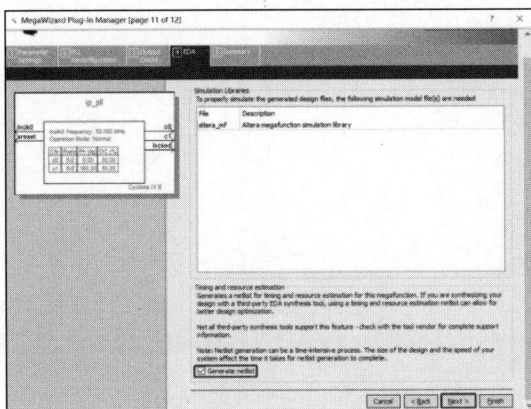

(h) "Simulation Libraries" 界面　　　　(i) 输出文件选择界面

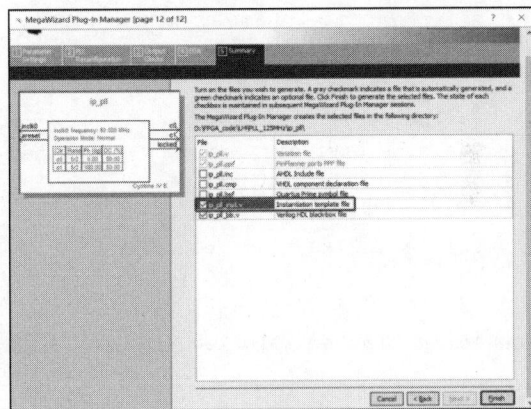

图 4-24　PLL IP 核配置（续）

（8）生成例化模板文件：勾选 "ip_pll_inst.v" →单击 "Finish" 按钮完成所有配置。ip_pll_inst.v 是 PLL IP 核例化模板文件，设计者可以直接打开并复制后对其进行简单的修改，即可移入到工程中。

2. 独立的 PLL IP 核例化与仿真

（1）独立的 PLL IP 核生成端口分析。

将图 4-24（i）所示配置窗口左上角的电路端口示意图重新截图，如图 4-25 所示。IP 核的端口共 5 个，其中输入包含 1 个时钟输入端口 inclk0 和一个复位输入端口 areset；输出包含 2 个输出时钟端口 c0、c1 和 1 个输出稳定指示端口 locked。在 Quartus Prime 主界面主菜单栏下选择 "Files" → "Open" →将文件夹定位到 "ip_pll" 子文件夹中→双击 "ip_pll_inst.v" 打开上文配置的 PLL IP 核对应的例化模板文件，代码如下：

```
1.ip_pll  ip_pll_inst (
2.    .areset ( .areset_sig ),
3.    .inclk0 ( inclk0_sig ),
4.    .c0     ( c0_sig      ),
5.    .c1     ( c1_sig      ),
6.    .locked ( locked_sig )
7.    );
```

图 4-26 所示为 PLL IP 核的例化方案，其给出了一种较为通用的 PLL IP 核例化方案。FPGA 中时序逻辑电路习惯设计为低电平复位，对应的 FPGA 外部复位按键通常也设计为低

电平复位，而 PLL IP 核是高电平复位，为了保证使用外部按键对系统进行复位时，PLL IP 核也能被复位，需要将外部按键复位信号 sys_rst_n 取反后再送入 PLL IP 核的 areset 端口。上述配置过程介绍过，PLL IP 核的输出锁定标志信号 locked 为高代表输出已经稳定，显然只有当外部按键复位信号 sys_rst_n 解除复位（逻辑 1）并且输出锁定标志信号 locked 稳定（逻辑 1）时，锁相环输出时钟信号才能用于其他电路。因此，一般将 IP 核端口信号 locked 用 wire 型连线 locked_w 引出和 sys_rst_n 做逻辑与得到 prst_n 信号，prst_n 取代 sys_rst_n 作为全局复位信号。

（2）独立的 PLL IP 核例化代码如下：

```
1.module PLL_125MHz(
2.input    wire sys_clk,
3.input    wire sys_rst_n,
4.output   wire pclk_125M,
5.output   wire pclk_125M_N,
6.output   wire prst_n
7.);
8.wire locked_w;
9.assign prst_n = locked_w & sys_rst_n;
10.ip_pll  ip_pll_inst (
11.   .areset ( ~sys_rst_n ),
12.   .inclk0 ( sys_clk ),
13.   .c0 ( pclk_125M ),
14.   .c1 ( pclk_125M_N ),
15.   .locked ( locked_w )
16.   );
17.
……endmodule
```

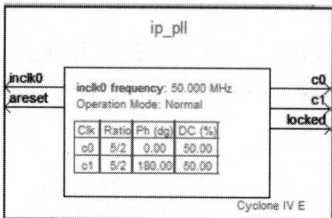

图 4-25　PLL IP 核的端口

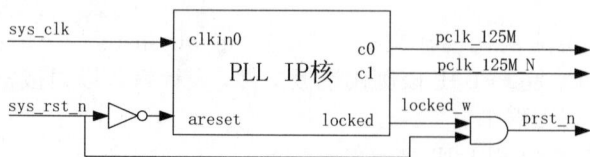

注：FPGA设计的时序电路一般均为低电平复位，因此FPGA外接复位按键一般也是低复位。
而PLL IP核复位是高复位，为保证外接复位按键按下，PLL IP核也能同时复位，因此需取反接入。

图 4-26　PLL IP 核的例化方案

3. 独立的 PLL IP 核的仿真与仿真结果分析

（1）测试激励文件。

测试激励文件只需给 sys_clk 和 sys_rst_n 赋值即可，具体可参考以下代码：

```
1.`timescale 1 ns/ 1 ps
2.module PLL_125MHz_tb();
……//完整代码见配套资源
```

（2）仿真及仿真结果分析。

图 4-27（a）所示为 PLL IP 核功能仿真结果。仿真结果显示 pclk_125M 和 pclk_125M_N 反相，二者高电平和低电平时长均为 4ns，即频率均为 125MHz，占空比均为 50%，满足了设计要求。图 4-27（b）所示为 PLL IP 核时序仿真结果。仿真结果显示 pclk_125M 和 pclk_125M_N 的频率和占空比均符合设计要求，但二者的相位差并非预期的 180°，原因在于图 4-27（b）中 pclk_125M 和 pclk_125M_N 显示的时序状态并非 FPGA 内部 PLL IP 核输出节点的时序状

态，而是 FPGA 其他节点（默认是 FPGA 引脚）的时序状态，显然二者路径延时存在差异。

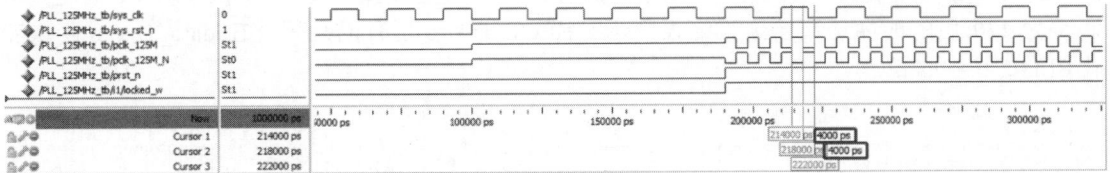

（a）功能仿真结果

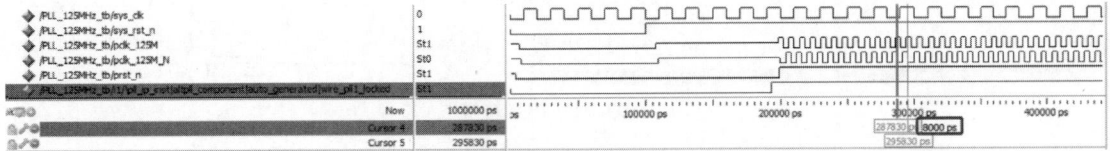

（b）时序仿真结果

图 4-27　PLL IP 核仿真结果

图 4-27（b）所示的时序仿真结果显示，当外部输入的复位信号 sys_rst_n 复位（逻辑 0）时，经过非门取反后（逻辑 1）送给 PLL IP 核 areset 端口，PLL IP 核处于复位状态；当 sys_rst_n 刚解除复位（逻辑 1）后 PLL IP 核开始工作，pclk_125M 和 pclk_125M_N 处于不稳定状态，此阶段正是 PLL IP 核内部处于未锁定状态，对应的 locked 信号为逻辑 0。经过 100ns 左右的调整期后，locked 信号变为逻辑 1，预示着 PLL IP 核内部已经稳定，此后 pclk_125M 和 pclk_125M_N 开始以 8 000ps（对应频率为 125MHz）为周期进行翻转，达到设计要求。

二、基于 PLL IP 核的信号发生器

将 PLL IP 核移植到任务 4.1 的信号发生器中，3PD9708E 工作在 125MHz 最高工作频率。

1. PLL IP 核移植

移植 PLL IP 核时需要将 ip_pll 子文件夹整体复制到信号发生器工程目录下，同时在信号发生器工程添加 ip_pll 子文件中的.qip 文件（可参照任务 3.4 添加.SDC 文件的操作）。

2. 基于 PLL IP 核的信号发生器电路设计

基于 PLL IP 核的信号发生器框架如图 4-28 所示，参照图 4-28，修改顶层.v 文件中的例化语句，具体是将 IP 核输出 c0 和 c1 中任意一路作为其他模块的时钟，另一路直接输出驱动 DAC 器件；prst_n 作为全局其他模块的复位信号。

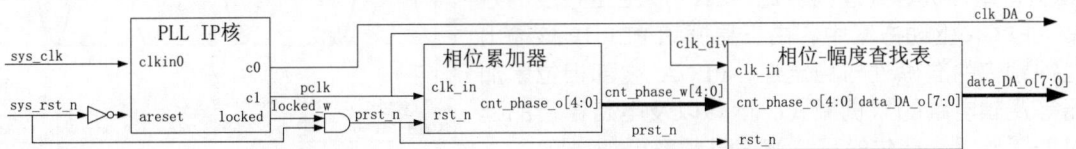

图 4-28　基于 PLL IP 核的信号发生器框架

3. 基于 PLL IP 核的信号发生器时序仿真与分析

基于 PLL IP 核改进后的信号发生器顶层模块端口并未发生变化，因此直接使用任务 4.1 的测试激励文件即可，图 4-29（a）所示为基于 PLL IP 核的信号发生器时序仿真结果，结果显示，正弦波周期为 256ns，对应频率为 3.90625MHz，符合设计要求。图 4-29（b）所示为基于 PLL IP 核的信号发生器放大后的时序仿真结果，结果显示，时钟 clk_DA_o 上升沿并未处在 data_DA_o 两次变化边沿的中心位置，原因在于 data_DA_o 是 PLL IP 核 c1 驱动的 D 触发器的输出信号，有一定路径延时和 D 触发器输出延时。解决方法是在 Quartus Prime 主界

面打开 ip_pll.v 以重新打开 IP 核配置界面，对反相时钟相位偏移（图 4-24（g）所示的"Clock phase shift"）进行适当调整即可，调整完后应进行一次全编译。图 4-29（c）为 c1 相位偏移调整为 120°后的时序仿真结果，结果显示时钟 clk_DA_o 上升沿几乎处在 data_DA_o 两次变化边沿的正中心位置。

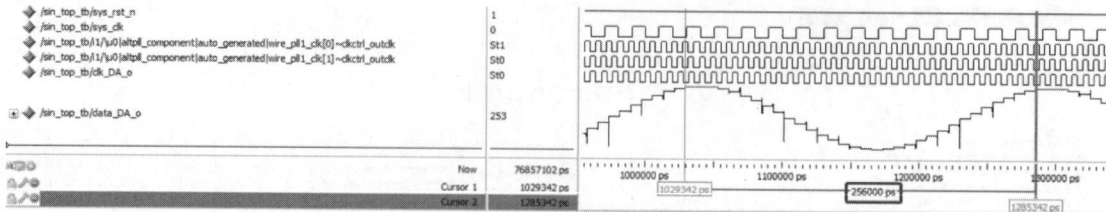

（a）时序仿真结果

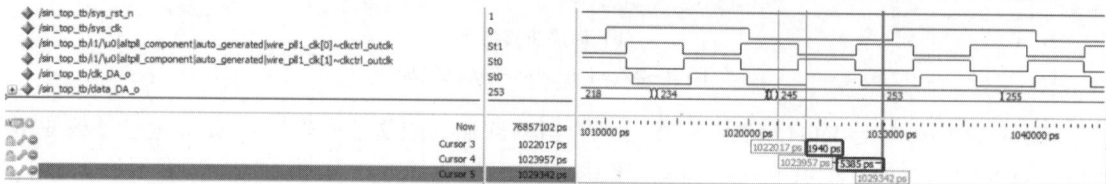

（b）时序仿真结果（放大后）

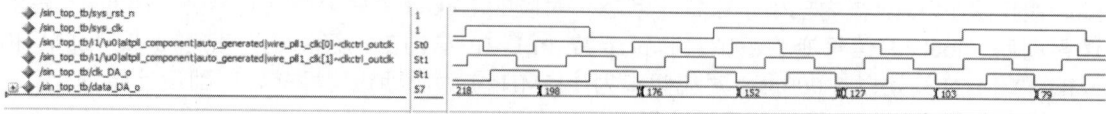

（c）c1 相位偏移调整为 120°后的时序仿真结果

图 4-29　基于 PLL IP 核的信号发生器时序仿真结果

4. 基于 PLL IP 核的信号发生器测试

图 4-30 所示为时钟频率是 125MHz 时信号发生器的示波器测试结果，测试结果显示，正弦波信号幅度为 8.4V，频率为 3.906MHz，与任务要求的频率值 125MHz/32 相符。实际使用示波器观察正弦波时，窗口中显示的波形非常稳定、无左右抖动。相较于 ARM、单片机等处理器驱动 DAC 产生正弦波的方案，FPGA 驱动方案中，由于晶振和 PLL IP 核输出时钟频率的准确性与稳定性、FPGA 内部相位累加器等逻辑电路的"机械式"运转以及电路稳定的延时差等原因，产生的正弦波信号频率更加稳定。

PLL IP 核输出的时钟信号经内部专用走线连接到内部器件，到达内部不同器件的时钟偏斜更小，

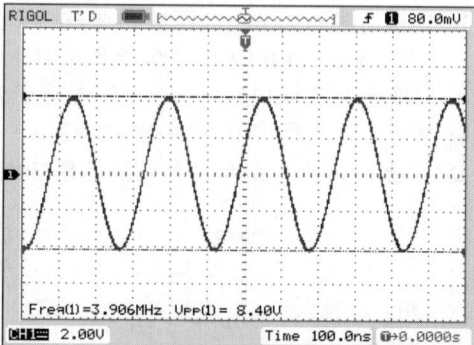

图 4-30　时钟频率是 125MHz 时信号发生器的示波器测试结果

因此，相对项目 3 中基于 Verilog HDL 的通用分频器产生的时钟信号质量更高。对于项目 3 的通用分频器，可以先手动配置 ALTCLKCTRL IP 核，再将分频器输出时钟信号经 ALTCLKCTRL IP 核进行处理，处理后的时钟信号的时钟偏移 T_{skew} 同样很小。

4.2.3 【任务实施 2】基于 ROM IP 核的高速信号发生器的设计实施

任务 4.1 和 4.2.2 节中相位-幅度查找表电路通过 case 语句实现，设计过程中需要烦琐的

计算与重复性的代码数据编写，另外如果将相位累加器的输出由 0～31 变为 0～63 或者 0～50 以便产生更为精细的波形，以上工作又需要重复进行；case 语句实现查找表还有浪费资源的缺点，任务 4.1 和 4.2.2 节中相位-幅度查找表电路占用的是 FPGA 中数量有限且宝贵的 LUT 逻辑资源。FPGA 内部有大量的可以实现 ROM IP 核的存储器资源，使用 Quartus Prime 的 ROM IP 核替代相位-幅度查找表电路，减小 LUT 资源消耗的同时，可以提升设计灵活性和效率。本节设计直接在 4.2.2 节的信号发生器基础上改进。

微课 4-2-3
任务实施 2

一、ROM IP 核配置与使用

1. ROM 简介与模型

狭义上只读存储器是一种只能读出事先所存数据的固态半导体存储器，其特性是一旦信息储入就无法再将之改变，且信息不会因为电源关闭而消失，ROM 内部数据在芯片流片时就已经固化到芯片内部，用户无法更改。而广义上的 ROM 包含 PROM、EPROM、EEPROM 等，例如，常用的 24CXX 系列芯片内部的存储器 EEPROM 支持用户修改，且掉电不丢失信息。FPGA 芯片基于 RAM 工艺，因此掉电后会丢失配置信息（用户下载的程序），使用 FPGA 内部存储器资源生成的 ROM 是伪 ROM，存储信息依然会掉电丢失，之所以还称为 ROM 的主要原因有二：第一，一旦信息存入并下载后不可后期更改；第二，从逻辑功能和时序上看和 ROM 相同。

ROM 的主要接口包含一组输入的地址线和任意位宽的一组输出数据线。读取 ROM 内的存储信息需要先送入地址，ROM 根据输入的地址而送出该地址对应的存储数据。图 4-31 所示为 2 位宽地址的 ROM 模型及接口示意，其输入为 2 位宽地址线，输出为 8 位宽数据线，对应的 2 位宽地址的 ROM 真值表见表 4-8。

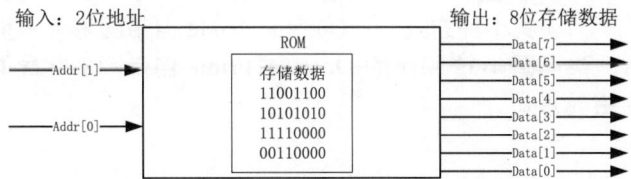

图 4-31　2 位宽地址的 ROM 模型及接口示意

ROM 深度：可寻址的地址数量称为 ROM 深度，N 位地址线最多可寻址 $2N$ 个地址。图 4-31 所示的地址为 2 位宽的 ROM 最大可寻址数为 4，表 4-8 所示的 ROM 地址数为 4。

ROM 宽度：输出数据位宽称为 ROM 的宽度。图 4-31 所示的输出位宽为 8，表 4-8 所示的输出数据宽度为 8。

应当注意：ROM 的位宽决定了最大可寻址数，但 ROM 的输出数据宽度和地址位宽无任何必然联系。除输入地址端口和输出数据端口，大多数 ROM 通常还配备有时钟、使能等辅助端口。

任务 4.1 和 4.2.2 节介绍的相位-幅度查找表电路的输入端口位宽为 5，输出端口位宽为 8，故应选择深度为 $2^5=32$、宽度为 8 的 ROM 予以代替。

表 4-8　2 位宽地址的 ROM 真值表

输入	输出
地址 Addr[1:0]	数据 Data[7:0]
2'b00	8'b11001100
2'b01	8'b10101010
2'b10	8'b11110000
2'b11	8'b00110000

2．Altera FPGA 中的 ROM IP 核

Altera 推出的 ROM IP 核分为两种类型：单端口 ROM 和双端口 ROM。本节使用单端口 ROM。

单端口 ROM：提供一组输入地址端口和一组输出数据端口，只能进行读操作，写数据需在 Quartus Prime 工程中预先编译好，在下载程序时下载进 FPGA。

双端口 ROM：与单端口 ROM 类似，区别是其提供了两组输入地址端口和两组输出数据端口，可以看作两个单端口 ROM 拼接而成。

3．单端口 ROM 初始化数据（.mif 文件）生成

Altera 的 ROM IP 核可以实现 ROM 电路功能，通过图形化界面进行配置。在 ROM IP 配置过程中其内部存储的数据（如正弦波幅度数据）并非以 Verilog HDL 代码的形式导入，而是以.mif 或.hex 文件的方式导入。而.mif 文件及内部数据的生成方式很多，以下列举 3 种方式，3 种方式的效果是等效的。

第 1 种：在 Quartus Prime 软件界面中以一种类似于表格输入的形式导入，输入的数据会以.mif 文件格式存储在当前工程文件夹下。

第 2 种：使用如 Matlab 软件的第三方软件，设计用于计算和产生波形幅度的代码，代码可以生成.mif 文件，需要手动复制到当前工程文件夹下。

第 3 种：使用第三方插件直接生成。第 1 种方式更为直观，第 2 种方式可以产生各种复杂的波形，但需要安装 Matlab 软件，第 3 种方式更为便捷，也是比较常用的方式。

以下以生成正弦波幅值数据.mif 文件为例演示这 3 种方式。

（1）第 1 种方式——Quartus Prime 自带图形化界面输入。

参照图 4-32 所示的 Quartus Prime 自带图形化界面输入方式，演示第 1 种生成.mif 文件的生成方式。

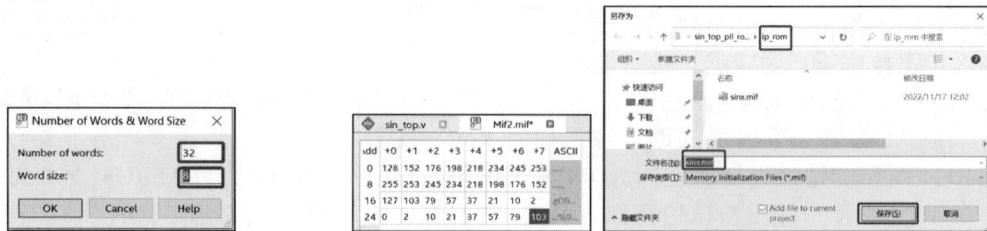

(a)"Number of Words & Word Size"对话框　(b)数据设置嵌入式对话框　(c)"另存为"对话框

图 4-32　Quartus Prime 自带图形化界面输入方式生成.mif 文件

打开 4.2.2 节工程，在 Quartus Prime 主界面主菜单栏下选择"File"→"New"，弹出"New"对话框→选择"Memory Initialization File"（mif 的全称）文件类型→单击"OK"按钮，弹出图 4-32（a）所示的"Number of Words & Word Size"对话框（用于设置 ROM 深度和宽度）→在"Number of words"（对应 ROM 深度）右侧输入"32"→在"Word size"（对应 ROM 宽度）右侧输入"8"→单击"OK"按钮，弹出图 4-32（b）所示的数据设置嵌入式对话框（用于输入 ROM 数据）→按图 4-32（b）依次输入 32 个数据→在 Quartus Prime 主界面主菜单下选择"File"→"Save"→按图 4-32（c）所示的"另存为"对话框设置.mif 文件保存路径和名称，其中文件名称可以任意指定→单击"保存"按钮。

使用 Windows 系统自带的写字板或 Notepad 等第三方代码阅读器打开.mif 文件，如图 4-33（a）所示，除去开头的注释以外，第 17~21 行代表的含义依次是数据宽度为 8，深度为 32，地址数据格式为"UNS"（无符号十进制数），存储数据的数据格式为"UNS"。第 24~55 行分别为地址及该地址对应的数据。

注意 用 Quartus Prime 打开 .mif 文件仍以图 4-32（b）的表格形式展现。3 种方式生成的 .mif 文件内容对比如图 4-33 所示。

``` 17 WIDTH=8; 18 DEPTH=32; 19 20 ADDRESS_RADIX=UNS; 21 DATA_RADIX=UNS; 22 23 CONTENT BEGIN 24 0 : 128; 25 1 : 152; 26 2 : 176; 27 3 : 198; 28 4 : 218; 29 5 : 234; 30 6 : 245; 31 7 : 253; 32 8 : 255; 33 9 : 253; 34 10 : 245; 35 11 : 234; 36 12 : 218; 37 13 : 198; 38 14 : 176; 39 15 : 152; 40 16 : 127; 41 17 : 103; 42 18 : 79; 43 19 : 57; 44 20 : 37; 45 21 : 21; 46 22 : 10; 47 23 : 2; 48 24 : 0; 49 25 : 2; 50 26 : 10; 51 27 : 21; 52 28 : 37; 53 29 : 57; 54 30 : 79; 55 31 : 103; 56 END; ```	

``` 1 DEPTH=32; 2 WIDTH=8; 3 ADDRESS_RADIX=UNS; 4 DATA_RADIX=UNS; 5 CONTENT BEGIN 6 0 : 128; 7 1 : 152; 8 2 : 176; 9 3 : 198; 10 4 : 218; 11 5 : 234; 12 6 : 245; 13 7 : 253; 14 8 : 255; 15 9 : 253; 16 10 : 245; 17 11 : 234; 18 12 : 218; 19 13 : 198; 20 14 : 176; 21 15 : 152; 22 16 : 128; 23 17 : 103; 24 18 : 79; 25 19 : 57; 26 20 : 37; 27 21 : 21; 28 22 : 10; 29 23 : 2; 30 24 : 0; 31 25 : 2; 32 26 : 10; 33 27 : 21; 34 28 : 37; 35 29 : 57; 36 30 : 79; 37 31 : 103; 38 END; ```	

``` 1 -- Maxi=255; 2 WIDTH=8; 3 DEPTH=32; 4 ADDRESS_RADIX=UNS; 5 DATA_RADIX=UNS; 6 CONTENT BEGIN 7 0 : 127; 8 1 : 152; 9 2 : 176; 10 3 : 198; 11 4 : 217; 12 5 : 233; 13 6 : 244; 14 7 : 252; 15 8 : 254; 16 9 : 252; 17 10 : 244; 18 11 : 233; 19 12 : 217; 20 13 : 198; 21 14 : 176; 22 15 : 152; 23 16 : 127; 24 17 : 102; 25 18 : 78; 26 19 : 56; 27 20 : 37; 28 21 : 21; 29 22 : 10; 30 23 : 2; 31 24 : 0; 32 25 : 2; 33 26 : 10; 34 27 : 21; 35 28 : 37; 36 29 : 56; 37 30 : 78; 38 31 : 102; 39 END; 40 ```	

（a）Quartus Prime 生成　　　　（b）Matlab 生成　　　　（c）其他第三方插件生成

图 4-33　3 种方式生成的 .mif 文件内容对比

（2）第 2 种方式——第三方通用软件如 Matlab 编程。

Matlab 软件可以自动计算正弦波幅度数据并生成 .mif 文件，Matlab 代码参考如下：

```
1.clear all;clc;close all;
2.depth = 32;                %存储器的深度
3.width = 8;                 %存储器的宽度
4.fid = fopen('sinx_matlab.mif','w');%fopen 函数以写方式打开文件，如不存在，自动创建
5.fprintf(fid, 'DEPTH=%d;\n', depth); %fprintf 函数可以将数据按指定格式写入到文本文件中
6.fprintf(fid, 'WIDTH=%d;\n', width); %数据的格式化输出：fprintf(fid, format,
variables)
7.fprintf(fid, 'ADDRESS_RADIX=UNS;\n');%\n 是换行，使光标下移一格
8.fprintf(fid, 'DATA_RADIX=UNS;\n');
9.fprintf(fid, 'CONTENT BEGIN\n');
10.for addr = 0:1:depth-1
11.        data = round((sin(addr.*2*pi./32)+1).*255./2); %(sin(x)+1)*255/2,round
四舍五入
12.        fprintf(fid, '%d : %d;\n',addr,data);
13.end
14.fprintf(fid, 'END;');
15.fclose(fid);
```

以上 Matlab 代码生成的 sinx_matlab.mif 文件内容如图 4-33（b）所示，除注释外和 Quartus Prime 表格化方式生成的内容完全一致。修改以上 Matlab 代码第 2~3 行即可修改深度和宽度，修改以上 Matlab 代码第 10~11 行即可轻松改变波形、频率、初始相位等参数。

（3）第 3 种方式——第三方小插件。

也可以借助其他第三方软件生成.mif 文件及内部数据，图 4-34 为一种开源的".mif 文件生成器"软件配置界面，图 4-34 中设置的含义依次是 Altera 器件、输出数据位宽 8 位、十进制形式（dec）、波形为正弦波（sine wave）、深度 32、最大值 255。单击"OK"按钮后.mif 文件自动存储在".mif 文件生成器"软件所在目录，.mif 文件对应内容如图 4-33（c）所示。

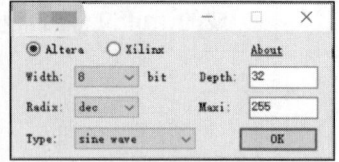

图 4-34　一种开源的".mif 文件生成器"软件配置界面

4. 单端口 ROM IP 核配置

在获得了.mif 文件后，便可将.mif 文件配置到 ROM IP 核中。上述 3 种方式创建的.mif 文件及数据完全等效，任选其一即可，以下以 Matalb 生成的.mif 文件为例，参考图 4-35 介绍 ROM IP 核的配置。

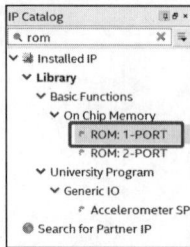

（a）"IP catalog"对话框

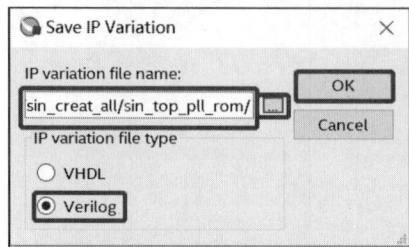

（b）"Save IP Variation"对话框

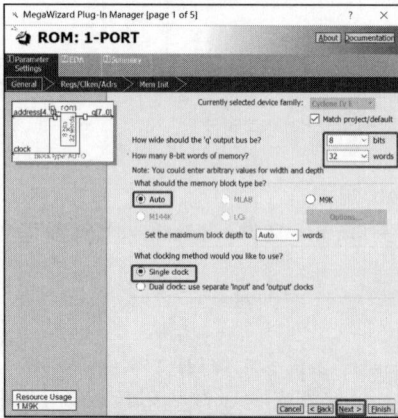

（c）"MegaWizard Plug"对话框

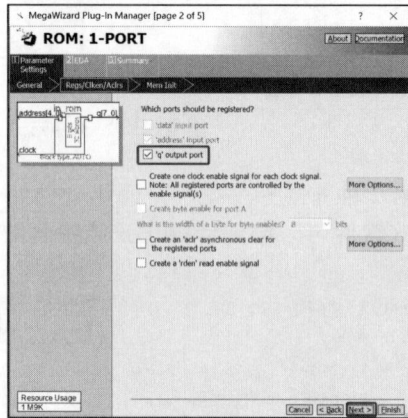

（d）输出触发器勾选界面

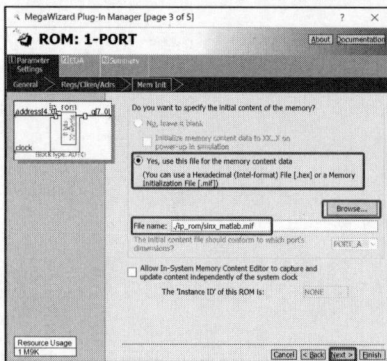

（e）添加.mif 文件界面

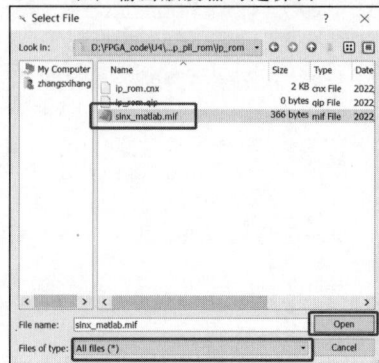

（f）"Select File"对话框

图 4-35　ROM IP 核的配置

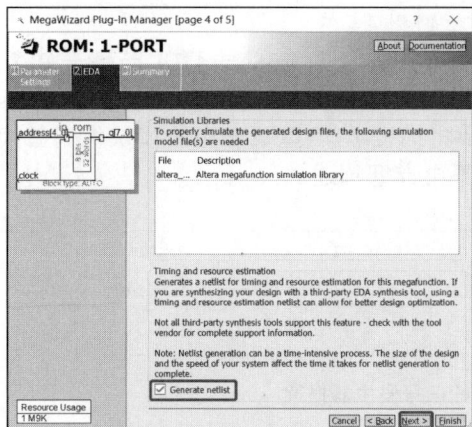

（g）"Simulation Libraries"界面　　　　　（h）输出文件选择界面

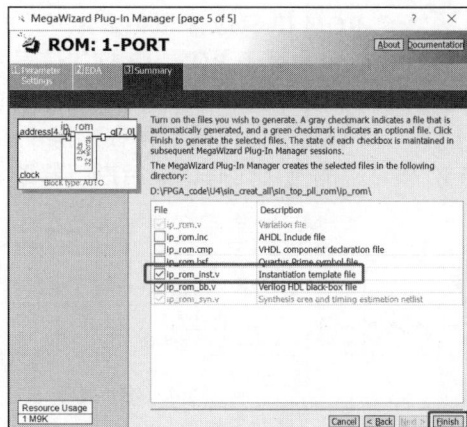

图 4-35　ROM IP 核的配置（续）

在 4.2.2 节信号发生器工程文件夹创建 ip_rom 子文件夹，并将上述的 sinx_matlab.mif 文件复制至"ip_rom"子文件夹。打开 4.2.2 节信号发生器工程，和 PLL IP 配置 IP 核方式类似，打开"IP Catalog"对话框→在图 4-35（a）所示的"IP Catalog"对话框中输入"rom"→双击"ROM:1-PORT"，弹出图 4-35（b）所示的"Save IP Variation"对话框→勾选"Verilog"→单击"..."按钮→选择存储路径为工程下的"ip_rom"子文件夹→单击"OK"按钮，弹出图 4-35（c）所示的"MegaWizard Plug-In Manager"对话框→数据位宽和深度设置为 8 和 32→单击"Next"按钮直至出现图 4-35（d）所示的输出触发器勾选界面→勾选"'q' output port"→单击"Next"按钮直至出现图 4-35（e）所示的添加.mif 文件界面→勾选"Yes，use this file for the memory content data"→单击"Browse..."按钮，弹出图 4-35（f）所示的"Select File"对话框→文件类型选择为"All files（*）"→选中上文创建的"sinx_matlab.mif"文件→单击"Open"按钮后返回图 4-35（e）所示的添加.mif 文件界面→剩余选项和 PLL IP 核配置一致，参考图 4-35（g）、图 4-35（h）即可。

在图 4-35（d）所示界面中"'q' output port"含义是：是否为 ROM 输出添加一级 D 触发器。ROM 本身可看作组合逻辑电路，因此存在竞争冒险现象，为其后级添加一级 D 触发器可以有效避免竞争冒险现象带来的其他问题，但同样会导致 ROM 输出数据延时一个时钟节拍，但这并不影响电路运行结果，因此建议勾选。

二、基于 ROM IP 核的信号发生器

1．ROM IP 核电路框架

图 4-36 所示为 ROM IP 核端口，其为截取的图 4-35（h）左上角的端口示意图，除无复位端口以外，其余和 4.2.2 节的信号发生器中的相位-幅度查找表电路端口完全一致，因此可以直接替换 4.2.2 节的工程中的相位-幅度查找表电路。图 4-37 所示为 ROM IP 核内部结构示意，ROM IP 核中数据存储单元可等效成组合逻辑电路，前级和后级的 D 触发器是为了避免组合逻辑的竞争冒险现象，同时可以提升与 ROM IP 核相连接的电路的最高工作频率。但电路中每增加 1 级 D 触发器，输出则会延时 1 拍，ROM IP 核的输出 q 和输入 address 之间共 2 级 D 触发器，因此，q 相对于 address 延时 2 拍，这一点将在本节最后的时序仿真中予以验证。

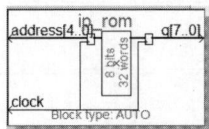

图 4-36　ROM IP 核端口

图 4-37　ROM IP 核内部结构示意

181

2. 基于 ROM IP 核的信号发生器——ROM IP 核例化

图 4-38 所示为基于 ROM IP 核的信号发生器框架，按照图 4-38 对 4.2.2 节基于 PLL IP 核的信号发生器进行改造，和 PLL IP 核例化方式类似，将 ip_rom 文件夹中的 ip_rom_inst.v 文件打开，复制出例化代码，再在顶层文件代码中将相位-幅度查找表电路模块代码替换为 ROM IP 核对应的例化代码，最后进行修改，此处不再详细阐述。

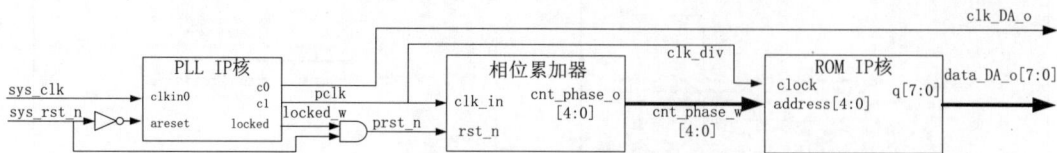

图 4-38　基于 ROM IP 核的信号发生器框架

3. 基于 ROM IP 核的信号发生器时序仿真与分析

图 4-39 所示为基于 ROM IP 核的信号发生器时序仿真结果，和 4.2.2 节基于 PLL IP 核的信号发生器仿真结果基本一致，data_DA_o 相对 clk_DA_o 的建立时间为 3.08ns，clk_DA_o 上升沿基本处于 data_DA_o 正中心。当然可以通过调整 PLL IP 核输出时钟的相位偏移间接调整 clk_DA_o 和 data_DA_o 的相位差。

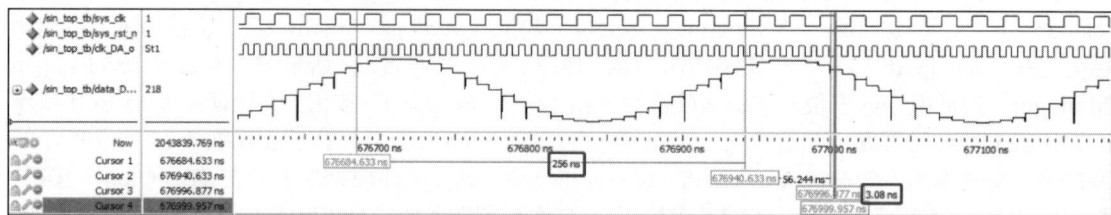

图 4-39　基于 ROM IP 核的信号发生器时序仿真结果

为了清晰展现 ROM IP 核输出与 ROM 输入时钟、ROM 输入地址信号的时序关系，将 PLL IP 核的 c0 和 c1 频率修改为 5MHz，占空比为 50%，c0 和 c1 相位偏移分别为 0°和 180°，全编译后再进行一次时序仿真。图 4-40 所示为基于 ROM IP 核的信号发生器时序仿真结果（时钟频率为 5MHz），仿真结果显示 cnt_Phase 为 2 和 data_DA_o 为 128 同步，对比.mif 文件的地址 0 对应幅度输出 128，表明 ROM IP 核输出相对输入延时 2 拍。

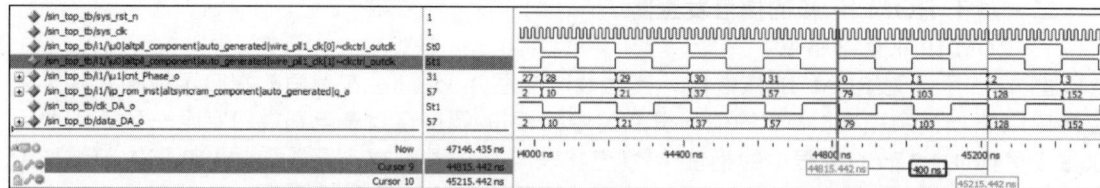

图 4-40　基于 ROM IP 核的信号发生器时序仿真结果（时钟频率为 5MHz）

任务 4.3　基于 NCO IP 核设计高精度信号发生器

任务导入

高速信号发生器设计参数要求见表 4-9，本节将按照表 4-9 所示的参数要求设计高精度信号发生器。

表 4-9　高速信号发生器设计参数要求

参数	指标
波形	正弦波
幅度	$V_{pp} > 6V$
频率	1MHz，误差 1Hz
波形	肉眼观察波形细节处尽可能平滑

4.3.1　【知识准备】NCO IP 核介绍

前文设计的信号发生器均按照图 4-11 和表 4-3 原理将正弦波的相位 $0 \sim 2\pi$ 等分得到 32 个固定的相位值后，再进行相位-幅度的转换输出 32 种幅度值，最终导致 DAC 的分辨率（可以输出 256 种幅度值）并未被充分利用，进而导致示波器显示的波形用肉眼观看波形台阶较为明显。

如果将任务 4.2 介绍的信号发生器的分频器取消，每个正弦波周期仍划分为 32 个相位点，以 50MHz 时钟进行驱动，分析以下几种情况下得到的正弦波信号频率。

（1）相位累加器仍为 5 位宽二进制计数器，每个时钟周期增加值 1。共 32 个相位值，对应 32 种幅度值，所需存储器的深度 32，得到正弦波频率为 50MHz/32。

（2）相位累加器改为 10 位宽二进制计数器，每个时钟周期增加值 1。共 1 024 个相位值，对应 1 024 种幅度值，所需存储器的深度 1 024，得到正弦波频率为 50MHz/1 024。

（3）相位累加器仍为 10 位宽二进制计数器，每个时钟周期增加值 10。共 1 024 个相位值，对应 1 024 种幅度值，所需存储器的深度 1 024，得到正弦波频率为 50MHz/102.4。

通过以上 3 种情况可以得到以下结论。

（1）提升相位累加器位宽，波形可能更为精细，但所需存储器深度增加。

（2）相位累加器位宽确定时，改变相位累加器每个时钟周期的增加值，也可以调整输出正弦波的频率。

因此，为提升正弦波的波形精细程度，可以提升相位累加器宽度，通过调整相位累加器的位宽即可实现。在此基础上，如果要调整正弦波频率，只需修改相位累加器每个时钟周期的增加值，唯一的缺点是所需存储器的深度会大幅提升，解决的思路是：如果每 5 个、10 个，甚至 100 个相位点使用同一个幅度，便可成倍减小所需存储器的容量，缺点是波形精细度略有损失。下文介绍的 NCO IP 核的原理实际上正是基于这种思路。

一、NCO IP 核简介

Altera 提供的 NCO IP 核原理和前文介绍的信号发生器原理类似，可以生成更为精细的离散正弦波（余弦波）幅度值。NCO IP 核除了能够产生性能优异的正弦波，也可以快速实现 ASK、PSK 的调制和解调信号。

图 4-41 所示为 NCO IP 核原理示意，给定一个精细的相位增量，在时钟的驱动下对输入相位增量不断累加，得到以该相位增量为步进的数字相位值；相位-幅度查找表电路根据配置的输入相位位宽将数字相位值进行一定的截取后，作为相位-幅度查找表电路的输入地址值；相位-幅度查找表电路再根据配置的输出幅度位宽输出正余弦波信号幅度值 $\sin(n)$ 和 $\cos(n)$。相位增量、相位位宽、相位-幅度查找表电路输入地址位宽、输出幅度位宽均可以由用户进行配置。若相位位宽足够，则可

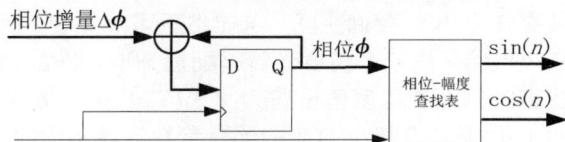

图 4-41　NCO IP 核原理示意

以得到更为精细的相位值，幅度数据位宽足够可以输出更为精细的幅度值，但必须与资源消耗进行一定的权衡。

二、NCO IP 核参数

1. NCO IP 核之相位累加原理

记待生成正弦波信号频率为 f，采样率为 f_s，以 f 为 1MHz，f_s 为 50MHz 为例。相位累加值用角度来表示应为

$$\Delta\phi = \frac{f}{f_s} \times 2\pi = \frac{1\text{MHz}}{50\text{MHz}} \times 360^\circ = 7.2^\circ \tag{4-6}$$

生成的信号离散值可以表示为

$$
\begin{aligned}
f(n) &= \sin(\omega t + \phi_0) \\
&= \sin(2\pi f t + \phi_0) \\
&= \sin(2\pi \times f \times (T_s \times n) + \phi_0) \\
&= \sin(2\pi \times f \times \frac{1}{f_s} \times n + \phi_0) \\
&= \sin(\Delta\phi \times n + \phi_0)
\end{aligned}
\tag{4-7}
$$

其中，ϕ_0 为初始相位，ω 为角频率，T_s 为 f_s 的倒数，$n = 0,1,2,\cdots$。

相位累加值、相位值为小数，以此来计算正弦值，不便于电路实现。在数字电路中整数的实现比小数的实现更加节省电路资源，电路最高工作频率上限也更高。若以 10 位二进制量化相位增量和相位值（下文 NCO IP 核配置中的相位累加精度和此处对应），则将 $0^\circ \sim 360^\circ$ 直接映射到数字值 $0 \sim 2^{10}-1$。相位累加值对应的数字值为

$$\Delta\phi \to \Delta n = \frac{f}{f_s} \times 2^N = \frac{1\text{MHz}}{50\text{MHz}} \times 2^{10} = \frac{2^{10}}{50} = 20.48 \tag{4-8}$$

20.48 取整后为 20，对应的实际产生频率为

$$f = f_s \times \Delta n \times \frac{1}{2^N} = 50\text{MHz} \times 20 \times \frac{1}{1\ 024} = 0.976\ 562\ 5\text{MHz} \tag{4-9}$$

若用 32 位二进制表示相位，对应的相位累加值为

$$\Delta n = \frac{1\text{MHz}}{50\text{MHz}} \times 2^{32} = \frac{2^{32}}{50} = 85\ 899\ 345.92 \tag{4-10}$$

取整后为 85 899 346，得到的实际频率为

$$f = f_s \times \Delta n \times \frac{1}{2^N} = 50\text{MHz} \times 85\ 899\ 346 \times \frac{1}{2^{32}} \approx 1\ 000\ 000.001\text{Hz} \tag{4-11}$$

该值可以达到任务 4.3 要求的精度，且相位值足够精细。以上是对相位或频率的分析。如果将 85 899 346 减半，即相位累加值减半，生成的正弦波频率会减半，这在任务 4.3 实施环节的仿真和测试中会附带验证。

2. NCO IP 核的相位-幅度转换

NCO IP 核的相位-幅度查找表电路也基于 ROM 或等效的 ROM 电路，若相位累加器位宽为 32 位，则需要深度为 2^{32} 个存储单元，每个存储单元位宽和 DAC 数据位宽 8 若相同，总共需要 4GB 的存储空间，这显然不可能实现。因此，需要对相位值进行一定的截取，NCO IP 核提供给用户一个角度分辨率配置选项，即配置查找表的输入的数字化相位位宽。例如，查找表的输入的角度值设置为 8 位二进制，意味着将 ROM 的深度设置为 256，然而事实上 NCO IP 核中与该值对应的配置参数的最小值为 10，因此需要选择性地截取。

3. NCO IP 核的幅度精度

针对不同的用途和精度要求，用户可以自由配置 NCO IP 核输出的幅度位宽，显然位宽越宽，耗费资源越多，但对应的幅度精度越高，具体应根据设计中的 DAC 宽度进行匹配。

以上分析和下面的 NCO IP 核配置相对应。需要注意的是，NCO IP 核可以产生一对单频正余弦波，也支持跳频等功能选项，配以简单的外围驱动电路即可产生各种调制信号。

4.3.2 【任务实施】基于 NCO IP 核设计高精度信号发生器设计实施

一、NCO IP 核配置

任务 4.2 的设计应用了 PLL IP 核和 ROM IP 核，本项目后续各任务及后续项目设计中单个工程可能涉及多个 IP 核，为了方便工程文件管理，在工程所在文件夹中创建 my_ip 文件夹用于专门存放各种 IP 核文件。本节工程和工程文件夹均命名为 sin_nco，先在 sin_nco 文件夹中创建 my_ip 子文件夹，再在 my_ip 子文件夹创建 ip_nco 文件夹存放 NCO IP 核相关文件。以下参考图 4-42 所示的 NCO IP 核配置进行介绍。

启动 NCO IP 核配置的具体操作方法是：在"IP Catalog"对话框中输入"nco"→选择"DSP"项目下的"NCO"→选择存储路径为"ip_nco"文件夹→IP 核命名为"ip_nco"→单击"OK"按钮，弹出图 4-42（c）所示的"IP Parameter Editor"对话框，图 4-42（a）所示为"Architecture"界面。

1. 结构（Architecture）配置

（1）电路算法。生成算法（Generation Algorithm）是 NCO 结构，Altera 为用户提供了多种各具特点生成算法。例如，Large ROM 占用的 ROM 资源较多、逻辑资源相对较少，工作速率较高，勾选默认的"Large ROM"类型即可。

（2）输出波形选择。"Outputs"是输出波形选项，"Signal Output"选项只产生一路正弦波，"Dual Output"选项会产生两路相位相差 90°的正弦波和余弦波。其他的"Number of Channels"和"Number of Bands"是产生跳频等选项，主要是用于一些调制信号，保持默认即可。

（3）数据与时钟关系。"Clock cycles per output"代表每个输出数据所消耗的时钟个数，即每输出 1 个幅度数据所需的时钟节拍数，一般选择默认即可。

2. 频率（Frequency）参数配置

选择"Frequency"选项，参照图 4-42（b）所示的"Frequency"界面，配置频率相关参数。

（1）精度。精度包含相位累加精度（Phase Accmulator Precison）、相位精度（Angular Resolution）、幅度精度（Magnitude Resolution）。

如上文分析，相位累加精度相当于相位累加器的位宽，保持默认的 32 位精度可以有效改善波形的精细程度。相位精度是对相位累加器的输出进行截取，选择"10bits"即可，相比于"8bits"，送至相位-幅度查找表电路的相位信息更为精确，但若再进一步提升，一来效果不明显，这从配置界面下的"Time Domain"界面可以看出；二来所需的 ROM 深度更大。幅度精度相当于相位-幅度查找表电路的输出的幅度位宽，最小值只能配置为 10，3PD9708E 的位宽为 8，解决方法是后续分配引脚时，将 NCO 输出幅度 10 位中的高 8 位接入 DAC 即可，舍弃低 2 位。

（2）相位抖动（Phase Dithering）。相位抖动选项对于单频正弦波输出无直接影响，保持默认即可。

（3）生成的输出频率参数（Generated Output Frequency Parameters）。时钟频率（Clock Rate）可以直接取晶振输入的时钟频率，也可以取项目 3 设计的分频器或 PLL IP 核输出的时钟，目标频率（Desired Output Frequency）是期望的正弦波频率，二者依次设置为 50MHz 和

1MHz。配置完以上参数后系统自动计算出相位累加值（Phase Increment Value）为 85 899 346，实际输出频率（Real Output Frequency）为 1.0MHz，和上文分析一致。

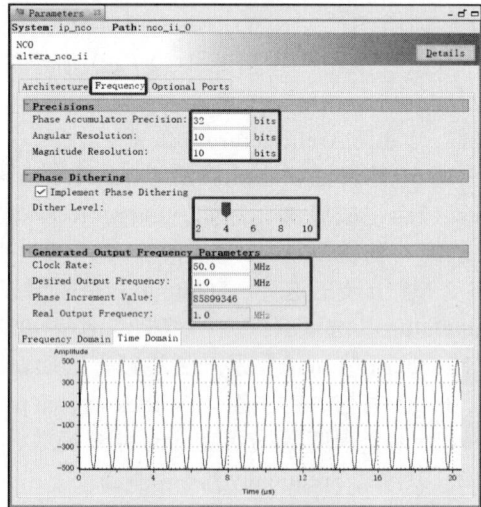

图 4-42（b）"Frequency"界面的中下半部分的"Frequency Domain"子界面和"Time Domain"子界面实时给出了各个参数对应的正弦波的频谱和时域波形供设计者参考。

NCO IP 核是纯数字电路，若 NCO IP 核外接时钟频率由 50MHz 变为 25MHz，输出正弦波频率则变为 500kHz。相位累加值 85 899 346 在下文电路例化中将会被用到。

3. 可选部分（Optional Ports）配置

可选部分是调制波形相关选项，对于单频正弦波保持默认即可。

4. NCO IP 核电路生成

配置完成后，按图 4-42（c）所示的"IP Parameter Editor"对话框，选择"Generate HDL..."，弹出图 4-42（d）所示的"Generation"对话框→勾选"Create timing and resource estimates for third-party EDA synthesis tools."→"Create simulation model"选择为"Verilog"→路径"Path"选择当前工程下创建的"ip_nco"子文件夹→单击"Generate"→等待片刻→按照提示进行剩余操作→之后自动返回图 4-42（c）所示的"IP Parameter Editor"对话框→单击"Finish"按钮→弹出图 4-42（e）所示的"Quartus Prime"工程文件添加提示对话框。

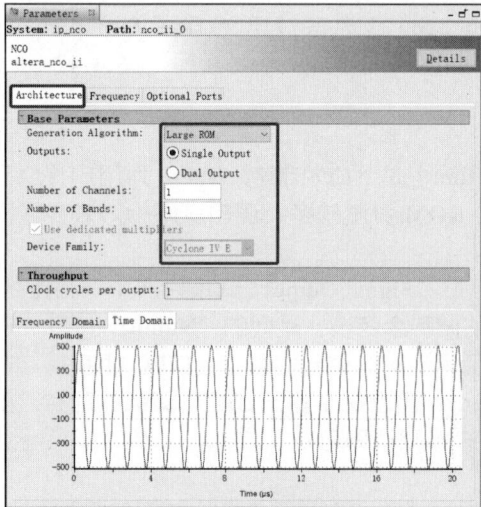

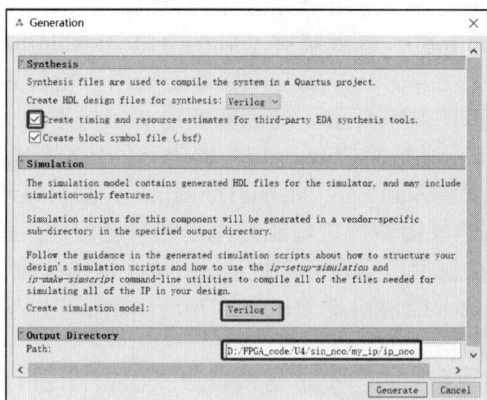

（a）"Architecture"界面   （b）"Frequency"界面

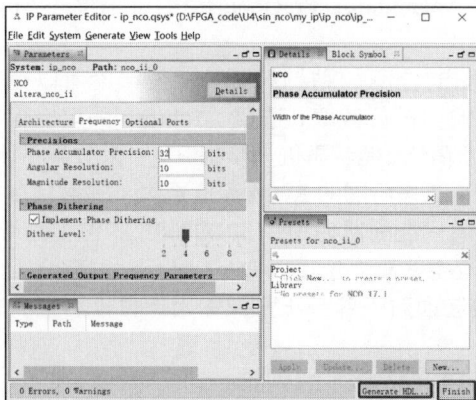

（c）"IP Parameter Editor"对话框   （d）"Generation"对话框

图 4-42　NCO IP 核配置

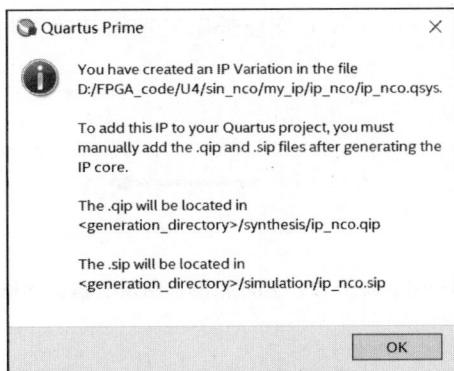

（e）"Quartus Prime"工程文件添加提示对话框

图 4-42　NCO IP 核配置（续）

图 4-42（e）是软件提示用户将.qip 和.sip 文件加入工程中，文件的路径在 ip_nco/synthesis/ip_nco.qip 和 simulation/ip_nco.sip 中，添加方法可参考任务 3.4 介绍的.SDC 的文件的添加，添加时注意将文件类型选为"All Files（*.*）"。

二、基于 NCO IP 核的高精度信号发生器

1. NCO IP 核接口

单击图 4-42（c）所示的"IP Parameter Editor"对话框右侧的"Block Symbol"界面，可得到图 4-43 所示 NCO IP 核端口，NCO IP 核端口及描述见表 4-10。

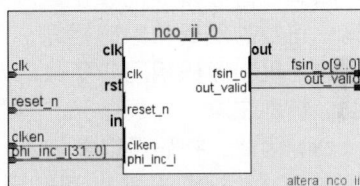

图 4-43　NCO IP 核端口

表 4-10　NCO IP 核端口及描述

接口名称	位宽	方向	描述
clk		input	时钟信号，对应配置中的 50MHz
clken		input	时钟使能信号，高有效
reset_n		input	复位信号，低复位
phi_inc_i	[31:0]	input	相位累加值，填入上文配置中的 85 899 346 即可。用户改变此值，就改变 fsin_o 信号的频率。
fsin_o	[9:0]	output	输出正弦波幅度
fcos_o	本次设计中未勾选，若选择 Dual Output 则会出现 fcos		
out_valid	1	output	输出有效标志信号。当时钟和时钟使能有效，复位解除后延时几个时钟，out_valid 信号会由低变高，此时输出信号 fsin_o 才会变化

2. NCO IP 核例化

（1）基于 NCO IP 核的高精度信号发生器电路框架。

图 4-44 所示为基于 NCO IP 核的信号发生器例化框架，由 NCO IP 核和补码转 DAC 模块对应的二进制码电路构成。NCO IP 核的时钟 clk 可以直接连接板载 50MHz 晶振输入时钟信号 sys_clk，时钟使能信号 clk_en 可恒置为逻辑 1，phi_inc_i 接入 NCO IP 核配置过程软件计算的固定数值 85 899 346，复位 reset_n 接板载复位按键信号 sys_rst_n。NCO IP 核产生的波形幅度信号 fsin_o 由 wire 型连线 fsin_w 接出并送至补码转 DAC 模块对应的二进制码电路进行处理。送至 DAC 模块的时钟 clk_DA_o 是经过 sys_clk 取反后的时钟，最终代表波形幅度

的信号 data_DA_o 和时钟信号 clk_DA_o 连接外部的数模转换器件。

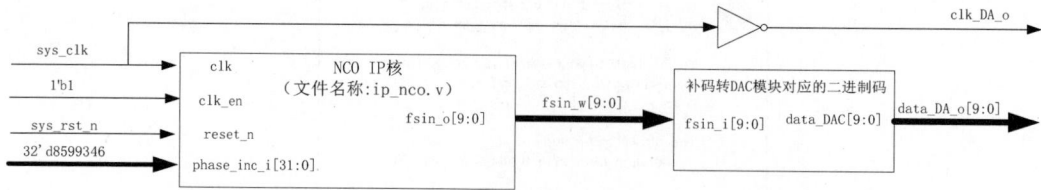

图 4-44　基于 NCO IP 核的信号发生器例化框架

（2）补码转 DAC 对应的二进制码。

Altera FPGA 中的大多数 IP 核数据都是以补码形式存在，因此需要将 10 位的补码转为任务 4.1 介绍的以 3PD9708E 为核心的 DAC 模块对应的编码。补码是计算机系统和电路系统的常用编码，相对于自然二进制，补码可以表示正数和负数，便于直接加减法。介绍补码前先介绍原码和反码，以 8 位二进制为例。

原码：首位是 0 代表正数，为 1 代表负数，其余 7 位是自然二进制码，代表数值大小。反码：正数的反码和原码相同，负数反码是原码除首位不变，其余位全部按位取反。补码：正数的补码和原码相同，负数的补码是负数的反码除最高位不变，其余位加 1 且不向最高位进位。特别注意，补码中无"–0"对应码，留给"–0"的编码 10000000 用于表示最小的负数–128，因此，补码可以多表示一个负数。8 位原码、反码、补码和 DAC 模块对应的二进制码见表 4-11。观察表 4-11 可知直接将 NCO IP 核输出的 10 位二进制的高 8 位中的低 7 位按位取反，即可适配以 3PD9708E 为核心的 DAC 模块的编码方式。

表 4-11　8 位原码、反码、补码和 DAC 模块对应的二进制码

十进制	原码	反码	NCO IP 核输出 补码	NCO 补码转 DAC 码	本节选取的 DAC 模块	
					输入：DAC 码	输出：电压幅度
+127	01111111	01111111	01111111		00000000	+5V
+126	01111110	01111110	01111110		00000001	
...					...	
+1	00000001	00000001	00000001		01111110	
0	00000000	00000000	00000000		01111111	
–0	10000000	11111111	无	→补码的首位不变，其余位取反		0V
–1	10000001	11111110	11111111		10000000	
–2	10000010	11111101	11111110		10000001	
...						
–126	11111110	10000001	10000010			
–127	11111111	10000000	10000001			
–128	无	无	10000000		11111111	–5V

注：此表的右 3 列只适用于本节选取的以 3PD9708E 为核心的 DAC 模块，其他 DAC 模块转换方法类似。

（3）基于 NCO IP 核的高精度信号发生器电路设计。

在工程中创建 Verilog HDL 文件，保存名称和工程名一致，参考图 4-41 设计的代码如下：

```
1.module sin_nco(
2.input   wire     sys_clk,
3.input   wire     sys_rst_n,
4.output  wire     clk_DA,
5.output  wire[9:0]data_DA_o
6.);
7.wire [9:0] fsin_w;
8.ip_nco u0 (
9.   .clk       (sys_clk),      // clk.clk
10.   .reset_n   (sys_rst_n),   // rst.reset_n
11.   .clken     (1'b1),        // in.clken
12.   .phi_inc_i (32'd85899346), //    .phi_inc_i
13.   .fsin_o    (fsin_w),      // out.fsin_o
14.   .out_valid ()  //    .out_valid
15.);
16.
17.assign data_DA_o = {fsin_w[9],~fsin_w[8:0]};
18.assign clk_DA    = ~sys_clk;
19.endmodule
```

其中，第 17 行按照表 4-11 分析得到。

3. 基于 NCO IP 核的高精度信号发生器电路时序仿真

功能仿真略。时序仿真只需给 sys_clk 和 sys_rst_n 赋值即可。图 4-45 所示为基于 NCO IP 核的信号发生器时序仿真结果，图 4-45（a）所示为 phi_inc_i 为 32'd85899346（1MHz）时的时序仿真结果，得到的正弦波的周期是 1 000ns，对应频率为 1MHz，和设计相符。将电路代码中的第 12 行参数修改为 32'd85899346/2 后，再次全编译，重新进行时序仿真，图 4-45（b）所示为 phi_inc_i 为 32'd85899346/2（500kHz）的时序仿真结果，仿真结果显示正弦波的周期为 2 000ns，对应频率为 500kHz，这与上文的分析一致。

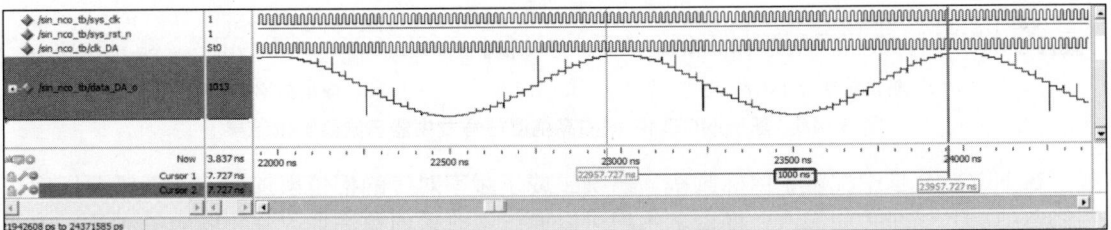

（a）phi_inc_i 为 32'd85899346（1MHz）

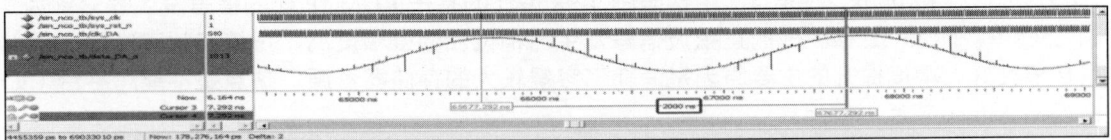

（b）phi_inc_i 为 32'd85899346/2（500kHz）

图 4-45　基于 NCO IP 核的信号发生器时序仿真结果

4. 基于 NCO IP 核的高精度信号发生器测试

图 4-46 所示为基于 NCO IP 核的高精度信号发生器示波器测试结果，其中，图 4-46（a）是 sys_clk 为 50MHz、phi_inc_i 为 32'd85899346 时的示波器测试结果，频率为 1MHz；图 4-46（b）是将代码第 12 行的 32'd85899346 修改为 32'd85899346/2 时的测试结果，频率为 500kHz；

图 4-46（c）是将代码第 12 行的 32'd85899346 修改为 32'd85899346/1 000 时的测试结果，结果显示频率为 1kHz，相比于任务 4.1 和任务 4.2 的测试结果，波形台阶几乎已经消除。图 4-46（d）是给电路添加 PLL IP 核后，以 100MHz 时钟驱动 NCO IP 核后的测试结果，示波器显示正弦波频率为 2MHz，这也验证了上文的分析。

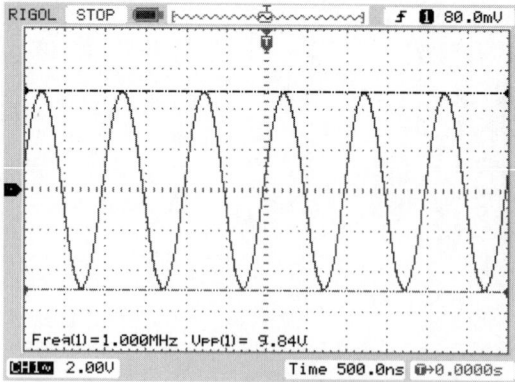

（a）输出频率为 1MHz   （b）输出频率为 500kHz

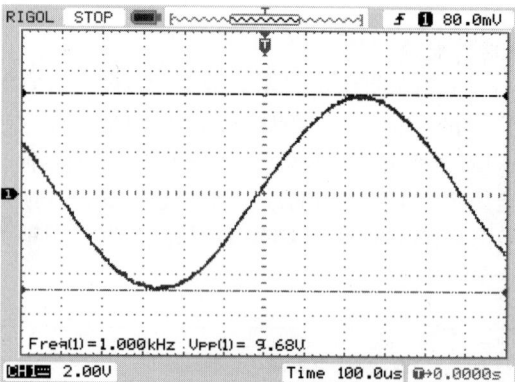

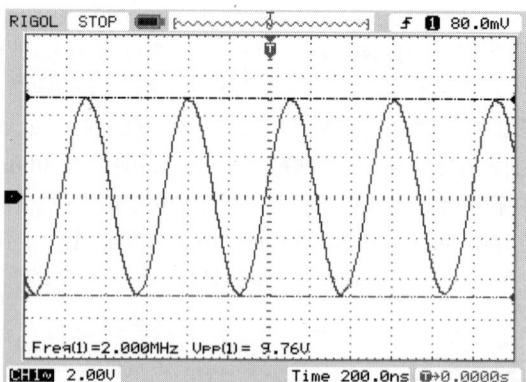

（c）输出频率为 1kHz   （d）输出频率为 2MHz

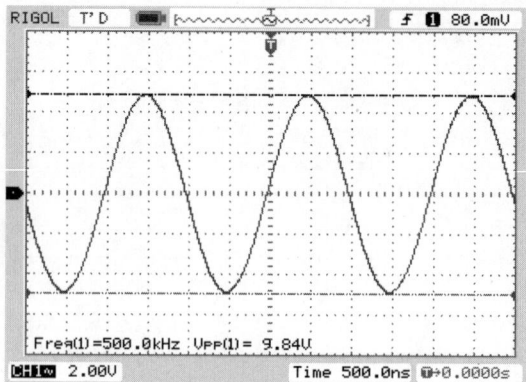

图 4-46　基于 NCO IP 核的高精度信号发生器示波器测试结果

在 NCO IP 核中配置了目标频率，系统生成了频率对应的相位累加值，该值需要用户在例化 NCO IP 核时手动输入，换言之用户可以通过修改该值灵活地改变正弦波的频率。由编译报告可知，本节 NCO IP 核所消耗的逻辑资源数量为 98，存储器资源为 10 240bits，而任务 4.1 分别为 25 和 0bits，任务 4.2 中参照图 4-38 设计的基于 ROM IP 核的信号发生器分别为 7 和 256bits。NCO IP 核生成的正弦波信号发生器相位和幅度精度高、正弦波频率修改方便、可移植性好，精度提升的主要原因是消耗了容量较大的存储器资源，缺点是不能跨平台（如移植到 Xilinx 芯片）使用。

思考与练习

一、填空题

1. 10 位 DAC 器件可以产生_____种幅度的电压或电流。

2. 一个线性度理想的 12 位 DAC 器件，输入全 0 和输入全 1 对应的输出电压值分为 5V

和-5V，输入的 12 位二进制数字值每增加 1，对应输出电压值变化_____V。

3．图 4-11 中，假设输入时钟频率为 50MHz，产生的正弦波频率是____Hz。若将计数器的计数范围从 0～31 修改为 0～49，对应的相位-幅度查找表电路也进行相应的修改，输出正弦波频率是____Hz。

二、简答题

简述 IP 核中软核、硬核、固核的区别。

实战演练

1．图 4-11 的设计是将一个正弦波相位 0～2π 进行了 32 等分，若将 0～2π 进行 128 等分，绘制和图 4-11 类似的电路框架，并设计、仿真电路。提示：绘制电路框架应特别注意端口和信号位宽。

2．使用 PLL IP 核设计一个输入为 50MHz、输出为 25.175MHz 的分频电路，并进行时序仿真。

3．参考图 4-38，将 PLL IP 核配置为 100MHz，相位累加器范围修改为 0～127，对应的 ROM IP 核深度修改为 128，输出幅度位宽修改为 10，绘制和图 4-38 类似的电路框架，并设计、仿真电路。提示：绘制电路框架应特别注意端口和信号位宽。

4．按 4.2.3 节所述设计电路，不考虑正弦波显示效果，要求产生频率约 1kHz 的正弦波。

项目5

信号幅值测量显示仪

05

项目导读

信号幅值的测量是信号处理领域中一个重要的应用。在现实世界中，大多信号都是模拟量，例如，电压、电流、温度、湿度、压力、声音等信号，而 FPGA 只能处理数字量，因此需要一种能将模拟量转换为数字量的器件——模数转换器（Analog-to-Digital Converter，ADC）。ADC 作为模拟信号和 FPGA 的桥梁，也是现代微电子数字通信系统、测量系统等中必不可少的器件。

项目导读

设计要求：测量并使用数码管显示正弦波的幅度最大值（也称峰值）、最小值（也称谷值）、峰峰值等参数，正弦波信号测量显示系统参数要求见表 5-1。

表 5-1　正弦波信号测量显示系统参数要求

参数	指标
波形	正弦波
频率范围	10Hz～500kHz
测量参数	最小值、最大值、峰峰值
幅值范围	-4V～4V
精度	0.1V
显示	单位 V，保留小数点后一位

图 5-1 所示为幅值测量显示系统，借助信号函数发生器产生频率、幅度、直流偏置、波形等可调的模拟信号送入 ADC 模块，在 FPGA 的驱动下 ADC 模块将模拟信号转换为数字信号送入 FPGA，FPGA 对数据进行处理后计算出最大值、最小值、直流偏置等参数，并驱动数码管予以显示。狭义上的 ADC 是指 ADC 芯片，而工程中所见到的绝大多数 ADC 是由 ADC 芯片、外围供电系统和以运算放大器等器件为核心的外围调理电路构成，这是一种广义上的 ADC，为了和 ADC 芯片区分，后文将这种广义的 ADC 称为 ADC 模块。

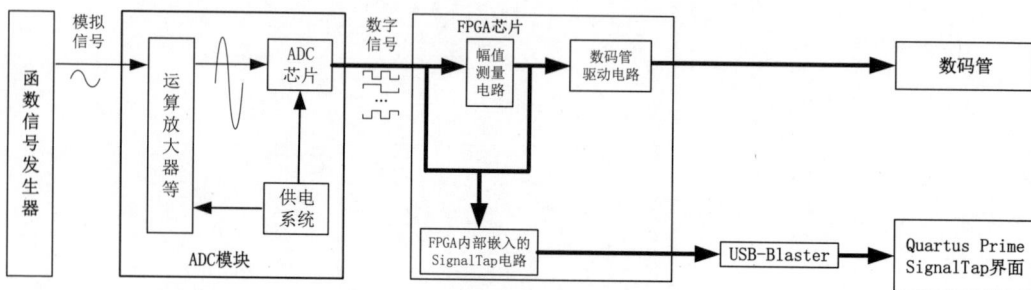

图 5-1　幅值测量显示系统框架

学习目标

1. 理解 ADC 芯片的时序要求。
2. 掌握获取数据流中最大值、最小值的电路设计方法。
3. 了解 SignalTap 的原理，并熟练操作 SignalTap 工具辅助电路调试。
4. 熟悉动态数码管常见外围电路设计，并掌握动态数码管驱动设计方法。
5. 熟练操作 ISSP Editor 工具辅助电路设计。
6. 了解大四加三算法，能够直接调用 5.3.3 节的数码管驱动电路。

素质目标

1. 幅值测量显示仪设计的各个环节均以项目指标为指引，认识设计指标的重要性。
2. 在代码设计中规范命名信号，严格遵守设计流程，养成良好的资料整理习惯。
3. 通过数码管驱动电路的设计，养成按照行业规范从事专业技术活动的安全生产职业习惯。

思维导图

　　任务 5.1 先介绍 ADC 相关概念，再介绍幅值测量的原理，根据设计要求对 ADC 模块进行选型，最后进行幅值测量电路设计（不包含显示电路），只在仿真层面进行验证，存在一定风险。任务 5.2 引入 SignalTap 逻辑分析仪对任务 5.1 设计的幅值测量电路的 FPGA 内部信号进行采集、分析，并显示测量结果，根据测量结果在软件层面对 ADC 模块进行校准。任务 5.3 先设计 6 位 8 段动态数码管驱动基础电路，然后使用 In-System Sources and Probes（ISSP）工具对其进行测试，最后在动态数码管驱动基础电路的基础上，根据大四加三算法优化动态数码管驱动电路中二进制-十进制分离部分电路，最终给出了一种实用性更强、接口简单、占用极少 FPGA 逻辑资源的动态数码管驱动电路，该电路在本书后续项目被反复使用。本项目思维导图如图 5-2 所示。

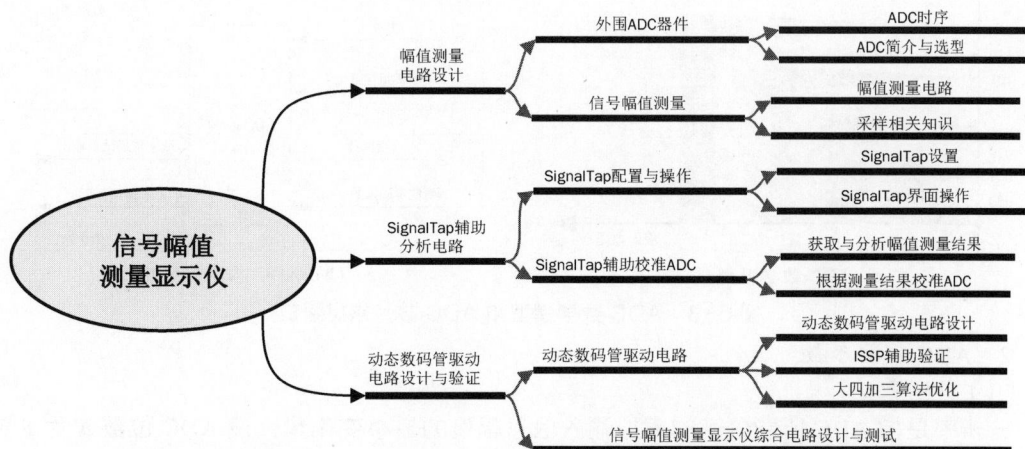

图 5-2　项目 5 思维导图

任务 5.1 幅值测量电路设计

任务导入

设计要求：设计幅值测量电路，测量正弦波的最大值、最小值和峰峰值，待测正弦波频率范围为 10Hz～500kHz，幅值范围 –4V～4V，测量结果以 100mV 为单位，绝对误差绝对值小于 100mV。

注：绝对误差是指测量值和真实值之差；相对误差是指绝对误差与真实值之比，一般用百分比（%）形式表示。

5.1.1 【知识准备】幅值测量电路设计分析

一、ADC 及相关参数

1. ADC 模型

图 5-3（a）所示为 ADC 数学模型，其是某理想的 3 位电压型线性 ADC 的输入模拟信号值和输出二进制值的关系，假想图 5-3（a）所示的 ADC 可以对输入幅值范围为 0～5V 的电压值进行线性转换，对应输出二进制的值为 000～111 共 8 种值。和 DAC 不同的是，ADC 某一段输入电压值可能对应同一种输出数字值，图 5-3（a）中的 ADC 将输入幅值范围在 0～5/8V 范围内的电压值均转换成二进制 000，将输入幅值在 5/8～10/8V 范围内的电压值均转换成二进制 001，以此类推，可称该 ADC 的分辨率为 5/8V，显然误差为分辨率的一半，即 2.5/8V。3 位二进制可以表示 8 种值，因此，3 位 ADC 可以转换 8 段不同电压范围的模拟电压值，假设 ADC 由 3 位提升为 8 位，对应的误差为 2.5/256V，显然 ADC 的位数越多，转换精度越高。

微课 5-1-1
知识准备

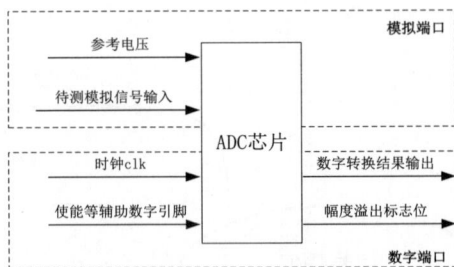

图 5-3（b）所示为 ADC 芯片常见端口，其中待测模拟信号输入端口和数字转换结果输出端口是必须的，往往还有参考电压端口、幅度溢出标志位端口，以及使能等辅助数字端口等。

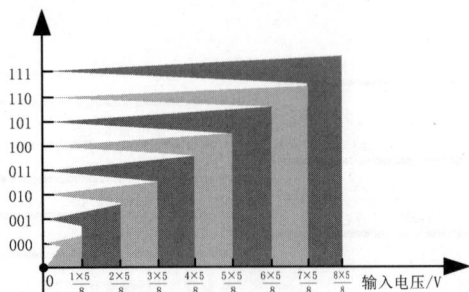

（a）ADC 数学模型　　　　（b）ADC 芯片常见端口

图 5-3　ADC 数学模型和 ADC 芯片常见端口

2. ADC 重要参数

（1）分辨率。

分辨率是指 ADC 所能分辨的模拟输入信号幅度的最小变化量。设 ADC 位数 N 为 8 位，若知满量程电压（Full Scale Range，FSR），则分辨率 η 定义为

$$\eta = \frac{\text{FSR}}{2^N} = \frac{\text{FSR}}{2^8} \tag{5-1}$$

分辨率也常用 ADC 位宽表示，常见的有 8 位、10 位、12 位、14 位等。一般将 8 位及以

下的 ADC 称为低分辨率 ADC，9～12 位称为中分辨率 ADC，13 位及以上称为高分辨率 ADC。

（2）转换速度。

通常用转换时间或转换速率来描述 ADC 的转换速度。转换时间是指完成一次转换所需时间，而转换速率则表示单位时间内能够完成转换的次数，显然二者互为倒数。转换速率的单位为 ksps 或 Msps（kilo/Million Samples per Second）。一般约定，按照转换时间可以将 ADC 分为超高速型（转换时间＜330ns）、高速型（转换时间＜20μs）、中速型（转换时间 20～300μs）和低速型（转换时间＞300μs）等。随着电子工艺的进步，当前 ADC 芯片转换速率越来越高，动辄上百 Msps，目前国际上已经量产化的一些 ADC 芯片转换速率最高可以达到 Gsps，如 Maxiam 公司的 MAX109 转换速率可达 2.2Gsps，但价格不菲。

在 ADC 芯片设计生产过程中，转换速度和转换精度两者相互对立，若追求高转换速度，则一般要降低精度，例如 MAX109 分辨率只有 8 位；反之如 TI 公司的 ADS1256，分辨率高达 24 位，但转换速率只有 30ksps。因此，需要根据实际应用需求在两者之间进行折中选择。

ADC 对模拟信号进行采样，单位时间内完成的采样次数称为采样频率，也称采样率，采样率单位用 Hz、kHz、MHz 等表示。显然 ADC 实际工作的采样率不能高于 ADC 的转换速率。

（3）转换误差。

ADC 的转换误差是指实际输出数字量对应的理论模拟电压与实际模拟输入电压之差，它包含量化误差、偏移误差、非线性误差、满刻度误差等。一般意义上的转换误差特指量化误差，理想情况下，量化误差是分辨率的一半。任务 5.1 的设计要求的测量误差为 100mV，在不考虑采样误差的情况下要求 ADC 的分辨率不小于 200mV，满量程按–5～5V 计算，根据式 5-1 可得

$$\eta = \frac{10\text{V}}{2^N} < 200\text{mV} \tag{5-2}$$

推导可知 ADC 的位数 N 至少为 7 位，而常见的 ADC 芯片以 8 位、10 位、12 位居多，因此可选择 8 位、10 位等 ADC 芯片。大多数 ADC 芯片自身只能转换正幅值模拟电压，初学者可以选择已经集成模拟电压调理电路的 ADC 模块。事实上，ADC 位数的选取不仅和分辨率有关、还需要结合采样率进行分析。

3. ADC 芯片通用引脚

图 5-3（b）展示了 ADC 芯片端口，ADC 芯片必定包含待测模拟信号输入引脚、数字转换结果输出引脚（常有时钟引脚），且大多数 ADC 芯片常配有参考电压引脚、幅度溢出标志位引脚、使能等辅助数字引脚等。注：如果器件指的是芯片，那么端口称为引脚更为确切。

参考电压引脚：ADC 芯片常配有参考电压引脚或者功能类似的单个或多个其他引脚。参考电压一般决定了 ADC 芯片的量程，通常根据量程需要选择合适的外部稳压芯片，并将外部稳压芯片提供的固定电压接入参考电压引脚或者功能类似引脚。

待测模拟信号输入引脚：该引脚为 ADC 芯片的待测模拟电压输入引脚，输入电压一般不允许超过芯片规定的电压范围。传感器等原始信号幅值和 ADC 芯片量程不一致，常见的 ADC 模块一般将外部输入模拟信号经过放大或缩小、偏置、电流电压转换等调理电路处理后再接入待测模拟信号输入引脚，以充分利用 ADC 芯片的精度。设计要求中的待测正弦波幅值范围为–4V～4V，应选择电压转换范围更宽的 ADC 模块，以保证设计冗余。

时钟和数字转换结果输出等通信引脚：根据 ADC 芯片数值转换结果输出引脚的通信方式可将 ADC 芯片分为并行和串行两种。并行 ADC 芯片时序简单，又分为带时钟引脚和不带时钟引脚两种，带时钟引脚的常见于高速 ADC 芯片，性能更加稳定。串行 ADC 芯片相较并行 ADC 芯片引脚更少、抗干扰能力更强，便于电路板布局，但数据传输速率低，串行 ADC 芯片多为高分辨率、低转换速率类型。常见的串行 ADC 芯片通信方式有 I²C、SPI 以及一些

私有协议。

幅度溢出标志位等引脚：假设 8 位 ADC 芯片转换电压量程为 0V～5V，当输入模拟电压大于 5V 时，转换结果和 5V 的转换结果相同，输出数字值为满值，但幅度溢出标志位会有变化，因此该引脚是对转换结果的补充。

使能等辅助数字引脚：可以通过控制 ADC 芯片的使能等辅助数字引脚来关闭 ADC 芯片以降低功耗。

4. 常用型号 ADC 芯片参数及选型分析

对于采样率要求比较高的场合，一般选择并行 ADC 芯片，而对于分辨率要求极高，采样率不做特别要求的场合一般选择串行 ADC 芯片。表 5-2 所示为常见 ADC 芯片型号及特性。

表 5-2 常见 ADC 芯片型号及特性

位数	典型产品	转换速率	通道	并行/串行	时钟接口	说明
8	PCF8591	—	4	串行	I²C	内含 4 路 ADC 和 1 路 DAC，IIC 通信协议，通信速率取决于 IIC 协议的速率
8	AD9280	32Msps	1	并行	有	德州仪器知名型号
8	3PA9280	32Msps	1	并行	有	国产、代替 AD9280、性能优异
8	ADC0832	—	2	串行	有	教科书中常见、接口简单、适合进行 ADC 原理性学习、性能差
10	3PA1030	50Msps	1	并行	有	对标德州仪器知名型号 ADS825E，性能优异、性价比高
12	AD9226	65Msps	1	并行	有	转换速率高、精度高、价格高
16	AD7606	200ksps	8	可选	有	8 通道、16 位、精度高、适合采集直流信号、价格高
24	ADS1256	30ksps	8	串行	SPI	8 通道或 4 差分通道、SPI 协议、精度高

针对任务 5.1 的设计要求，按照表 5-2 对 ADC 芯片进行初步选型。

（1）上文初步分析至少选择 8 位及 8 位以上 ADC 芯片，考虑到设计要求中正弦波的最高频率达到 500kHz，以够用原则为准，表 5-2 中 3PA9280（或 AD9280）和 3PA1030 在分辨率和转换速率方面满足设计要求。

（2）为了测量信号峰值、谷值等，需在一个正弦波周期内采样多个数据，因此，ADC 的采样率应该在 10MHz 量级，而信号频率在 10MHz 量级的 PCB 设计难度较大，对于初学者建议选择现成的 ADC 模块代替 ADC 芯片，可以提高设计成功率。

（3）ADC 芯片自身大多只支持正电压输入模拟信号，选型时应特别关注 ADC 模块的量程。

经过初步分析，不妨选择量程为 -5V～+5V 的 8 位并行或 10 位并行 ADC 模块，具体可以选择转换速率分别为 32Msps 和 50Msps 的型号为 3PA9280 的 8 位 ADC 和型号为 3PA1030 的 10 位 ADC，对应分辨率分别约为 40mV 和 10mV，量化误差分别约为 20mV 和 5mV。以上分析是理想情况下的分析，实际因采样、计算等会引入其他误差，可能需要进行重新选型，但以上分析基本确定了 ADC 模块的大致参数。

二、幅值测量数学误差分析

ADC 模块在 FPGA 的驱动下对待测模拟信号进行采集，会引入两种误差，第一，因 ADC 分辨率有限必定会引入量化误差，上文提到过，理想情况下 ADC 的量化误差为分辨率的二分之一；第二，因采样率不足导致只采集到待测模拟信号部分相位对应的幅度值，可能会出现采集不到待测模拟信号峰值和谷值的现象，这会引入采样误差（由于采样率不足引起的误差，称为采样误差）。

1. ADC 分频率/位宽引入的误差-量化误差

待测模拟正弦波信号频率记为 f，正弦波峰值记为 V_{MAX}，谷值记为 V_{MIN}，ADC 采样率记为 f_s，采样时长记为 T，采样点数记为 N。先分析 3PA9280 是否满足要求，3PA9280 模块理论采样率可达 32MHz，以 ADC 可以工作的最高采样率 32MHz 对频率为 1Hz 正弦波信号进行采集，1s 的数据采集量可达 32 000 000 个，相当于每间隔 $2\pi/32\ 000\ 000$ 相位采集一次幅值，在采样值中找出最大值和最小值即可得到信号的峰值、谷值，取最大值和最小值的平均值即可得到待测信号的直流偏置（或中值），理论上讲只有 ADC 的分辨率引入的量化误差，量化误差值为分频率一半。对于输入范围为−5V～5V 的 8 位 ADC，分辨率为 $10\ 000mV/2^8 \approx 40mV$，量化误差值约为 20mV。

2. 采样率不足引入的误差-采样误差

不考虑 ADC 模块分频率引入的误差，ADC 模块以可以工作的最高采样率来采集待测正弦波信号，待测信号频率越高，对应正弦波单个周期内采样点数越少。3PA9280 模块支持的最高采样率为 32MHz，若对 1MHz 正弦波信号进行采集，对应每个正弦波周期 32 个采样点，则采样点相位间隔为

$$\Delta\phi = \frac{1}{32} \times 2\pi \tag{5-3}$$

图 5-4 所示为 32 倍频采集正弦波幅值采样误差示意，即使用频率为正弦波信号频率 32 倍的采样率对正弦波进行采集。FPGA 本地时钟的相位和正弦波的相位是随机的，从概率角度讲，是否能采集到正弦波峰值或谷值也是随机的。图 5-4（a）所示为采样最佳情况，"圆圈"代表被采样到的值，峰值和谷值刚好被采样到。图 5-4（b）所示为采样最坏情况，最坏情况是正弦波峰值或谷值恰好位于某两次相邻采样值正中心，最邻近的采样值距离峰值或谷值时长为 1/32 个正弦波周期的一半，这导致实际采集的峰值 V_{SMAX} 为

$$V_{SMAX} = \sin(\frac{\pi}{2} \pm \frac{1}{64} \times 2\pi) \approx 0.995\ 185 \tag{5-4}$$

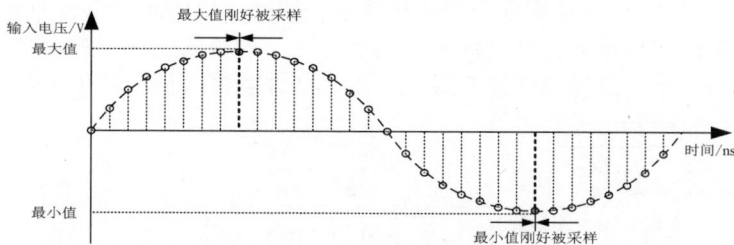

（a）采样最佳情况

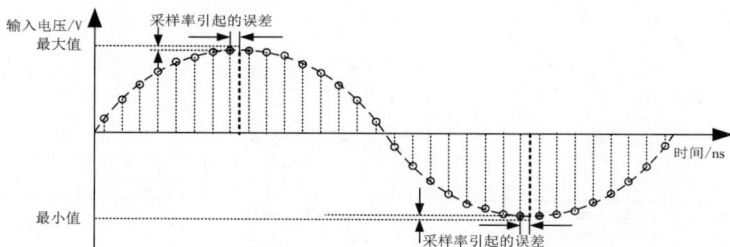

（b）采样最坏情况

图 5-4　32 倍频采集正弦波幅值采样误差示意

采样相对误差的绝对值为

$$\delta_{\mathrm{V}} = \frac{|V_{\mathrm{MAX}} - V_{\mathrm{SMAX}}|}{|V_{\mathrm{MAX}}|} = \frac{\left|\sin\left(\dfrac{\pi}{2}\right) - \sin\left(\dfrac{\pi}{2} \pm \dfrac{1}{32} \times 2\pi \times \dfrac{1}{2}\right)\right|}{\left|\sin\left(\dfrac{\pi}{2}\right)\right|} \times 100\% \approx 0.481\,5\% \qquad (5\text{-}5)$$

由式 5-5 可知，以 32 倍频进行采集为例，最坏情况下采集得到的峰值、谷值相对误差的绝对值均不超过 0.5%。仍以 32 倍频进行采集为例，观察图 5-4 两图中的采样值和原信号的比例关系可以看出：①峰值的采集结果比实际峰值要偏小，谷值的采集结果比实际值谷值要偏大；②最坏情况下，由采样峰值和采样谷值计算得到的采样峰峰值，其绝对误差的绝对值是峰值绝对误差的绝对值（或谷值绝对误差的绝对值）的 2 倍；③峰峰值的相对误差的绝对值和峰值（或谷值）的相对误差绝对值基本一致，即比例不变。

为便于叙述，后文将采样率和正弦波频率的比值 f_{s}/f 称为相对采样率。表 5-3 所示为不同相对采样率下采样相对误差绝对值的理论最大值。表 5-3 表明，若以正弦波频率的 32 倍频的采样率对正弦波信号进行采集，则峰值、谷值、峰峰值采样相对误差绝对值不超过 0.5%，随着 f_{s}/f 的增加，采样相对误差绝对值的理论最大值非线性减小，当 f_{s}/f 提升到一定程度，再次提升 f_{s}/f 效果明显减弱。

表 5-3　不同相对采样率下采样相对误差绝对值的理论最大值

f_{s}/f	8	16	32	64	128	256
峰值采样相对误差绝对值理论最大值	7.61%	1.92%	0.48%	0.12%	0.03%	0.01%
谷值采样相对误差绝对值理论最大值	7.61%	1.92%	0.48%	0.12%	0.03%	0.01%
峰峰值采样相对误差绝对值理论最大值	7.61%	1.92%	0.48%	0.12%	0.03%	0.01%

3. 采样率和分辨率/位宽共同引入的误差

以上详细介绍了 ADC 的量化误差和采样误差，实际测量误差是二者的复合影响，图 5-5 所示为量化误差和采样误差复合影响示意，其给出了几种极限情况下的示意，结果表明，最坏情况下，峰值或谷值的测量总误差的最大值为采样误差最大值和量化误差最大值之和。

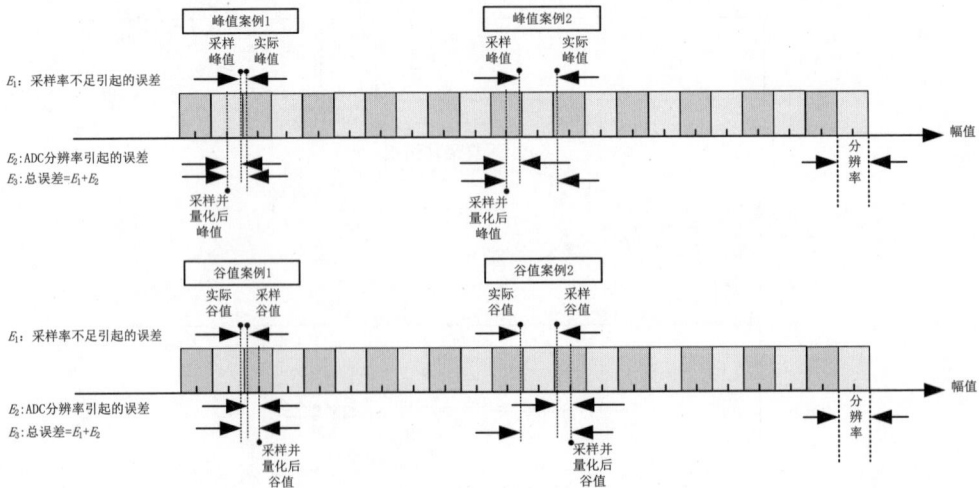

图 5-5　量化误差和采样误差复合影响示意

表 5-4 所示为不同相对采样率、不同位宽 ADC 的各种误差，其中 8 位宽和 10 位宽 ADC 的量程均为-5V～5V，表 5-4 显示，随着相对采样率（f_s/f）的增加，峰值或谷值、峰峰值采样误差逐步减小，最终分别稳定在 ADC 分频率的二分之一，此时的误差仅由 ADC 的分辨率引起，可以得到以下结论。

第一，如果相对采样率（f_s/f）足够高，那么总误差几乎为量化误差。第二，如果相对采样率（f_s/f）足够高，那么位宽更大的 ADC 总误差更小。

表 5-4 不同相对采样率、不同位宽 ADC 的各种误差

相对采样率 f_s/f	正弦波幅值 8V							
	8 位 ADC				10 位 ADC			
	峰值/谷值/峰峰值				峰值/谷值/峰峰值			
	采样误差		量化误差	总误差	采样误差		量化误差	总误差
	百分率	电压值（mV）	电压值（mV）	电压值（mV）	百分率	电压值（mV）	电压值（mV）	电压值（mV）
8	7.61%	608.8		648.8	7.61%	608.8		618.8
16	1.92%	153.6		193.6	1.92%	153.6		163.6
32	0.48%	38.4		78.4	0.48%	38.4		48.4
64	0.12%	9.6	$20 \times 2 = 40$	49.6	0.12%	9.6	$5 \times 2 = 10$	19.6
128	0.03%	2.4		42.4	0.03%	2.4		12.4
256	0.01%	0.8		40.8	0.01%	0.8		10.8
512	0	0		40	0	0		10
1 024	0	0		40	0	0		10

注：峰峰值的量化误差电压值等于峰值或谷值量化误差电压值的 2 倍；采样误差是一种比例，峰峰值和峰值或谷值的比例一致。

任务 5.1 设计要求为以 100mV 为单位进行测量与显示，考虑到后续数码管显示环节存在因四舍五入引入的 50mV 计算或显示误差，因此，留给量化误差和采样误差的总误差绝对值应小于 50mV。若选取位宽 8 位、量程为-5～5V 的 ADC 模块，则峰值、谷值量化误差绝对值不超过分辨率的二分之一，即 20mV；峰峰值量化误差绝对值不超过 20mV 的 2 倍，即 40mV；峰峰值采样误差绝对值应不超过（50mV-40mV）=10mV，查询表 5-4 可知，f_s/f 应不小于 64 倍频。

设计要求中的正弦波频率最大值为 500kHz，ADC 模块以 32MHz 的频率全速采样时，对应的 f_s/f 为 64，查询表 5-4 可知，采样误差百分率不超过 0.12%，对应电压值为 8V×0.12%=9.6mV，满足设计要求。

综上所述，选取幅值范围为-5V～5V、最高采样率为 32MHz 的 8 位 ADC 模块，对频率为 500kHz 正弦波以 32MHz 的采样率进行采集，误差满足任务 5.1 的设计需求。

若要减小测量误差，则对于低频信号，可先尝试提升 f_s/f，必要时再更换位宽更大的 ADC 芯片或 ADC 模块；对于高频信号，主要考虑更换更高位宽的 ADC 芯片或 ADC 模块。

4. ADC（型号 3PA9280）接口和时序

项目 5 选取以 3PA9280 芯片为核心的 ADC 模块，该芯片为 8 位并行 ADC，最高工作频率为 32MHz，该模块输入电压范围为-5V～5V。

（1）3PA9280 ADC 芯片引脚及时序。

3PA9280 芯片数据手册部分截图见图 5-6，包含图 5-6（a）所示的 3PA9280 芯片引脚和

图 5-6（b）所示的 3PA9280 芯片时序图。表 5-5 所示为 3PA9280 芯片时序参数要求，其是根据 3PA9280 数据手册总结出的和任务 5.1 设计要求相关的主要参数。

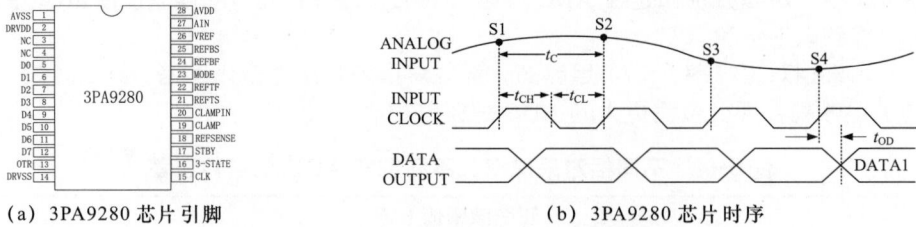

(a) 3PA9280 芯片引脚   (b) 3PA9280 芯片时序

图 5-6   3PA9280 芯片数据手册部分截图

表 5-5   3PA9280 芯片时序参数要求

参数		极限值	总结	
时钟高电平时间	t_{CH}	14.7ns	时钟周期不小于 29.4ns	综合考虑，时钟频率满足 32MHz，占空比 50%即可
时钟低电平时间	t_{CL}	14.7ns		
最高工作频率	f_C	32MHz	时钟周期不小于 31.25ns	
时钟周期	t_C	31.25ns	t_C 是 f_C 的倒数，应注意 t_C 应大于 2 倍的 14.7ns	
ADC 芯片输出延时	t_{OD}	25ns	ADC 数字转换结果相对时钟上升沿的延时	

从 ADC 模块层面讲，参照图 5-7 所示的 3PA9280 模块与 FPGA 连接示意，该 ADC 模块在 3PA9280 芯片基础上，设计了完整的以运算放大器为核心模拟调理电路、供电系统等，其中模拟调理电路主要实现对输入模拟信号进行幅值偏置、放大等。ADC 模块留给用户的端口主要是时钟端口 CLOCK、8 位数据端口 DB7～DB0，以及一个幅值溢出标志位 OTR。图 5-8 所示为 3PA9280 模块输入输出转换关系，因为 3PA9280 芯片外围的模拟调理电路的对称性非理想状态，所以该 ADC 模块的实际转换关系相较图 5-8 可能稍有偏差，偏差具体反映在图 5-8 中为斜线会略微上下偏移、斜线略有弯曲，这种现象也常见于其他类似 ADC 模块。

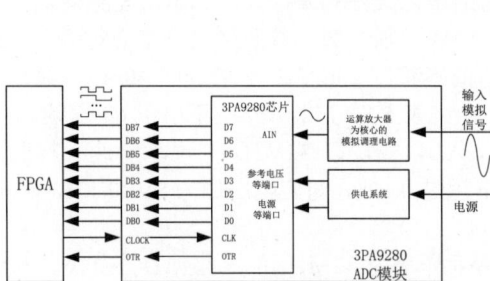

图 5-7   3PA9280 模块与 FPGA 连接示意

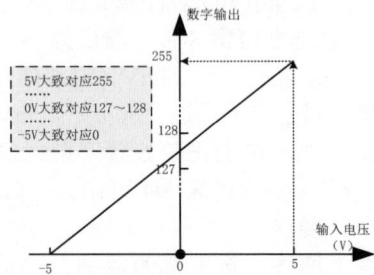

图 5-8   3PA9280 模块输入输出转换关系

（2）3PA9280 模块与 FPGA 连接的时序分析。

借鉴项目 4 中高速信号发生器的设计经验，在设计幅值测量电路之前应先分析 3PA9280 时序，并全面考虑 FPGA 和 ADC 模块时序的对接。FPGA 和 ADC 芯片的通信过程中，时钟由 FPGA 提供，数据由 ADC 芯片提供，参考图 5-9 所示的 FPGA 与 3PA9280 时钟与数据时序示意介绍二者的主要延时，具体如下。

①时钟从 FPGA 内部到 FPGA 引脚的延时 T_1。如果时钟来自于 FPGA 内部 Verilog HDL 设计的分频器（实际来自于其内部寄存器（或 D 触发器）的输出），那么 T_1 一般约为 5ns；

如果来自 PLL IP 核，那么一般认为 T_1 更小。虽然 T_1 暂时无法确定，但是可以通过后期时序仿真来明确，并进行干预。

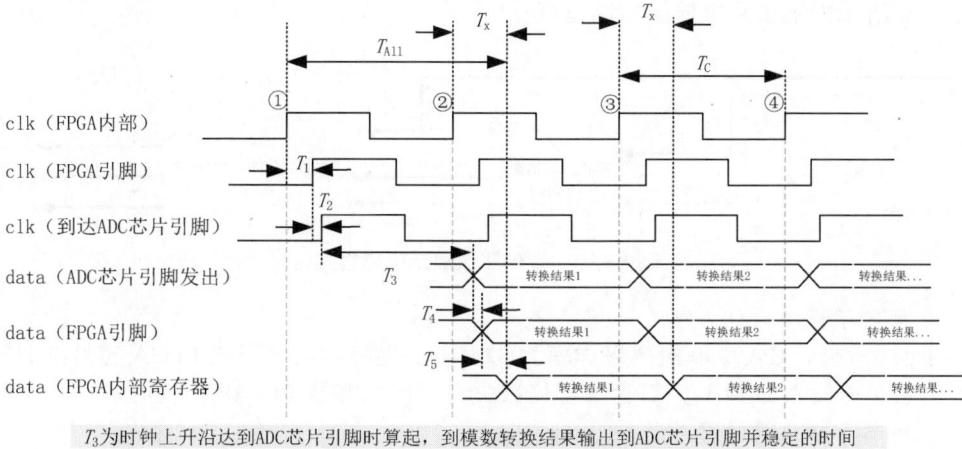

T_3 为时钟上升沿达到 ADC 芯片引脚时算起，到模数转换结果输出到 ADC 芯片引脚并稳定的时间

图 5-9　FPGA 与 3PA9280 时钟与数据时序示意

②时钟从 FPGA 引脚经由 PCB 走线到达 ADC 芯片引脚的延时 T_2。将 FPGA 芯片引脚到 3PA9280 芯片引脚这一段走线全部等效成 PCB 走线，PCB 延时经验值为 600mil/ns（1mm = 39.37mil），也就是说 PCB 线长 15.2mm 会引起 1ns 的延时，这段延时必须考虑，假定 FPGA 芯片和 ADC 芯片距离 50mm，由 PCB 走线长度引入的信号延时约合 3ns，具体依据实际情况而定。

③3PA9280 芯片数据相对 ADC 芯片时钟上升沿的延时 T_3。从时钟上升沿达到 ADC 芯片引脚时算起，到数据（模数转换结果）输出到 ADC 芯片引脚并稳定的时间，这主要取决于表 5-5 所示的 t_{OD}，因此 T_3 为 25ns。

④数据从 ADC 芯片引脚传输至 FPGA 引脚的延时 T_4。该值也是 PCB 走线长度引入的，和 T_2 数值基本一致。

⑤数据从 FPGA 引脚到达内部电路的延时 T_5。T_5 是 FPGA 引脚到 FPGA 内部电路的延时，即 FPGA 的 input delay time，一般约为 5ns，具体值可以由后期时序仿真获得。

综上所述，时钟上升沿从 FPGA 内部算起，到该时钟对应的 ADC 采样数据达到 FPGA 内部寄存器的时间是 T_1、T_2、T_3、T_4、T_5 之和。其中 T_3 依据 ADC 芯片型号而定，T_2 和 T_4 由 PCB 布局确定，T_1 和 T_5 由 FPGA 设计决定。根据经验 T_1 和 T_5 二者之和大于 5ns，T_2 和 T_4 二者合计不妨认为是 5ns，由表 5-5 中的 t_{OD} 对应 T_3，值为 25ns，$T_1 \sim T_5$ 之和记为 T_{All}。综合评价 T_{All} 大于 35ns。

该 ADC 模块最高采样率为 32MHz，对应时钟周期为 31.25ns，记为 T_C。若 FPGA 时钟以 32MHz 的频率工作，从 FPGA 内部寄存器输出的第 X 个时钟上升沿算起，经过 35ns 的 T_{All} 延时，FPGA 内部寄存器获得了数据，此时已经是第 $X+1$ 个时钟上升沿之后 $T_x = T_{All} - T_C = 3.75ns$ 的时刻，该 8 位数据在第 $X+2$ 个时钟才能被打入 FPGA 内部的寄存器。尽管如此，这仍是一个有利现象，设想当 ADC 模块的 T_{All} 因 PCB 布局紧凑等原因缩小几纳秒（ns），或者时钟周期 T_C 增加几纳秒，都会出现如下现象：因传输到 FPGA 内部寄存器的 8 位数据变化边沿可能接近 FPGA 内部 D 触发器时钟上升沿，进而导致 8 位数据因不满足 D 触发器建立时间或保持时间而出现亚稳态，最终造成 8 位数据传输错误。

经过上述分析，当 FPGA 时钟频率为 32MHz 时，可以和 3PA9280 正常通信，当时钟频率降低到 20 多 MHz 时有风险，具体可以在任务 5.2 介绍的通过观察 SignalTap 采集的信号来验证，此时可以通过任务 4.1 介绍的调整快速寄存器的方式调整 T_{All} 中的 T_1 和 T_5。

三、幅值测量显示电路设计思路

图 5-10 所示为幅值测量显示电路框架。

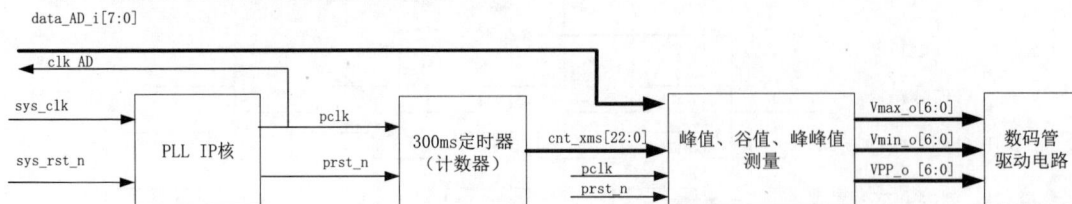

图 5-10　幅值测量显示电路框架

1. 分频器子模块设计思路

根据上述分析，3PA9280 最高采样率为 32MHz，而外部晶振送给 FPGA 芯片的时钟信号 sys_clk 的频率一般为 50MHz，二者非整倍数关系，因此需要 PLL IP 核辅助分频。

2. 定时器子模块设计思路

测量结果若以数码管形式显示，则需要考虑数码管的显示效果。若正弦波频率为 500kHz，其周期为 2μs，则最少只需约 2μs 即可判决出峰值、谷值以及峰峰值；若正弦波频率降低至 10Hz，则判决时间最少需要约 0.1s。问题是，如果每 2μs 更新一次数码管显示结果，那么因为相邻两个 2μs 的测试结果可能存在一定的偏差，所以会造成数码管显示的数据发生剧烈跳动，最终导致肉眼无法分辨数码管当前显示的数字；相反的，如果数码管显示更新太慢，那么肉眼观察的直观感受是系统更新太慢，即系统不够灵敏。

因此，一般的经验是，数码管每 200～300ms 更新一次数值，观看感受最佳。基于这些分析，应每 200～300ms 完成一次完整的采集、计算，以及数码管更新，具体可以使用一个计数范围在 200～300ms 的计数器标记时间。现在来分析周期为 200ms～300ms 的计数器的位宽等参数，二进制计数器（例如 0～15 计数器）相比任意计数器（例如 0～9 计数器）电路更加精简，因此优先选择二进制计数器；考虑到时钟频率为 32MHz，计数 0～32 000 000−1 所需时间为 1s，计数 0～32 000 000/4−1 所需时间为 0.25s，取和 32 000 000/4 值最接近的全 1 二进制值，即 23'h7f_ffff，对应计数范围用十进制表示为 0～8 388 607，对应时间为 8 388 608/（32MHz），约为 262ms，将该计数器和该计数器输出的计数值信号命名为 cnt_xms_r，对应图 5-10 的"300ms 定时器"。

3. 峰值、谷值、峰峰值测量子模块设计思路

对峰值、谷值、峰峰值进行测量，即进行幅值测量。峰值测量电路和谷值测量电路设计类似，峰峰值是峰值和谷值之差。该电路应每 262ms 更新一次计算结果，还需将 8 位二进制结果转换为对应的电压值，最后将计算结果送至数码管驱动电路予以显示。

幅值测量电路时序规划如图 5-11 所示，与之对应的幅值测量电路关键信号描述见表 5-6。最大值、最小值的测量是 FPGA 中一种常见的设计，以最大值为例，设计的思想是：只需将 ADC 模块当前采样值和本地存储的峰值 AD_MaxTemp_r 进行比较，若前者大，则将前者赋给本地存储值，反之，后者保持不变。此外，AD_MaxTemp_r 应该每 262ms 复位（置数为最小值 0）1 次，否则会导致当正弦波信号幅值从小变大，再从大变小后无法测量最新的最大值，因此以 cnt_xms_r 为时间标尺，只需在某一时刻（不妨取 cnt_xms_r 为 0，也可以为其他值）将 AD_MaxTemp_r 传值给 AD_Max_r 以保存前一段 262ms 时间内采集的最大值，与此同时 AD_MaxTemp_r 清零以备下一个 262ms 时间段内的更新。对于 AD_Max_r 而言，除在 cnt_xms_r 为 0 时获取 AD_MaxTemp_r 的值，其余时间均保持不变。最后，AD_Max_r 是 8 位二进制数，显示不够直观，还需进行与 ADC 模块的分辨率相乘等运算才能显示。

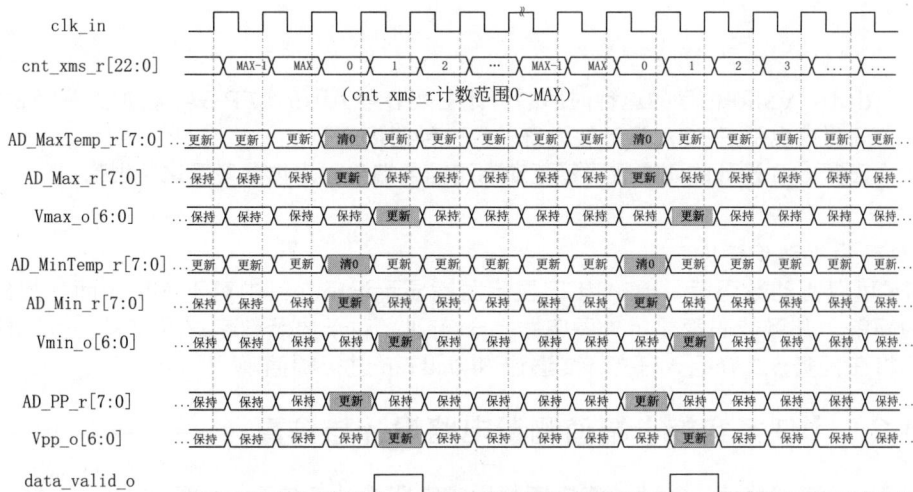

图 5-11　幅值测量电路时序规划

> **注意**　FPGA 设计电路时，若引入小数或负数则会极大增加设计难度，为避免此问题，以表 5-6 中的 Vmax_o 信号为例，在 FPGA 电路中用十进制数 00～99 代表-5.0V～5.0V，其中 00 代表-5V，99 代表+5V。在此可以看到 50 代表的 0V 作为测量值正负的分界值。例如，Vmax_o 信号值为 49 时，代表电压值是-5+49×0.1=（49-50）×0.1=-0.1V；Vmax_o 信号值为 52 时，代表电压值是-5+52×0.1=（52-50）×0.1=0.2V。

表 5-6　幅值测量电路关键信号描述

信号名称	位宽	功能描述	赋值
cnt_xms_r	23	时间标尺	每个时钟上升沿加 1，循环计数，计数范围 0～MAX。MAX=23'h7f_ffff，完整周期约为 262ms
AD_MaxTemp_r、AD_MinTemp_r	8	ADC 模块采集的最大值暂存，ADC 模块采集的最小值暂存	当 cnt_xms_r 等于 0 时，清零（置为最大值）；否则，若 ADC 模块当前采样值大于（小于）自身，则更新自身，反之保持不变
AD_Max_r、AD_Min_r、AD_PP_r	8	每 262ms 计数周期里的最大值/最小值/峰峰值	当 cnt_xms_r 等于 0 时，将 AD_MaxTemp_r、AD_MinTemp_r、AD_MaxTemp_r-AD_MinTemp_r 分别传给 AD_Max_r、AD_Min_r、AD_PP_r；否则（当 cnt_xms_r 为其他值），AD_Max_r、AD_Min_r、AD_PP_r 自身均保持不变
Vmax_o、Vmin_o、Vpp_o	7	AD_Max_r、AD_Min_r、AD_PP_r 乘以分辨率得到的电压值	当 cnt_xms_r 等于 1 时（MAX 的下一个计数值），将 AD_Max_r、AD_Min_r、AD_PP_r 均乘以 ADC 模块分辨率，并换算成电压后分别传递给 Vmax_o、Vmin_o、Vpp_o，实际取值范围 00～99（代表 0.1～9.9，以 0.1V 为单位）；否则（当 cnt_xms_r 为其他值），Vmax_o、Vmin_o、Vpp_o 自身均保持不变
data_valid_o	1	测量结果有效标志位	和 Vmax_o、Vmin_o、Vpp_o 同步更新，该信号为高电平代表三者有效。因此，也应在 cnt_xms_r 等于 1 时更新

data_valid 信号的这种时序的设计主要参考 Altera FPGA 大部分 IP 核的时序，同时这也是 FPGA 设计较为统一的一种时序规范。

任务 5.3 设计的动态数码管驱动电路输入端口时序也参考了这种规范。

4. 数码管驱动子模块

FPGA 可以驱动数码管、VGA 接口显示器等显示设备，其中对于 FPGA 而言数码管驱动电路较为简单，并且数码管显示外围电路易于实现，对于显示数字这类字符性价比最高。数码管显示将在任务 5.3 介绍，任务 5.2 通过 SignalTap 进行幅值观测。

5.1.2 【任务实施】幅值测量电路设计与仿真

任务 5.1 只完成峰值、谷值、峰峰值测量的电路设计与仿真。任务 5.2 介绍的 SignalTap 工具可以完成对以上 3 种值的观测，同时完成对采集到的正弦波的实时观测。任务 5.3 详细介绍数码管驱动电路的设计。

一、幅值测量电路端口与框架

5.1.2 节完成幅值测量与计算，其内部电路组成之一的计数器的设计较为成熟。

微课 5-1-2
任务实施

图 5-12 所示为幅值测量电路框架，对应的幅值测量电路端口及参数描述见表 5-7。图 5-12 可以总结为计数器、幅值测量、幅值换算 3 部分电路，其中用于 300ms（实际约 262ms）定时的计数器的设计较为成熟不再赘述。图 5-12 中所有子模块的时钟均为 clk_in，clk_in 的频率和 ADC 模块最高工作频率 32MHz 保持一致，rst_n 是低电平复位，data_AD_i 来自于 ADC 模块。

第一，二进制计数器值作为全局其他 4 个电路的时间标尺，单独使用 1 个 always 块设计。

第二，峰值、谷值测量相对独立，而峰峰值是对峰值、谷值信号差值处理，分别使用 3 个 always 块独立设计；换算电路也使用一个独立的 always 块设计。

第三，整体而言，幅值测量与换算电路功能独立、代码量适中，同时为保证在后续被幅值测量显示顶层工程调用时文件管理更为便捷，推荐采取任务 3.3 介绍的单文件设计方法实现图 5-12 所示电路。

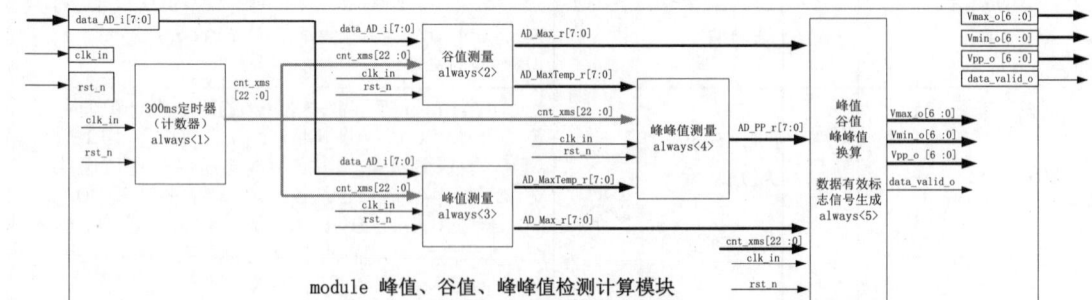

图 5-12 幅值测量电路框架

第四，为了代码的适应性和可移植性更强，可将 ADC 信号的位宽、量程等参数用 parameter 语法进行定义。

表 5-7　幅值测量电路端口及参数描述

类别	信号/参数名称	方向	位宽	描述/取值	
端口	clk_in	input	1	时钟	
	rst_n	input	1	复位，低电平有效	
	data_AD_i	input	8	ADC 模块传输至 FPGA 的采样信号	
	Vmax_o	output	7	输出峰值电压	精度要求为以 100mV 为单位。为不出现小数和负数，用 00～99 代表-5.0～+5.0V
	Vmin_o	output	7	输出谷值电压	
	Vpp_o	output	7	输出峰峰值电压	
参数	WIDTH_ADC	无		可根据 ADC 的位宽，在例化时通过 parameter 进行修改	
	CNT_MAX			二进制计数器计数最大值，计满周期要求为 200～300ms，后续依据此周期将测量结果送入数码管显示时，观看效果更佳	
	WIDTH_CNT			二进制计数器位宽，根据实际时钟频率修改，例如 23 位计数器，时钟频率为 32MHz，计数范围 0～23'h7f_ffff，即 0～8 388 607，对应满周期为 8 388 608×(1/32)μs，约 262ms	
重要内部信号	cnt_xms_r		23	二进制计数器，32MHz 时钟频率驱动，每个完整的计数周期时间约为 262ms	

二、幅值测量电路设计

1. 幅值测量电路电压计算

Verilog HDL 中虽然可以表达定点小数和浮点小数，但是在一般简单的数据处理电路设计中引入小数会使系统变得复杂。项目 5 的设计要求中测量结果只需精确到 100mV，数据全部以 100mV 为单位的整数进行计量，数码管显示的"小数点"显示只需人为干预即可。以峰峰值为例，以 100mV 为单位的整数计量需要对测量结果进行乘除运算，如式 5-6 所示，先用 AD_PP_r 信号的值乘以分辨率 η（ 10 000mV/256 ），再除以计量单位（ 100mV ），此处可对该乘除运算进行转换，具体是 AD_PP_r 先乘以 100（ 即 10 000mV 除以 100mV ）再对 256 取商。这样一来避免了对 10 000 这个较大数值的乘法；同时将对 100 的取商操作转换成对 256 的取商操作，而 256 是 2 的 8 次方，对 256 的取商操作可以通过将被除数右移 8 位来实现。如此一来，有效减小电路面积的同时，电路最高工作频率也会大幅提升。以下代码是对式 5-6 的实现。

```
104.        Vpp_o        <= (AD_PP_r *100)>>8//注意，右移的 8 不要写成 3'类
```

$$V_{\text{pp\_o}} = \frac{V_{\text{AD\_PP\_r}} \times \eta}{100\text{mV}} = \frac{V_{\text{AD\_PP\_r}} \times \dfrac{10\,000\text{mV}}{256}}{100\text{mV}} = \frac{V_{\text{AD\_PP\_r}} \times 100}{256} \tag{5-6}$$

式中，$V_{\text{pp\_o}}$、$V_{\text{AD\_PP\_r}}$ 分别代表图 5-12 中 FPGA 信号 Vpp_o、AD_PP_r 的数值大小。

然而右移 8 位所带来的一个问题是，当余数大于除数 256 的一半时，会因舍弃余数而带来一定的计算误差。如果不考虑 ADC 模块的采样误差和量化误差，如 AD_PP_r 为 102 时，理论上的 Vpp_o 计算结果应为 39.8，取商操作（ 右移 8 位 ）的结果仅为 39，那么最终的测量结果带来了 80mV（ 即（ 39.8-39 ）×100mV ）的计算误差；如果结合 ADC 模块的采样误差和量化误差，那么总误差可能会超出设计要求。减小计算误差的方式是对结果进行四舍五入处理，可以将计算误差降低至 50mV，具体操作是：对余数进行判断，若余数大于等于除数 256 的二分之一，则对取商结果（ 右移 8 位后的数值 ）加 1，相当于四舍五入的"五入"；反之加 0，相当于四舍五入的"四舍"。而自然二进制数值除以 256 的余数是否大于等于 256 的二分之一（ 即 128 ），可以直接判断该数字对应二进制的第 7 位（ 最低位从第 0 位

算起）是否为 1 即可，若为 1 则代表余数大于等于 128，反之则代表余数小于 128。式 5-7 所示为具体计算公式。

$$V_{\mathrm{pp\_o}} = V + y_7 \qquad\qquad （5\text{-}7）$$

式中，$V_{\mathrm{pp\_o}}$ 代表信号 Vpp_o 的数值大小；V 代表信号 AD_PP_r 的数值大小乘以 $(100)_{10}$，将计算结果的二进制值右移 8 位并取整。y_7 为 $V_{\mathrm{AD\_PP\_r}}$ 乘以 $(100)_{10}$ 结果对应的二进制的第 7 位（最低位从第 0 位算起）。

以下代码是对式 5-7 的实现。

```
104.          Vpp_o              <= ((AD_PP_r *100)>>8)+(((AD_PP_r *100)&8'h80 ==8'h80)?1:0);//传值
```

2. 峰值、谷值、峰峰值测量电路设计

按照图 5-12 和式 5-7 对电路进行设计。

```
……//完整代码见配套资源
6. module VppMeasureCore//仿真时可采取缩小仿真
7. #(
8.   parameter WIDTH_AD = 8,   //根据 ADC 的位宽修改
……//完整代码见配套资源
```

三、幅值测量电路仿真

电路输入信号 data_AD_i 实际来源于 ADC 模块，严格来说，仿真时需虚拟出 ADC 模块的信号，但本书在任务 5.2 才引入 PLL IP 核为 ADC 模块产生 32MHz 的时钟信号，而 5.1.2 节未引入 PLL IP 核，时序仿真意义不大，因此仅采取功能仿真验证其逻辑功能。

1. 幅值测量电路测试激励文件

以下测试激励文件代码中，第 31～55 行是模拟出的 ADC 模块采样信号，具体数值可以参考 4.2.3 节的.mif 文件生成方法进行批量生成。5.1.2 节虽然只进行功能仿真，但是由图 5-10 可知，该电路在项目 5 的后续任务被例化并仿真时同样需要为 data_AD_i 赋值，考虑到 data_AD_i 数据量大导致修改费时，因此按 32MHz（对应周期 31.25μs）更新频率赋值，而 31.25 是小数，应将以下测试激励文件中的代码第 1 行`timescale 后的仿真时间单位修改为 ps（/前的 ps），同时将 31.25μs 写作 31250。

```
1.`timescale 1 ps/ 1 ps   //注意此处两个单位均为ps
2.module VppMeasureCore_tb();
……//完整代码见配套资源
54.#31250 data_AD_i <= 115;
55.end
```

2. 幅值测量电路仿真结果及分析

（1）幅值测量电路仿真设置。

功能仿真可以更为方便地添加内部信号，将除复位和时钟以外的信号均设置为"Unsigned"格式，同时将 data_AD_i 设置为"Analog(automatic)"显示格式更为直观。

（2）幅值测量电路仿真结果分析。

图 5-13 所示为幅值测量电路功能仿真结果，整体仿真结果和预期一致，具体如下。

图 5-13（a）所示的功能仿真结果表明，电路可以完成幅值的测量与数据的换算。

图 5-13（b）所示的功能仿真细节之复位表明，电路代码中复位相关语句的"～0"可以根据 WIDTH_ADC 的值变化，自动匹配位宽赋值。

图 5-13（c）所示的功能仿真细节之暂存最大值更新表明，暂存寄存器 AD_MaxTemp_r 和 data_AD_i 进行比较，完成了幅值的更新。

图 5-13（d）所示的功能仿真细节之换算结果更新表明，cnt_xms_r 在 0 附近时，数据有效标志信号 data_valid_o 为 1 个时钟宽度高电平，相关信号完成了更新。

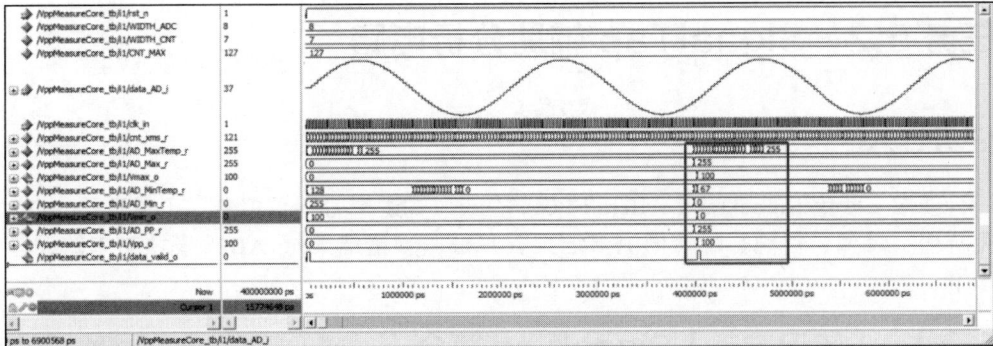

(a) 功能仿真结果

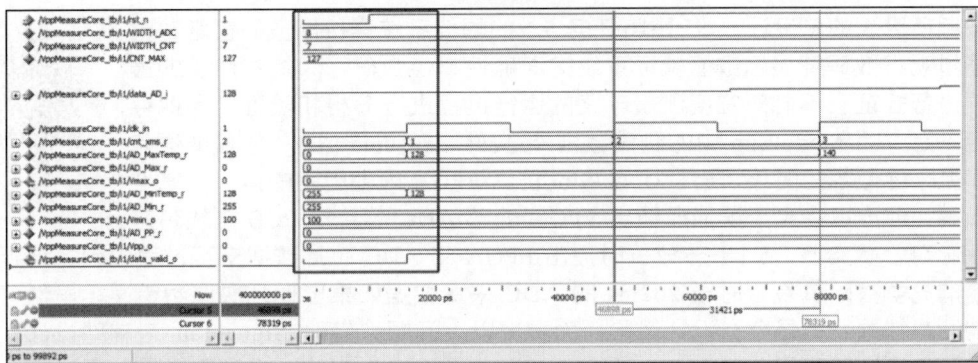

(b) 功能仿真细节之复位

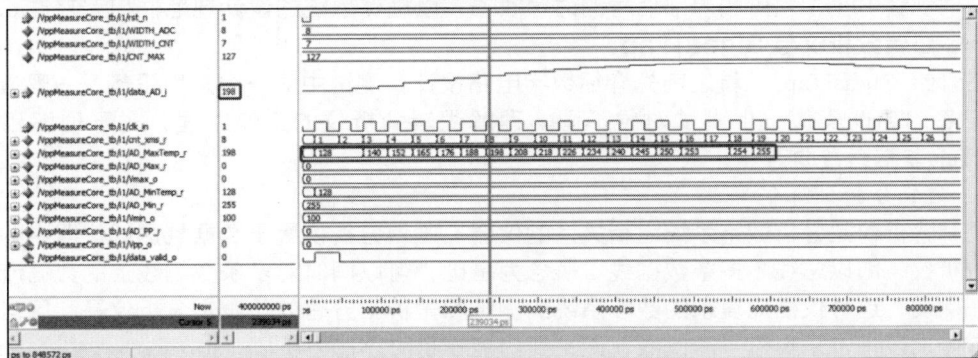

(c) 功能仿真细节之暂存最大值更新

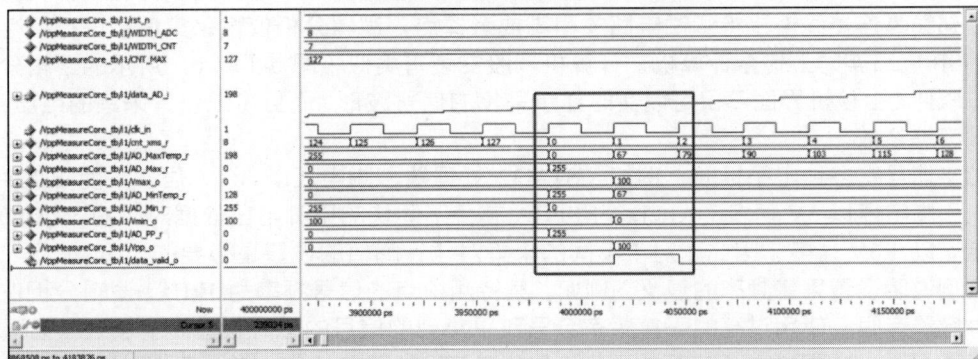

(d) 功能仿真细节之换算结果更新

图 5-13　幅值测量电路功能仿真结果

任务 5.2　SignalTap 辅助分析电路

任务导入

设计要求：使用 SignalTap（Altera FPGA 的嵌入式逻辑分析仪名称）工具观看 ADC 模块实际采样值、峰值、谷值、峰峰值测量结果，并根据测量结果对 ADC 模块带来的误差进行软件校准。

5.2.1　【知识准备】SignalTap 简介

按照项目 5 的总设计要求，需将任务 5.1 的幅值系统连接至数码管驱动电路，通过观察数码管显示数值验证系统的准确性，但数码管只能对测量的最终结果进行验证，不能对幅度测量电路的运行过程进行分析和验证，因此存在一定不足。而 ModelSim 中的测试激励.vt 文件，对 data_AD_i 的赋值语句的时序是一种假想的时序，虽然 ModelSim 仿真 FPGA 内部电路的运行状态准确性极高，但难以完全无误地模仿出 FPGA 外部 ADC 芯片及 PCB 走线带来的时序影响。事实上，5.1.1 节分析时提出 FPGA 和 ADC 芯片数据交互过程中因各种延时存在一定的竞争冒险风险，时长 262ms 的 ADC 采集数据如果出现几次偶然错误，虽然可能不会影响测量结果，但是存在设计风险。为解决以上问题，借助 SignalTap 来辅助设计，可以弥补仿真和测试的不足。SignalTap 是 Quartus Prime 中内嵌的一个常用工具，通过相关设置可以实时观看 FPGA 引脚和内部信号的时序状态，以确保系统的设计规范性和完整性。

微课 5-2-1
知识准备

一、逻辑分析仪与 SignalTap

在介绍 SignalTap 工具之前先介绍数字电路设计、测试中的一个常用设备——逻辑分析仪。二者的功能类似，但测试对象不同。理解逻辑分析仪的工作原理，对于理解和使用 SignalTap 非常有帮助。

1. 逻辑分析仪简介

逻辑分析仪是分析数字系统逻辑关系的仪器。逻辑分析仪属于数据域测试仪器中的一种总线分析仪，即以总线（多条数据线）概念为基础，可以同时对多条数据线上的数据流进行观察和测试，这种仪器对复杂的数字系统的测试和分析十分有效。逻辑分析仪是利用自身时钟从被测试设备上采集信号的仪器，最主要功能在于时序的分析。

图 5-14（a）所示为一款逻辑分析仪实物，其左侧通过 USB 接口连接计算机，右侧一般通过杜邦线等连接线连接待测试电路的引脚或者探点。逻辑分析仪将采集信号进行缓存，并通过 USB 接口实时上传至计算机。计算机一般安装有类似于图 5-14（b）所示的逻辑分析仪上位机软件，上位机界面不仅可以实时显示采集的信号波形，而且可以设置采集的电压阈值、采集频率等参数。

数字信号有多种电平标准，例如，STM32 处理器引脚电压以 3.3V 居多，而 STC89C52 单片机引脚电压以 5V 居多，Altera 的 FPGA 芯片不同块的引脚电压依据对应的 VCCIOX 引脚而定，以 3.3V 居多，因此，对于不同的采集对象，阈值的设置是必要的。

举例说明设置采集频率的意义，例如，某待测探点的信号频率为 1kHz，逻辑分析仪的缓存器件容量有限，使用过高的采集频率会导致采集到的信号的总时长过短，反之容易漏采。

图 5-14（c）所示为根据实际的采集信号还原信号的真实时序状态，可以看出，通过合理设置阈值、采集频率等参数，根据实际的采集信号几乎可以无损地还原出信号的真实时序状态。

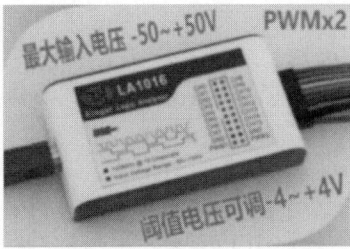

（a）逻辑分析仪实物

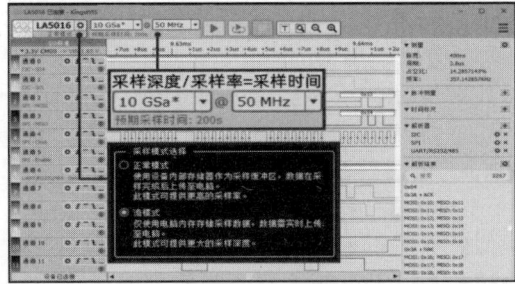

（b）逻辑分析仪上位机软件

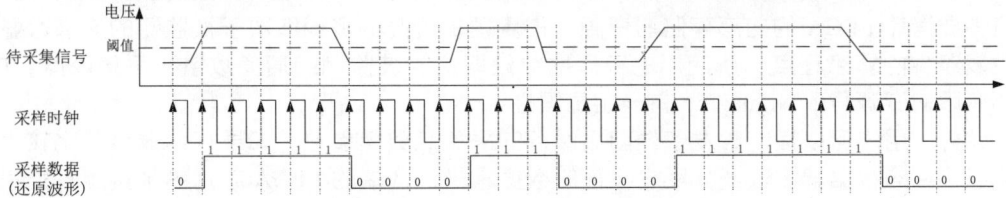

（c）根据实际的采集信号还原信号的真实时序状态

图 5-14　逻辑分析仪设备

逻辑分析仪有如下几个缺点。

（1）逻辑分析仪和待测信号的连接通过物理导线实现，其可以观测 FPGA 引脚上或引脚外部连线的 ADC 模块的数据，但不能观测 FPGA 内部信号。因此，ADC 模块传输到 FPGA 引脚的数据是否成功打入 FPGA 内部的 D 触发器是未知的。

（2）对于 FPGA 内部信号的观测，只能将内部信号连接到 FPGA 引脚进行间接观测，但因 FPGA 内部器件和引脚存在延时，间接观测不能反映 FPGA 内部信号的实际情况。

（3）逻辑分析仪的端口数量一般有限，图 5-14（a）所示逻辑分析仪的探针只有不足 20 个，当待观测信号数量较多时难以满足要求。从设计成本上讲，逻辑分析仪增加了额外的硬件成本。

2．SignalTap 简介

SignalTap 逻辑分析器（后文简称 SignalTap）是由 Altera 公司开发的一个在线、片内信号分析的工具。SignalTap 与传统意义的逻辑分析仪功能类似，主要用来分析数据的变化，辅助开发者设计、验证电路，常用于解决仿真无法解决的问题。SignalTap 是系统级调试工具，可以实时捕获、显示信号。设计者可以在 Quartus Prime 中添加和配置需捕获的信号、开始捕获信号的时间以及捕获数据量等。数据将从 FPGA 芯片内部的存储器块经 JTAG Hub 控制电路和常用的 USB-Blaster 下载器上传至 Quartus Prime 的 SignalTap 上位机对话框，以供设计者直接观测。单个 FPGA 芯片最多支持 1 024 个通道，采集深度高达 128kb。图 5-15 所示为 SignalTap 原理。

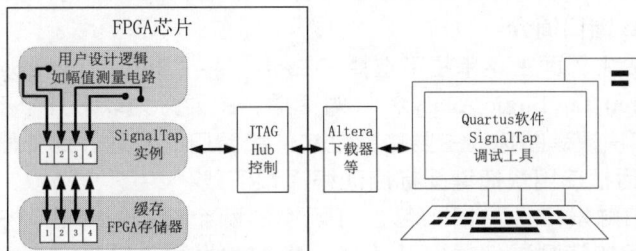

图 5-15　SignalTap 原理

SignalTap 相比于独立的逻辑分析仪设备，不仅可以观测 FPGA 引脚处的信号，也能观测 FPGA 内部信号，是 Quartus Prime 中非常常用的调试工具，熟练使用 SignalTap 工具可以快速定位和解决设计所遇到的一些问题。SignalTap 包含两个内容，第一个是通过界面配置而生成的可以直接下载到 FPGA 内部的 SignalTap 电路；第二个是 Quartus Prime 中集成的 SignalTap 上位机对话框。

3. SignalTap 原理

类似外部逻辑分析仪，SignalTap 也包含采集、缓存、传输 3 部分电路，其利用 FPGA 内部的逻辑资源以及存储器资源对信号进行实时地采集、缓存，并利用 FPGA 的下载器（如 USB Blaster）完成信号的上传。SignalTap 采集电路主要消耗 FPGA 的内部逻辑资源，信号的缓存电路主要消耗 FPGA 的内部存储器资源，占用逻辑资源的多少取决于被监测的通道数量，以及触发条件的复杂程度，所使用的存储器数量取决于被监测的通道数量和采集深度，FPGA 内部有限的资源导致 SignalTap 有一定局限性。

此外，用户可以指定触发条件前后缓存的采集点数等参数，如果存储器容量比较大，那么可以保存的数据就比较多，反之保存的数据量少。低端的 FPGA 芯片内部资源较为紧缺，因此，要求设计者在使用 SignalTap 设置观测信号的数量和采集深度时应多加思考。

4. SignalTap 与 ModelSim 的区别

SignalTap 与 ModelSim 的不同之处在于 SignalTap 获得的信号来自于硬件的真实信号，属于测试范畴，而 ModelSim 属于仿真范畴。FPGA 设计电路的完整流程是设计、仿真、板级测试。仿真主要监测 FPGA 设计中的内部信号，而其他如示波器等的板级测试一般只能监测引脚信号，SignalTap 则是对仿真和板级测试的补充，只分析电路中的某几个关键信号相较于仿真时效性可能更高。

5. SignalTap 的使用流程概述

上文介绍过，SignalTap 利用 FPGA 内部电路资源实现，通过 SignalTap 工具箱图形化界面设置待观测信号、采集时钟、触发条件、采集深度等参数，并通过编译对电路进行重新布局布线形成真实的电路网表，最后编译完成后使用 SignalTap 对话框下载到 FPGA 中。当电路时序满足设计者配置的触发条件时，SignalTap 在采集时钟上升沿时将触发时刻附近的信号采集结果保存到 FPGA 内部的存储器资源，并通过物理连线上传到计算机 Quartus Prime 中，便于设计者分析。使用 SignalTap 的一般流程如下。

（1）设计人员对原始电路完成设计、仿真、全编译。

（2）新建 SignalTap 对话框并完成配置，得到配置.stp 文件。

（3）将.stp 添加到工程中进行全编译。

（4）通过 SignalTap 对话框下载电路到 FPGA。

（5）在 SignalTap 对话框中观测待测信号的波形。

（6）若待观测信号功能正常，则需将 SignalTap 从工程中移除、重新编译、下载，以减少 FPGA 的资源消耗。反之，根据观测结果定位设计缺陷，并返回第一步对电路进行重新设计。

二、SignalTap 窗口简介

在 Quartus Prime 主界面主菜单栏下选择"Tools"→"Signal Tap Logic Analyzer"，打开图 5-16 所示的"Signal Tap Logic Analyzer"对话框，主要分为以下几个部分。

（1）主菜单栏和快捷键图标。主要功能是文件和窗口的管理，此外修改配置选项后可以直接在 SignalTap 对话框使用快捷键图标启动编译和下载。

（2）节点列表和触发条件窗口。包含可切换的两个窗口，单击"Setup"窗口切换到设置界面，主要是添加待测试信号以及信号采集的触发事件或条件等选项；单击"Data"窗口切换到显示界面，主要显示采集结果、时序活动。

（3）时钟和触发设置窗口。主要功能是设置采集时钟、采集深度、RAM 类型，以及更高级别的触发设置。

（4）例化管理器窗口。主要功能是单次采集启动、连续采集启动，以及停止采集等调试活动；此外也显示用户采集配置的实时逻辑资源消耗情况，当超过逻辑资源占用时该窗口会提示超出。

（5）JTAG 配置窗口。主要设置 USB Blaster，和 Quartus Prime 的 Programmer 对话框的下载类似，包含下载链、下载文件，以及下载等选项。使用 SignalTap 观测信号时，建议直接在 SignalTap 对话框下载。

（6）分层设计窗口：设置电路的层级筛选选项。

（7）数据日志窗口：主要显示数据采集历史记录。

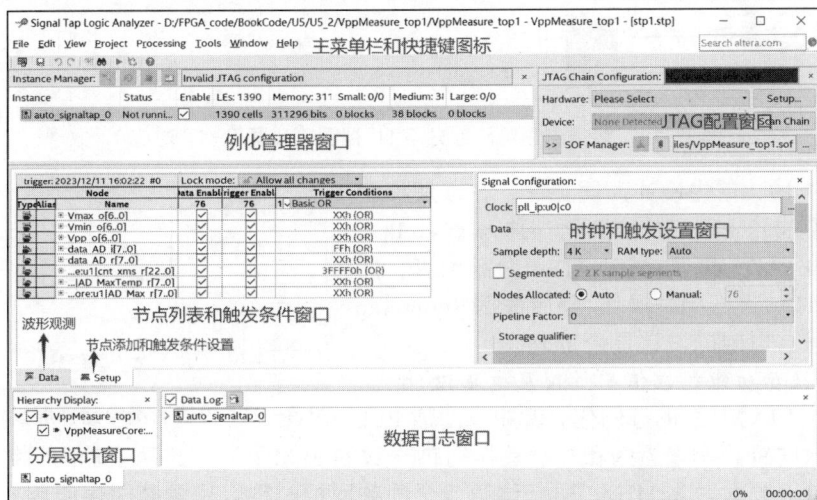

图 5-16 "Signal Tap Logic Analyzer" 对话框

5.2.2 【任务实施】SignalTap 分析幅值测量电路

一、不含显示模块的幅值测量电路设计

1. 不含显示模块的幅值测量电路设计框架

使用 SignalTap 工具对幅值测量电路中的 ADC 模块采样数据进行观测和分析，应结合实际应用场景，采集时钟应选择 PLL IP 核输出的分频时钟，若顶层电路按照图 5-17 所示的幅值测量电路顶层模块例化框架 1 进行，会出现一个问题，分析如下，第一，在 pclk 上升沿时，图 5-17 中 FPGA 引脚处的信号 data_AD_i 和 FPGA 内部的幅值测量电路的信号 data_AD_i 有一定的延时；第二，如图 5-18 所示，

微课 5-2-2
任务实施

幅值测量电路部分 RTL 视图（和图 5-17 对应）显示，幅值测量电路端口的 data_AD_i 在幅值测量模块中的第一级电路并非 D 触发器，而是比较器、二选一数据选择器等组合逻辑电路，这相比任务 5.1 分析的 FPGA 引脚到内部寄存器的延时 T_s 额外又多了组合逻辑的延时。Quartus Prime 编译时会优化部分电路（特别是组合逻辑），在 SignalTap

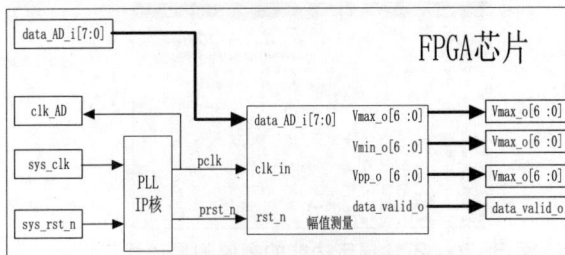

图 5-17 幅值测量电路顶层模块例化框架 1

中添加组合逻辑输出的信号时会非常困难。因此，需对图 5-17 进行更改，更改结果如图 5-19 所示，更改后电路的时序状态更加清晰。

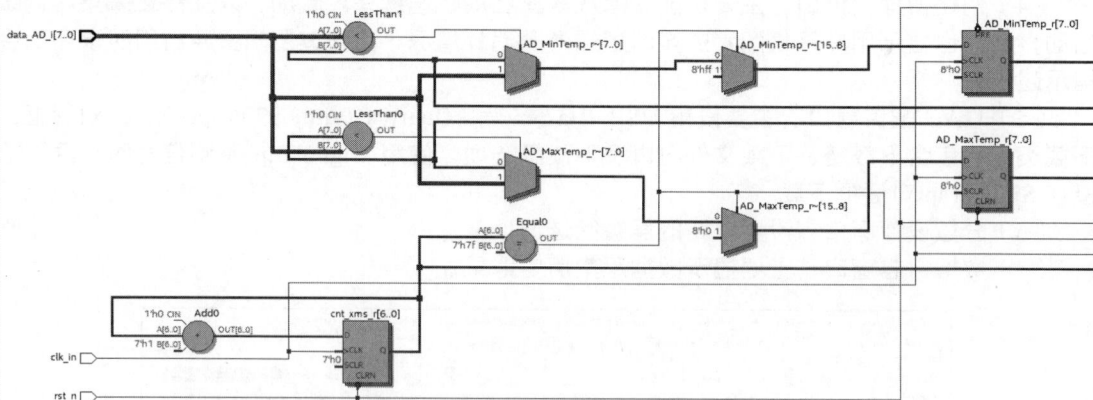

图 5-18　幅值测量电路部分 RTL 视图（和图 5-17 对应）

参照图 5-19，首先设计顶层工程，在顶层模块将幅值测量模块和 PLL IP 核例化，并为 sys_clk、sys_rst_n、clk_AD，以及 data_AD_i 分配引脚；然后调用 SignalTap 进行相关操作；最后根据 SignalTap 观测相关信号，以明确设计是否准确。

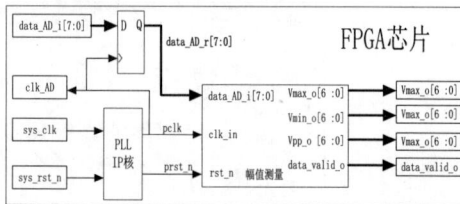

2. 不含显示功能的幅值测量顶层电路设计

依据图 5-19 对电路进行例化，首先应创建 PLL

图 5-19　幅值测量电路顶层模块例化框架 2

IP 核，将输入时钟频率设置为和板载晶振时钟一致的 50MHz。创建两个输出时钟，先创建第一个输出时钟，频率为 32MHz，再创建第二个同频反相时钟以备调整时序所用。设计不含显示功能的幅值测量顶层电路代码如下，具体包含 PLL IP 核和幅值测量电路的例化，以及对端口信号 data_AD_i 进行缓存的 D 触发器电路。

```
1.      module VppMeasure_top1(
……//完整代码见配套资源
```

设计完成后进行全编译，再分配引脚，再进行一次全编译，为 SignalTap 的添加做好准备。分配引脚时 sys_clk、sys_rst_n 为 FPGA 工作的必要引脚，data_AD_i 是本次 SignalTap 最为关心的信号之一。为保证 data_AD_i 测试的准确性，这三者必须分配引脚，而其他电路端口视具体 FPGA 电路板引脚而定。图 5-20 所示为不含显示功能的幅值测量顶层工程的编译报告，该编译报告将和后文添加了 SignalTap 的电路的编译报告进行对比。不含显示功能的幅值测量顶层工程 RTL 视图如图 5-21 所示，结果显示输入信号的 D 触发器缓存电路 "data_AD_r" 符合设计初衷。

图 5-20　不含显示功能的幅值测量顶层工
程的编译报告

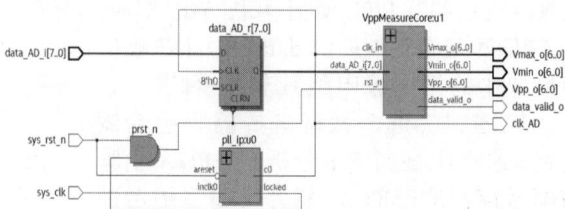

图 5-21　不含显示功能的幅值测量顶层
工程 RTL 视图

二、SignalTap 分析测试不含显示功能的幅值测量电路

依据 5.2.1 节介绍的 SignalTap 使用流程概述，添加 data_AD_i、data_AD_r、Vmax_o、Vmin_o、Vpp_o，以及 data_valid_o 共 6 个信号。具体操作步骤如下。

1. SignalTap 启动

在 Quartus Prime 主界面主菜单栏下选择"Tools"→"Signal Tap Logic Analyzer"，打开图 5-22 所示的 SignalTap 空白对话框。

2. 待观测信号的添加

（1）单击图 5-16 所示的节点列表和触发条件窗口的"Setup"按钮后，双击空白处弹出图 5-23 所示的"Node Finder"（添加被采集信号）对话框，筛选并添加信号。

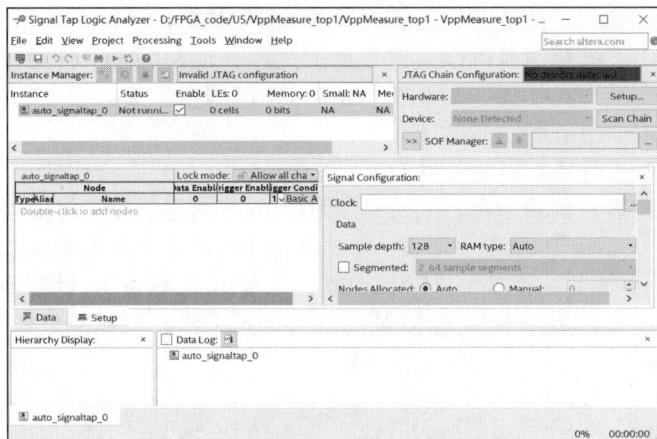

图 5-22 SignalTap 空白对话框

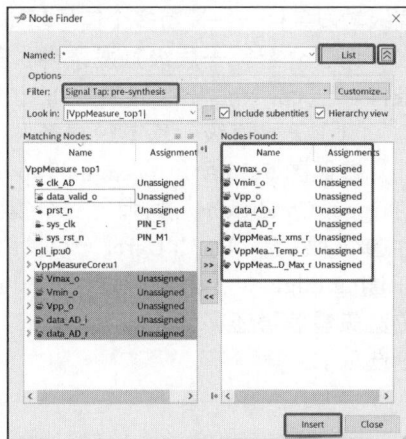

图 5-23 "Node Finder"对话框（添加被采集信号）

（2）根据需要展开图 5-23 中"Filter"下拉菜单调整信号筛选器，选择"List"展开待筛选的信号列表，本工程选择默认的信号筛选器设置即可。参照图 5-23，依次单击图中的">"图标将被采集信号添加进"Nodes Found:"列表。

（3）在图 5-23 中单击"Insert"按钮将这些信号添加到 SignalTap 中，至此信号添加结束，图 5-16 中的节点列表和触发条件窗口中的信号为一种添加成功后的示例。

> **注意** 如果添加后的信号名称（图 5-16 中节点列表和触发条件窗口的"Node"列）是红色，那么代表此信号在编译过程中已被优化，大概率不能被观测；如果是蓝色，那么代表可能不能被观测。若不能被观测，解决的方法有两种，第一种是将 Verilog HDL 代码中的 reg 与 wire 信号改成输出端口信号，但这种方法较为烦琐；第二种是添加禁止信号被优化语句，如下代码所示，操作方法是：若待观测是 wire 型，则如以下代码所示在其右侧分号前添加"/*synthesis keep*/"语句，不可省略"/*"和"*/"，若是 reg 型，则如以下代码所示在其右侧分号前添加"/*synthesis noprune*/"语句，不可省略"/*"和"*/"，添加完成后再进行全编译。以下这两句代码是告知编译器，禁止信号被优化的示例语句，但实际上即使添加了这两种语句，仍经常被优化。

```
wire [23:0] counter  /*synthesis keep*/;
reg  [23:0] counter  /*synthesis noprune*/;
```

3. 采集时钟的选择

单击图 5-16 中时钟和触发设置窗口"Clock"右侧的"..."按钮进入图 5-24 所示的"Node

Finder"对话框，用以添加采集时钟，选择将 PLL IP 核的 c0 时钟作为采集时钟。

> **注意** 逻辑分析仪采集信号一般将采集时钟频率设置为信号频率的数倍以上，以免漏采信号，此处 SignalTap 采集时钟选择的是 PLL IP 核的输出时钟，该时钟虽然未达到信号的变化频率的数倍以上，但是因为是同步时钟，所以不会漏采同步 D 触发器的输出信号。

4. 信号触发条件设置

SignalTap 为用户提供丰富的信号触发条件设置选项，触发条件可分为两个层级，第一个层级是基本触发条件——单个信号的触发条件的设置；第二个层级逻辑级别在第一个层级之上，是高级触发条件——设置多个信号基本触发条件之间的逻辑关系或者更加复杂的触发条件。

为了介绍第一层级触发条件、第二层级触发条件以及这二者的关系，现在假想一种触发条件，当 cnt_xms_r 的值为 22'h3ffff0 或者 data_AD_i 的值为 8'hff 时均可触发采集。

（1）第一层级：基本触发条件（单个信号触发条件）。

参照图 5-25 所示的 SignalTap 单个信号基本触发条件设置，选中"data_AD_i"行后右击，"Trigger Conditions"列弹出一个复选列表，列表中有针对一位宽和多位宽信号的基本触发条件选项，包含"Don't Care"（不关心）、"Low"（低电平触发）、"Falling Edge"（下降沿触发）、"Rising Edge"（上升沿触发）、"High"（高电平触发）、"Either Edge"（双边沿触发）。针对多位宽矢量信号还多了"Insert Value"（值对比触发条件），以及"Compare"（值比较触发条件）等选项。

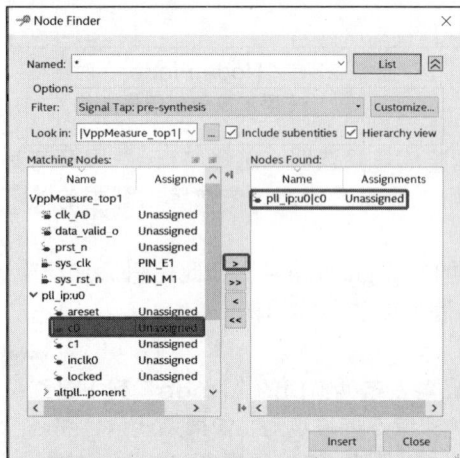

图 5-24　"Node Finder"对话框

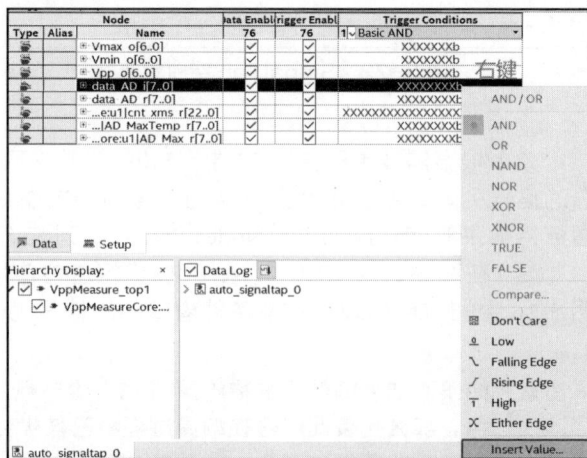

图 5-25　SignalTap 单个信号基本触发条件设置

> **注意** 图 5-25 中"Node"列的每个信号均可以设置不同的基本触发条件。具体的第一层级-基本触发条件分类及描述见表 5-8。

表 5-8　第一层级-基本触发条件分类及描述

触发信号参数或选项		描述
基本触发条件选项	位宽	
永久/不关心	1/N	无论信号为何值均触发采集，是默认选项

续表

触发信号参数或选项		描述
基本触发条件选项	位宽	
高电平或低电平	1/N	其含义是若一旦在采集时钟为上升沿时采集到该信号为 1（或 0），则满足基本触发条件
上升沿、下降沿、双边沿	1	其含义是若一旦在采集时钟为上升沿时采集到该信号当前值为 1，且上个采集时钟为上升沿（值为 0，代表上升沿），则满足基本触发条件；下降沿同理；双边沿是上升沿或下降沿均可触发
值对比（判断是否等于）	1	无意义
	N	对象：主要针对矢量（多位宽）信号的触发条件； 描述：当该信号值等于设置的对比值时，则满足基本触发条件； 操作：选择图 5-25 所示的 "Insert Value" 选项，在弹出的图 5-26 所示的 SignalTap 基本触发条件的逻辑关系设置中设置对比值以及对比值显示格式（十进制、十六进制等）
值比较（判断是否大于、大于等于、小于、小于等于、等于）	1	无意义
	N	对象：主要针对矢量（多位宽）信号的触发条件； 描述：当该信号值和"设置的对比值"满足设置的比较条件（大于、大于等于、等于、小于等于、小于）时，或者满足设置的值区间时，则满足基本触发条件。 操作：只有当图 5-28 所示的第二层级信号触发条件逻辑关系 "Trigger Conditions" 被设置为 "Comparison" 时才能激活图 5-25 所示的下拉菜单中的值比较触发条件 "Compare..."。右击 "Compare..."，会出现 "Operand"（大于、大于等于、等于、小于等于、小于）和 "Value:" 等选项

值对比触发条件（Insert Value）是对比采集值和设置值是否相等；而值比较触发条件（Compare...）可以设置采集信号和设置值是否满足大于、大于等于、等于、小于、小于等于共 5 种条件，甚至还可以设置成是否介于某两个设置值之间。值比较触发条件（Compare...）使用的前提是将表 5-9 所示的第二层级-高级触发条件（各信号基本触发条件的逻辑关系）中的基本触发条件的逻辑运算设置为"Comparison"。

为满足上文设定的"当 cnt_xms_r 的值为 22'h3ffff0 或者 data_AD_i 的值为 8'hff 时均可触发采集"，使用值对比触发条件（Insert Value）即可。具体操作如下：在图 5-25 中，右击 "data_AD_i" 行的 "Trigger condition" 列，选择 "Insert Value"，弹出图 5-26 所示的 "Insert Value" 的对话框；在 "Value" 中输入 "255"，在 "Radix" 下拉列表中选择 "Unsigned Decimal"，即值为十进制无符号数 255。用同样的方法设置 cnt_xms_r 信号，Value 设置为 "4 194 288"（对应十六进制 3FFFF0），设置完成后得到图 5-27 所示的 SignalTap 信号基本触发条件设置示例。

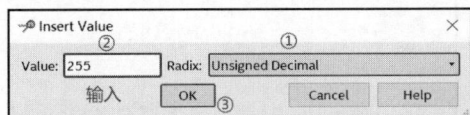

图 5-26 "Insert Value" 对话框　　图 5-27 SignalTap 信号基本触发条件设置示例

（2）第二层级：高级触发条件（各信号触发条件的逻辑关系）。

每个信号先在第一层级设置单个信号触发条件（基本触发条件），而第二层级用于设置高

215

级触发条件。简单来说就是第一层级多个"单个信号触发条件（基本触发条件）"的逻辑关系或者更复杂的触发条件，只有这些均满足后才能触发采集。例如上述 cnt_xms_r 和 data_AD_i 两个信号的基本触发条件满足与否共有 4 种情况"假假""假真""真假""真真"，若第二层级设置为"Basic AND"，则意味着两个"单个信号触发条件（基本触发条件）"同时成立才触发采集，若设置为"Basic OR"，则任意一个成立都会触发采集。

表 5-9　第二层级-高级触发条件（各信号基本触发条件的逻辑关系）

举例：cnt_xms_r 为值对比触发条件（7FFFF0），data_AD_i 为值对比触发条件（FF）	
基本触发条件的逻辑运算	**描述**
Basic AND	各基本触发条件的逻辑与。举例：只有 cnt_xms_r 为十六进制 7FFFF0 且 data_AD_i 为十六进制 FF 时才触发采集
Basic OR	各基本触发条件的逻辑或。举例：只要 cnt_xms_r 为十六进制 7FFFF0 或 data_AD_i 为十六进制 FF 就触发采集
Comparison	描述：该模式下可以激活图 5-25 下拉菜单中的值比较触发条件"Compare..."，以便为信号设置比较条件（大于、大于等于、等于、小于等于、等于），或者值区间条件
Advanced	若触发类型选择"Advanced"，则设计者必须为逻辑分析仪建立触发条件表达式。在 SignalTap 窗口中，使用高级触发条件编辑器（Advanced Trigger Condition Editor），用户可以在简单的图形界面中建立非常复杂的触发条件。设计者只需要将运算符拖动到触发条件编辑器窗口中，即可建立复杂的触发条件。Advanced 模式常用于复杂的触发设置

操作：将高级触发条件设置为"Basic OR"。具体是按图 5-28 所示将"Type"行、"Trigger conditions"列设置为"Basic OR"，即当 data_AD_i 为十进制数 255 或者计数器 cnt_xms_r 值为十进制数 4 194 288 时均可触发采集。

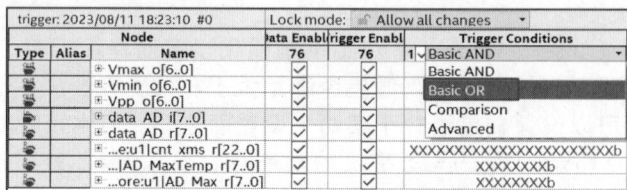

图 5-28　SignalTap 信号触发数据设置

5. 采集深度设置

在图 5-16 中的时钟和触发设置窗口设置信号的采集深度为"4K"。采集深度设置为"4K"代表的含义是所有信号每根线的容量为 4×1 024bit，添加的信号共 8 个，共计 76 位宽，因此共需 76×4×1 024bit 存储单元，合计 311 296bit，图 5-16 中例化管理器窗口显示 Memory 占用量"311 296bits"证明了这一点。图 5-29 编译结果报告中的"Total memory bits"处的"311,296"含义是 EP4CE10F17C8 芯片内部的存储器容量为 423 926bit，可以想象若将采集深度更改为"8K"，则会因 FPGA 的 RAM

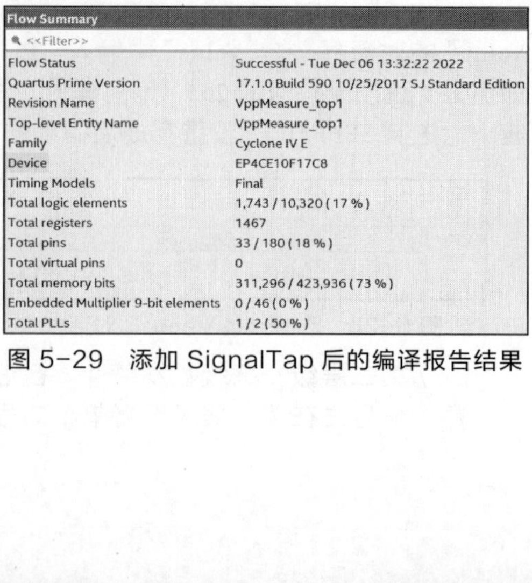

图 5-29　添加 SignalTap 后的编译报告结果

容量不足导致 SignalTap 设置失败。换个角度思考，如果实际需求中，要将某个信号的采集深度设置为"8K"，那么可以采取的策略是缩减图 5-16 中节点列表和触发条件窗口中信号的数量。

6. 工程中添加 SignalTap 电路

在 SignalTap 主界面选择"File"→"Save"，并按默认路径、名称保存即可。保存完成后 SignalTap 自动添加到工程中，且不需关闭 SignalTap 主界面。用户可以直接单击 SignalTap 的主菜单栏中编译图标对工程进行编译，此时 SignalTap 对话框右下角显示当前编译进度，也可返回到 Quartus Prime 主界面进行编译。添加 SignalTap 后的编译报告结果如图 5-29 所示，对比图 5-20 可知，工程中嵌入 SignalTap 占用了 FPGA 的逻辑资源和存储单元，换句话说，以上的操作为 FPGA 内部嵌入了一个 SignalTap 逻辑分析仪电路。

SignalTap 电路占用了一定的 FPGA 内部资源，用户使用 SignalTap 分析完电路后，应将工程中的 SignalTap 删除并重新全编译。删除的具体操作是：在 Quartus Prime 主界面主菜单栏下选择"Assigments"→"Settings"，弹出"Settings"对话框→选择左侧"Signal Tap Logic Analyzer"→在右侧取消 ☑ Enable Signal Tap Logic Analyzer 的勾选。

7. 在 SignalTap 对话框下载电路

下载前将 FPGA 电路板和以 3PA9280 为核心的 ADC 模块连接，并借助外部函数信号发生器给 ADC 模块接入频率为 500kHz、峰峰值为 4V、偏置电压为 0V 的正弦波。和普通的通过 USB-Blaster 下载器下载方法类似，在 JTAG 配置窗口中依次选择"Setup"→USB-Blaster 下载链→.sof 下载文件→单击"SOF Manager"右侧的下载图标▲下载即可。

8. SignalTap 启动数据采集

（1）信号显示格式设置。

SignalTap 默认数据显示格式如图 5-30 所示。图 5-16 中的例化管理器窗口（Instance Manager）右侧 3 个图标 依次是单次采集、连续采集、停止采集快捷方式。单击"单次采集"后，节点列表和触发条件窗口信号默认以十六进制显示格式，但不够直观，可以将其设置成无符号十进制显示格式，操作方法类似 ModelSim 仿真，在节点列表和触发条件窗口的"Node"列，右击信号并依次选择"Bus DisplayFormat"（总线/矢量信号显示格式）和"Unsigned Decimal"（无符号十进制），即可得到图 5-31 所示的 SignalTap 无符号十进制显示格式，结果表明 data_AD_r 相较 data_AD_i 延时 1 个时钟节拍，和预期一致。

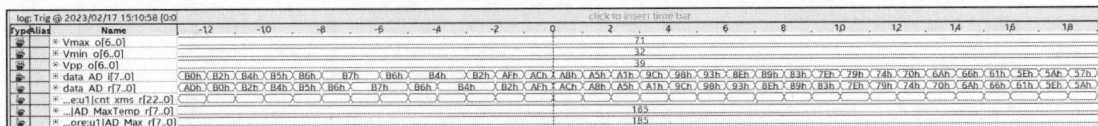

图 5-30　SignalTap 默认数据显示格式

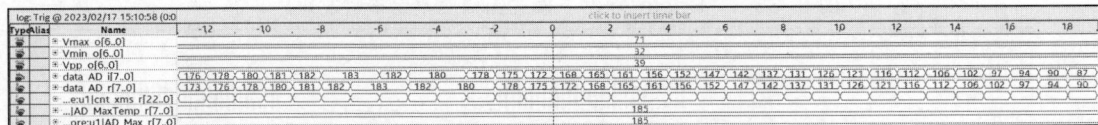

图 5-31　SignalTap 无符号十进制显示格式

> 注意　Setup 界面和 Data 界面的数据显示格式联动，即在 Data 界面设置数据格式以后，Setup 界面也随之改变。

（2）关键信号的模拟波形显示设置。

图 5-31 中，即便已经设置为无符号十进制显示格式，但 ADC 模块采集的数据仍不够直观。除了十进制、十六进制等数据显示格式设置，还有无符号柱状图（Unsigned Bar Chart）、

无符号线状图（Unsigned Line Chart）、有符号柱状图（Signed Bar Chart）、有符号线状图（Signed Line Chart）显示模式。作为对比，将 data_AD_i 和 data_AD_r 分别设置为无符号柱状图和无符号线状图显示模式，设置完成后得到图 5-32 所示的 SignalTap 柱状图和线状图显示模式，可以看出，正弦波的波形无毛刺且连续，说明 ADC 模块采集的数据无误，最终验证上文分析的 FPGA 芯片和 3PA9280 芯片时序分析无误。

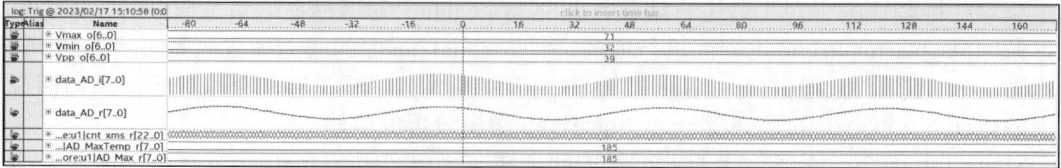

图 5-32　SignalTap 柱状图和线状图显示模式

> **注意**　以 Signed Bar Chart 为例，Quartus Prime 将数据先按照补码进行换算，再予以显示。

（3）关键信号的高级触发条件设置。

将节点列表与触发条件窗口从 Data 模式切换到 Setup 模式，将"Trigger Conditions"由"Basic OR"切换到"Basic AND"模式，进行全编译、下载等操作后再进行采集，得到图 5-33 所示的"Basic AND"模式因幅度不足未触发采集的采集结果，因为外部函数信号发生器正弦波峰峰值仅为 4V，数字幅值未达到 255，所以未触发采集。此时，将外部函数信号发生器的幅值调整为 10V、直流偏置保持 0V、频率为 500kHz，波形调整为方波，单击"单次采集"，会得到图 5-34（a）所示的"Basic AND"模式满足条件下触发采集的采集结果，图 5-34（b）所示为放大后的采集结果，图 5-34（b）中虚竖线列 cnt_xms_r 行的数字为 4 194 288，即十六进制 3FFFF0，data_AD_i 的值为 255，显然两个信号的基本触发条件均满足时才触发采集。

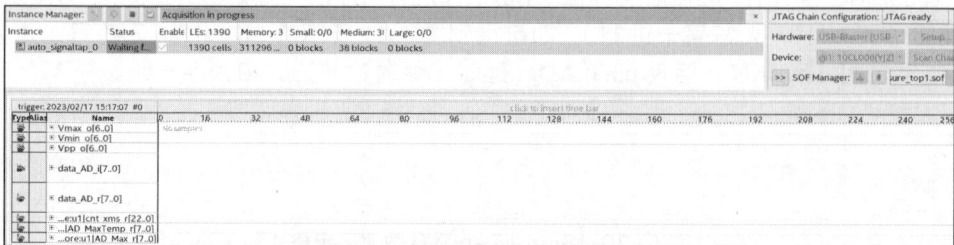

图 5-33　"Basic AND"模式因幅度不足未触发采集

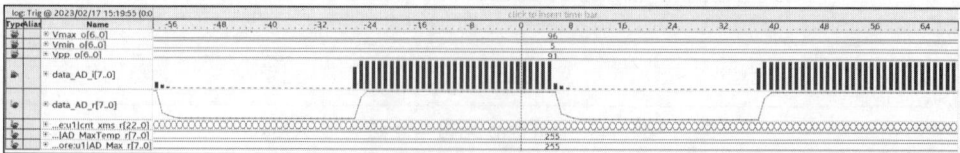

（a）采集结果

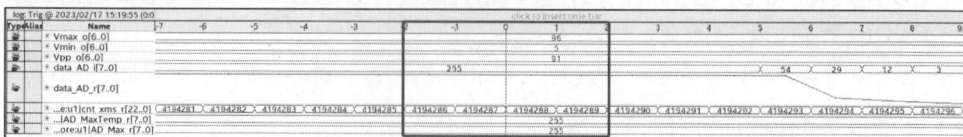

（b）采集结果（放大后）

图 5-34　"Basic AND"模式满足条件下触发采集的采集结果

> **注意** 第一层级——基本触发条件（单个信号触发条件）设置、编译后，在 SignalTap 对话框可随时灵活修改基本触发条件，且无须再次编译。
>
> 第二层级——高级触发条件（各信号基本触发条件的逻辑关系）修改后，则必须重新编译才可生效。
>
> 触发条件等相关设置较为烦琐，用户应多加尝试。

三、ADC 误差补偿

1. 幅值测量结果数据分析

按照上文 SignalTap 操作方法，测量函数信号发生器产生的直流偏置为 0V、不同峰峰值的正弦波信号，将实际测量结果记录，并和理想值等汇总到表 5-10，可以看出实际测量结果与理想值存在误差。

表 5-10　实际测量结果及误差

输入模拟信号峰峰值（V）	最大值				最小值				峰峰值			
	Vmax_o	还原值（V）	理想值（V）	误差（V）	Vmin_o	还原值	理想值	误差	Vpp_o	还原值	理想值	误差
1	54	0.4	0.5	−0.1	42	−0.8	−0.5	−0.3	12	1.2	1	0.2
2	59	0.9	1.0	−0.1	36	−1.4	−1.0	−0.4	23	2.3	2	0.3
3	65	1.5	1.5	0.0	31	−1.9	−1.5	−0.4	34	3.4	3	0.4
4	70	2.0	2.0	0.0	26	−2.4	−2.0	−0.4	45	4.5	4	0.5
5	76	2.6	2.5	0.1	20	−3.0	−2.5	−0.5	55	5.5	5	0.5
6	81	3.1	3.0	0.1	15	−3.5	−3.0	−0.5	66	6.6	6	0.6
7	88	3.8	3.5	0.3	10	−4.0	−3.5	−0.5	77	7.7	7	0.7
8	93	4.3	4.0	0.3	5	−4.5	−4.0	−0.5	88	8.8	8	0.8
9	99	4.8	4.5	0.3	0	−5.0	−4.5	−0.5	99	9.9	9	0.9

2. 测量误差来源与数值分析

表 5-10 中的误差问题是 ADC 芯片或 ADC 模块使用中非常常见的现象，误差的来源除任务 5.1 介绍的采样误差和量化误差外，还有因 ADC 模块自身对称性和线性度的非理想性引入的误差，这主要是由 ADC 模块外围供电电路和放大电路不对称、ADC 芯片自身的非理想性以及函数信号发生器和 ADC 模块的阻抗匹配等原因引起的。读者可以通过更换 ADC 芯片或 ADC 模块，更改 ADC 模块模拟电路设计，以及替换精度更高的元器件等方式进行改善，但比较简单且成本较低的方法是在 FPGA 设计对参数进行软件补偿。

先来看表 5-10 中的峰峰值测量结果，误差绝对值和理想值基本呈正比，相对误差偏大约 10%，即测量值为实际值的 110%，需将测量结果缩减至自身的 91%。相应的最大值和最小值测量值也应缩减至各自的 91%，缩减后再计算最大值和最小值绝对误差，那么二者几乎是一个幅度恒定的偏置误差，此处不再详细计算，读者可根据表 5-10 提供的测试数据进行验证。这些分析是下文软件补偿 ADC 模块误差的主要依据。

3. 电路设计补偿 ADC 模块误差

校正前应先初步获取误差值，读者可以使用直流信号源进行校准，具体方法是借助函数信号发生器输出低频方波信号，记录稳定的最大值和最小值。选择低频信号的原因在于，高频方波信号在传输时电路因电路的寄生电容有一定的滤波效应，会导致方波信号在峰值和谷值切换时有过冲现象。相对于选择正弦波，选择方波可以避免因分辨率不足引起的采样误差。

（1）分辨率误差获取。

将函数信号发生器波形设置为方波、频率为 10kHz、直流偏置为 0V、峰峰值为 8V，得到图 5-35 所示的使用峰峰值为 8V 的方波的采集结果，其最大值和最小值为 238 和 11，由此可以计算得到峰峰值和中值分别为 227。实际分辨率应是 8 000mV 与 227 的比值 35.2423mV，相比理论分辨率 10 000mV 与 256 的比值 39.0625mV，偏小 10% 左右，和上文根据表 5-10 的分析结果基本一致。

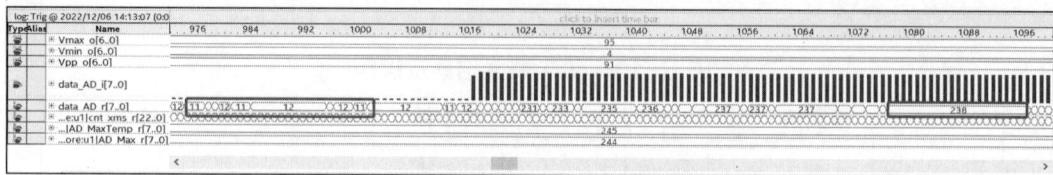

图 5-35　使用峰峰值为 8V 的方波的采集结果

（2）ADC 模块中值误差获取。

将函数信号发生器波形设置为方波、频率为 10kHz、直流偏置为 0V、峰峰值修改为 5mV（常规的函数信号发生器输出信号峰峰值最小值一般均有限制），得到图 5-36 所示的使用峰峰值为 5mV 的方波的采集结果。从采集结果可以看出，ADC 模块实际中值介于 122～123，而非 127～128。

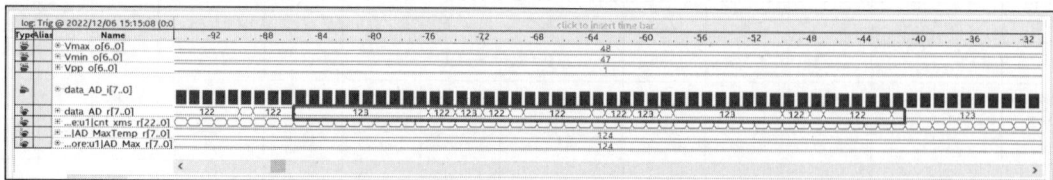

图 5-36　使用峰峰值为 5mV 的方波的采集结果

（3）软件补偿 ADC 模块中值和分辨率。

ADC 模块的直流偏置基本不影响峰峰值或分辨率，校准过程可以先校正分辨率，再校正直流偏置。应注意以上理论分析是建立在理想模型下，实际校正过程中因电路噪声、代码的计算误差等各种因素存在一定偏差，应根据实际情况反复校正。校正后的代码如下：

```
101.//*10000mV/256 结果是要求以 100mV 为计量单位的整数，10000mV/256/100mV 等价于乘以
100mV/256
102.        Vmax_o       <= ((AD_Max_r*91)>>8)+((((AD_Max_r*91)&8'h80) ==8'h80)
?7:6);//传值
103.        Vmin_o       <= ((AD_Min_r*91)>>8)+((((AD_Min_r*91)&8'h80) ==8'h80)?
7:6);//传值
104.        Vpp_o        <= ((AD_PP_r *91)>>8)+((((AD_PP_r*91)&8'h80) ==8'h80)
?1:0);//传值
```

调整函数信号发生器，使其输出峰峰值为 1.2V、直流偏置为 0V、频率为 500kHz 的正弦波，得到图 5-37 所示的软件校正后的幅值测量电路测试结果。从测试结果可以看出，经校正后的电路的 SignalTap 采集结果将代表峰值、谷值、峰峰值的 56、43、13 按照表 5-6 或

表 5-7 中关于 Vmax_o、Vmin_o、Vpp_o 的介绍分别还原为 0.6V、-0.7V、1.3V，误差在 0.1V 以内。经反复测试，电路可以完成幅值范围在-4V~4V 的所有峰值、谷值、峰峰值测试，且误差均在±0.1V 以内，满足设计要求。

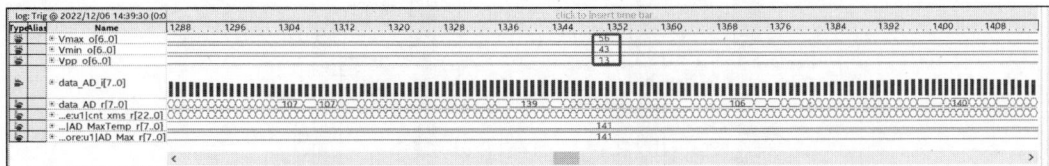

图 5-37　软件校正后的幅值测量电路测试结果

任务 5.3　动态数码管驱动电路设计与验证

任务导入

设计要求如下：

（1）完成 6 位动态数码管驱动电路的设计，具体功能如下。

- 数值显示范围"000000~999999"。
- 可显示小数点符号"."。
- 可显示负号符号"-"。
- 整体电路有使能端，可控制显示开启或关闭。
- 复位时数码管全亮"8.8.8.8.8.8."，以完成自检。
- 为了和任务 5.1 或任务 5.2 的幅值测量电路以及后续项目等对接，数码管驱动电路支持的输入时钟频率范围应尽可能广，且占用 FPGA 逻辑资源尽可能少。

（2）将数码管驱动电路和任务 5.1 或任务 5.2 的幅值测量电路对接，完成幅值测量与显示功能。

5.3.1　【知识准备】动态数码管设计分析

在一些电路的设计和设计过程中的测试环节中经常需要观测某个信号值的变化，虽可以通过仿真来观测，但仿真终究不能完全反映电路的真实运行状态；也可以借助 SignalTap，但其操作较为烦琐；合理借助数码管这种简易显示器件辅助电路设计是一种非常灵活的手段。不同电路的系统时钟频率要求不同，因此，希望设计一种逻辑资源占用少、便于移植、时钟频率范围广、最高工作频率高的数码管驱动电路。为了降低设计的难度，5.3.1 节采取自底向上的设计方法，先完成数字主体部分的显示设计，然后在此基础上再增加"小数""正负符号""使能""复位自检"等显示功能。

微课 5-3-1
知识准备

一、动态数码管扫描原理

1. 单个数码管内部结构

数码管是一种显示原理简单、性价比高的字符显示器件，较为常见的数码管是"8"字形的 8 段数码管，包含"a、b、c、d、e、f、g、dp"8 个段，若无 dp 段则称为 7 段数码管，无论是 7 段还是 8 段数码管均有共阳极或共阴极两种。数码管内部原理如图 5-38 所示，8 段数码管由 7 个条状和 1 个点状的 LED 构成。数码管的其他理论知识可以参考任务 1.3 的介绍。

221

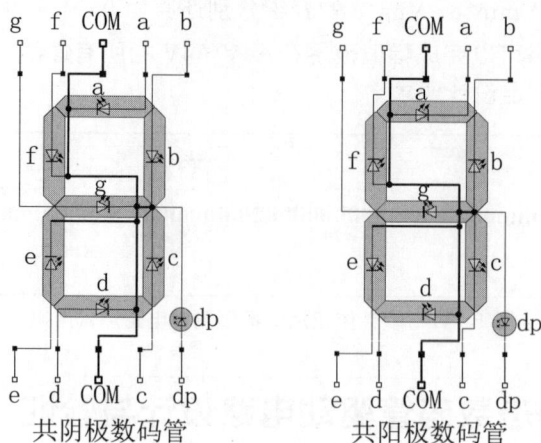

共阴极数码管　　　　　　共阳极数码管

图 5-38　数码管内部结构原理

注：图 5-38 中的粗线代表公共端。

2. 单个数码管外围驱动电路

（1）数码管外围电流驱动电路的必要性。

FPGA 的引脚电压常设计为 3.3V，普通 LED 正常工作时正向导通压降约 1.7V，必须外接限流电阻加以保护。每个独立的 LED 正常工作电流为 3～20mA，8 段数码管全亮时工作电流可达几十毫安甚至更高，实际显示中一般需要多位数码管，电流可达数百毫安。常规设计中，为保护处理器不因大电流而损坏，不直接使用处理器驱动数码管，而是让处理器通过控制外围电流驱动电路间接驱动数码管，处理器只负责逻辑控制，外围电流驱动电路提供主要的电流。常用的数码管驱动电路有三极管驱动电路、74HC245 驱动芯片等。

（2）三极管驱动电路。

图 5-39 所示为三极管驱动单个共阳极数码管，属于灌电流设计思路，三极管充当开关作用。图 5-39（b）所示是一种常用的正确接法，R_b 是基极直流偏置电阻，用于防止三极管发射极和基极短路；基极经 R_b 接地，发射极接 V_{CC}，当 FPGA 输出逻辑 0（即低电平）时，三极管导通，V_{CC} 提供的电流经发射极和集电极流向数码管内部的 LED，最终经 $R_1 \sim R_8$ 流向 FPGA 内部，数码管亮；反之，若 FPGA 输出高电平时，则因为发射极和 FPGA 引脚无压差，所以三极管截止，数码管灭。$R_1 \sim R_8$ 是限流电阻，防止数码管内部的 LED 电流太大而击穿。图 5-39（a）是一种错误接法，原因是数码管中二极管的导通压降基本固定，从而留给限流电阻 R 的电压基本不变，显然 R 上的电流基本固定，数码管点亮的字段越多，亮度越低。

> **注意**　信号的方向和电流的方向无直接关系。FPGA 引脚作为输出引脚，图 5-39（b）中 dual_o 处的箭头由内向外代表控制方向，当 FPGA 输出逻辑 0 时，可以理解为 FPGA 内部将该引脚通过内部电子开关连接内部 GND，图 5-39（b）中的端口 dual_o 输出引脚输出逻辑 0 时，电流由 FPGA 外部流向内部；当 FPGA 输出逻辑 1，可以理解为 FPGA 内部将该引脚通过内部电子开关连接到内部高电平来实现。因此，输出引脚的电流方向可能是由内到外，也可能无电流，结论是：信号控制方向和电流方向无必然联系。

图 5-39（b）所示的 FPGA 芯片内部由一个 0～9 计数器和数码管译码器电路构成，例如，当计数器输出 cnt_0to9 的二进制值为 0001，译码器应将 dual_o[6]和 dual_o[5]置为逻辑 0，其

他段选端口置逻辑 1,数码管则显示字符"1",其余字符原理类似。数码管译码器的作用是将 4 位自然二进制值 0000~1001 转换为数码管显示对应的 8 位段选值,因此,是 4 输入 8 输出组合逻辑电路,使用 case 语句以真值表形式实现即可。

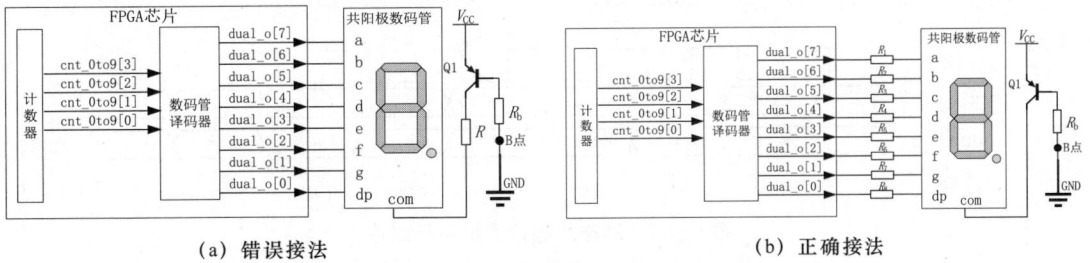

图 5-39 三极管驱动单个共阳极数码管

(3)三极管驱动电路电流分析。

三极管导通状态下,电流从外部 V_{CC},经三极管、数码管内部的 LED、限流电阻 R_1~R_8、FPGA 引脚流向 FPGA 内部,电源由外部 V_{CC} 而非 FPGA 提供,这就起到了保护了 FPGA 芯片的作用。小功率三极管允许的最大集电极电流为 30~50mA,甚至更大,满足设计要求。

3. 多位数码管外围驱动电路及扫描原理

若按照图 5-39(b)的设计方法驱动 6 位共阳极数码管,FPGA 每 8 个引脚通过控制每个数码管的段选端口来控制数码管显示相应字符,控制 6 位数码管则需 6×8=48 个引脚,这极大地占用了 FPGA 珍贵的引脚资源。动态数码管连接示意如图 5-40 所示,以 6 个数码管为例,将所有数码管相同的段选端口连接在一起,每个数码管的位选端口 com 单独引出,最终引出 8+6=14 个端口连接到 FPGA 引脚。当 FPGA 输出的 wei_o[0]为逻辑 0 时,三极管 Q1 导通,dual_o[7:0]输出的逻辑值决定了第 0 位数码管显示的字符;当 wei_o[0]输出逻辑 1 时 Q1 关断,无论 dual_o 输出何值,数码管 8 个段均灭,显然可以通过三极管的基极控制数码管的通断。此外,第 0 位数码管的电流仍由外部 V_{CC} 提供。

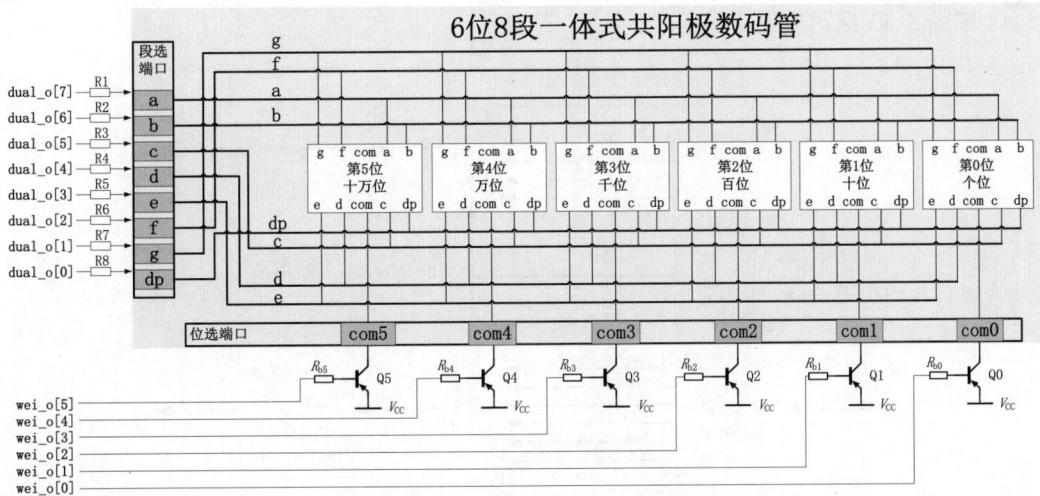

图 5-40 动态数码管连接示意

习惯上数码管从右到左依次显示个位、十位、百位等,因此,将 com0~com5 或 wei_o 称为位选端口。以显示"199771"为例,动态数码管显示目标时序如图 5-41 所示,先通过将

wei_o[5:0]置为二进制 111110 以选通个位的 com 端，同时通过将 dual_o 置为二进制 10011111 实现个位显示字符"1"；接着将 wei_o[5:0]置为二进制 111101 选通十位 com 端，同时段选值置为二进制 00011111 以实现十位显示字符"7"，以此类推完成 6 位数码管的动态扫描，实现"199771"的字符显示，这一原理就是所谓的"分时复用，动态扫描"。

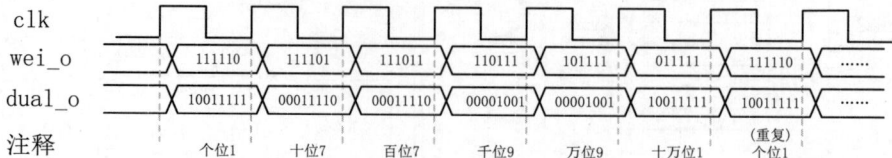

图 5-41 动态数码管显示目标时序

二、动态数码管主体显示功能电路设计分析

先分析设计要求中的显示的主体部分——数字显示，再分析小数点和负号等的显示功能。设计要求的最大十进制数字 999 999 对应二进制位宽是 20 位，因此，电路输入包含数据 Data2Disp_i[19:0]、时钟和复位，电路输出为连接数码管的位选端口 wei_o[5:0]和段选端口 dual_o[7:0]，动态数码管驱动电路端口如图 5-42 所示。

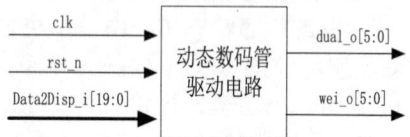

图 5-42 动态数码管驱动电路端口

1. **主体显示功能电路初步设计思路**

同样以显示十进制数"199771"为例，该数值各位对应二进制为 110000110001011011。送入数码管的位选值依次是个位到十万位的对应的 111110～011111 共 6 种值，每次循环共 6 次。而与 6 种位选值匹配的待显示数字 0001（1）、0111（7）、0111（7）、1001（9）、1001（9）、0001（1）需经过数码管译码器才可送入数码管段选端口 dual_o。

（1）动态数码管驱动电路主体功能初步设计。

整个电路的核心是次数为 6 次的循环，这是设计的主要依据和切入点。图 5-43 所示为初步设计的动态数码管驱动电路，图 5-44 所示为初步设计的动态数码管驱动电路时序图，图 5-44 和图 5-43 相对应。

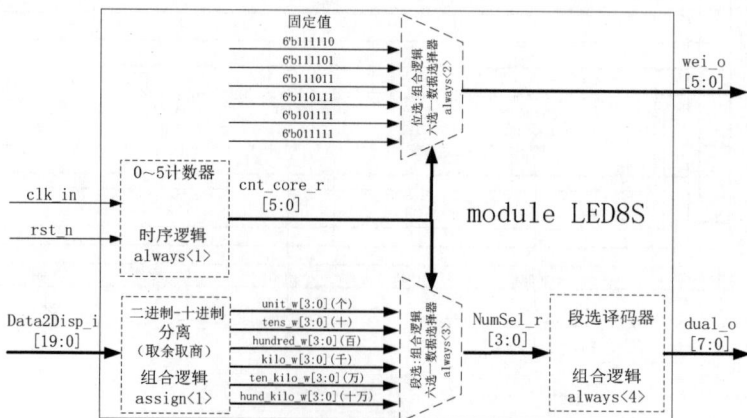

图 5-43 初步设计的动态数码管驱动电路

①0～5 计数器。数码管驱动电路的核心是 0～5 计数器，该计数器是次数为 6 次的循环的主体。

②二进制-十进制转换电路。动态数码管驱动电路输入的二进制信号 11000011000101 1011 需要转换成 0001、1001、1001、0111、0111、0001 才能显示，使用取余、取商电路实现这种转换，对应电路合称为二进制-十进制转换电路。

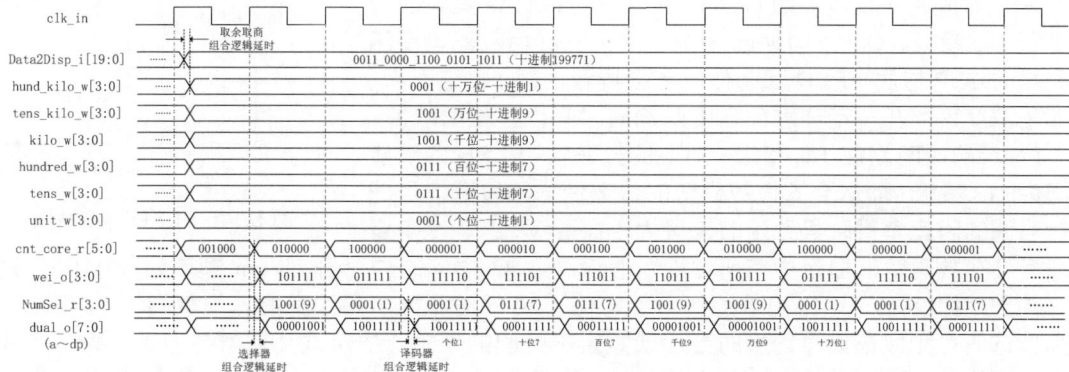

图 5-44　初步设计的动态数码管驱动电路时序图

③两个六选一数据选择器。计数器的输出端作为位选、段选六选一数据选择器的选择控制端，位选数据选择器的输出数据依次是 111110～011111 共 6 种固定值。而段选数据选择器的输入分别为 Data2Disp_i 经二进制-十进制转换电路得到个位、十位、百位、千位、万位、十万位共 6 路变化值。位选相关链路仅包含 1 个六选一数据选择器组合逻辑电路，而段选相关链路包含六选一数据选择器、二进制-十进制分离电路、段选译码器共 3 个组合逻辑电路，其中二进制-十进制分离电路的输出作为六选一数据选择器输入数据来源，段选译码器用于将六选一数据选择器输出的 4 位二进制数据转换为数码管的 8 位段选值。

（2）数码管驱动电路的竞争冒险现象来源。

组合逻辑的竞争冒险现象可能导致电路工作不正常。图 5-43 中位选六选一数据选择器和段选六选一数据选择器二者相对 cnt_core_r 变化的延时基本一致，段选译码器的存在使得段选相关链路的延时相对位选相关链路延时增加了一级组合逻辑的延时。根据项目 3 的经验可知：

①FPGA 内部简单组合逻辑电路自身的延时为 0.1ns 量级，且组合逻辑越复杂或逻辑层级越多，延时越大。

②FPGA 内部组合逻辑输出各信号间的竞争冒险使得信号间延时相差 0.1ns 量级。

③FPGA 内部电路至引脚延时在 1ns 量级，各信号之间因布局布线的不同，差异在 1ns 左右，具体和编译有关。

④FPGA 引脚至数码管 com 端口和 a～dp 端口，因 PCB 布局中走线距离不等而出现延时差，PCB 延时经验值为 600mil/ns，1mm = 39.37mil，经过换算 PCB 线长 15.2mm 会引起约 1ns 的延时，因此这部分差异也可能在 1ns 左右。

不妨假设最终送至 6 位数码管的段选信号 a～dp 共 8 根信号线之间延时差为 1ns 左右，送至 6 位数码管的位选信号共 6 根信号线之间延时差为 1ns。接下来分析 1ns 的延时差是否会造成显示混乱。

（3）竞争冒险对电路功能的影响评价。

响应时间表征某一显示器跟踪外部信息变化的快慢，若仅考虑其内部元器件参数的影响，则从使用角度来看响应时间就是 LED 点亮与熄灭所延时的时间。响应时间主要取决于载流子寿命、器件的结电容及电路阻抗。LED 响应特性如图 5-45 所示，LED 的点亮时间 t_r 是指接通电源使发光亮度达到正常的 10%开始，直至发光亮度达到正常值的 90%所经历的时间，LED 的熄灭时间 t_f 是指正常发光亮度减弱至原来的 10%所经历的时间。不同材料制得的 LED 响应时间各不相同，如 GaAs、GaAsP、GaAlAs 其响应时间小于 1ns 量级，GaP 为 100ns 量级，常见的红色数码管使用的则是 GaAsP 材质。LED 因制作工艺会导致内部 PN 结面积、载流子浓度等存在一定离散性，因此响应时间也存在离散性。

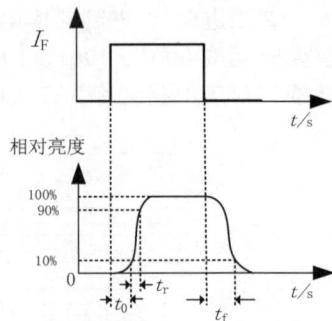

图 5-45　LED 响应特性

PN 结响应时间在 1ns 量级，对应的数码管中 LED 的响应时间为 1ns 量级，而送至 6 位数码管的位选信号和段选信号的各信号间的因竞争冒险导致延时差异为 1ns 量级，这些竞争冒险最后会在数码管的显示中有所体现。假设图 5-43 中的时钟信号 clk_in 频率为 50MHz，对应时钟周期约 20ns，可以简单的认为平均有 1/20 的时长显示是混乱的，观察图 5-44 可知，实际位选信号和段选信号切换时会出现短暂不匹配的现象，显示混乱现象会加重。为了解决这个问题，可以降低 clk_in 的频率，以此来降低显示混乱的平均时长占比。图 5-46 所示为不同时钟频率下初步设计的动态数码管驱动电路显示 199771 的效果（是图 5-43 所示设计方案中 clk_in 频率在 50MHz 和 1kHz 时钟驱动下的显示效果）。显然，降低 clk_in 的频率，显示混乱现象明显缓解。

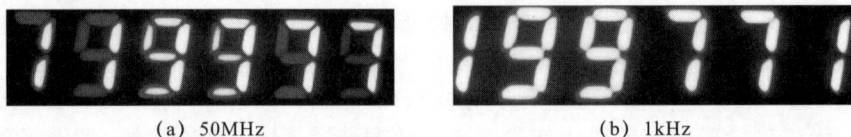

(a) 50MHz　　　　　　　　　　　(b) 1kHz

图 5-46　不同时钟频率下初步设计的动态数码管驱动电路显示 199771 的效果

2. 动态显示主体显示功能电路改进设计思路

（1）竞争冒险对数码管影响的解决方法分析。

①时钟频率上限。显示错误的比较简单、有效的解决思路是将时钟周期降低，如果将时钟周期降低为 1ms 量级，而位选信号之间、段选信号之间、位选和段选信号之间的竞争冒险为 1ns 量级，远小于 1ms 量级，那么竞争冒险带来的 1ns 显示混乱问题相对于 1ms 的正常显示，从平均功率角度看并不会造成影响。

②时钟频率下限。人眼有一定的视觉残影，一般认为一个显示像素每秒钟闪烁 50 次以上，视觉效果和常亮无区别。而总共 6 位数码管切换，6 位数码管每 20ms 内均应各亮 1 次，因为是循环式点亮，所以每位数码管约合 3.3ms，对应的时钟频率下限约为 300Hz。

③时钟频率最佳区间。综上所述，数码管驱动电路时钟频率范围在 300Hz～1kHz 是最佳选择，该频率区间下对于位选相关链路、段选相关链路设计中的延时也有一定容忍度，使用项目 3 中介绍的 Verilog HDL 设计的通用分频器是获取该时钟频率的一种便捷方式。

FPGA 的外接晶振一般为 50MHz，而不同应用电路的系统时钟可由内部 PLL IP 核获取，EP4CE10F17C8 芯片的最高工作频率一般在 200MHz 左右，再考虑到如 VGA 等电路的工作频率可低至 20MHz 左右，因此设计一个分频系数固定，且可匹配 20MHz～200MHz 系统时钟频率的分频器可以提升数码管与系统其他电路（如测幅度电路）的适配性。分频系数取 200MHz 除以 1kHz 或 20MHz 除以 300Hz 为宜，65 535 是一个不错的选择，对应的 16 位二进制计数器既可以简化电路的设计，又满足设计要求。

（2）改进后的数码管电路设计框架。

时序逻辑电路相比组合逻辑电路竞争冒险现象轻微的多，图 5-43 中各组合逻辑电路 1ns 量级的延时对整个设计仍有一定影响，若在组合逻辑后添加一级 D 触发器，则可以改善竞争冒险问题。图 5-47 所示为改进后数码管驱动电路。

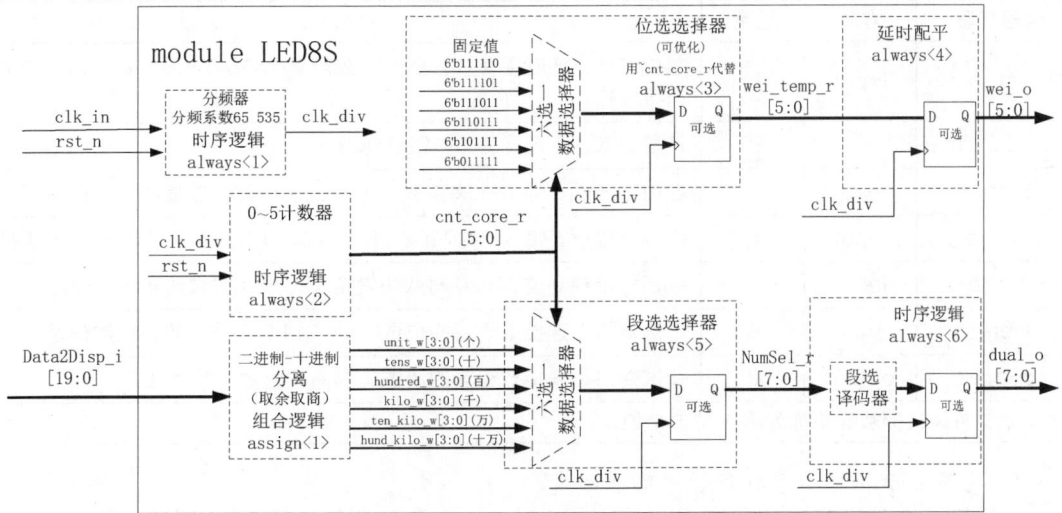

图 5-47 改进后数码管驱动电路

①在两个六选一数据选择器后各加一级 D 触发器。

②在译码器电路后再加一级 D 触发器，改善译码器电路的竞争冒险问题。但段选相关链路相较位选相关链路多了一级 D 触发器，这会导致位选相关链路信号提早一个时钟周期，最终导致位选信号 wei_o 和段选信号 dual_o 时序不匹配，通过在位选六选一数据选择器后再添加一级 D 触发器解决这一问题。

图 5-48 所示为改进后数码管驱动电路在不同时钟频率下的显示效果，其展示了图 5-47 电路中 clk_div 在不同时钟频率下的显示效果。在 clk_div 频率为 500Hz～5kHz 可以呈现较好的显示效果，当频率高于该区间，并越高时，显示混乱的问题愈发严重；频率低于该区间一定值时，实际显示效果类似"流水灯"，图 5-48（h）实际观测效果就类似于"流水灯"，其是因拍照效果导致显示不全。

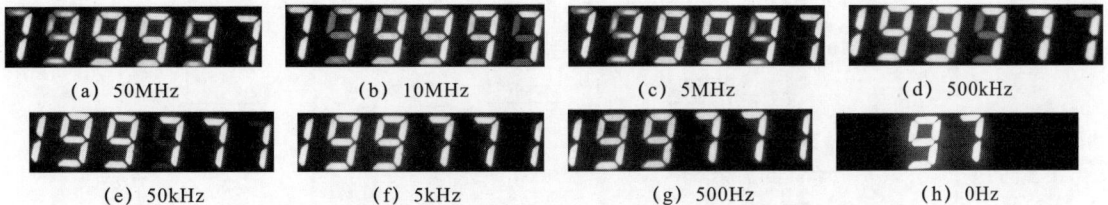

| (a) 50MHz | (b) 10MHz | (c) 5MHz | (d) 500kHz |
| (e) 50kHz | (f) 5kHz | (g) 500Hz | (h) 0Hz |

图 5-48 改进后数码管驱动电路在不同时钟频率下的显示效果

三、完整显示功能动态数码管驱动电路设计分析

1. 完整显示功能动态数码管端口定义

数码管显示小数 "." 符号和负数 "−" 符号，应采用符号的拼接方法，即显示的小数或负数实际是无符号整数和符号 "." "−" 的拼接。在电路输入端增加小数点位置信号端口和正负指示信号端口是一种好的解决方式。完整显示功能动态数码管驱动电路端口及描述见表 5-11，其为一种推荐的端口设计方法。

表 5-11 完整显示功能动态数码管驱动电路端口及描述

信号名称	方向	位宽	描述
clk_in	input	1	输入时钟，待分频时钟

续表

信号名称	方向	位宽	描述
rst_n	input	1	复位信号，低电平有效，复位时数码管亮"8.8.8.8.8.8."以完成数码管自检
Data2Disp_i	input	20	待显示数值，范围为 0～999 999
Sign_i	input	1	数值正负性，为 0 代表正数，为 1 代表负数，在最左侧显示"−"
DotPos_i	input	6	小数点位置，如 6'b000100，显示结果为"xxxx.xx"其余以此类推
EnDisp_i	input	1	是否显示控制位，为 0 时数码管全灭，为 1 时数码管显示使能
wei_o	output	6	位选端口，连接数码管的位选，6'b111110 选通最右侧数码管
dual_o	output	8	段选端口，连接数码管的段选，最高位为数码管 a 段

注：本文将最右侧数码管称为第 0 位或个位。

2. 完整显示功能动态数码管电路框架

此处重点介绍数码管显示驱动中使能、小数点、负号的设计，因为上文按照图 5-49 设计的数码管显示正常，且整体设计简洁明了，所以在此基础上改进即可。

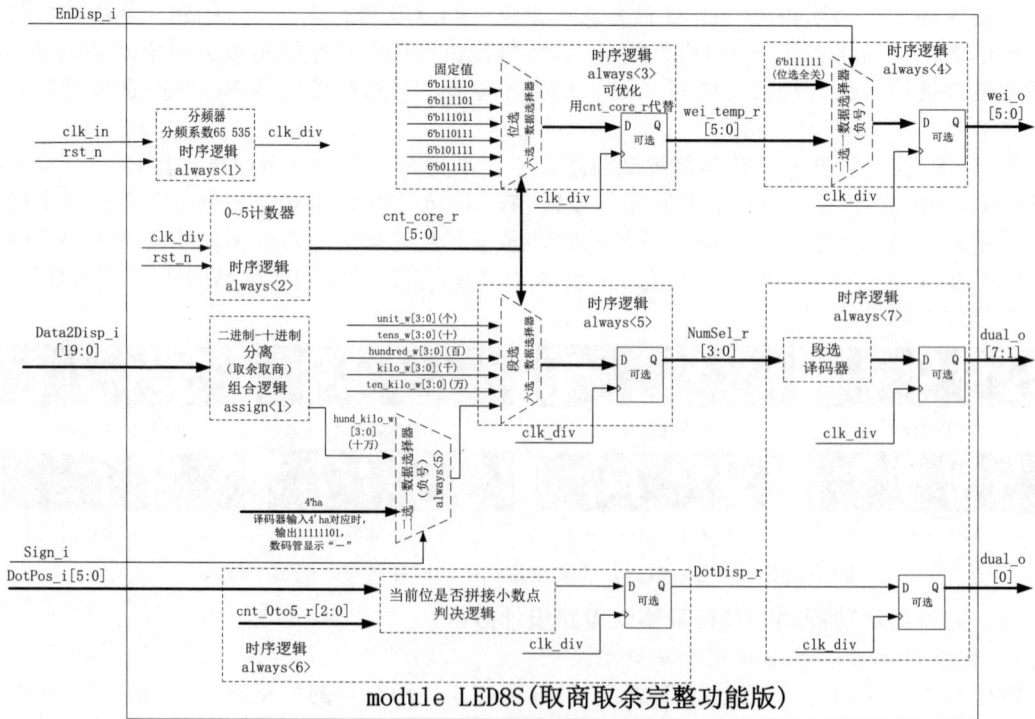

图 5-49 完整功能动态数码管驱动电路

（1）显示"使能"功能设计。

先阐述使能的设计，使能可以采取的方式有停止计数器、干预复位、干预位选、干预段选等。

①停止计数器的方法。当计数器停止时，因为电路中 D 触发器有保存功能，所以位选信号、段选信号输出仍然保持着计数器当前值对应位选值和段选值，最终现象是数码管显示且

只显示计数器当前值对应的某一位数码管。

②干预 D 触发器的复位。这种方法是将使能端口 EnDisp_i 信号作为整个电路的复位信号，显然这和设计要求里的"复位时亮 8.8.8.8.8.8."相矛盾，且规范设计中 D 触发器复位应接系统全局复位。

③干预段选 D 触发器。在段选信号 dual_o 对应的 D 触发器前加一级二选一数据选择器作为判决电路，当 EnDisp_i 为 0 时，数码管段选全关，即可实现数码管熄灭；但这和下文的小数点和负号显示功能冲突。

④干预位选 D 触发器。在位选信号 wei_o 对应的 D 触发器前加一级二选一数据选择器作为判决电路，当 EnDisp_i 为 0 时，wei_temp_r 赋值 6'b111111 以全关位选端口。

综上，选择第 4 种方式，设计逻辑清晰且电路更加简洁。

（2）显示"负号"功能设计。

直接干预十万位的值，当 Sign_i 为 1 时，段选数据选择器将 4'ha 送至段选译码器，段选译码器中 4'ha 对应输出为二进制 11111101（"−"）。当扫描至十万位时，段选输出"−"字符。

（3）显示"小数点位置"功能设计。

当计数值 cnt_core_r 等于 DotPos_i 时，当前位对应的 dual_o[0]为 0 显示小数点对应段的 LED，反之，为 1 不显示小数点对应段的 LED。

5.3.2 【任务实施 1】ISSP 辅助数码管驱动电路设计实施

不难想象，上述设计方案的输出信号为 wei_o 和 dual_o，仅从仿真结果难以直观的判定电路功能是否正确，因此采取板级测试方法。第 1 种测试方案：建立一个顶层文件，例化数码管驱动电路并将数码管驱动电路相关端口设为固定值、全编译、下载、观察，修改固定值重复以上步骤。这种方案因需要进行反复修改、编译等操作而显得烦琐、耗时。第 2 种测试方案：建立一个顶层工程，将 000 000～999 999 计数器和动态数码管显示电路例化在一起以观察数码管，这种方案的优点是几乎可以遍历所有输入情况，缺点是耗时。在诸如数码管的测试中，一般并非需要遍历 000 000～999 999 所有值，重点应考虑测试小数点、使能等功能的组合或者切换，以上两种方案均较为耗时。类似于 SignalTap，Quartus Prime 提供了 In-System Sources and Probes（ISSP）相关的 IP 核和软件调试工具，用户可以在 Quartus Prime 界面修改相关参数并实时传输到 FPGA 芯片的电路中，方便用户在电路设计阶段调试电路。

微课 5-3-2
任务实施 1

一、ISSP 介绍

通过 JTAG 端口和 USB Blaster 连接 Quartus Prime 和 FPGA 芯片后，可以使用 ISSP 调试工具驱动和采集 FPGA 内部节点的逻辑值。在系统设计还不完整的时候可以利用该工具模拟众多的输入激励，或监测内部信号，以辅助设计。图 5-50 所示为 ISSP 原理，图 5-50 之所以复杂是因为 ISSP 允许用户对源和探针进行进阶控制，图 5-50

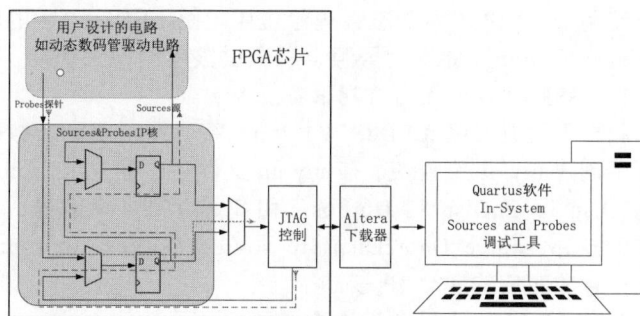

图 5-50 ISSP 原理

中的两种虚线示意了其中常用的控制信号路径。

1. 界面和 IP 核

先介绍"In-System Sources and Probes Editor"界面（以下简称界面或工具）和"Altera In-System Source & Probes"IP 核（以下统称 IP 核或 ISSP IP 核）两个概念，IP 核指该调试工具能够工作的前提是用户在设计好的电路上需要额外添加一个 IP 核。界面是 Quartus Prime 集成的一个调试工具，实现 Quartus Prime 界面与 FPGA 中的 IP 核之间的数据交互，达到在上位机控制和监测应用电路的目的。例如，读者可以通过界面控制该 IP 核来实时修改内部某些寄存器或端口的值，而不需进行重新修改代码参数值，再全编译、下载调试；亦或是监测电路中某信号的实时状态时，直接通过该 IP 核和下载链路将数据上传至界面。SignalTap 更适合监测 FPGA 内部信号的动态数据流信号，但消耗的逻辑资源和存储器资源较多；而 ISSP IP 核更适合监测或控制端口或内部的相对静止的信号，消耗较少的逻辑资源和存储器资源。

2. 信号源和探针

顾名思义，"Altera In-System Source & Probes"IP 核包含两种电路或功能，一种是 Sources（源），即通过界面实时发送数据至 FPGA 的 IP 核，间接为与 IP 核相连接的应用电路提供信号源；另一种是 Probes（探针），可以实时接收并显示 FPGA 应用电路中经由 IP 核发送到界面的信号，即为电路提供探针。

3. 数据交互

使用该工具前必须在电路中嵌入与待测试电路连接的 ISSP IP 核，界面通过 ISSP IP 核间接和 FPGA 内部应用电路实现数据交互。

4. 使用流程

（1）设计应用电路（如动态数码管），并完成仿真等工作。

（2）设计顶层工程，根据实际需要创建 ISSP IP 核，并例化 IP 核和应用电路。

（3）全编译、分配引脚，再次全编译。

（4）打开界面，使用界面完成下载，并使用界面监测或控制应用电路。

二、动态数码管电路设计

根据图 5-49 设计动态数码管驱动电路，并完成仿真。以下代码的编译报告显示，逻辑资源方面消耗了 1 211 个逻辑单元和 45 个寄存器。

```
1.//6 位数码管驱动，共阳极数码管，但位选和 FPGA 之间有三极管取反，因此段选 0 亮 1 不亮，
    位选 0 亮 1 不亮；
……//完整代码见配套资源
9.module LED8S_V1(
……//完整代码见配套资源
151.endmodule
```

三、ISSP IP 核的创建与配置

使用 ISSP IP 核为动态数码管应用电路 LED8S_V1 的输入端口 Data2Disp_i、EnDisp_i、DotPos_i 和 Sign_i 提供信号源，以测试该应用电路功能。

1. ISSP IP 核配置的前期准备

新建工程并命名 LED8S_V1_top；将应用电路动态数码管.v 文件复制至当前工程；在该工程下创建 my_ip 文件夹，在 my_ip 文件夹中建立 ip_source_probe 子文件夹，由于需要驱动 Data2Disp_i、EnDisp_i、DotPos_i 和 Sign_i 共 4 个信号，因此，再在 ip_source_probe 子文件夹中建立 ip_source_Data2Disp、ip_source_DotPos、ip_source_En、ip_source_Sign 共 4 个文件夹用于存放对应的 4 个 IP 核。

2. ISSP IP 核的创建与配置

参照图 5-51 所示的 ISSP IP 核创建与配置，以及项目 4 中 NCO IP 核的操作，创建 ISSP IP 核。

（1）启动 ISSP IP 核。

在 Quartus Prime 主界面主菜单栏下选择"Tools"→"IP Catalog"，主界面右侧弹出嵌入式"IP Catalog"对话框；输入"source"→左键双击"Altera In-System Sources & Probes"→弹出图 5-51（a）所示的"New IP Variation"对话框；IP 核命名和存储的路径命名保持一致，均为"ip_source_Data2Disp"，单击选择"OK"按钮后图 5-51（a）中上浮的"New IP Variation"对话框消失，剩余图 5-51（b）所示的"IP Parameter Editor"（参数编辑）对话框。

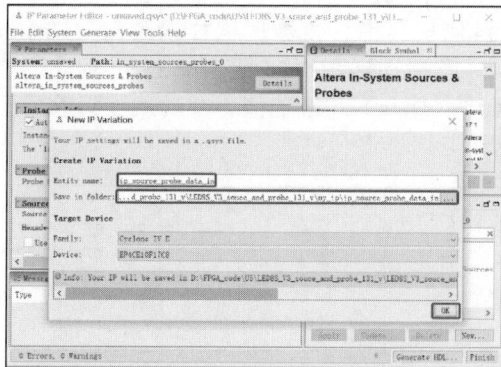

(a)"New IP Variation"对话框 (b)"IP Parameter Editor"对话框

图 5-51 ISSP IP 核创建与配置

（2）ISSP IP 核的配置。

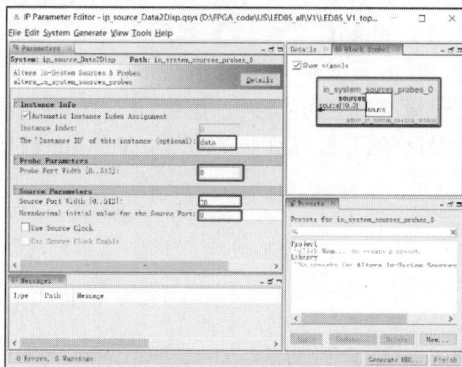

在"IP Parameter Editor"对话框中配置 IP 核相关参数。第一项"Instance Info"是为该 IP 核起别名，名称可自定义但不能太长，如命名"data"；第二项"Probe Parameters"是配置探针选项，此处只用到 source 和 probe 功能中的 source 功能，因此该项忽略；第三项"Sources Parameters"是配置 source 选项，将数据端口位宽"Source Port Width[0..512]:"配置为和 Data2Disp_i 相匹配的 20 位，下面的初始值默认 0 即可；剩余步骤参考项目 4 中 NCO IP 核的步骤来创建 ISSP IP 核，最后应将 IP 核对应的.sip 和.qip 文件添加进工程。同样的方法为其他 3 个信号 EnDisp_i、DotPos_i 和 Sign_i 在对应的子文件夹中创建 IP 核。

四、ISSP 工具辅助测试数码管

1. ISSP 控制动态数码管驱动电路设计

参考图 5-52 所示的 ISSP IP 核和动态数码管例化示意，完成 4 个 IP 核和动态数码管的例化，以下是例化代码。例化完成后对工程进行全编译，根据 FPGA 电路板实际的电路布局进行引脚分配，再进行全编译。ISSP IP 核和动态数码管例化后的 RTL 视图如图 5-53 所示。

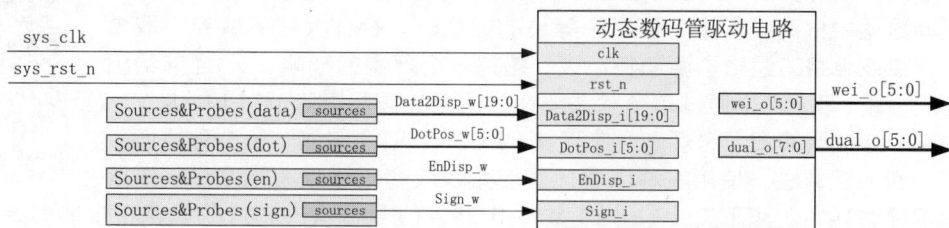

图 5-52 ISSP IP 核和动态数码管例化示意

```
0    module LED8S_V1_souce_and_probe(
1        input wire          sys_clk,    //时钟 50MHz
2        input wire          sys_rst_n,  //低复位
3        output wire [7:0] dual_o,       //连接数码管的段选（共阳极），位选三极管取反，0 亮 1 不亮
```

```
4          output wire [5:0] wei_o        //连接数码管的位选（共阳极），段选直接接FPGA，0亮1不亮
5    );
6  /*4个控制数码管驱动电路的ISSP IP核例化*/
……//完整代码见配套资源
```

2. 使用 ISSP 界面完成下载与测试

在 Quartus Prime 主界面主菜单栏下依次选择"Tools"→"In-System Sources and Probes Eidtor"，弹出图 5-54 所示的"In-System Sources and Probes Eidtor"对话框，在对话框中下载编译生成的.sof 文件。下载后右击"Name"下各信号名称，将数据格式设置为"Unsigned Decimal"（无符号十进制）方便调试。按照图 5-54 配置得到图 5-55 所示的 ISSP 驱动下的动态数码管实际显示结果。读者可自由调整图 5-54 中"Data"对应的值，并观察数码管显示状态，以此验证本节设计 LED8S_V1_top 数码管驱动电路。

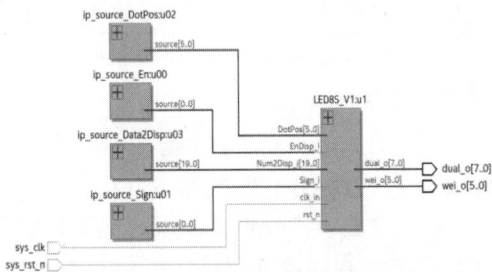

图 5-53　ISSP IP 核和动态数码管例化后的 RTL 视图

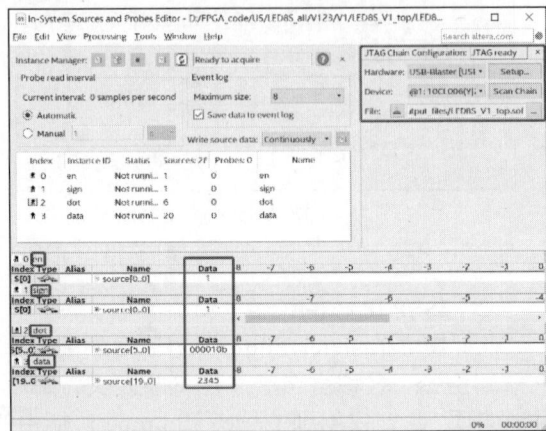

图 5-54　"In-System Sources and Probes Eidtor"对话框

图 5-55　ISSP 驱动下的动态数码管实际显示结果

5.3.3　【任务实施 2】动态数码管逻辑资源优化

5.3.2 节介绍的数码管驱动电路（LED8S_V1）的优点是结构清晰，但因从二进制数据中分离个、十、百、千等位的数值时，存在大量的取商、取余电路，导致该电路的逻辑资源消耗巨大，这是一个严重的缺陷。5.3.3 节给出两种解决思路，第一种是通过单个除法器在时间上的复用以降低（LED8S_V1）电路中多个除法器的资源消耗，对应下文（LED8S_V2）电路；第二种是通过经典的大四加三算法，使用左移电路代替取余、取商电路以大幅度降低电路的逻辑资源消耗，对应下文（LED8S_V3）电路。LED8S_V3 对应的电路不仅能够降低电路的逻辑资源，而且电路的最高工作频率高达 200MHz，便于和用户其他应用电路匹配。

微课 5-3-3
任务实施 2

利用大四加三算法设计的数码管驱动电路（LED8S_V3）性能优良、端口简单，这也是本书后续项目中数码管显示环节所采用的电路。大四加三算法从数学模型上看较为抽象，读者重点掌握该电路的端口、端口时序以及例化方法。

注：本书后文提到的 Num2Disp_i 和上文中的 Data2Disp_i 为同一信号。

一、二进制转 BCD 码优化–除法器复用

1. 逻辑资源消耗过多问题分析

5.2.2 节图 5-20 所示的编译报告显示，EP4CE10F17C8 的逻辑资源总数为 10 320，LED8S_V1 编译报告显示逻辑资源方面消耗了 1 211 个逻辑单元和 45 个寄存器，仅数码管驱动电路就消耗 12% 的逻辑资源。若某综合系统涉及动态数码管显示功能，则可能因剩余逻辑资源不足而限制综合系统设计的灵活性。逻辑资源消耗过高最主要原因是二进制转十进制电路中存在多个除法器（取商电路、取余电路），解决逻辑资源消耗较多这一问题应着重从除法器着手。

2. 解决思路——除法器复用

一种解决思路是在电路中仅设计一个除法器电路，在时间上进行复用，参考表 5-12 所示的除法器复用计算步骤，具体方法是：以 cnt_core_r 为时间标尺，除法器的分母为十进制数 10 恒定不变；cnt_core_r 为 0 时，将 Num2Disp_i 作为除法器的分子，得到的余数直接作为个位，商作为 cnt_core_r 为 1 时的除法器的分子；cnt_core_r 为 1 时余数直接作为十位，商作为 cnt_core_r 为 2 时的除法器的分子，以此类推，共进行 6 次操作得到个位、十位、百位、千位、万位、十万位。

表 5-12　除法器复用计算步骤

时间 cnt_core_r	除法器分子 num_temp_r	除法器分母 固定 10	除法器商 quo_temp_w	除法器余数 remain_temp_w
0	Num2Disp_i	10	q1（quotient）	个位
1	q1	10	q2	十位
2	q2	10	q3	百位
3	q3	10	q4	千位
4	q4	10	q5	万位
5	q5	10		十万位

除法器电路的常用设计有两种，第一种是利用 Verilog HDL 设计除法器电路，代码可以跨平台移植（如从 Altera 移植到 Xilinx），但 Num2Disp_i 是 20 位二进制，单纯使用代码设计的除法器电路最高工作频率会受到限制；第二种是使用除法器相关 IP 核，可以通过改变除法器相关 IP 核的配置改善电路处理速度，但不能跨平台移植。综合对比采取第一种方案。

3. 除法器复用设计方法

（1）取余电路、取商电路设计。

在 5.3.2 节工程基础上新建 Verilog HDL 文件 divide_LED8S 以设计取余、取商电路，代码如下。因为除数固定为 10，被除数首次是 Num2Disp_i，所以 num_i 位宽为 20 位；余数为 0～9，显然 remain_o 位宽为 4；最大的商来自于 Num2Disp_i 除以 10，即 20'hf_ffff 除以 4'd10，商为十进制数 104 857，二进制为 17 位，对应的 quotient_o 为 17 位。

```
1.module divide_LED8S(
2.input  [19:0] num_i,       //被除数
3.output [16:0] quotient_o,//除以10的商
4.output [3:0] remain_o     //除以10的余数
5.);
6.assign quotient_o = num_i/10;
7.assign remain_o   = num_i%10;
8.endmodule
```

（2）取余取商电路分时复用设计。

为了对项目 5 中几种动态数码管的代码进行区分，此处将 LED8S_V1 的文件和代码名称均

修改为 LED8S_V2。将 LED8S_V1 的第 32～43 行修改如下，并命名 LED8S_V2 加以区分，同时代码第 43 行以后诸如 wire 型信号 unit_w 也应修改为 reg 型信号 unit_r。

```
……//完整代码见配套资源
9.module LED8S_V2(
……//完整代码见配套资源
```

代码设计完成后进行全编译，因为 LED8S_V2 相对于 LED8S_V1 端口并未改变，所以顶层文件不需改变，可直接进行仿真或借助 ISSP 进行调试。显示效果和图 5-55 完全一致，结果表明除法器复用不仅可以实现 LED8S_V1 中多个除法器电路的功能，而且编译报告中逻辑资源消耗为 520，在一定程度上降低了资源消耗。

二、二进制转 BCD 码优化——大四加三算法

大四加三算法是一种经典的二进制转十进制算法，使用左移操作代替取余取商计算，非常适合 FPGA 的电路实现。假设有一个二进制数$(11111101)_2$，其代表的十进制数是 253，核心任务是从二进制中分离出 2、5、3，即二进制$(0010)_2$、$(0101)_2$、$(0011)_2$。接下来以 8 位二进制为例介绍使用大四加三算法分离十进制的方法。

1. *左移方式实现二进制转十进制*

二进制数$(1.1111101)_2$是$(0.11111101)_2$的 2 倍，将后者左移 1 位即可得到前者；$(11.111101)_2$是$(1.1111101)_2$的 2 倍，以此类推，$(11111101)_2$是$(0.11111101)_2$的 256 倍，“左移 1 位相当于乘以 2”是大四加三算法的重要依据。图 5-56 所示为二进制转十进制分离过程（以 253 为例），图 5-56 其中每一行是二进制和十进制混合表示，现规定如下，十进制数值为

$$
\begin{aligned}
y=&\left(d_{3_h}\times 2^3+d_{2_h}\times 2^2+d_{1_h}\times 2^1+d_{0_h}\times 2^0\right)\times 100\\
&+\left(d_{3_t}\times 2^3+d_{2_t}\times 2^2+d_{1_t}\times 2^1+d_{0_t}\times 2^0\right)\times 10\\
&+\left(d_{3_u}\times 2^3+d_{2_u}\times 2^2+d_{1_u}\times 2^1+d_{0_u}\times 2^0\right)\times 1\\
&+\left(b_7\times 2^{-1}+b_6\times 2^{-2}+b_5\times 2^{-3}+b_4\times 2^{-4}+b_3\times 2^{-5}+b_2\times 2^{-6}+b_1\times 2^{-7}+b_0\times 2^{-8}\right)
\end{aligned}
\tag{5-8}
$$

倍数或移位次数	序号	十进制												二进制							
		百位（二进制十进制混合计数）				十位（二进制十进制混合计数）				个位（二进制十进制混合计数）											
	0-1	$\times 10^2$				$\times 10^1$				$\times 10^0$				2^(-1)	2^(-2)	2^(-3)	2^(-4)	2^(-5)	2^(-6)	2^(-7)	2^(-8)
	0-2	d_{3_h}	d_{2_h}	d_{1_h}	d_{0_h}	d_{3_t}	d_{2_t}	d_{1_t}	d_{0_t}	d_{3_u}	d_{2_u}	d_{1_u}	d_{0_u}	b_7	b_6	b_5	b_4	b_3	b_2	b_1	b_0
1倍	1-1	2^3	2^2	2^1	2^0	2^3	2^2	2^1	2^0	2^3	2^2	2^1	2^0	1	1	1	1	1	1	0	1
	1-2													$1\times 2^{-1}+1\times 2^{-2}+1\times 2^{-3}+1\times 2^{-4}+1\times 2^{-5}+1\times 2^{-6}+0\times 2^{-7}+1\times 2^{-8}$							
2倍	2-1												1	1	1	1	1	1	0	1	
	2-2									1×1				$1\times 2^{-1}+1\times 2^{-2}+1\times 2^{-3}+1\times 2^{-4}+1\times 2^{-5}+0\times 2^{-6}+1\times 2^{-7}$							
4倍	4-1											1	1	1	1	1	1	0	1		
	4-2									3×1				$1\times 2^{-1}+1\times 2^{-2}+1\times 2^{-3}+1\times 2^{-4}+0\times 2^{-5}+1\times 2^{-6}$							
8倍	8-1										1	1	1	1	1	1	0	1			
	8-2									7×1				$1\times 2^{-1}+1\times 2^{-2}+1\times 2^{-3}+0\times 2^{-4}+1\times 2^{-5}$							
16倍	16-1									1	1	1	1	1	1	0	1				
	16-2									15×1超出				$1\times 2^{-1}+1\times 2^{-2}+0\times 2^{-3}+1\times 2^{-4}$							
	16-3								1		1	0	1	1	1	0	1				
	16-4					1×10				（15−10）×1进位				$1\times 2^{-1}+1\times 2^{-2}+0\times 2^{-3}+1\times 2^{-4}$							
32倍	32-1							1	0	1	0	1	1	1	0	1					
	32-2					2×10				11×1超出				$1\times 2^{-1}+0\times 2^{-2}+1\times 2^{-3}$							
	32-3							1	0+1	0	0	0	1	1	0	1					
	32-4					3×10				（11−10）×1进位				$1\times 2^{-1}+0\times 2^{-2}+1\times 2^{-3}$							
64倍	64-1						1	0+1				1	1	0	1						
	64-2					6×10				3×1				$0\times 2^{-1}+1\times 2^{-2}$							
128倍	128-1					1	0+1				1	1	0	1							
	128-2					12×10超出				6×1				1×2^{-1}							
	128-3				0+1			1	0		1	1	0	1							
	128-4	1×100				（12−10）×10进位				6×1				1×2^{-1}							
256倍	256-1			1	0		1	0	0	1	1	0	1	移完							
	256-2	2×100				4×10				13×1超出											
	256-3						1	0	0+1			1	1								
	256-4					5×10				（13−10）×1进位											
结果	二进制	0	0	1	0	0	1	0	1	0	0	1	1								
		2				5				3											

图 5-56　二进制转十进制分离过程（以 253 为例）

（1）【例 1】十进制数 253 的分离。

有如下规定，将 $d_{3\_h} \sim d_{0\_h}$、$d_{3\_t} \sim d_{0\_t}$、$d_{3\_u} \sim d_{0\_u}$ 想象为刻度分别为 100mL、10mL、1mL，量程为 000～900mL、00～90mL、0～9mL 的量杯，存储值分别为 100、10、1 的整数倍，且分别不超出 1 000、100、10，若超出则需进位。

①1 倍行。此行二进制数是 $(0.11111101)_2$。

②2 倍行。将 1 倍行数据 $(0.11111101)_2$ 左移 1 位得到 2 倍行数据。1 倍行数据中 $(0.11111101)_2 = (0.1)_2 + (0.01111101)_2$，2 倍行数据中小数部分 $(0.1111101)_2$ 刚好是 1 倍行数据 $(0.01111101)_2$ 的 2 倍，左移出去的 1，即 2 倍行数据的整数部分的 1 为 1 倍行数据中 $(0.1)_2$ 的 2 倍，因此，按照上述式 5-8 所示的计算方法，2 倍行数据是 1 倍行数据的两倍。

③4 倍行。同理，4-1 行中的数据是 2-1 行中的数据的两倍。

④8 倍行。同理，8-1 行中的数据是 4-1 行中的数据的两倍。

⑤16 倍行。16-1 行中的数据是 8-1 行中的数据的两倍，但 16-1 行中个位的 4 位二进制值为 $(1111)_2$，代表十进制 15，超过 10，因此需进行进 1 余 5 操作，得到 16-3 行。按照上述公式的计算，16-3 行的值仍是 8-1 行的两倍。

⑥32 倍行。32-1 行中的数据是 16-3 行中的数据的两倍，32-1 行中个位的 4 位二进制值为 1011，代表十进制 11，超过 10，因此进行进 1 余 1 操作，得到 32-3 行。按照上述公式的计算，32-3 行中的数据仍是 16-3 行中的数据的两倍。

⑦64 倍行。64-1 行中的数据是 32-3 行中的数据的两倍。

⑧128 倍行。128-1 行中的数据是 64-1 行中的数据的两倍，但 128-1 行中十位的 4 位二进制值为 $(1100)_2$，代表十进制 12，超过 10，因此进行进 1 余 2 操作，得到 128-3 行。128-3 行中的数据是 64-1 行中的数据的两倍。

⑨256 倍行。256-1 行中的数据是 128-3 行中的数据的两倍，但 256-1 行中个位的 4 位二进制值为 1101，代表十进制 13，超过 10，因此进行进 1 余 3 操作，得到 256-3 行。

总结：每左移一次，得到的数值是左移前数值的 2 倍，共左移 8 次，从数值大小来看，相当于将 $(0.11111101)_2$ 乘以 2^8，左移的结果中百位、十位、个位二进制值依次是 $(0010)_2$、$(0101)_2$、$(0011)_2$，对应十进制 2、5、3，不仅达到了最初的目标，而且用左移、比较、加法等替代了取商操作和取余操作，更适合 FPGA 实现。

（2）【例 2】十进制数 141 的分离。

253 是一个特殊的数字，再以一般性的数字为例进行分析，如二进制 $(10001101)_2$，即十进制 141。141 的特殊之处在于，16 倍行转 32 倍行，16 倍行个位本是 8，左移且加低位的 1 应是 17，但按照上述 253 的方式左移，会导致十位是十进制数 1，个位变为十进制数 1，这与正确数字 17 不相符。总而言之，左移前，个位、十位、百位的 4 位二进制最高位若是 1（代表十进制 8、80、800），则不能直接左移。而大四加三算法可以规避掉个位、十位、百位的 4 位二进制最高位是 1 这种情况。图 5-57 所示为二进制转十进制分离过程（以 141 为例）。

2．大四加三算法

以上介绍的两个数字的左移方式，特别是 141，虽然操作略显复杂，但是可以用左移等操作代替取余操作和取商运算。接下来介绍大四加三算法，根据左移前个位、十位、百位的值和 4 的大小关系分为两种情况进行分析。

（1）左移前本 4 位小于等于 4 的处理方式。

对于本 4 位而言，无论左移前邻近低 4 位待移入的为 0 还是 1，本 4 位左移并加邻近低 4 位的进位后均不超过 9，因此不涉及进位，直接进行左移即可。

（2）左移前本 4 位大于 4 的处理方式。

以左移前本 4 位是 7 为例进行讨论。

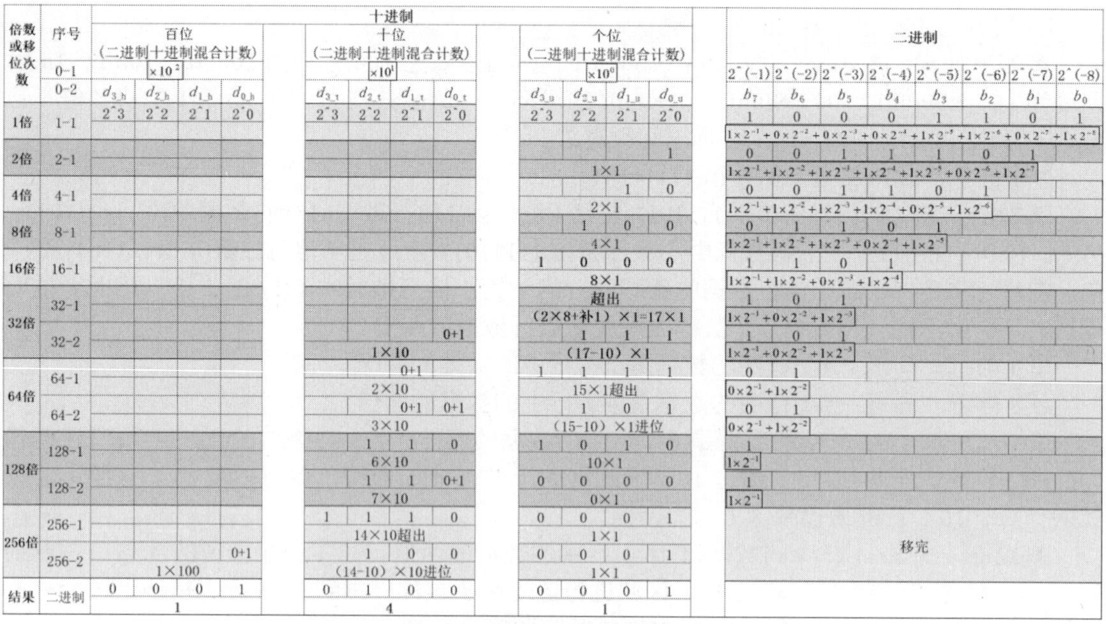

倍数或移位次数	序号	百位 （二进制十进制混合计数） ×10²				十进制 十位 （二进制十进制混合计数） ×10¹				个位 （二进制十进制混合计数） ×10⁰				二进制							
	0-1													2^{-1}	2^{-2}	2^{-3}	2^{-4}	2^{-5}	2^{-6}	2^{-7}	2^{-8}
	0-2	$d_{3,h}$	$d_{2,h}$	$d_{1,h}$	$d_{0,h}$	$d_{3,t}$	$d_{2,t}$	$d_{1,t}$	$d_{0,t}$	$d_{3,u}$	$d_{2,u}$	$d_{1,u}$	$d_{0,u}$	b_7	b_6	b_5	b_4	b_3	b_2	b_1	b_0
1倍	1-1	2^3	2^2	2^1	2^0	2^3	2^2	2^1	2^0	2^3	2^2	2^1	2^0	1	0	0	0	1	1	0	1
														$1×2^{-1}+0×2^{-2}+0×2^{-3}+0×2^{-4}+1×2^{-5}+1×2^{-6}+0×2^{-7}+1×2^{-8}$							
2倍	2-1												1	0	0	0	1	1	0	1	
							1×1							$0×2^{-1}+0×2^{-2}+0×2^{-3}+1×2^{-4}+1×2^{-5}+0×2^{-6}+1×2^{-7}$							
4倍	4-1											1	0	0	0	1	1	0	1		
							2×1							$0×2^{-1}+0×2^{-2}+1×2^{-3}+1×2^{-4}+0×2^{-5}+1×2^{-6}$							
8倍	8-1										1	0	0	0	1	1	0	1			
							4×1							$0×2^{-1}+1×2^{-2}+1×2^{-3}+0×2^{-4}+1×2^{-5}$							
16倍	16-1						1	0	0	0				1	1	0	1				
							8×1							$1×2^{-1}+1×2^{-2}+0×2^{-3}+1×2^{-4}$							
32倍	32-1									超出 (2×8+补1)×1=17×1	1	1	1	1	0	1				
									0+1					$1×2^{-1}+0×2^{-2}+1×2^{-3}$							
	32-2					1×10				(17-10)×1				1	0	1					
														$1×2^{-1}+0×2^{-2}+1×2^{-3}$							
64倍	64-1					0+1				15×1超出				0	1						
						2×10								$0×2^{-1}+1×2^{-2}$							
	64-2					0+1	0+1			(15-10)×1进位				1	1						
						3×10								$1×2^{-1}+1×2^{-2}$							
128倍	128-1					1	0		10×1					1							
						6×10								$1×2^{-1}$							
	128-2					1	0		0×1					1							
						7×10								$1×2^{-1}$							
256倍	256-1	1	1	1	1	14×10超出			1	0	0	0									
	256-2				0+1	(14-10)×10进位			1×1				移完								
		1×100																			
结果	二进制	0	0	0	1	0	1	0	0	0	1	1	1								
				1				4				1									

图 5-57 二进制转十进制分离过程（以 141 为例）

①等价操作 1：先左移再减十且进位操作方法。

左移后本 4 位为 14，再加低位移入的 0 或 1，结果为 14 或 15。邻近高 4 位加 1，本 4 位减十保留 4 或 5，即 $(0100)_2$ 或 $(0101)_2$，极易理解。同理，若左移后的值大于 9（不包含 9）均可以采取此方法，总结下来是"左移后若大于 9，则减十且进位"。

②等价操作 2：先左移再加 6。

先介绍一个通俗的例子：十六进制以 16 为周期，将 16 想象成一个周长为 16 的圆形，减 10 就是退后 10 步，加 6 就是向前 6 步或向后 10 步，减 10 和加 6 最终二进制结果的低 4 位相同。

因此，等价操作 1 的总结"左移后若大于 9，则减十且进位"等价于，当左移后若大于 9，则本 4 位加 6，再加上低位移入的 0 或 1，考虑到加法完有进位，则结果共 5 位二进制，5 位二进制写为十进制为 20 或 21，对应二进制为 $(10100)_2$ 或 $(10101)_2$，5 位二进制最高位的 1 单独进位到邻近高 4 位，剩余 4 位二进制 $(0100)_2$ 或 $(0101)_2$ 本 4 位保留。总结下来是"左移后若大于 9，则加 6"，俗称的"大九加六"。

然而上文均假定个位、十位、百位为 4 位二进制，等价操作 2 中的阐述的"5 位二进制"与此相悖。接下来介绍的等价操作 3 可以规避此问题。

③等价操作 3。预先判断再左移。

左移前若是 4，则左移后为 8 或者 9。或者说左移后大于 9 对应左移前本 4 位一定大于等于 5（或者说大于 4），基于这一点得到和等价操作 2 等价的等价操作 3。

等价操作 2 等价于左移前若本 4 位大于 4（指 5～9，不包含 4），则先加 3（3 是 6 的二分之一）再直接左移，替代可能的进位。本 4 位左移前是 7，预先判断该值大于 4，因此预先加 3，变为 7+3=10，对应二进制为 $(1010)_2$，结合低 4 位移入的 0 或 1，结果为 $(10100)_2$ 或 $(10101)_2$，5 位二进制最高位直接作为邻近高 4 位的最低位，4 位二进制的低 4 位再加邻近低 4 位的进位为 $(0100)_2$ 或 $(0101)_2$，作为本 4 位的值，与前两种方式效果相同。

综合以上的分析得到结论：左移前先判断本 4 位若大于 4，则先加 3 再左移，否则直接左移，这就是所谓的大四加三算法。

图 5-58 所示为大四加三算法分离十进制（以 141 为例），其展现了大四加三算法分离十

进制数 141 的具体操作过程。8 位二进制分离十进制共分有 8 次合计 16 步，每次分为判断和左移两步，左移前先独立判断个位、十位、百位十进制对应的 4 位二进制是否大于 4，若任意 4 位大于 4 则加 3 再左移，反之不加 3 直接左移。应注意个位、十位、百位在判断和执行“大四加三”操作时相互独立、不分先后、互不影响。

倍数或移位次数	操作	十进制												二进制							
		百位（二进制十进制混合计数）				十位（二进制十进制混合计数）				个位（二进制十进制混合计数）											
		×10^2				×10^1				×10^0				2^(-1)	2^(-2)	2^(-3)	2^(-4)	2^(-5)	2^(-6)	2^(-7)	2^(-8)
		d_{3_h}	d_{2_h}	d_{1_h}	d_{0_h}	d_{3_t}	d_{2_t}	d_{1_t}	d_{0_t}	d_{3_u}	d_{2_u}	d_{1_u}	d_{0_u}	b_7	b_6	b_5	b_4	b_3	b_2	b_1	b_0
1倍		2^3	2^2	2^1	2^0	2^3	2^2	2^1	2^0	2^3	2^2	2^1	2^0	1	0	0	0	1	1	0	1
2倍	判断	无大四不加三				无大四不加三				无大四不加三				1	0	0	0	1	1	0	1
	左移												1	0	0	1	1	1	0	1	
4倍	判断	无大四不加三				无大四不加三				无大四不加三											
	左移											1	0	0	0	1	1	0	1		
8倍	判断	无大四不加三				无大四不加三				无大四不加三											
	左移										1	0	0	0	1	1	0	1			
16倍	判断	无大四不加三				无大四不加三				无大四不加三											
	左移									1	0	0	0	1	1	0	1				
32倍	判断	无大四不加三				无大四不加三				大四加三											
	左移									1	0	1	1	1	1	0	1				
	判断								1	0	1	1	1	1	0	1					
	左移									大四加三											
64倍	判断								1	1	0	1	0	1	0	1					
	左移							1	1	0	1	0	1	0	1						
	判断	无大四不加三				无大四不加三				大四加三											
	左移							1	1	1	0	0	0	0	1						
128倍	判断						1	1	1	0	0	0	0	1							
	左移					大四加三				无大四不加三											
256倍	判断					1	0	1	0	0	0	0	0	1							
	左移				1	0	1	0	0	0	0	0	1								
结果		1				4				1											

图 5-58　大四加三算法分离十进制（以 141 为例）

三、基于大四加三算法改进的动态数码管驱动电路

将大四加三算法映射到 FPGA 设计中，个位、十位、百位以及千位等各需要 4 位 D 触发器存储数值。每个时钟上升沿来临前，判断本 4 位 D 触发器是否大于 4，若大于 4，则将本 4 位 D 触发器加 3 后的计算结果的低 3 位在上升沿时赋给本 4 位 D 触发器的高 3 位，本 4 位 D 触发器加 3 后的计算结果的最高位直接左移至邻近高 4 位的最低位。本 4 位 D 触发器最低位补邻近低 4 位移入的数字。每 4 位完全独立。不难推断，对于 20 位待转换的二进制数值，总共需要 20 个时钟进行判断和左移等相关操作。

在动态数码管的输入端口添加一个 data_valid_i 端口，规则是若该端口的值为 1 时，则代表输入信号 Data2Disp_i 有效，否则输入的 Data2Disp_i 信号无效，这一改进在后续项目涉及数码管的使用中会体现出极大的优势。将 LED8S_V1 的第 32 行至 43 行修改如下，同时代码第 43 行以后诸如 wire 型的 unit_w 也应修改为 reg 型的 unit_r。

```
……//完整代码见配套资源
9.module LED8S_V3(
……//完整代码见配套资源
```

编译报告显示，最终只耗费 171 个逻辑资源，参考项目 3 时序约束的操作方法进行时序约束，时序报告显示电路的最高工作频率可以达到 220MHz，接近 EP4CE10F17C8 芯片的极限，这意味着该电路被用户其他任何综合应用电路调用时，不会因该数码管驱动电路的最高工作频率不足而影响综合应用电路的时序约束。

四、信号幅值测量显示仪综合系统设计与测试

设计要求：按项目 5 要求完成综合系统的整合。

将任务 5.1 的幅值测量电路和动态数码管驱动电路 LED8S_V3 进行例化，幅值测量显示综合系统顶层工程例化方案如图 5-59 所示。需要注意的是，因为数码管仅有 6 位，因此不便将最大值、最小值和峰峰值同时显示，解决方法是依次交替显示，图 5-59 中的数值匹配电路可以实现依次交替显示，数值匹配电路可具体设计为：先设计一个以 data_valid_w 信号为计

数使能、计数范围为 0～2、计数周期为百毫秒左右的计数器，该计数器的计数值控制一个三选一数据选择器用于循环选择 Vmax_w、Vmin_w、V_PP_w 三个信号，最后即可实现 3 个测试结果依次交替显示，读者可自行尝试，5.3.3 节不做详细介绍。

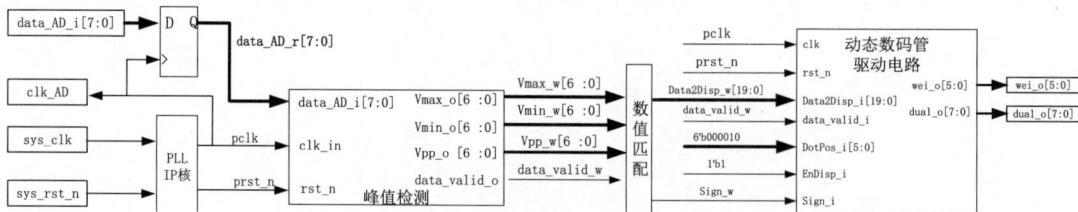

图 5-59　幅值测量显示综合系统顶层工程例化方案

使用数码管显示幅值测量结果还原值时，以显示 Vmax 为例，当 Vmax 值大于等于 50 时，显示 Vmax-50，同时拼接 "." 符号即可，反之，显示 50-Vmax，同时拼接 "-" 和 "." 符号。

```
1   module VppMeasureDisp_top(
……//完整代码见配套资源
```

Vmin_o 和 Vmax_o 显示类似。而峰峰值测量结果 Vpp_o 是 Vmax_o 和 Vmin_o 二者之差，显示时不需和 50 做减法。将函数信号发生器调整为输出频率为 500kHz，峰峰值为 2V，直流偏置为-3V 的正弦波，图 5-60 所示为幅值测量显示综合系统测试结果，结果可以看出测量的最大值为-2V，满足设计要求。

图 5-60　幅值测量显示综合系统测试结果

思考与练习

一、填空题

1. 10 位 ADC 最多可以输出_____种二进制数字。

2. 一个线性度理想的 14 位线性电压型 ADC 模块，其输入电压输出值分别为 5V 和-5V时，对应的输出的转换值为 0 和 16 383。当输入电压变化 1V 时，对应的转换结果变化的数值是_____。

3. 参考图 5-40，驱动 8 位 7 段数码管需要_____个 FPGA 端口。

二、设计题

参考任务 5.3 的设计，请设计一个 8 位 8 段动态数码管显示电路。

实战演练

1. 使用 SignalTap 工具对任务 3.1 中的 cnt_modelsim 电路的端口进行测试。

2. 使用 SignalTap 工具对 3.2.2 节的并行赋值风格通用分频器电路的端口信号和内部信号 cnt_r 进行观测，要求将分频系数改为 100。

3. 在 FPGA 芯片外围搭建单个数码管电路与 FPGA 引脚连接，并使用 ISSP 工具的源驱动 3.3.2 节多文件设计方法中的 "module led8s" 电路。

项目6

信号频率测量显示仪

06

项目导读

　　信号的频率测量在电子设计和测量领域中应用非常广泛，对频率测量方法的研究在实际工程应用中具有重要意义。信号分为数字信号和模拟信号，图 6-1 所示为信号频率测量系统，数字信号的频率测量可直接由 FPGA 处理。模拟信号的频率测量分为时域和频域两种方式。时域处理方式中直接有效的方法是先将模拟信号经施密特触发器等电路处理后变为数字脉冲信号，再使用 FPGA 进行测量；也可以按照图 6-1 所示，使用 ADC 模块先将模拟信号数字化，然后使用 FPGA 内部逻辑资源设计等效数字施密特触发器，将数字化的信号转换为数字脉冲信号，然后进行测频。而频域处理首先需要借助 ADC 将模拟信号数字化，然后做快速傅里叶变换（Fast Fourier Transform，FFT）等数学处理，这要求设计者有一定的信号与系统基础。从待测模拟信号质量和测量结果精度角度来看，时域处理方式对低信噪比信号的频率测量可能会失效，而频域测量方式在这方面具有良好特性；时域处理更为便捷。本项目对模拟信号的测量采取时域处理方式。

　　设计要求：

　　（1）测量脉冲信号频率。频率范围 10Hz～1MHz，要求频率 1kHz 以下测量的绝对误差为 ±0.002Hz，频率 1kHz 以上测量的绝对误差为 ±2Hz。

　　（2）测量正弦波信号频率。其峰峰值范围为 2～6V，直流偏置范围为 −2V～2V，要求频率范围为 1kHz～1MHz 的频率测量结果的绝对误差为 ±10Hz。

　　（3）数码管显示。

　　注：绝对误差是指测量值和真实值之差；相对误差是指绝对误差与真实值之比，一般用百分比形式表示。

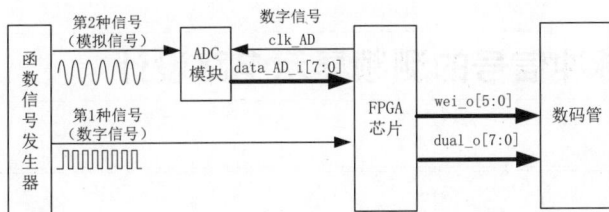

图 6-1　信号频率测量系统

学习目标

　　1. 熟悉 3 种脉冲信号测频方法的原理与精度，能够根据具体的设计要求，合理选择测频方法，并修改本项目给出的测频电路予以实现。

2. 熟悉软件等效数字施密特触发器的原理与电路设计。

3. 了解亚稳态产生的原因、危害以及规避方法。

素质目标

1. 3 种测频方法特点不同，培养根据实际设计要求，选择恰当的方案解决问题的能力。

2. 亚稳态是一种电路运行中的小概率现象，但足以致使电路工作失控。认识产品稳定性、质量至上的重要性。

3. 通过设计、测试、修正设计的流程，培养精益求精、不断提高产品指标的设计理念。

思维导图

6.1.1 节介绍周期测频法、直接测频法以及等精度测频法 3 种脉冲信号频率测量方法（简称测频方法），对 3 种测频方法误差进行分析，并以表格形式给出了不同情况下的误差数值。待测信号相对本地时钟是异步信号，会出现亚稳态现象，本节依次展开介绍了出现亚稳态现象的两种场景——异步信号和组合逻辑延时过大，并均给出了解决思路。在 6.1.2 节介绍周期测频法和等精度测频法的实施方法。任务 6.2 先介绍了一种使用 FPGA 实现软件等效数字施密特触发器的方法，该方法可将正弦波信号转为脉冲信号，接着用直接测频法对转换后的脉冲信号进行频率测量。任务 6.1 和任务 6.2 的测试结果均使用 6 位 8 段数码管进行显示，因显示的数字范围较广，而数码管的位数有限，因此给出了一种根据数值大小动态切换的显示驱动方法。本项目思维导图如图 6-2 所示。

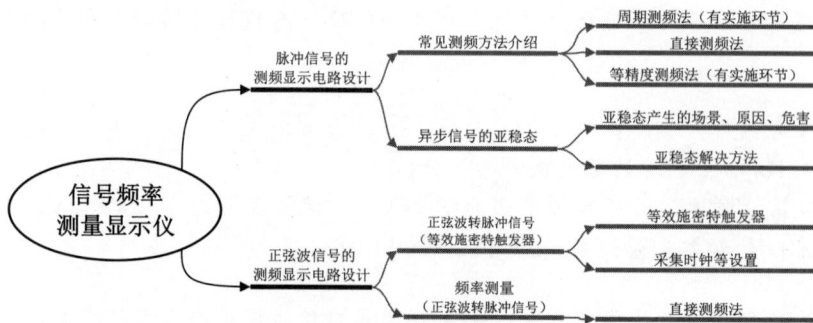

图 6-2　项目 6 思维导图

任务 6.1　脉冲信号的测频显示电路设计

任务导入

设计要求：测量数字脉冲信号频率。

（1）频率范围为 10Hz～1MHz。

（2）1kHz 以下绝对误差为 ±0.002Hz，1kHz 以上绝对误差为 ±2Hz。

（3）数码管显示格式：频率小于 1 000Hz 时显示"XXX.XXX"，如"999.999"代表 999.999Hz；频率大于等于 1 000Hz 且小于 1MHz 显示"XXXXXX."，如"999 999."代表 999 999Hz。

6.1.1 【知识准备】常见测频方法介绍

微课 6-1-1
知识准备

Altera 的 FPGA 芯片不同块的引脚电压依据对应的 VCCIOX 引脚而定，以 3.3V 居多，任务 6.1 讨论逻辑 1 电压为 3.3V、逻辑 0 电压为 0V 的脉冲信号频率测量方法。图 6-3 是待测数字脉冲信号示意。

待测信号 fx_i

图 6-3 待测数字脉冲信号示意

一、常见测频的原理

信号频率测量的实质是测量其周期或者频率，从测量周期角度来看，可以使用本地计数器作为时间标尺来测量待测信号一个周期内的高电平和低电平时长，二者之和的倒数就是待测信号频率。从测量频率角度来看，可以使用本地时钟作为时间基准产生一个标准的时长，在该时长内统计待测信号的上升沿次数，进而直接得到待测信号频率（以下称频率测量值）。周期测频法、直接测频法，以及等精度测频法是 3 种经典的测频方法，其中第一种属于从周期角度测量的方法，后两种属于从频率角度测量的方法。接下来介绍 3 种经典的测频方法。

1. 周期测频法

（1）周期测频法原理。

图 6-4 所示为周期测频法示意，将待测信号记为 fx_i，图 6-4 中给出了周期测频法测量待测信号 fx_i 频率的方法，记待测信号 fx_i 的某个周期内实际高电平和低电平时长为 T_{x_H} 和 T_{x_L}，二者之和为信号 fx_i 的周期，记为 T_x。信号 fx_i 的频率 f_x 为 T_x 的倒数，值为

$$f_x = \frac{1}{T_x} = \frac{1}{T_{x\_H} + T_{x\_L}} \tag{6-1}$$

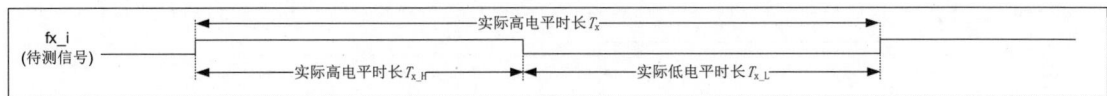

fx_i
（待测信号）

实际高电平时长 T_x

实际高电平时长 T_{x_H}　实际低电平时长 T_{x_L}

图 6-4 周期测频法示意

周期测频法主要是使用以本地时钟 clk 作为时钟的两个计数器，来测量 T_{x_H} 和 T_{x_L} 的时长。假设本地时钟 clk 的频率 f_{clk} 为 50MHz，周期 T_{clk} 为 20ns，测量 T_{x_H} 的方式是设计一个以 clk 作为时钟的计数器，该计数器在待测信号为高电平时计数，不妨称为"高电平时长计数器"，计数最大值记为 N_{s_H}；同理再设计一个以 clk 作为时钟的计数器，该计数器在待测信号 fx_i 为低电平时计数，不妨称为"低电平时长计数器"，计数最大值记为 N_{s_L}。显然 N_{s_H} 和 N_{s_L} 为整数，N_{s_H} 和 N_{s_L} 之和记为 N_s。记待测信号的测量周期为 T_{x_m}，则 $T_{x\_m} = N_s \times T_{clk}$，其倒数为频率测量值，记为 f_{x_m}，值为

$$f_{x\_m} = \frac{1}{T_{x\_m}} = \frac{1}{(N_{s\_H} + N_{s\_L}) \times T_{clk}} = \frac{f_{clk}}{N_{s\_H} + N_{s\_L}} \tag{6-2}$$

注：项目 6 中 N 的下标中的 s、x 分别代表使用本地时钟和待测信号作为时钟的计数值。

图 6-5 所示为周期测频法时序原理，例如，"高电平时长计数器"在第 5～17 个 clk 上升沿共计数 13 次，"低电平时长计数器"在第 18～31 个 clk 上升沿共计数 14 次，对应 N_{s_H}、N_{s_L}、N_s 分别为 13、14、27，根据式 6-2 计算得到信号 fx_i 的频率测量值为 1 851 851.85Hz。同时附带得到待测信号 fx_i 的占空比，记占空比测量值为 η，值为

$$\eta = \frac{N_{s\_H}}{N_s} \times 100\% = \frac{N_{s\_H}}{N_{s\_H} + N_{s\_L}} \times 100\% \qquad (6\text{-}3)$$

占空比为 13 与 27 的比值，结果为 48.1%，占空比不是任务 6.1 的设计要求，下文不再进行讨论。

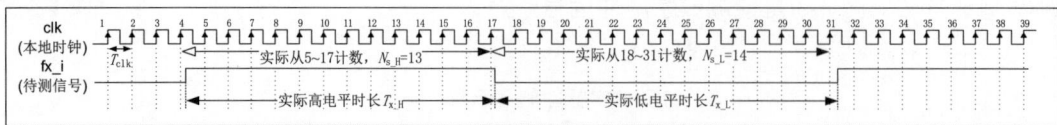

图 6-5　周期测频法时序原理

（2）周期测频法误差分析。

以上周期测频法的频率测量值有一定的误差，接下来分析频率测量值的最大误差，图 6-6 所示为周期测频法几种极限情况。先分析高电平的测量情况，记待测信号周期、高电平时长、低电平时长和 T_{clk} 的比值分别为 N、N_H、N_L，显然这三个变量均为小数，其和计数测量值 N_s、N_{s_H}、N_{s_L} 分别对应。图 6-6（a）所示为 N_s 的误差示意，即 N_s 相对于 N 的误差，可以看出，根据采集结果复原的信号，其在左侧复原的波形时长相较原待测信号均偏小，为负数，对应计数次数误差介于 $-1\sim-0$ 之间；右侧偏大，为正数，对应计数次数误差介于 $+0\sim+1$ 之间；因为左侧和右侧独立，所以 N_{s_H} 误差介于 $-1\sim+1$ 之间；同理可分析得到 N_{s_L} 误差介于 $-1\sim+1$，在待测信号单个周期内计数测量值的 N_s 误差也介于 $-1\sim+1$。图 6-6（b）所示为相同周期不同占空比 N_s 的误差示意，图 6-6（b）上半部分和下半部分的待测信号周期相同，但占空比不同，其中 6-6（b）上半部分相对于下半部分 N_{s_H} 多 1 次、N_{s_L} 少 1 次，因此，N_s 在待测信号的某个周期内和占空比无关。

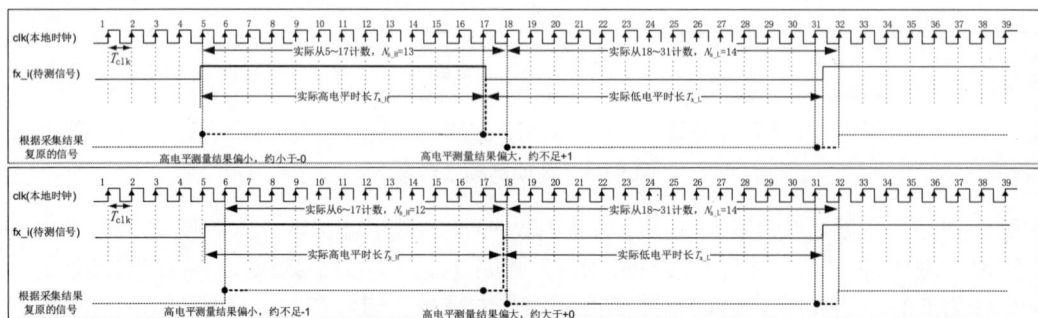

（a）N_s 计数误差示意

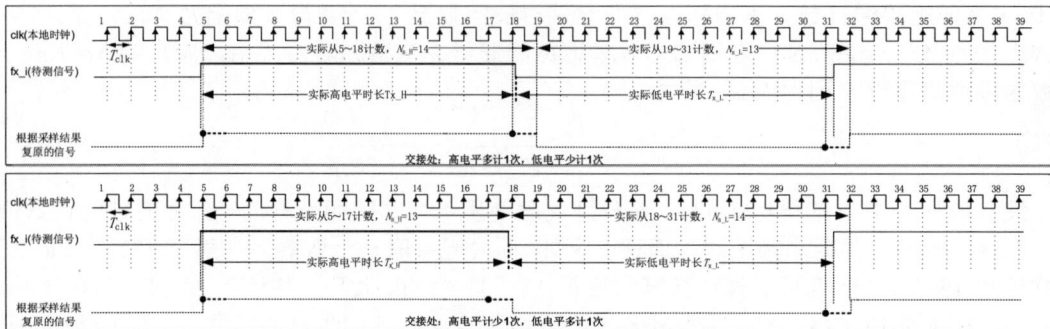

（b）相同周期不同占空比 N_s 误差示意

图 6-6　周期测频法几种极限情况

基于以上分析可以得到结论：本地时钟驱动的计数器测量高电平时长为 T_{x_H}、低电平时长为 T_{x_L}、周期为 T_x 的待测信号，计数器的计数测量值分别为 N_{s_H}、N_{s_L}、N_s（$N_s=N_{s\_H}+N_{s\_L}$），三者的绝对误差范围均为 $-1 \sim 1$；对应的时长测量值分别记为 $T_{s\_H\_m}$、$T_{s\_L\_m}$、T_{s_m}，三者的绝对误差范围均为 $-T_{clk} \sim T_{clk}$。该结论适用于任何使用时钟上升沿测量电平时长的情况。

若待测信号 fx_i 的实际周期 T_x 为本地时钟周期 T_{clk} 的 N 倍（同上文所述），因为待测信号周期和本地时钟不同步，所以 N 为小数，则待测信号的准确频率 f_x 用 N 和 f_{clk} 表示为

$$f_x = \frac{1}{T_x} = \frac{1}{N \times T_{clk}} = \frac{f_{clk}}{N} \tag{6-4}$$

频率测量值用计数测量值 N_s 表示为

$$f_{x\_m} = \frac{1}{N_s \times T_{clk}} = \frac{f_{clk}}{N_s} \tag{6-5}$$

N 和计数测量值 N_s 的差值范围是 $-1 \sim 1$，因此，最坏情况下，频率测量值绝对误差为

$$\Delta f = f_{x\_m} - f_x = \frac{f_{clk}}{N_s} - \frac{f_{clk}}{N} = \frac{f_{clk}}{N_s} - \frac{f_{clk}}{N_s \pm 1} = \frac{(N_s \pm 1 - N_s)f_{clk}}{(N_s \pm 1) \times N_s} = \pm \frac{1}{(N_s \pm 1) \times N_s} f_{clk} \tag{6-6a}$$

或

$$\Delta f = f_{x\_m} - f_x = \frac{f_{clk}}{N_s} - \frac{f_{clk}}{N} = \frac{f_{clk}}{N \pm 1} - \frac{f_{clk}}{N} = \frac{(N - N \mp 1)f_{clk}}{(N \pm 1) \times N} = \mp \frac{1}{(N \pm 1) \times N} f_{clk} \tag{6-6b}$$

相对误差是绝对误差与真实值之比，通常以百分比表示。最坏情况下，频率测量值相对误差为

$$\delta f = \frac{\Delta f}{f_x} = \pm \frac{1}{(N_s \pm 1) \times N_s} f_{clk} \div \frac{f_{clk}}{N_s \pm 1} = \pm \frac{1}{N_s} \tag{6-7a}$$

或

$$\delta f = \frac{\Delta f}{f_x} = \mp \frac{1}{(N \pm 1) \times N} f_{clk} \div \frac{f_{clk}}{N} = \mp \frac{1}{N \pm 1} \tag{6-7b}$$

根据式 6-5～式 6-7 可以得到表 6-1 所示的周期测频法最坏情况下的频率测量值和各种误差（不同本地时钟频率下），其给出了本地时钟频率为 50MHz 和 200MHz 时的频率测量值及误差。本地时钟为 50MHz 的频率测量值和各种误差见表 6-1（a），可以看出，当本地时钟 clk 的频率固定时，待测信号频率越低，对应 N_s 或 N 越大，绝对误差和相对误差越小。对比表 6-1（a）和表 6-1（b）可以看出，当待测信号频率固定时，本地时钟 clk 的频率越高，对应 N_s 或 N 越大，绝对误差和相对误差越小。因此，周期测频法适合测量频率较低信号，且本地时钟频率越高，误差越小。

表 6-1（a）　周期测频法最坏情况下的频率测量值和各种误差（本地时钟频率 50MHz）

待测信号频率	N_s	测频公式	频率测量值（Hz）	绝对误差绝对值（Hz）	相对误差绝对值
1Hz	50M±1	50MHz/（50M±1）	0.999 999 98 或 1.000 000 02	0.000 000 02	0.000 002%
1kHz	50k±1	50MHz/（50k±1）	999.98 或 1 000.02	0.02	0.002%
1MHz	50±1	50MHz/（50±1）	980 392 或 1 020 408	20 408	2%

表 6-1（b）　周期测频法最坏情况下的频率测量值和各种误差（本地时钟频率 200MHz）

待测信号频率	N_s	测频公式	频率测量值（Hz）	绝对误差绝对值（Hz）	相对误差绝对值
1Hz	200M±1	200MHz/（200M±1）	0.999 999 995 或 1.000 000 005	0.000 000 005	%0.000 000_5
1kHz	200 000±1	200MHz/（200k±1）	999.995 或 1 000.005	0.005	0.000 5%
1MHz	200±1	200MHz/（200±1）	995 025 或 1 005 025	5 025	0.5%

（3）周期测频法电路设计思路。

现在结合图 6-7 所示周期测频法电路设计时序规划，介绍使用计数器实现图 6-6 中的 N_{s_H} 和 N_{s_L} 的具体设计思路，一种容易联想的设计方案如图 6-7(a)所示，用计数器 cnt_Ns_H 和计数器 cnt_Ns_L 来实现 N_{s_H} 和 N_{s_L}。cnt_Ns_H 与 cnt_Ns_L 计数规则设置为：待测信号为高电平时 cnt_Ns_H 加 1 计数，反之清零；相反的，待测信号为低电平时 cnt_Ns_L 加 1 计数，反之清零。按照这种规则，cnt_Ns_H 与 cnt_Ns_L 的最大值永不能重合，显然二者之和 cnt_Ns 不能直接用于计算待测信号频率，因此，这种方案不可取。

为了保证 cnt_Ns_H 与 cnt_Ns_L 最大值可以保持，按照图 6-7（b）设置：待测信号为高电平时，cnt_Ns_H 加 1 计数，反之保持；相反的，待测信号为低电平时，cnt_Ns_L 加 1 计数，反之保持。但这又会造成 cnt_Ns_H 和 cnt_Ns_L 在待测信号 fx_i 的各周期间不断累积，显然这种方案也不可取。

注：图 6-6 中的 N_{s_H} 和 N_{s_L}，与图 6-7 中的 cnt_Ns_H 和 cnt_Ns_L 相对应，N_{s_H} 和 N_{s_L} 是上文数学变量的命名；cnt_Ns_H 和 cnt_Ns_L 是图 6-7 所示的 FPGA 内部计数器电路及其计数值的命名。

为解决图 6-7（a）和图 6-7（b）中所遇到的问题，现有两种思路，第一种是使用锁存器，但一般不建议初学者在 FPGA 中设计锁存器，锁存器的存在会导致整个系统因锁存器时序的未知性而失效。第二种是如图 6-7（c）所示的信号中转方法，以测量高电平信号为例，设计 3 个以本地 clk 作为时钟的计数器，具体做法如下。

①先设计一个 cnt_Ns_H_t0 计数器，cnt_Ns_H_t0 在待测信号为高电平时加 1，低电平时清零，这样就解决了计数器清零的问题。

②然后再设计一个 cnt_Ns_H_t1 计数器，在待测信号为高电平时将 cnt_Ns_H_t0 的值传给 cnt_Ns_H_t1 以保存 cnt_Ns_H_t0，为低电平时 cnt_Ns_H_t1 自身保持。因为高电平时 cnt_Ns_H_t1 比 cnt_Ns_H_t0 晚 1 拍，所以 cnt_Ns_H_t1 的最大值比 cnt_Ns_H_t0 最大值小 1 个值。

③最后再设计一个 cnt_Ns_H 计数器，在待测信号为低电平时 cnt_Ns_H 保持，为高电平时将 cnt_Ns_H_t1 的值传给 cnt_Ns_H 以保存。最终 cnt_Ns_H 保存了 cnt_Ns_H_t1 的最大值，同样比 cnt_Ns_H_t0 最大值小 1 个值，后期需在代码中进行补偿。

相应的，可以测量得到 cnt_Ns_L。将 cnt_Ns_H 和 cnt_Ns_L 相加送给 D 触发器 cnt_Ns，cnt_Ns 在待测信号电平切换时即可更新一次，这种设计方法可以保证 cnt_Ns 的值在任意时刻基本都是准确、稳定的。

2．直接测频法

（1）直接测频法原理。

直接测频法是在设定的时间内，对待测信号的脉冲数进行计数，计数值和设定的时间之比，即为待测信号的频率，需要特别注意的是，相对于周期测频法，频率计数器的时钟来源发生了交换。

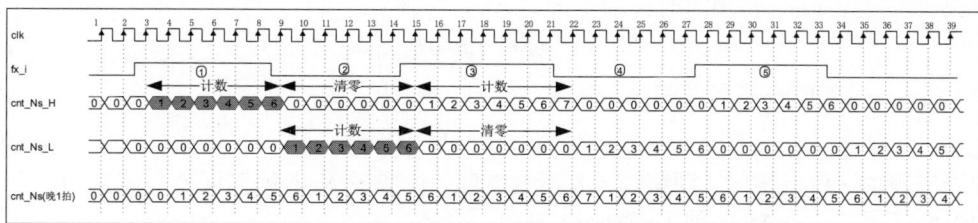

（a）方法 1：高加 1 低清零

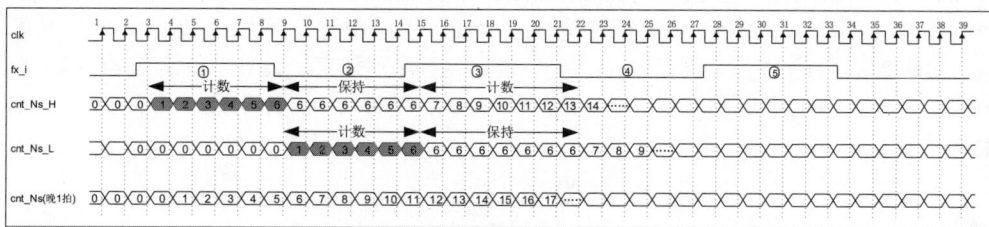

（b）方法 2：高加 1 低保持

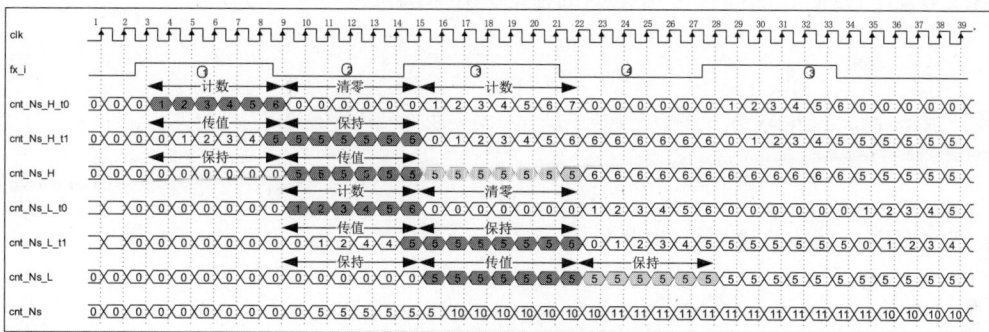

（c）方式 3：信号中转

图 6-7　周期测频法电路设计时序规划

图 6-8 所示的直接测频法时序原理，类似于分频器的设计，本地时钟 clk 驱动计数器（为加以区别称为闸门计数器）计数以产生一定时长高电平和低电平的闸门信号 T_gate，其高电平时长称为闸门宽度，记为 $T_{\text{gate\_H}}$。再设计一个以待测信号作为时钟的计数器（为加以区别称为频率计数器），在闸门宽度 $T_{\text{gate\_H}}$ 内，频率计数器计数次数记为 N_s，N_s 和 $T_{\text{gate\_H}}$ 的比值就是待测信号的频率测量值。

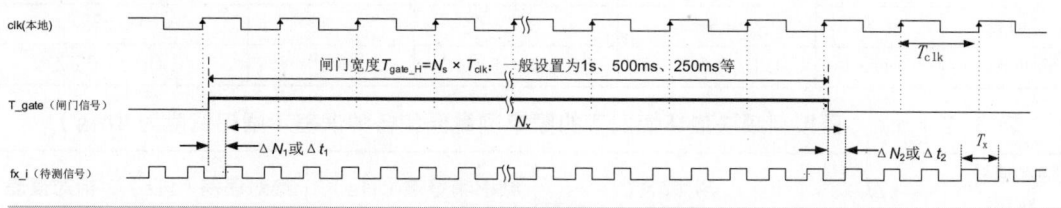

图 6-8　直接测频法时序原理

（2）直接测频法误差分析。

由周期为 T_{clk} 的本地时钟 clk 驱动闸门计数器，计数 N_s 次，生成的闸门宽度为 $T_{\text{clk}} \times N_s$。

再由周期为 T_x 的待测信号作为时钟驱动频率计数器，在时长为 $T_{clk} \times N_s$ 的闸门宽度内进行计数，计数次数记为 N_x，测量得到的闸门宽度为 $N_x \times T_x$，图 6-8 中对闸门宽度进行测量时，左侧的时长误差记为 Δt_1，右侧的时长误差记为 Δt_2，可得

$$N_x \times T_x + \Delta t_1 - \Delta t_2 = T_{gate\_H} \tag{6-8}$$

因此，T_{gate_H} 的时长测量误差为

$$N_x \times T_x - T_{gate\_H} = \Delta t_2 - \Delta t_1 \tag{6-9}$$

和周期测频法分析相同，观察图 6-8 不难发现，计数器 N_x 的绝对误差范围为 $-1 \sim +1$，对应的时长测量误差 $\Delta t_2 - \Delta t_1$ 范围是 $-T_x \sim T_x$。

FPGA 外接晶振频率一般较高，将外接晶振的时钟频率（或外接晶振经 FPGA 内部 PLL IP 核处理后的时钟频率）记为 f_{clk}，周期记为 T_{clk}，其误差可忽略。闸门计数器用于产生闸门宽度 T_{gate_H} 的计数次数记为 N_s，显然 $T_{gate\_H} = N_s \times T_{clk}$。若闸门宽度 T_{gate_H} 是待测信号周期 T_x 的 N 倍（同上文所述），因为待测信号和本地时钟不同步，所以 N 应为小数，则待测信号准确频率 f_x 用 N 表示为

$$f_x = \frac{N}{T_{gate\_H}} = \frac{N}{N_s \times T_{clk}} = \frac{N}{N_s} f_{clk} \tag{6-10}$$

N_x 是 N 的测量值，因此，可得待测信号的频率测量值为

$$f_{x\_m} = \frac{N_x}{T_{gate\_H}} = \frac{N_x}{N_s \times T_{clk}} = \frac{N_x}{N_s} f_{clk} \tag{6-11}$$

最坏情况下，N_x 相较 N 的绝对误差为 ± 1，易得频率测量值绝对误差为

$$\Delta f = f_{x\_m} - f_x = \frac{N_x}{N_s} f_{clk} - \frac{N}{N_s} f_{clk} = (N_x - N) \frac{f_{clk}}{N_s} = \pm \frac{f_{clk}}{N_s} \tag{6-12}$$

最坏情况下，频率测量值相对误差为

$$\delta f = \frac{\Delta f}{f_x} = \frac{\pm \dfrac{f_{clk}}{N_s}}{\dfrac{N}{N_s} f_{clk}} = \pm \frac{1}{N} = \pm \frac{1}{N_x \pm 1} \tag{6-13}$$

由式 6-11～式 6-13 可得表 6-2 所示的直接测频法最坏情况下的频率测量值和各种误差（本地时钟 50MHz）。

表 6-2（a） 直接测频法最坏情况下的频率测量值和各种误差（闸门宽度为 1s）

待测信号频率	N_x	测频公式	频率测量值（Hz）	绝对误差（Hz）	相对误差
5Hz	5±1	5±1	5±1	±1	20%
5kHz	5k±1	5k±1	5 000±1	±1	0.02%
50MHz	50M±1	50 000 000±1	50 000 000±1	±1	0.000 002%

表 6-2（b） 直接测频法最坏情况下的频率测量值和各种误差（闸门宽度为 1ms）

待测信号频率	N_x	测频公式	频率测量值（Hz）	绝对误差（Hz）	相对误差
5Hz	0	（0±1）×1 000	0±1 000	±1 000	\
5kHz	5±1	（5±1）×1 000	5 000±1 000	±1 000	20%
50MHz	50 000±1	（50 000±1）×1 000	50 000 000±1 000	±1 000	0.002%

结合式 6-11～式 6-13 和表 6-2 可知。

①闸门宽度设定的越长，频率测量值绝对误差越小。

②频率测量值的相对误差几乎和 N_x 呈反比。因此，若闸门宽度越长或待测信号频率越高，N_x 则越大，最终频率测量值的相对误差越小。

③频率测量值绝对误差和本地时钟频率的大小无任何关系。

综合而言，直接测频法适合测量频率较高的待测信号，且闸门宽度应尽可能长。

（3）直接测频法电路设计思路。

相较周期测频法，直接测频法电路设计较为简单，参考图 6-9 所示的直接测频法电路设计时序规划，具体设计如以下两点。

第一，闸门计数器相关。

先设计一个以 FPGA 本地时钟 clk 作为时钟的闸门计数器 cnt_gate，参考项目 3 通用分频器的设计，以 cnt_gate 作为时间参考产生闸门信号 T_gate（周期信号）。举例说明 T_gate 的产生方式，clk 频率为 50MHz，若要产生高电平时长为 250ms、低电平时长为 150ms 的 T_gate，实现方式是：cnt_gate 计数范围为 0～19 999 999，当计数值为 0～12 499 999 时 T_gate 输出高电平（逻辑 1），反之输出低电平（逻辑 0）。此处的 19 999 999 就是式 6-10 中的 N_s。

> **注意** T_gate 中的 150ms 低电平存在意义是便于图 6-9 中的 cnt_fre_t0、cnt_fre_t1、cnt_fre 有足够的时间清零或者传值等，时长应视具体情况而定。

第二，频率计数器相关。

以待测信号作为时钟设计频率计数器测量闸门宽度。

这一步主要是实现式 6-10 中的 N_x。图 6-9 中测量闸门宽度的方法，和图 6-7（c）所示信号中转方法以获取最大值的方法类似，需要设计 3 个计数器 cnt_fre_t0、cnt_fre_t1 和 cnt_fre 来获取闸门宽度。cnt_fre_t0 工作方式为：T_gate 为高电平时，cnt_fre_t0 加 1 计数，反之 cnt_fre_t0 清零。cnt_fre_t1 工作方式为：T_gate 为高电平时，将 cnt_fre_t0 传值给 cnt_fre_t1 以保存，反之 cnt_fre_t1 保持。cnt_fre 工作方式为：T_gate 为高电平时，cnt_fre 保持，反之将 cnt_fre_t1 传值给 cnt_fre。显然，cnt_fre 的最大值比 cnt_fre_t0 的最大值小 1。cnt_fre 对应式 6-10 中的 N_x。

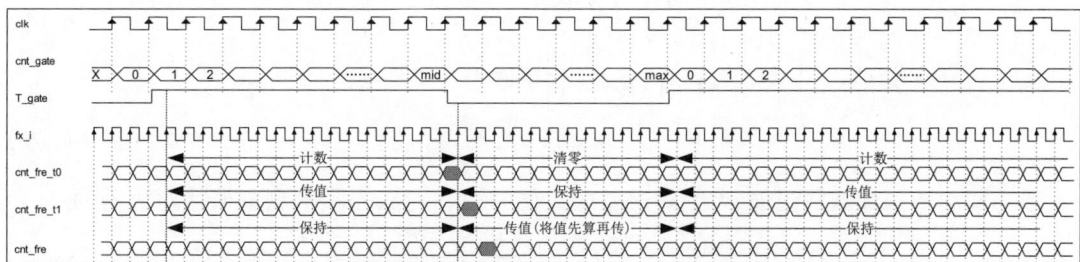

图 6-9　直接测频法电路设计时序规划

根据式 6-11 计算频率测量值时，直接用 N_x 除以闸门宽度 T_{gate_H} 即可，式 6-11 中展现的 N_s 和 f_{clk}，一是为了方便式 6-12 的推导，二是为了便于说明图 6-9 中的闸门信号生成方法。实际应用中，闸门信号高电平宽度常取为 1ms、100ms、1s 等，但使用 FPGA 实现时，显然当闸门宽度取 500ms、250ms，125ms 等，可以用右移代替式 6-11 中对 T_{gate_H} 的除法运算。

周期测频法和直接测频法各有优劣，前者更适合测量低频信号，且可以附带测量占空比；而后者更适合测量高频信号，但不能测量占空比，实际上高频信号在电路板间传递时，由于电路的寄生电容的滤波效应等，信号会发生畸变，因此，FPGA 外部输入的高频信号占空比的测量意义不大。

3. 等精度测频法

（1）等精度测频法原理。

直接测频法测量低频信号时频率测量值相对误差较大，等精度测频法可以看作是直接测频法的一种改进，二者原理类似。图 6-8 所示的直接测频法时序原理中，如果将闸门宽度分别设置为 1s 和 500ms，那么最坏情况下，由待测信号和本地时钟相位差的随机性引起的 N_x 绝对误差范围恒为 $-1\sim1$，与 $-1\sim1$ 对应的时长 $\Delta t_2 - \Delta t_1$ 值等于待测信号一个周期时长，显然待测信号周期越长，$\Delta t_2 - \Delta t_1$ 越大，相对误差也越大。

如果能将 $-1\sim1$ 对应的 $\Delta t_2 - \Delta t_1$ 减小，或者将 $-1\sim1$ 转嫁到本地时钟周期 T_{clk} 下，那么就可以设计出宽范围的高精度测频仪。解决这个问题的核心在于换位思考，参照图 6-10 所示的等精度测频法时序原理，反过来如果以待测信号作为时钟产生闸门信号 T_gate，那么闸门宽度为待测信号周期的整倍数（无误差），再通过本地时钟 clk 驱动计数器对闸门宽度进行计数，最坏情况下计数值绝对误差为 ±1，对应图 6-10 中 $\Delta t_2 - \Delta t_1$ 的绝对值接近并小于 T_{clk}。T_{clk} 一般较小（如 50MHz），对应 $\Delta t_2 - \Delta t_1$ 的绝对值较小，图 6-10 相对于图 6-8，实现了将 $\Delta t_2 - \Delta t_1$ 转嫁。

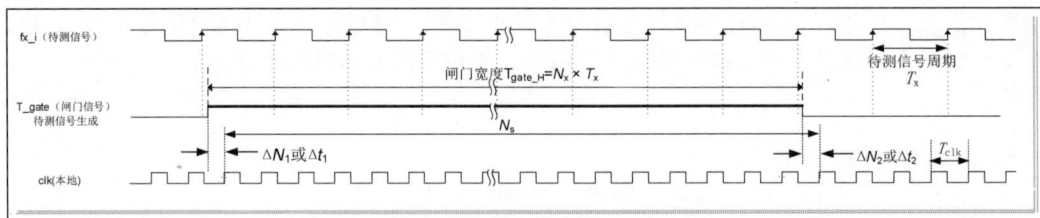

图 6-10　等精度测频法时序原理

（2）等精度测频法误差分析。

图 6-10 中待测信号 fx_i 周期记为 T_x。由待测信号作为时钟驱动计数器计数 N_x 次（N_x 是精确的整数）产生的闸门信号 T_gate，其闸门宽度 T_{gate_H} 为 $T_x \times N_x$。使用本地时钟 clk 驱动计数器测量闸门宽度，记计数次数为 N_s。假设实际闸门宽度是本地时钟周期的 N 倍，因为 fx_i 和本地时钟不同步，所以 N 应为小数，待测信号的准确频率用 N 表示为

$$\frac{1}{f_{clk}} = T_{clk} = \frac{T_{gate\_H}}{N} = \frac{N_x \times T_x}{N} = \frac{N_x}{N \times f_x} \Rightarrow f_x = \frac{N_x}{N} f_{clk} \tag{6-14}$$

N_s 是 N 的测量值，可得待测信号的频率测量值为

$$f_{x\_m} = \frac{N_x}{N_s} f_{clk} \tag{6-15}$$

最坏情况下，计数测量值 N_s 绝对误差最大值为 ±1，对应的频率测量值绝对误差为

$$\Delta f = f_{x\_m} - f_x = \frac{N_x}{N_s} f_{clk} - \frac{N_x}{N} f_{clk} = \frac{N_x \times N - N_x \times N_s}{N_s \times N} f_{clk} = \mp \frac{N_x}{N_s \times N} f_{clk} \tag{6-16}$$

最坏情况下，频率测量值相对误差为

$$\delta f = \frac{\Delta f}{f_x} = \mp \frac{N_x}{N_s \times N} f_{clk} \div \left(\frac{N_x}{N} f_{clk} \right) = \mp \frac{1}{N_s} \tag{6-17}$$

等精度测频法最坏情况下的频率测量值和各种误差（不同闸门宽度和本地时钟频率）见表 6-3。根据式 6-17 分析相对误差可知，若闸门宽度固定，则无论待测信号频率多大，最坏

情况下频率测量值相对误差绝对值恒为 $1/N_s$，表 6-3（a）、表 6-3（b）、表 6-3（c）可以印证这一点。减小频率测量值相对误差应从提高 N_s 着手，提升闸门宽度和提升本地时钟频率是两种可行的方法，以下是两种方法的详细分析。

第一，闸门宽度尽可能宽。

以待测信号频率为 1kHz 左右，闸门宽度分别设置为 1s 和 100ms 左右为例，使用频率为 50MHz 的本地时钟测量闸门宽度，最终 N_s 分别约为 50 000 000 次和 5 000 000 次，最坏情况下，由式 6-17 计算得到的频率测量值相对误差分别约为 ±1/50 000 000 和 ±1/5 000 000。表 6-3（a）和表 6-3（b）的对比结果可以印证以上分析。

第二，本地时钟频率尽可能高。

以待测信号频率为 1kHz 左右，闸门宽度设置为 1s 左右为例，使用频率分别为 50MHz 和 200MHz 的本地时钟测量闸门宽度，最终 N_s 分别约为 50 000 000 次和 200 000 000 次，最坏情况下，由式 6-17 计算得到的频率测量值相对误差分别约为 ±1/50 000 000 和 ±1/200 000 000。表 6-3（b）和表 6-3（c）的对比结果可以印证以上分析。

综上所述，等精度测频法的频率测量值相对误差仅和闸门宽度以及本地时钟频率相关，和待测信号频率无关，因此，等精度测频法是一种具有宽频率范围和高精度特点的测频方法。

表 6-3（a）　等精度测频法最坏情况下的频率测量值和各种误差
（闸门宽度约为 100ms、本地时钟 50MHz）

待测频率	N_x	N_s	测得频率公式	测得频率结果（Hz）	相对误差
1Hz	\	5M±1	\	\	\
10Hz	1	5M±1	50MHz×1/（5M±1）	9.999 998 或 10.000 002	0.000 02%
1kHz	100	5M±1	50MHz×100/（5M±1）	999.999 8 或 1 000.000 2	0.000 02%
1MHz	100k	5M±1	50MHz×100k/(5M±1)	999 999.8 或 1 000 000.2	0.000 02%

表 6-3（b）　等精度测频法最坏情况下的频率测量值和各种误差
（闸门宽度约为 1s、本地时钟 50MHz）

待测频率	N_x	N_s	测得频率公式	测得频率结果（Hz）	相对误差
1Hz	1	50M±1	50MHz×1/（50M±1）	0.999 999 98 或 1.000 000 02	0.000 002%
10Hz	10	50M±1	50MHz×10/（50M±1）	9.999 999 8 或 10.000 000 2	0.000 002%
1kHz	1k	50M±1	50MHz×1k/（50M±1）	999.999 98 或 1 000.000 02	0.000 002%
1MHz	1M	50M±1	50MHz×1M/（50M±1）	999 999.98 或 1 000 000.02	0.000 002%

表 6-3（c）　等精度测频法最坏情况下的频率测量值和各种误差
（闸门宽度约为 1s、本地时钟 200MHz）

待测频率	N_x	N_s	测得频率公式	测得频率结果（Hz）	相对误差
1Hz	1	200M±1	200M×1/（200M±1）	0.999 999 995 或 1.000 000 005	0.000 000 5%
10Hz	10	200M±1	200M×10/（200M±1）	9.999 999 95 或 10.000 000 05	0.000 000 5%
1kHz	1k	200M±1	200M×1k/（200M±1）	999.999 995 或 1 000.000 005	0.000 000 5%
1MHz	1M	200M±1	200M×1M/（200M±1）	999 999.995 或 1 000 000.005	0.000 000 5%

（3）等精度测频法方法改进与电路设计思路。

以产生闸门宽度为 1s 的闸门信号为例，因为待测信号频率未知，所以不能确定用于产生闸门信号的计数器的计数范围。因此，如何产生闸门宽度为 1s 或接近 1s 的闸门信号是设计的难点。

参考图 6-11 所示的等精度测频法电路设计时序规划，实际实施过程中，先借助本地时钟 clk 设计一个闸门宽度为 1s 的闸门信号 T_gate——称为预设闸门信号。使用以待测信号为时钟的 D 触发器对预设闸门信号进行同步，得到一个新的闸门信号 T_gate_real——称为实际闸门信号，如此一来 T_gate_real 的闸门宽度会随待测信号上升沿实时调节，但仍接近 1s。最终再设计一个以本地时钟和一个以待测信号作为时钟的两个计数器，分别对信号 T_gate_real 的闸门宽度进行计数，即可对待测信号频率进行计算。具体实时过程如下。

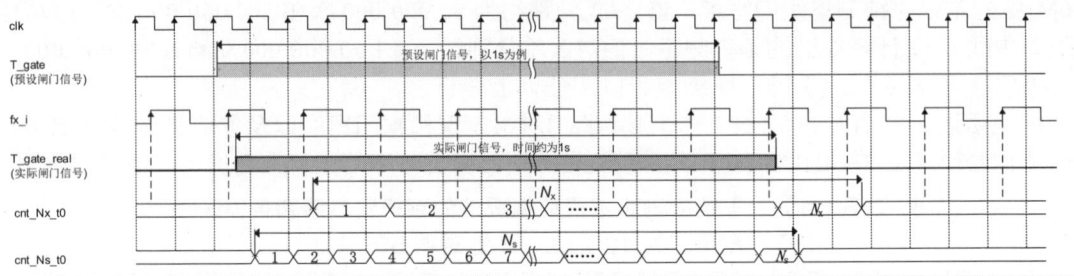

图 6-11　等精度测频法电路设计时序规划

①预设闸门信号计数器 cnt_gate：设计一个计数器 cnt_gate，其计数值作为产生闸门宽度为 1s 的预设闸门信号的时间参考。如果使用频率分别为 50MHz 和 200MHz 的本地时钟作为 cnt_gate 的时钟，那么位宽应分别为 26 位和 28 位。

②同步 D 触发器：将待测信号作为同步 D 触发器的时钟，D 触发器数据输入端口接 T_gate，D 触发器输出数据信号端口引出 T_gate_real。

③cnt_Ns_t0 计数器：设计一个以本地时钟作为时钟的计数器 cnt_Ns_t0，在 T_gate_real 为高电平时计数，为低电平时清零，计数值对应式 6-15 中的 N_s。但从电路角度看仍不够完善，应参考图 6-7（c）再设计两组 D 触发器或计数器，以信号中转的方式获取 cnt_Ns_t0 在闸门宽度内的最大值。

④cnt_Nx_t0 计数器：与 cnt_Nx_t0 计数器类似，同样是对 T_gate_real 的闸门宽度进行计数，计数值对应式 6-15 中的 N_x。但从电路角度看也不够完善，应参考图 6-7（c）再设计两组 D 触发器或计数器，以信号中转的方式获取 cnt_Nx_t0 在闸门宽度内的最大值。应注意，实际闸门信号 T_gate_real 是以待测信号为时钟的同步信号，因此 cnt_Nx_t0 相对于实际闸门信号 T_gate_real 无误差。

虽然实际闸门宽度相较于预设闸门宽度会实时变化，但是只要保证预设闸门宽度足够长，式 6-15～式 6-17 就仍然适用，可达到同等的测量精度。

二、亚稳态现象发生的原因及解决方法

按照上文 3 种测频法的介绍便可很容易地设计出测频仪，读者可参考以上介绍先尝试设计，并借助 SignalTap 工具或数码管实时观测测量结果。按照上述分析设计的测频仪能够实现测频功能，但是从设计的严谨性上讲存在不足，具体是异步信号会导致出现小概率的亚稳态问题，进而导致电路存在缺陷。

1. 亚稳态现象

D 触发器的固有特性的建立时间 T_{su} 和保持时间 T_h 由工艺决定，现代工艺下的 T_{su} 和 T_h

约 0.1ns 量级。亚稳态的定义：如果 D 触发器的输入 D 值在 D 触发器的 T_{su} 和 T_h 之间（即在 D 触发器输入时钟上升沿前后极短时间内）发生变化，那么 D 触发器输出 Q 端就会出现亚稳态现象，表现为 Q 值在一定时间内输出并非 0 或者 1，而是在 0 和 1 之间振荡，最后大概率稳定在 0 或者 1，但也有可能出现稳态振荡，稳定前的这段时间称为决断时间，记为 T_{met}。T_{met} 的时间长短是随机的，但超过 D 触发器的 1 个时钟周期的概率极低，超过 D 触发器的 2 个时钟周期的概率可以忽略。

图 6-12 所示为 D 触发器常见的 4 种亚稳态现象，其中 Q（n）代表亚稳态的第 n 种情况，结合图 6-12 分析这种情况。

第 1 种情况：D 触发器输入 D 值在第 1 个 clk 上升沿建立时间 T_{su} 前由 0 变为 1，满足 D 触发器 T_{su} 和 T_h，因此，经过 T_{cq} 的延时后 D 值更新到 Q，但在第 2 个 clk 上升沿 T_{su} 时间内 D 值发生了变化，不满足 T_{su}，Q 出现了亚稳态现象，经过短暂 T_{met} 的振荡后 Q 值最终稳定在 0。

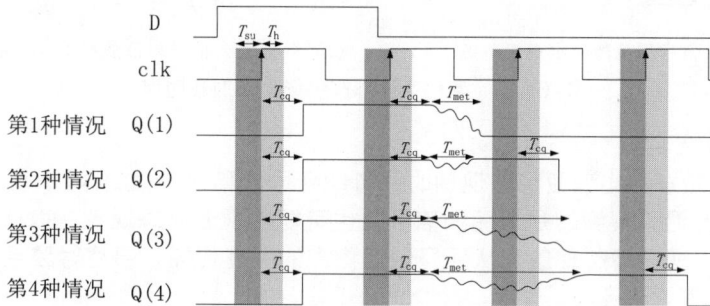

图 6-12　D 触发器常见的 4 种亚稳态现象

第 2 种情况：在第 2 个 clk 上升沿后经过 T_{met} 的时间 Q 值变为 1，但在第 3 个 clk 上升沿建立时间 T_{su} 之前稳定。

第 3 种情况：Q 在第 3 个 clk 上升沿 T_{su} 和 T_h 内继续振荡，直至第 4 个 clk 上升沿 T_{su} 之前 Q 值才稳定在 0。

第 4 种情况：和第 3 种情况类似，Q 值最终稳定在 1。

除了图 6-12 列举的 4 种情况外，Q 端的振荡有可能持续时间更长，有关资料表明，T_{met} 小于 1 个时钟周期的概率远大于 T_{met} 介于 1～2 个时钟周期之间概率，超过 2 个时钟周期的概率更小。

2．亚稳态发生的场景

图 6-13 所示为两种亚稳态产生场景和对应时序，参照 3.4.1 节介绍的 FPGA 内部电路延时分析相关知识。将本地时钟 clk 周期记为 T，接下来详细介绍图 6-13 所示的两种情况。

第 1 种情况：图 6-13（a）所示为组合逻辑电路延时过大出现亚稳态，图 6-13（b）所示的组合逻辑电路延时过大出现亚稳态的时序示意与图 6-13（a）对应。因组合逻辑延时太大导致送入图 6-13（a）后级 D 触发器 D 端的信号 y 的时序不满足后级 D 触发器的建立时间和保持时间，进而后级 D 触发器出现亚稳态现象。具体是前级 D 触发器输出信号 b 相对 clk 上升沿延时 T_{cq1} 之后更新，更新的 b 经组合逻辑和走线延时 T_{data} 传输到后级 D 触发器 D 端，若 T_{cq1} 和 T_{data} 之和刚好介于 $T-T_{su}$～$T+T_h$ 之间，则因不满足后级 D 触发器的建立时间和保持时间导致后级 D 触发器出现亚稳态现象。出现图 6-13（a）和图 6-13（b）这种亚稳态现象有两种常见场景，第一，例如较大位宽数据的乘法、除法等电路导致组合逻辑 T_{data} 较大；第二，时钟周期 T 过小。

第 2 种情况：如图 6-13（c）、图 6-13（d）所示，FPGA 外部的异步输入信号 d 的变化沿，相对于 FPGA 内部的时钟上升沿的相位是随机的，进而有时导致不满足 D 触发器的 T_{su} 和 T_h，最终信号 q 出现亚稳态现象。就 D 触发器本身的特性而言，亚稳态发生的概率为 $T_{su}+T_h$ 与时钟周期 T 之比。

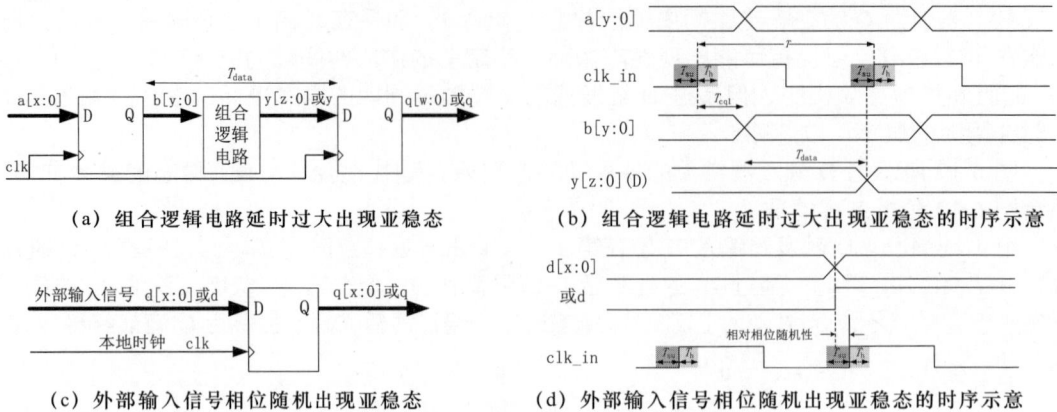

(a) 组合逻辑电路延时过大出现亚稳态

(b) 组合逻辑电路延时过大出现亚稳态的时序示意

(c) 外部输入信号相位随机出现亚稳态

(d) 外部输入信号相位随机出现亚稳态的时序示意

图 6-13　两种亚稳态产生场景和对应时序

3．亚稳态的危害

当某一个 D 触发器出现亚稳态现象时，可能会导致和该 D 触发器串联的下一级 D 触发器在下一时钟上升沿采集到的是振荡的信号，也可能出现亚稳态现象，以此类推，再往后的 D 触发器也可能出现亚稳态现象，从而导致亚稳态的恶性传播，最终导致系统崩溃。

4．亚稳态危害的避免

（1）同步电路组合逻辑延时过大引起的亚稳态解决方法。

因组合逻辑延时过大出现的亚稳态现象可以通过优化组合逻辑、使用多级 D 触发器拆解组合逻辑、降低时钟频率等手段来主动避免。其中降低时钟频率的方法会影响系统性能，一般不采取这种方法；FPGA 本身会对组合逻辑进行一定的优化，如果再进一步优化组合逻辑电路设计，那么会加大设计难度，因此，这种方法投入产出比不高；最直接有效，也是最常用的方法是多级 D 触发器的拆解组合逻辑，图 6-14 所示为组合逻辑拆解以减小组合逻辑延时示意，用 Y_D、a、b、c、d 表示图 6-14 中信号 Y_D、a、b、c、d 的数值，图 6-14（a）中的组合逻辑电路实现的功能是

$$Y_D = a \times b + c \times d \qquad (6\text{-}18)$$

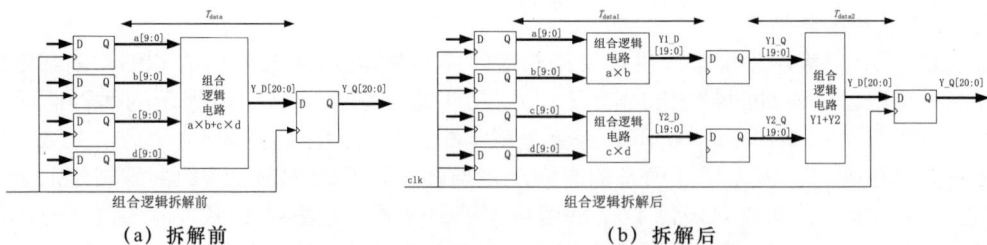

(a) 拆解前

(b) 拆解后

图 6-14　组合逻辑拆解以减小组合逻辑延时示意

图 6-14（b）是组合逻辑拆解后的电路，同步做 $a \times b$ 和 $c \times d$ 运算分别得到信号 Y1_D 和信号 Y2_D；Y1_D 和 Y2_D 经图 6-14（b）中的中间一级 D 触发器缓冲得到信号 Y1_Q 和 Y2_Q；再使用组合逻辑将 Y1_Q 和 Y2_Q 做加法运算得到 Y_D；Y_D 经过最后一级 D 触发器缓冲输出 Y_Q。图 6-14（a）所示的两级 D 触发器之间的组合逻辑延时为 T_{data}，图 6-14（b）所示的每相邻两级 D 触发器之间的组合逻辑延时分别为 T_{data1} 和 T_{data2}，显然 T_{data1} 和 T_{data2} 均比 T_{data} 小，可以避免发生亚稳态，图 6-14（b）相较图 6-14（a）因多引入一级 D 触发器而额

外延时一个时钟周期，但一般并不会影响电路整体性能。

（2）异步信号的同步处理。

对于 FPGA 外部输入的异步信号，严格地说亚稳态不可消除，只能尽量避免或规避其对系统的危害。图 6-15 所示为一种常用的两级 D 触发器避免亚稳态电路，图 6-15 中右侧为应用电路，是假想的 FPGA 内部其他应用电路，左侧为亚稳态避免电路，由两级 D 触发器串联组成。图 6-16 所示为一种常用的两级 D 触发器避免亚稳态电路时序，其与图 6-15 对应。图 6-16（a）所示为 T_{met} 较小情况，图 6-16（b）所示为 T_{met} 较大情况，图 6-16（a）和图 6-16（b）第 1 个时钟上升沿均采集正确，未发生亚稳态现象。

图 6-16（a）中 Q1 在第 2 个时钟上升沿 T_{cq} 后出现亚稳态，且在第 3 个时钟上升沿建立时间之前稳定在 0（也可能是 1，读者自行分析），并未对后级 D 触发器输出 Q2 造成影响，因此，亚稳态仅发生在 Q1，Q2 和 Q 均正常工作。

图 6-16（b）中 Q1 在第 2 个时钟上升沿 T_{cq} 后出现亚稳态，且 Q1 的振荡时序时间超过 1 个时钟周期，Q1 在第 2 个上升沿 T_{cq} 后发生振荡，导致 Q2 在第 3 个时钟上升沿也发生亚稳态，但是 T_{met} 较短，因此，并未对 Q 造成影响。需要注意的是 Q2 的 T_{met} 也有可能超过 1 个时钟周期，但是 Q1 和 Q2 的 T_{met} 大概率都小于 1 个时钟周期，因此，极大概率情况下，两级 D 触发器足以保证送入应用电路的信号 Q2 满足应用电路的建立时间和保持时间。需要强调的是，规避亚稳态主要是规避振荡的信号传递至后级电路，实际发生亚稳态时，在 D 触发器时钟上升沿时本身就难以界定输入信号是 0 还是 1。综上所述，两级 D 触发器避免亚稳态是一种硬件消耗和效果权衡后的最佳选择。

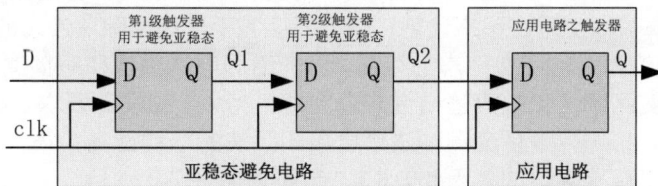

图 6-15　一种常用的两级 D 触发器避免亚稳态电路

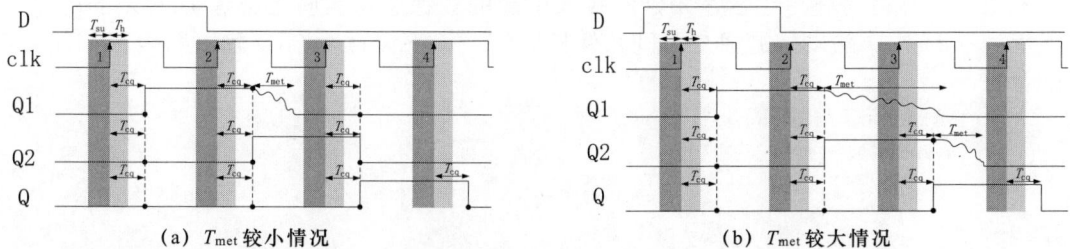

（a）T_{met} 较小情况　　　　　　　　（b）T_{met} 较大情况

图 6-16　一种常用的两级 D 触发器避免亚稳态电路时序

对于一些跨时钟域的数据流信号，经常采用异步 FIFO 电路或者增加握手协议的方法减小亚稳态的影响。例如，任务 7.3 的 VGA 任意采样率示波器的设计中，ADC 模块的采样率需根据实际应用场景而定，而 VGA 的时钟频率为固定的某几个值，二者为异步系统，解决方案是利用 Quartus Prime 自带的异步 FIFO IP 核电路对异步数据进行缓冲，进而减小亚稳态的影响。

三、3 种测频法的亚稳态来源及处理方法

1. 周期测频法的亚稳态来源和处理方法

周期测频法中，外部输入的待测信号 fx_i 和本地时钟对应于图 6-13（c）中的信号 d 和时钟 clk；因此，需要先使用本地时钟驱动两级 D 触发器对 fx_i 进行同步处理得到信号 fx_syn，再利用上文的周期测频法对信号 fx_syn 进行测量。

2. 直接测频法的亚稳态来源和处理方法

直接测频法中，闸门信号由本地时钟生成，闸门信号和作为频率计数器时钟的待测信号是异步信号，因此，需要使用待测信号作为时钟的两级 D 触发器对闸门信号进行同步；测量结果与作为时钟的待测信号同步，但对于本地时钟又是异步信号，因此，需要使用本地时钟驱动两级 D 触发器对测量结果再进行同步。

3. 改进后的等精度测频法亚稳态来源和处理方法

预设闸门信号由本地时钟驱动，使用待测信号作为时钟的两级 D 触发器对图 6-11 中的预设闸门信号进行同步得到实际闸门信号。第一，借助使用待测信号作为时钟的相关电路，对实际闸门信号进行测量，最终测量结果对于本地时钟而言是异步信号，需要使用本地时钟驱动的两级 D 触发器对测量结果进行同步。第二，实际闸门信号对于本地时钟属于异步信号，因此，需要先使用本地时钟驱动的两级 D 触发器对实际闸门信号进行同步，再进行测量。总结下来，闸门信号进行了 2 次同步，频率计数值进行了 1 次同步。

6.1.2 【任务实施】数字信号测频电路设计与验证

微课 6-1-2 任务实施

等精度测频法属于直接测频法的衍变，特点是精度高、测频范围宽，然而式 6-15 所示的等精度测频法计算公式中包含乘法和除法运算，这会耗费大量逻辑资源。相比之下周期测频法在低频信号测量时可以获得更高的精度，式 6-5 所示的频率公式中只包含一个除法运算，逻辑资源消耗略少。直接测频法测频范围较小、低频精度差，但优点是若选取合适的闸门宽度，则式 6-11 所示的计算公式（对 N_x 和 T_{gate_H} 做除法）中的除法运算可以使用右移来代替，较大幅度减少了因乘除法带来的 FPGA 资源消耗。

6.1.2 节先通过仿真来验证亚稳态的存在，再介绍周期测频法和等精度测频法的设计与仿真，最后介绍等精度测频法和数码管结合方式完成任务 6.1 的设计要求。6.1.2 节未介绍直接测频法的原因有二，第一，等精度测频法是直接测频法的一种衍变；第二，任务 6.2 在测量正弦波频率时用到了直接测频法，因此，6.1.2 节不再赘述。

一、亚稳态的仿真验证

无论是异步信号还是组合逻辑延时较大引起的亚稳态，实质上都是 D 触发器的 D 端输入信号不满足 D 触发器的建立时间和保持时间，以下设计一个 D 触发器电路验证亚稳态的存在。

```
1.//D触发器，用于测试亚稳态
2.    module meta_test(
3.    input  wire clk,
4.    input  wire rst_n,
5.    input  wire D,
6.    output reg  Q
7.    );
8.    always @(posedge clk or negedge rst_n)
9.    if(!rst_n )
10.        Q<=1'b0;
11.    else
12.        Q<=D;
13.    endmodule
```

1. 构造亚稳态仿真的测试激励文件

以 EP4CE10F17C8 芯片为例，其建立时间和保持时间均在 0.1ns 量级，因此，将仿真时间单位调整为 1ps。采取时序仿真，而项目 3 介绍过电路引脚的信号到达 D 触发器端口包含输入缓冲器、走线等电路以及相关路径，会带来一定的延时，且这段时间并不明确，因此，采取的方法是将 clk 的时钟周期固定，而 D 触发器输入信号 D 的周期以 2ps 为步进逐步增加，必定会出现亚稳态问题。信号 D 变化周期的设计采用 for 循环语句，一般 for 循环中的 i 定义为 integer（整数）即可。以下是测试激励文件的代码：

```
1.  //D 触发器仿真亚稳态
2.      `timescale 1 ps/ 1 ps
3.      module meta_test_tb();
……//完整代码见配套资源，此处略去自动生成的模板文件中的部分代码
15.         initial
16.         begin
17.             clk    <= 1'b0;
18.             rst_n  <= 1'b0;
19.             D      <= 1'b0;
20.         #1000 rst_n <= 1'b1;
21.         end
22.         always begin
23.             #100000 clk <= ~clk;
24.         end
25.         always begin
26.             for(i=0;i<100000;i=i+1)begin
27.                 #(100000+i) D <= ~D;
28.             end
29.         end
30.         endmodule
```

2. 亚稳态时序仿真结果

进行时序仿真，仿真结果出现多处亚稳态问题，图 6-17 所示的 D 触发器亚稳态仿真结果是仿真结果截取的一部分，可以看出，在 i 为 4 754 附近时，D 触发器出现了亚稳态现象，具体表现为：用标尺定位到亚稳态处，显示当前值为图 6-17 中所示的不定态"x"，代表此段并非逻辑 1 也非逻辑 0。注：ModelSim 默认信号出现亚稳态时，波形为蓝色。

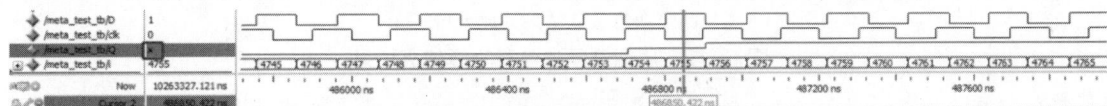

图 6-17　D 触发器亚稳态仿真结果

由此可以直观地看出，亚稳态确实存在，且造成 D 触发器输出值振荡（图 6-17 中的"x"就是 ModelSim 仿真结果振荡的表现形式）。

二、周期测频法电路设计与仿真

1. 周期测频法电路设计框架

参照图 6-18 所示的周期测频法电路设计框架，首先使用以本地时钟 clk_in 作为时钟的两级 D 触发器对输入待测信号 fx_i 进行同步得到信号 fx_syn；然后将 fx_syn 作为控制信号控制高电平计数器和低电平计数器电路分别得到 cnt_Ns_H 和 cnt_Ns_L；最后通过 cnt_Ns_H 和 cnt_Ns_L 计算得到待测信号的频率 fre_o。其中 cnt_Ns_H 和 cnt_Ns_L 具体设计参照图 6-7（c）。

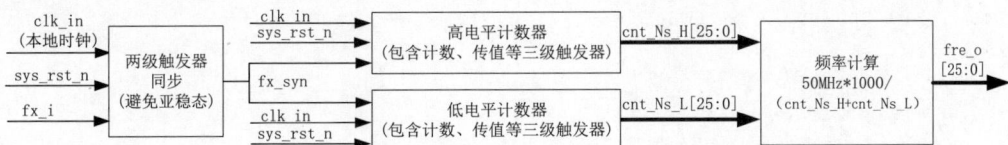

图 6-18　周期测频法电路设计框架

2．周期测频法电路设计

根据图 6-18 和图 6-7（c）设计周期测频法电路代码，具体如下：

```
1.//周期测频法
2.          //测量方法是：两级 D 触发器先同步待测信号 fx_i 信号得到 fx_syn 以避免亚稳态
3.          //再设计两个计数器 cnt_Ns_H 和 cnt_Ns_L 分别记录 fx_syn 的高电平和低电平时间
4.          //最后通过周期计算频率 fre_o
5.          module FreMeasure_T(
……//完整代码见配套资源
```

3．周期测频法电路仿真

功能仿真更易于添加电路内部信号，以下测试激励代码给出了一组频率为 10kHz 量级的待测信号 fx_i 的赋值语句。图 6-19 所示为周期测频法电路功能仿真结果，图 6-19（a）所示功能仿真结果表明，电路在每次 fx_i 逻辑值切换时，都会更新频率 fre_o。放大后的功能仿真结果如图 6-19（b）所示，结果表明几个内部信号运行状态和图 6-7（c）的预期一致。

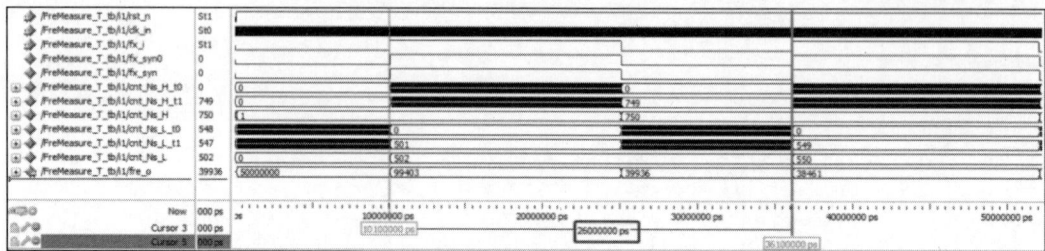

（a）功能仿真结果

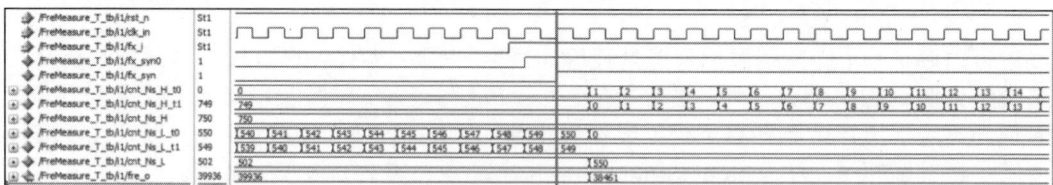

（b）功能仿真结果（放大后）

图 6-19　周期测频法电路功能仿真结果

```
……//完整代码见配套资源，此处略去自动生成的模板文件中的部分代码
13.initial begin
14.          rst_n  <= 1'b0;
15.          clk_in <= 1'b0;
16.          fx_i   <= 1'b0;
17.    #100  rst_n  <= 1'b1;
18.    //#本身就是时间，无须转换
19.    #10_000 fx_i  <= 1'b1;
20.    #15_000 fx_i  <= 1'b0;/*f=1/(10us+15us)=40      kHz*/
21.    #11_000 fx_i  <= 1'b1;/*f=1/(15us+11us)=38.461538kHz*/
22.    #16_000 fx_i  <= 1'b0;/*f=1/(11us+16us)=37.037037kHz*/
23.    #12_000 fx_i  <= 1'b1;/*f=1/(16us+12us)=35.714286kHz*/
24.    #17_000 fx_i  <= 1'b0;/*f=1/(12us+17us)=34.482759kHz*/
25.end
26.always  begin
27.    #10 clk_in <= ~clk_in;
28.end
29.endmodule
```

按照上述测试激励文件进行时序仿真，得到图 6-20 所示的周期测频法测量不同频率待测信号时序仿真结果。图 6-20（a）所示为测量 10kHz 量级时序仿真结果，结果中以 fre_o 为"39904"为例进行分析，相对测试激励中频率为 40kHz，测试结果存在 96Hz 的误差，这主要和周期测频法不适合测量中高频信号有关。

将上述测试激励文件代码第 19～24 行"#"后的延时时间放大 1 000 倍，即可将待测信号 fx_i 的频率缩小 1 000 倍，具体操作举例说明：将"#11000"改为"#11000000"。修改完成后再次进行时序仿真得到图 6-20（b）所示测量 10Hz 量级时序仿真结果，结果显示，测量结果误差为±1Hz，主要是因为除法计算舍弃计算结果小数点后的有效数字导致的。

将图 6-20（b）所示仿真结果进行比例调整得到图 6-20（c）所示的测量 10Hz 量级之组合逻辑延时示意，结果显示，用于频率计算的组合逻辑延时约 13ns。

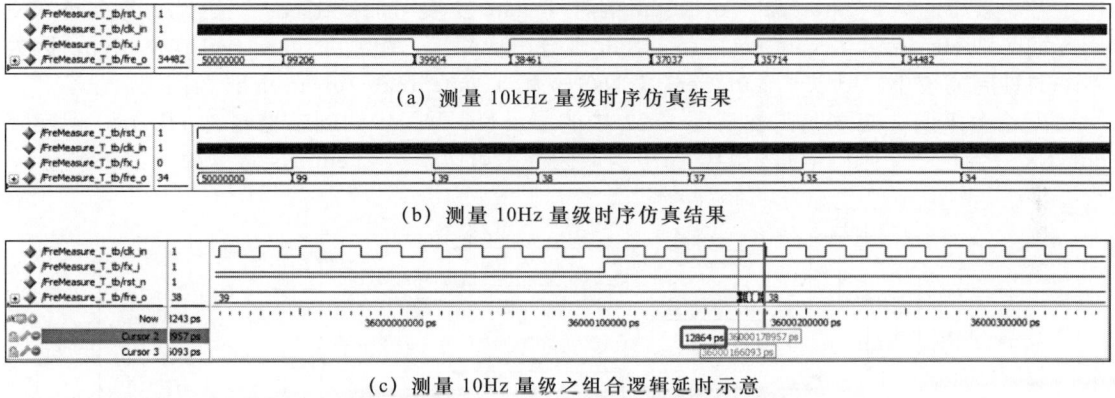

（a）测量 10kHz 量级时序仿真结果

（b）测量 10Hz 量级时序仿真结果

（c）测量 10Hz 量级之组合逻辑延时示意

图 6-20　周期测频法测量不同频率待测信号时序仿真结果

4. 周期测频法电路设计改进

周期测频法更适合测量低频信号，假设待测信号频率范围为 1Hz～100Hz。为保证测量精度不会因除法中小数点后有效数字被舍弃而受影响，若采用小数值的处理，则会提升系统的难度，一般可将分子放大 10 倍、100 倍等使得除法的商也被放大 10 倍、100 倍等，以保留小数点后的数值，最终显示时人为刻意偏移拼接的小数点符号的位置即可。显然放大倍数越大，小数点有效位保留越多，但是会造成资源的浪费，采用项目 5 介绍的 6 位数码管显示，综合考虑将被除数"50000000"放大 1 000 倍，具体操作方法是将上述 module FreMeasure_T 代码最后 1 行修改

```
71.        assign fre_o = 39'd50_000_000_0000/(cnt_Ns_H+cnt_Ns_L);
```

修改后进行全编译，然后进行时序仿真，放大系数后的周期测频法测量不同频率信号时序仿真结果如图 6-21 所示。图 6-21（a）所示为 10Hz 量级时序仿真结果，因电路中的被除数被放大 1 000 倍，因此将图 6-21（a）所示仿真结果人为缩小 1 000 倍进行还原，还原后的结果为 39.999、38.461、37.037、35.714、34.482，对照测试激励文件代码（将待测信号 fx_i 的频率缩小 1 000 倍后）中的注释给出的频率，精度为 0.001Hz。图 6-21（b）所示为 10kHz 量级时序仿真结果，结果显示，周期测频法测量高频信号时，测量误差较大。

（a）10Hz 量级时序仿真结果

图 6-21　放大系数后的周期测频法测量不同频率信号时序仿真结果

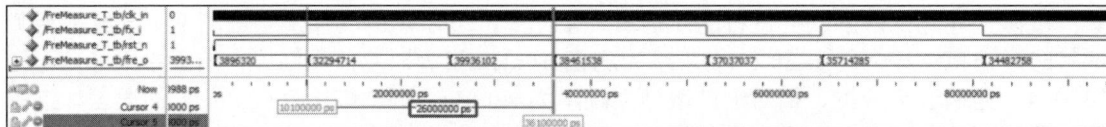

（b）10kHz 量级时序仿真结果

图 6-21　放大系数后的周期测频法测量不同频率信号时序仿真结果（续）

三、等精度测频法电路设计与仿真

1. 等精度测频法电路设计框架

图 6-22 所示为等精度测频法电路设计框架，其使用本地时钟 clk_in 产生的预设闸门信号 T_gate；将 T_gate 同步到信号 fx_i（作为时钟）得到实际闸门信号 T_gate_real_ToNxSyn；当 fx_i 频率较小时，T_gate_real_ToNxSyn 相对 T_gate 宽度可能变化较大，因此，需要再次使用本地时钟 clk_in 对 T_gate_real_ToNxSyn 进行再次同步，得到 T_gate_real_ToNsSyn。因为本地时钟周期较小，所以 T_gate_real_ToNsSyn 和 T_gate_real_ToNxSyn 时长相差极小。

理论上来说，应同时需要将图 6-22 中的 cnt_Nx 再同步到到本地时钟 clk_in，但实际 cnt_Nx 只会在一个闸门信号周期更新一次，因此，可以直接和 cnt_Ns 做运算。

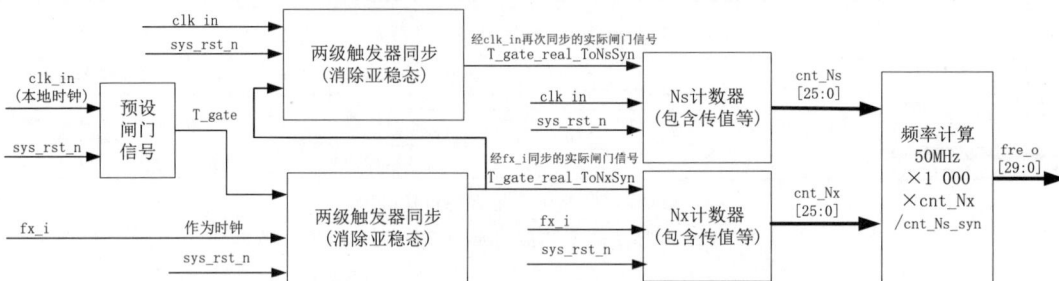

图 6-22　等精度测频法电路设计框架

2. 等精度测频法电路设计

以下分析均假设本地时钟频率为 50MHz，频率记为 f_{clk}。

（1）以下代码框架主要参考图 6-22，图 6-22 中最大值 cnt_Ns 和 cnt_Nx 的获得参考图 6-7（c）。

（2）对照任务 6.1 的设计要求和表 6-3（a），可知预设闸门宽度设为 100ms 即可，为保证设计冗余，不妨将预设闸门信号的高电平和低电平宽度均设为 150ms，可以保证测量结果每 300ms 更新一次，如此一来，数码管的显示效果也较好。300ms 对应的闸门计数器宽度应为 24 位。

（3）同步会导致实际闸门宽度和预设闸门宽度相差最多 1 个待测信号周期，最极限情况是当待测信号频率略大于设计要求中的频率最小值 10Hz（周期 100ms）时，对应实际闸门宽度为 150ms+100ms，这种情况下 N_s 计数至少需 25 位。N_x 的计数器最大值出现在待测信号频率为设计要求最大值 1MHz 时，此时闸门宽度极限接近 150ms，即 N_x 计数器以 1MHz 计时 150ms 左右，需 18 位计数器。

和周期测频法相同，为保证测量结果不会因除法舍弃小数点后有效位而造成计算误差，同样将式 6-15 中的 f_{clk} 由 26'd50_000_000 改为 36'd50_000_000_000。具体代码如下：

```
……//完整代码见配套资源
  8.          module FreMeasure_EqualPrecision(
……//完整代码见配套资源
```

3. 等精度测频法电路仿真

以下测试激励代码将待测信号 fx_i 的高电平和低电平均设置为 6ms，对应频率约为

83.333 33Hz。

```
……//完整代码见配套资源，此处略去自动生成的模板文件中的部分代码
17.  initial begin
18.            rst_n  <= 1'b0;
19.            clk_in <= 1'b0;
20.            fx_i   <= 1'b0;
21.  #100000000  rst_n <= 1'b1;
22.  end
23.  always  begin
24.         #10 clk_in <= ~clk_in;
25.  end
26.  always begin
27.     #6_000_000 fx_i <= ~fx_i;//频率为1/（6ms+6ms）=83.333333Hz
28.  end
……//完整代码见配套资源
```

图 6-23 所示的等精度测频法功能仿真结果显示，频率测量值为 83 333Hz，缩小 1 000 倍还原后为 83.333Hz；图 6-23 可以看出，T_gate_real_ToNxSyn 高电平时长相较 T_gate 高电平时长和相位上有一定出入。而因为本地时钟频率较高，所以 T_gate_real_ToNsSyn 和 T_gate_real_ToNxSyn 的高电平时长几乎一致。图 6-23 中，因各种同步电路的存在，fre_o 在闸门信号由高变低时有一段错误的计算值，必须禁止其被数码管显示。

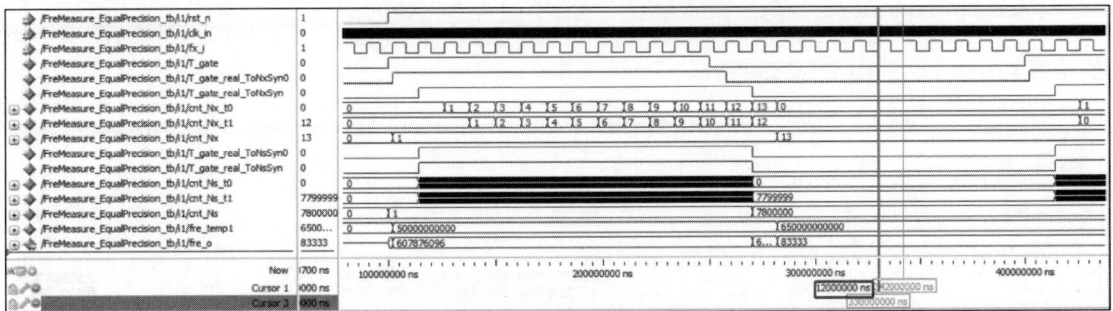

图 6-23　等精度测频法功能仿真结果

4. 等精度测频法电路设计改进与仿真

图 6-23 反映出，信号 fre_o 的值在实际闸门信号下降沿处有短暂的错误，但是在实际闸门信号上升沿处稳定不变，因此，可以在此处插入一个高电平宽度为 clk_in 周期时长的有效标志信号 FreValidFlag，用于指示 fre_o 的稳定时间节点，同时便于和项目 5 设计的数码管驱动电路 LED8S_V3 匹配。设计思路是判断 T_gate_real_ToNsSyn 的上升沿，具体操作是：可以参考任务 8.1 介绍的按键边沿检测的方法，将 T_gate_real_ToNsSyn 使用一级 D 触发器同步 1 拍，并判断后一级触发器输出值是 0，且前一级触发器输出值 1 即可。

上述频率的计算结果被放大了 1 000 倍，本项目设计要求中的数码管显示格式要求，频率小于 1kHz 的显示"XXX.XXX"，频率大于 1kHz 的最大值为"XXXXXX."。因此，当真实频率小于 1 000Hz 时需保留小数点，设计思路是：因为放大了 1 000 倍，所以当频率的计算结果小于 1 000 000 时，截取上述计算的频率结果后 20 位二进制即可；反之，若真实频率不小于 1 000Hz 时，则不需保留小数，设计思路是：因为放大了 1 000 倍，所以将上述计算的频率结果先除以 1 000 取商后，再截取结果后 20 位二进制即可，但同时需考虑到测量系统

测量 999 999Hz 的频率时，若系统有±2Hz 的误差，则可能导致显示为"000000"（999 999+2=1 000 000 的后 6 位十进制），因此，若除以 1 000 取商后的频率值超过 999 999，则按 999 999Hz 计算和显示。同时应设计一个输出数据缩放标志信号 FrePointFlag 用于干预数码管小数点的拼接位置，当真实频率值小于 1 000Hz 时该信号为 0，反之为 1。具体代码如下：

```
……//完整代码见配套资源
8.      module FreMeasure_EqualPrecision(//改进的
9.   input  wire    clk_in,      //输入时钟，系统工作时钟
10.      input  wire    rst_n,      //复位
11.      input  wire    fx_i,       //待测信号（异步信号）
12.      output reg [19:0]fre_o,     //输出频率值
13.      output reg       FreValidFlag,//测量频率有效标志信号
14.      output wire      FrePointFlag //输出数据缩放标志信号，当频率值小于 1 000Hz
时该信号为 0，反之为 1
15.      );
……//完整代码见配套资源
```

因为对电路端口进行了修改，所以需要重新生成测试激励文件，其中激励信号赋值部分仍参考上述代码，图 6-24（a）所示的功能仿真结果（不大于 1 000Hz）显示，信号 FreValidFlag 和 fre_o 符合设计要求。再将上述测试激励文件中第 27 行的 fx_i 的延时参数由"6_000_000"修改为"6_000"，即 6 000ns，以模拟出频率为 83.333kHz 的待测信号，图 6-24（b）所示为功能仿真结果（大于 1 000Hz）。对比图 6-24（a）和图 6-24（b）中的 FrePonitFlag 信号，可以看出 FreValidFlag 在待测信号频率信号小于 1 000Hz 时为高，反之为低，符合设计要求。图 6-24（c）、图 6-24（d）分别是上述测试激励文件第 27 行中 fx_i 延时参数为"6_000"和"6_000_000"对应的时序仿真结果，还原后的频率为 83.333kHz 和 83.333Hz 信号的测量结果的精度均符合任务 6.1 的设计要求。

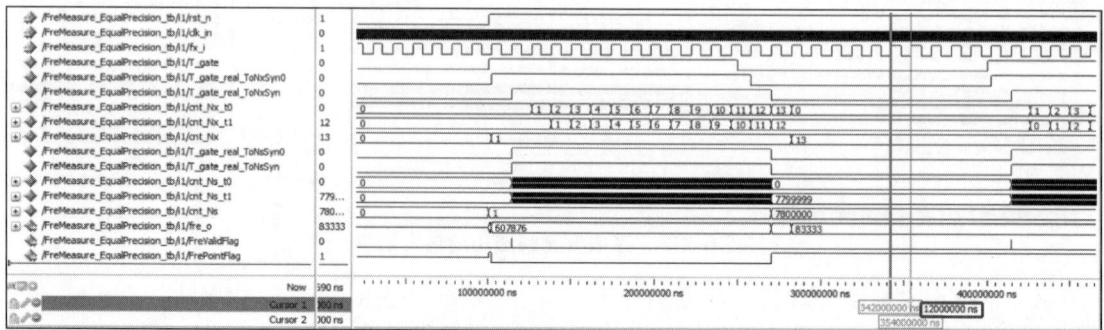

（a）功能仿真结果（不大于 1 000Hz）

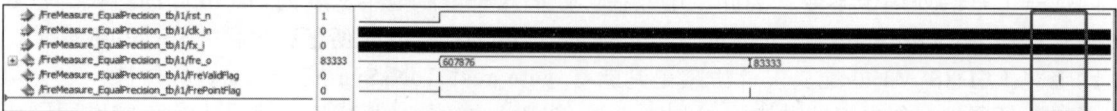

（b）功能仿真结果（大于 1 000Hz）

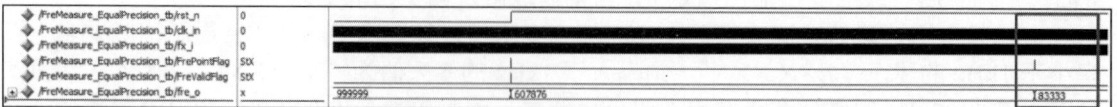

（c）时序仿真结果（大于 1 000Hz）

图 6-24　包含输出辅助信号的等精度测频法仿真结果

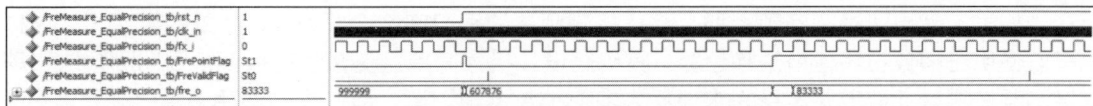

（d）时序仿真结果（不大于 1 000Hz）

图 6-24　包含输出辅助信号的等精度测频法仿真结果（续）

四、测频显示综合电路设计

设计要求：数码管显示频率测量结果。显示格式：频率小于 1 000Hz 时显示"XXX.XXX"，如"999.999"代表 999.999Hz；频率大于等于 1 000Hz 且小于 1MHz 显示"XXXXXX."，如"999999."代表 999 999Hz。

1. 测频显示综合电路设计框架

采用等精度测频法，参考图 6-25 所示的测频显示综合电路顶层模块例化示意，对动态数码管驱动电路和等精度测频法电路进行例化，其中小数点符号位连接部分使用二选一数据选择器即可，代码可写成

```
.DotPos    ((FrePointFlag_w==1'b0)?6'b000001:6'b001000),
```

设计完成后分配引脚，其中 fx_i 推荐分配一个空置引脚。

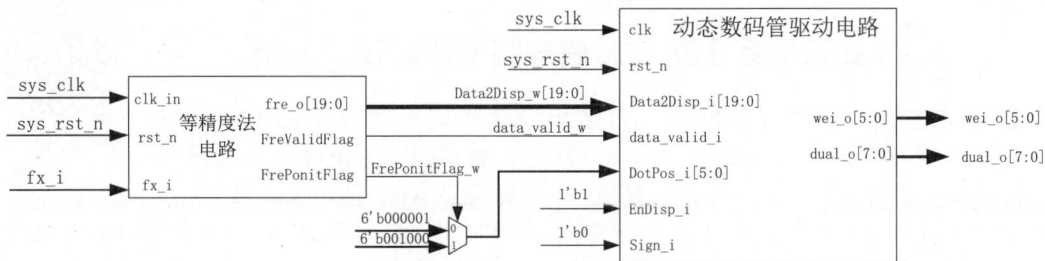

图 6-25　测频显示综合电路顶层模块例化示意

2. 测频显示综合电路测试

按照图 6-1 所示，连接示波器和 FPGA（只连接图 6-1 中第一种信号"数字信号"部分即可），将函数信号发生器波形设置为方波（square）或脉冲（pulse）模式；根据 FPGA 电路板的设计，以 IO 端口为 3.3V 的电压为例，设置函数信号发生器电压峰峰值为 3.3V，直流偏置为 1.65V；调整信号频率实时观察数码管显示结果。图 6-26 所示为测频显示综合电路几种测试结果，其分别对应函数信号发生器频率输出为 12.345Hz、123.456Hz、1 234.56Hz、12 345.67Hz、123 456.78Hz、999 995Hz 时的测量结果。结果表明，上述设计的电路的测试结果的误差符合任务 6.1 的设计要求。需要注意的是，FPGA 芯片外围晶振的精度可能也会引入一定的误差。

图 6-26　测频显示综合电路几种测试结果

任务 6.1 介绍了周期测频法、等精度测频法的电路设计与仿真方法，并考虑到待测信号与本地时钟相位随机性导致可能出现的亚稳态现象。其中等精度测频法具有宽范围、精度高的特点，完全可以满足任务 6.1 的设计要求。周期测频法非常适合低频信号测量，且对于低频信号还可以测量占空比。实际应用中可以将周期测频法作为等精度测频法的一个补充，即等精度测频法和周期测频法同时测量，当频率较大时将等精度测频法的测量结果输出，当频率较小时将周期测频法的结果输出。

图 6-7（c）介绍了测量过程中最大值信号的获取方法，避免锁存器引入而导致电路出现不可预估的时序隐患。事实上，实际测量中亚稳态出现的概率较小，且并不是每次测量周期内都

存在。如果不考虑亚稳态问题，那么将直接测频法的闸门宽度设置为 1s 的 2 的幂次方，这样就可以使用左移或右移代替乘除运算，其电路设计极为简单且资源消耗极低。周期测频法和等精度测频法测量计数电路本身并未消耗太多 FPGA 逻辑资源，最主要的消耗来源于乘除运算。Altera 为用户提供了一种类似于 STM32 或 51 单片机的片上可裁剪的 CPU——Nios，将上述几种重要的代表频率的计数器值在 FPGA 内部连接到 Nios 的可配置 IO 端口，并使用 C 语言中的乘除计算代替数字电路设计中的乘除法器，可以得到更为精准的计算结果，同时大大降低了 FPGA 的资源消耗。基于 Nios 的 FPGA 设计称为 SoPC，是未来电子设计发展的主要趋势之一。

任务 6.2　正弦波信号的测频显示电路设计

任务导入

设计要求：测量正弦波信号频率，其峰峰值范围为 2V～6V，直流偏置范围为−2V～2V，要求频率范围为 1kHz～1MHz 的频率测量结果的绝对误差±10Hz。数码管显示格式 "XXXXXX."，如 "123456." 代表 123 456Hz。

6.2.1　【知识准备】正弦波信号频率测量设计分析

正弦波的频率测量在频域中可以使用快速傅里叶变换（Fast Fourier Transform，FFT）进行频域测量，也可以从更为直观的时域角度出发进行测量。前者需要具备一定的信号与系统基础，一般先通过 ADC 将正弦波数字化，然后调用 FPGA 的 FFT IP 核对数字化信号进行 FFT 处理，最后根据 FFT 结果中最大值的位置反推信号的频率，这种方法更为适合测量调制信号或低信噪比信号；后者的测量相对更为简单，只需将模拟正弦波信号设法转换为频率一致的数字脉冲信号，再利用任务 6.1 介绍的 3 种测频方法中的任意一种进行频率测量。任务 6.2 重点介绍将正弦波信号设法转换为数字脉冲信号的方法，再利用任务 6.1 介绍的直接测频法对数字脉冲信号从在时域角度出发进行频率测量。

一、正弦波转换脉冲信号

1. 施密特触发器原理

将正弦波转换成数字脉冲最经典的方法是：首先借助以运算放大器为核心的过零比较器或比较器衍生电路将正弦波转换为方波信号，然后使用模拟调理电路将方波信号转换为幅值合适的等效数字脉冲信号，最后将数字脉冲信号送入 FPGA 进行测量。

图 6-27 所示为正弦波转数字脉冲模拟电路功能示意，图 6-27 中假设某待转换的模拟正弦波信号 $f_1(t)$ 最大值为 V_{max}，最小值为 V_{min}，中值为 V_{mid}。图 6-27（a）所示为过零比较器模拟电路功能示意，图 6-27（b）所示为施密特触发器模拟电路功能示意，接下来介绍两种电路的功能原理。

第 1 种：过零比较器模拟电路功能。

图 6-27（a）所示的过零比较器，其是以中值 V_{mid} 为阈值的比较器，输入为 $f_1(t)$，输出为 $f_2(t)$，工作原理是：当 $f_1(t)$ 电压值大于 V_{mid} 时，比较器电路输出电压幅度为 V_+，反之为 V_-。使用电压转换调理电路将 $f_2(t)$ 的电压幅值转换为幅值合适的等效数字信号以供 FPGA 处理，电压转换调理电路具体功能是将信号 $f_2(t)$ 的电压 V_+ 的信号转换为逻辑 1（如 3.3V），将电压 V_- 的信号转换为逻辑 0（如 0V）。

理论上来说，图 6-27（a）中得到的等效数字脉冲信号频率和正弦波频率相等，但实际使用示波器观察等效数字脉冲信号时，其在上升沿和下降沿切换处有大量毛刺，毛刺主要集中在阈值对应的时间附近。原因主要有 3 种，第 1 种干扰表现是携带高频纹波，第 2 种干扰表现是整体有低频的上下波动，第 3 种表现是信号包含热噪声。这 3 种常见干扰使得输入的正弦波信号电压幅度在接近比较器阈值时，会在阈值上下波动，进而导致过零比较器输出的脉冲出现大量毛刺。

第 2 种：施密特触发器模拟电路功能。

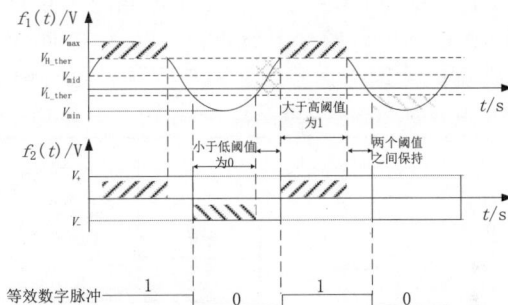

图 6-27（b）所示为施密特触发器模拟电路功能示意，其是一种改进型的过零比较器，需设置高阈值和低阈值两个阈值，高阈值 V_{H_thre} 应比中值 V_{mid} 略大，低阈值 V_{L_thre} 应比中值 V_{mid} 略小。其工作原理是：当 $f_1(t)$ 电压大于高阈值时，$f_2(t)$ 输出电压幅度为 V_+，当 $f_1(t)$ 电压小于低阈值时，输出电压幅度为 V_-，当 $f_1(t)$ 电压介于两个阈值之间时，输出电压幅度保持不变，这种设计可以有效消除过零比较器电路出现的毛刺。

但实际在模拟电路搭建测试中发现，施密特触发器得到的等效数字脉冲信号在两个阈值附近仍出现极少量毛刺。虽然可以通过优化模拟电路设计和制作工艺进行改进，但是会提升成本；另外，模拟电路调试难度大、抗干扰能力较差；还存在的一个问题是任务 6.2 的设计要求中的信号直流偏置（中值）为 $-2V \sim 2V$，即会在一定范围内动态实时变化，这就要求两个阈值要根据信号中值的变化而实时调节，而模拟电路中虽可以通过反馈电路进行调整，但硬件设计难度较大。

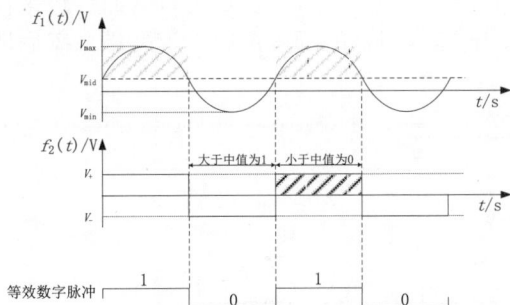

(a) 过零比较器模拟电路功能示意　　　　(b) 施密特触发器模拟电路功能示意

图 6-27　正弦波转数字脉冲模拟电路功能示意

2. 基于 FPGA 的等效数字施密特触发器设计思路

参照图 6-27（b），设计基于 ADC 和 FPGA 的等效数字施密特触发器，可以避免模拟施密特触发器电路的不足。以项目 5 介绍的以 3PA9280 为核心的 8 位 ADC 模块为例，其线性度较好，该 ADC 模块输入模拟电压范围为 $-5V \sim 5V$ 时，8 位数字输出端口值为 $0 \sim 255$。记 ADC 模块采集的正弦波的最大值、最小值、中值数字化后的信号分别为 V_max、V_min、V_mid，通过任务 5.1 介绍的测量方法，这 3 个参数可以容易测得。以下重点介绍高阈值信号 V_H_thre 和低阈值信号 V_L_thre 的设定，或者说赋值。

V_H_thre 和 V_L_thre 所赋的值应分别在中值附近，且二者与中值之差的绝对值越大，测量大幅值信号时抗干扰能力越强，但是测量小幅值信号的适应性越差。任务 6.2 设计要求中正弦波的频率范围 1kHz～1MHz 峰峰值较大，且有直流偏置，不妨先将 V_H_thre 设置为 V_mid 和 V_max 二者的中值，V_L_thre 设置为 V_mid 和 V_min 二者的中值。因为正弦波角度值为 30°、150°、210°、330°时的正弦波绝对值均为 0.5，所以在这种高阈值和低阈值的设定下，信号幅度位于 V_H_thre 之上和位于 V_L_thre 之下的相位分别占一个正弦波周期的 120°，即 1/3 个周期，在自适应性和抗干扰能力上有了较好的权衡。

参照任务 5.1，首先实时测量信号的动态最大值和动态最小值，用信号 V_max 和 V_min 表示，二者更新速率设定为 300ms 左右；然后根据二者设定动态高阈值和低阈值，用信号 V_H_thre 和 V_L_thre 表示；最后设计比较器相关电路，其工作原理是：当 ADC 模块当前采样值大于 V_H_thre 时，比较器电路输出逻辑 1，小于 V_L_thre 时输出逻辑 0，介于二者之间输出逻辑值保持不变，这些都极易实现。

任务 6.2 设计要求中待测信号最大频率为 1MHz，若选用项目 5 介绍的以 3PA9280 芯片为核心的 ADC 模块，其最高工作频率为 32MHz，FPGA 驱动 ADC 模块以 32MHz 采样率对信号进行采集，则可以保证频率在 1MHz 以下的正弦波单周期至少被采集 32 点。幅度在高阈值以上、低阈值以下相位均为正弦波单周期的 1/3，约合 10 个采样点，不会出现漏采现象。

二、正弦波测频电路设计分析

因为 ADC 模块采集的信号可视为本地时钟的同步信号，所以后续最大值、最小值、阈值、等效数字施密特触发器输出的信号等也必然是本地时钟同步信号。同步信号的频率测量电路设计相对简单，周期测频法测量 1MHz 信号误差较大；等精度测频法可以得到精度较高的测量结果，但系统更为复杂且逻辑资源消耗较大；任务 6.2 采用逻辑资源消耗较小的直接测频法。

直接测频法闸门宽度越宽，测量精度越高；闸门宽度取 1s 的 2 的负幂次方，最终频率计算中的乘除法可以使用移位来代替；再考虑到数码管更新速率设置为 200～300ms 时的显示效果最佳，因此，综合考虑将闸门宽度设置为 250ms。图 6-28 所示为正弦波测频电路框架，图 6-29 所示的正弦波测频电路时序规划与图 6-28 相对应。因为 ADC 芯片的时钟也来自于 FPGA，所以整个系统是以 FPGA 本地时钟 clk_in 作为时钟的同步系统，这使得系统后期对数据的处理不会遇到亚稳态问题，系统更为简洁。

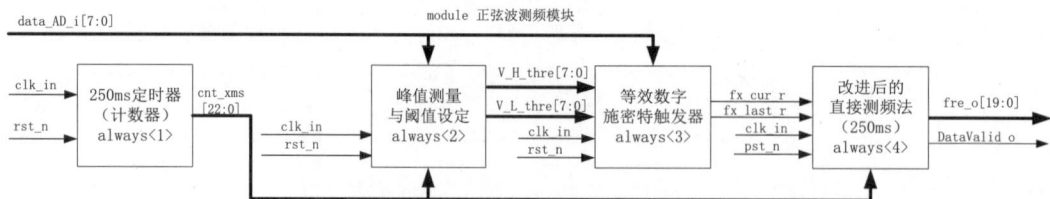

图 6-28　正弦波测频电路框架

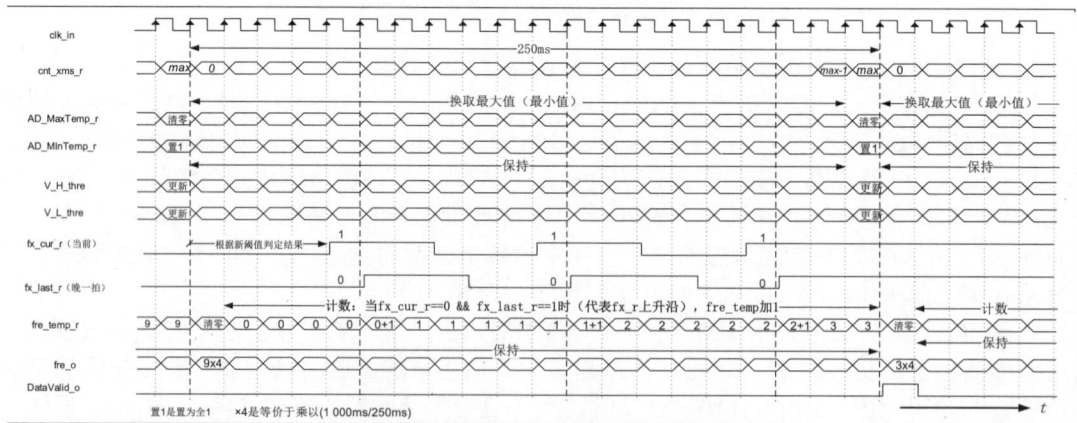

图 6-29　正弦波测频电路时序规划

1. 峰值测量与阈值设定电路设计思路

以下设计的直接测频法电路和任务 6.1 略有差异，主要是直接用计数器的计数值代替闸门信号，参照图 6-28 和图 6-29 进行分析。

（1）设计一个 cnt_xms_r 计数器，其一个完整计数周期为 250ms，对应计数范围为 $0\sim max$，时钟频率为 50MHz 时，max 应为 24'd12_499_999。

（2）图 6-29 中的最大值暂存寄存器 AD_MaxTemp_r 和最小值暂存寄存器 AD_MinTemp_r，在 cnt_xms_r 为 $0\sim max-1$ 时，根据当前输入的 ADC 模块采样值 data_AD_i 实时更新，在 cnt_xms_r 为 max 时，清零或置为 255。

（3）V_H_thre 和 V_L_thre 实时更新。而新阈值 V_H_thre 和 V_L_thre 在 cnt_xms_r 为 max 时，根据 AD_MaxTemp_r 和 AD_MinTemp_r 的值更新，其余时间保持不变。

2．等效数字施密特触发器电路设计思路

全局皆为同步信号更易于设计，等效数字施密特触发器的设计主要参照图 6-27（b），设计时序参考图 6-29。图 6-28 中等效数字施密特触发器电路的具体实现是：将 ADC 模块输入的 data_DA_i 和 V_H_thre、V_L_thre 实时进行判决，得到 fx_cur_r 信号。

3．改进的直接测频法电路设计思路

图 6-30 所示为同步信号的上升沿和下降沿检测电路。图 6-30（a）所示为上升沿检测电路，fx_last_r 是 fx_cur_r 经过 1 级 D 触发器缓存后的信号，因此，fx_last_r 是比 fx_cur_r 晚 1 拍的同步信号。设计 fx_last_r 信号的目的是将 fx_last_r 和 fx_cur_r 进行对比，对比的结果可以判定 fx_cur_r 当前是否为上升沿（fx_last_r 为 0 且 fx_cur_r 为 1）。因此，fx_last_r 和 fx_cur_r 作为图 6-29 中直接测频法中频率计数器 fre_temp_r 的计数条件。这种设计可以避免使用 fx_cur_r 作为时钟驱动频率计数器，带来的好处是全局皆为同步信号。

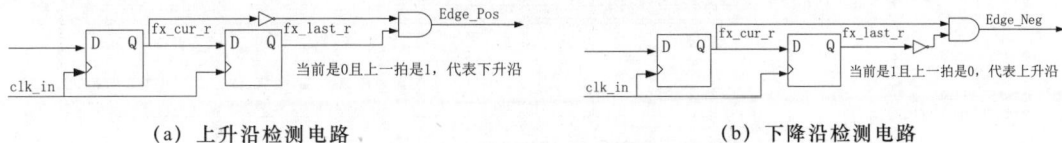

（a）上升沿检测电路　　　　　　　（b）下降沿检测电路

图 6-30　同步信号的上升沿和下降沿检测电路

图 6-29 中 fre_temp_r 在 cnt_xms_r 值为 0 时清零更为合适，而非 max。原因在于阈值在 cnt_xms_r 为 max 时更新，cnt_xms_r 为 0 时，fx_cur_r 是新阈值比较的结果，fx_last_r 是上次阈值判定结果的缓存。在 cnt_xms_r 为 1 时，fre_temp_r 开始进行新一轮计数，显然 fre_temp_r、fre_o、DataValid_o 应在 cnt_xms_r 为 0 时，分别清零、更新，赋值逻辑 1。

6.2.2　【任务实施】正弦波测频显示设计与验证

一、正弦波测频电路设计与验证

1．正弦波测频电路设计

根据图 6-28 所示电路框架和图 6-29 所示电路时序规划设计以下代码，其中比较器输出信号的上升沿检测参考图 6-30。以下代码中构造了 DataValid_o 信号，其高电平时长是一个时钟周期，用于指示 fre_o 有效，同时便于和 5.3.3 节的数码管驱动电路 LED8S_V3 对接。

微课 6-2-2
任务实施

```
1.  //正弦波测频电路
2.  //NO1:250ms 计数器模块，也可修改为 500ms、1 000ms 等
3.  //NO2:等效数字施密特触发器
4.  //No3:直接测频法
5.  module sinFreMeasure
6.  #(
7.    parameter WIDTH_ADC = 8,          //根据 ADC 的位宽修改
8.    parameter CNT_MAX   = 23'd7_999_999,//单次测量时间
```

```
9.     parameter ZOOM_FRE  = 2                    //频率缩放因子，2代表最终频率要左移2位
```
……//完整代码见配套资源

2. 正弦波测频电路仿真

只进行功能仿真即可，以下是测试激励代码：

```
1. `timescale 1 ns/ 1 ps
2. module sinFreMeasure_tb();
```
……//完整代码见配套资源

3. 功能仿真结果分析

图 6-31 所示为正弦波测频电路功能仿真结果，结果中 AD_Maxtemp_r（或 AD_Mintemp_r）可以正常清零（或置为 255）和更新，AD_Maxtemp_r 的最大值为 254，AD_Mintemp_r 的最小值为 0，显然可以通过计算得到中值为 127。V_H_thre 和 V_L_thre 分别为 63（0 和 127 的中值的近似值）和 190（127 和 254 的中值的近似值），这几个参数的误差源于计算中得到取商运算舍弃了小数点后有效数字。fx_cur_r 和 fx_last_r 的频率与正弦波的频率对应，等效数字施密特触发器正常工作。fre_temp_r 在 fx_cur_r 的每个脉冲的上升沿附近累加，累加最大值为 25。在 fre_temp_r 清零（图 6-31 中 fre_temp_r 行的"25"和"1"切换）时，将 fre_temp 自身值 25×4 传给 fre_o，与此同时 DataValid_o 产生一个时钟周期时长的高电平脉冲。

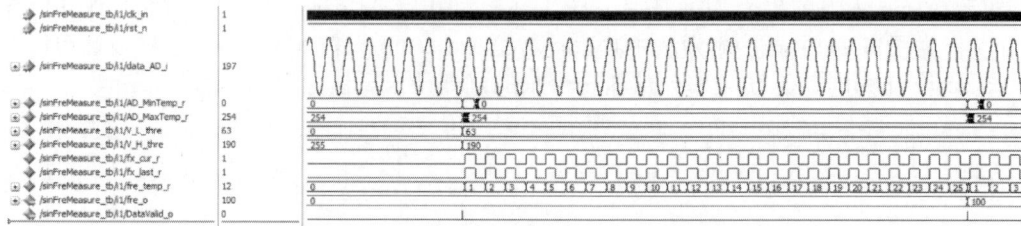

图 6-31   正弦波测频电路功能仿真结果

二、正弦波测频显示顶层电路设计与验证

1. 正弦波测频显示顶层电路框架

图 6-32 所示为正弦波测频显示综合电路顶层模块例化示意，其和图 5-59 基本一致，FPGA 外围器件均是 ADC 模块和数码管等。图 6-32 中，ADC 模块输入的信号 data_AD_i 经过 FPGA 内部一级 D 触发器缓存后得到 data_AD_r，然后送入正弦波测频模块，测频模块输出的频率测量值 fre_o 以及数据有效标志信号 DataValid_o 一并送入动态数码管驱动模块进行显示驱动。本书选择的以 3PA9280 芯片为核心的 ADC 模块最高工作速率为 32MHz，而 FPGA 电路板外接晶振常见为 50MHz，需要借助 PLL IP 核将 50MHz 分频为 32MHz。

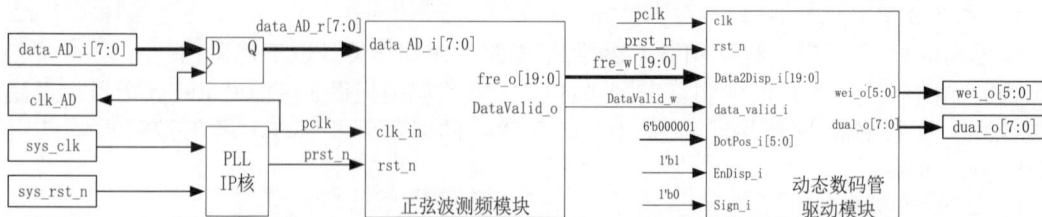

图 6-32   正弦波测频显示综合电路顶层模块例化示意

2. 正弦波测频显示顶层电路设计

按照图 6-32 完成正弦波测频显示系统的顶层文件代码，代码如下所示：

```
1.//正弦波测频显示（数码管）电路
2.    module sinFreMeasure_top(
```

······//完整代码见配套资源

修改代码第 36 行可以改变 ADC 位宽；修改第 37 行可以改变"闸门宽度"，与之对应还应修改频率缩放因子，例如，若将"闸门宽度"修改为 1s，则应将以上代码的第 35～39 行修改如下，其中因为修改了第 37 行，所以与之对应的第 38 行也要进行相应修改。

```
35.    #(
36.      .WIDTH_ADC(8),//根据 ADC 的位宽修改
37.      .CNT_MAX(26'd31_999_999),
38.      .ZOOM_FRE(0)//频率缩放因子，若"()"内写 2 则代表最终频率要左移 2 位
39.    )
```

3. 正弦波测频显示顶层电路测试

将函数信号发生器设置为正弦波，峰峰值设置为 2V，直流偏置设置为 2V，频率依次设置为 987 654Hz 和 1 234Hz，不同输入频率下正弦波测频显示顶层电路测试结果如图 6-33 所示，图 6-33（a）显示的频率和实际输入频率 987 654Hz 相差 2Hz，图 6-33（b）显示的频率和实际输入频率 1 234Hz 相差 2Hz，调整峰峰值、直流偏置、频率等参数进行反复测试，最坏情况下误差为±4Hz，均满足设计要求中±10Hz 的绝对误差。测试结果表明任务 6.2设计的正弦波测频显示电路不仅具有较好的幅度自适应能力、精度满足设计要求，而且电路结构简单、逻辑资源消耗极少。

（a）正弦波频率为 987654Hz　　（b）正弦波频率为 1234Hz

图 6-33　不同输入频率下正弦波测频
显示顶层电路测试结果

思考与练习

一、填空题

1. 不考虑亚稳态问题，本地时钟频率为 50MHz，使用周期测频法测量频率为 1kHz 脉冲信号的绝对误差最大值的绝对值是_____Hz，相对误差最大值的绝对值是_____。

2. 不考虑亚稳态问题，将闸门宽度设置为 100ms，使用直接测频法测量频率为 1kHz 脉冲信号的绝对误差最大值的绝对值是_____Hz，相对误差最大值的绝对值是_____。

二、简答题

1. 简述周期测频法、直接测频法、等精度测频法的适用场景（主要从待测信号频率范围和精度的角度回答）。

2. 亚稳态问题对电路的危害较大，请回答亚稳态问题产生的本质是什么？异步电路亚稳态应如何避免？因两级 D 触发器之间的组合逻辑电路延时较大导致的亚稳态的避免思路？

实战演练

1. 参考项目 5 中 SignalTap 工具的介绍，对 6.1.2 节周期测频法电路进行测试。

2. 参考项目 5 中 SignalTap 工具的介绍，对 6.1.2 节直接测频法电路进行测试。

3. 电路设计题。如图 6-34 所示，fx_i 是 FPGA 引脚的输入信号，当 fx_i 上升沿或下降沿来临一次时，计数器 cnt 加值 1。并参考项目 5 中 SignalTap 工具的介绍，将 fx_i 的上升沿和下降沿边沿变化均作为采集触发条件。

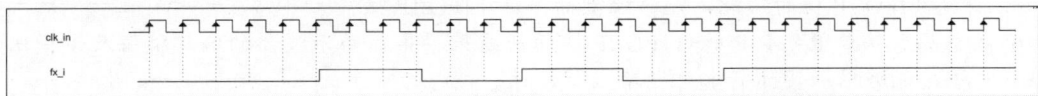

图 6-34　习题 3

项目7

基于VGA的液晶显示屏示波器

07

项目导读

视频图形阵列（Video Graphics Array，VGA）是一种使用模拟信号进行视频传输的标准，伴随阴极射线管（Cathode Ray Tube，CRT）显示器发展而来，具有分辨率高、显示速率快、颜色丰富等优点。VGA名称是一个笼统的名称，既包含定义接口物理尺寸等的接口规定，又包含定义数据传输的协议规定，也叫D-Sub接口。在20世纪，由于显示材料和制造工艺的限制，CRT显示器从显示效果、制造以及价格上来说是最适合那个时代的显示器，CRT显示器受限于设计制造工艺等，只能接收模拟信号，应运而生的VGA成为CRT显示器主要接口之一。

设计要求：

参照图7-1所示的基于VGA的液晶显示屏示波器电路框架，完成ADC模块+FPGA+VGA接口的液晶显示屏的示波器，其中信号的频率波形为黄色，坐标轴白色。

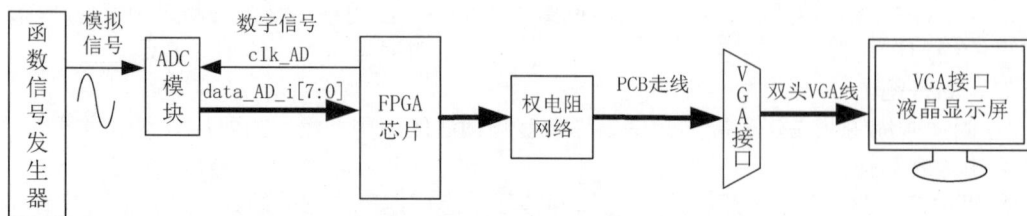

图 7-1 基于 VGA 的液晶显示屏示波器电路框架

学习目标

1. 了解 CRT 显示器的显示原理，熟悉 VGA 的时序要求。
2. 熟悉 VGA 驱动电路的设计，能够灵活修改彩条显示电路以实现不同的显示效果。
3. 熟悉双口 RAM IP 核的功能，能熟练配置双口 RAM IP 核。
4. 熟悉基于双口 RAM IP 核固定采样率简易示波器的电路框架。
5. 熟悉 FIFO IP 核的功能，能够配置简单的 FIFO IP 核。
6. 熟悉基于双口 RAM IP 核+FIFO IP 核的任意采样率简易示波器的电路框架及子模块关键接口时序，能够根据实际需求对电路进行修改。

素质目标

1. VGA 驱动电路的设计必须严格遵守其时序规范，养成按照行业规范从事专业技术活动的职业习惯。

2. 对比点状图与线状图，培养注重产品的用户体验的意识；分析任意采样率简易示波器的 SignalTap 运行结果，认识到产品稳定性、质量至上的重要性。

思维导图

项目 7 思维导图如图 7-2 所示，项目 7 的任务是在 VGA 接口的液晶显示器（Liquid Crystal Display，LCD）上显示由 ADC 模块采集的波形数据。项目 7 采用自底向上的设计方法分 3 个阶段完成项目 7 任务要求，任务 7.1 介绍 CRT 显示器的原理，再介绍与之匹配的 VGA 标准，最终使用 FPGA 设计 VGA 驱动电路，并以经典的彩条显示为载体对 VGA 驱动电路进行验证，其中一个重要的组成是信息显示生成模块；任务 7.2 先介绍波形显示的原理，引入双口 RAM IP 核作为 ADC 模块和 VGA 驱动之间的数据缓冲器，并以 ADC 模块+双口 RAM IP 核+VGA 驱动电路架构，完成固定采样率 VGA 简易示波器，除双口 RAM IP 核外，主要是对信息显示生成模块的改造；任务 7.3 的任意采样率简易示波器因 VGA 驱动和 ADC 模块采样率不同可能会出现亚稳态现象，解决方式是在任务 7.2 电路前级再添加 FIFO IP 核作为异步信号的缓冲器，以 ADC 模块+异步 FIFO IP 核+双口 RAM IP 核+VGA 驱动电路架构完成任意采样率下信号的 VGA 显示。

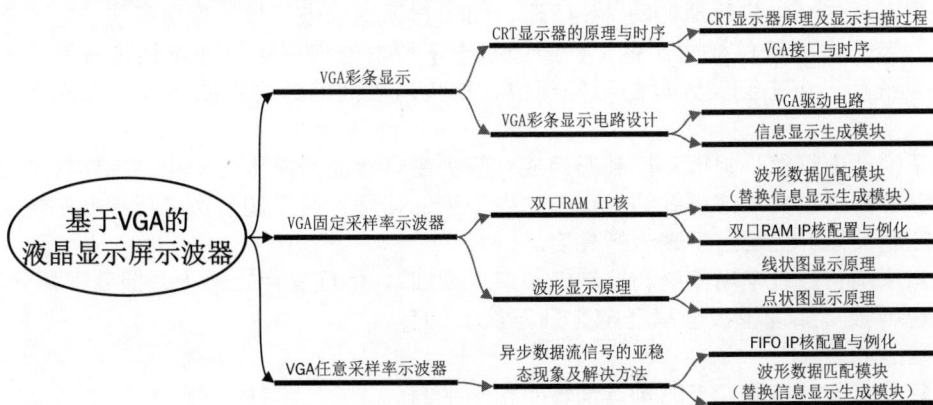

图 7-2 项目 7 思维导图

任务 7.1 VGA 彩条显示

任务导入

设计要求：VGA 彩条显示设计要求示意如图 7-3 所示，在 VGA 接口的 LCD 上显示彩条，从左至右依次为红、绿、蓝、白、黑、黄、紫、青。

图 7-3 VGA 彩条显示设计要求示意

7.1.1 【知识准备】VGA 彩条显示设计分析

微课 7-1-1
知识准备

VGA 接口发明之初主要是为了适配 CRT 显示器，其是过去乃至当前应用比较广泛的显示接口之一，了解 CRT 显示器的显示原理以及显示器的历史发展过程，对于 VGA 接口与时序的理解非常重要。

一、CRT 显示器显示原理

1. CRT 显示器简介

CRT 显示器学名为"阴极射线管"，是一种使用阴极射线管的显示器，俗称"大脑袋显示器"，有黑白和彩色两种，图 7-4 所示的是一种彩色 CRT 显示器。百余年来，CRT 显示器一直占据了光电显示的主导地位，其技术已极其成熟。CRT 显示器作为一种传统的信息显示器件，特点是显示质量优良、制作和驱动比较简单、性价比高。直至 21 世纪初，随着生产工艺的提升，LCD 这种更为轻薄的显示器迅速取代 CRT 显示器成为主流显示器，然而 LCD 为了适配更多设备，围绕 CRT 显示器的一些如 VGA 标准的相关技术一直延续至 LCD，任务 7.1任务的验证可使用含 VGA 接口的 LCD 进行验证。接下来，先介绍黑白 CRT 显示器的显示原理，以引入显示器扫描的概念和灰度等级等重要概念；再介绍彩色 CRT 显示器的基本原理，以引入三基色概念。

图 7-4　彩色 CRT 显示器

2. 黑白 CRT 显示器原理

（1）黑白 CRT 显示器结构。

CRT 显示器内部结构示意图如图 7-5 所示，CRT 显示器由电子枪、聚焦系统、加速电极、偏转系统、荧光屏等组件构成。其工作原理是电子枪发射电子束，经过聚焦系统、加速电极和偏转系统后，轰击到荧光屏的不同部位，被其内表面的荧光物质吸收，发光产生可见的图形。

①电子枪：由灯丝、阴极和控制栅组成。阴极由灯丝加热发出电子束，控制栅加上负电压后，能够控制透过其内部小孔的带负电的电子束的强弱。通过调节负电压高低来控制电子数量，即控制荧光屏上相应发光点的亮度。

②聚焦系统：通过电场和磁场控制电子束"变细"，保证亮点足够小，提高屏幕分辨率。

③加速电极：加速电极加高压电（几万伏），使电子束高速运动。

④偏转系统：对应图 7-5 的垂直偏转板和水平偏转板，控制静电场或磁场，使电子束产生偏转，最大偏转角是衡量系统性能的一个重要指标，显示器长短与此有关。

⑤荧光屏：荧光屏通过荧光物质收集电子束而发光，荧光物质有余晖效应。

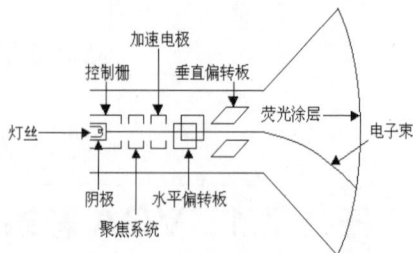

（2）黑白 CRT 显示器显示原理。

图 7-5　CRT 显示器内部结构示意

电子枪外部都装有相互垂直的行、场两对偏转线圈，线圈中分别流有行、场锯齿电流。电子束通过两个偏转磁场后，在荧光屏上做从上到下、从左到右的匀速往复直线扫描运动。将一行紧跟一行的扫描方式称为逐行扫描，类似的还有隔行扫描。在逐行扫描过程中，其图像信号的时间顺序与空间顺序是一致的。以电视机为例，我国电视标准规定，行扫描的周期为 $64\mu s$，其中，行正程扫描时间为 $52\mu s$，行逆程扫描时间为 $12\mu s$。场扫描频率为 50Hz，既适应人眼的暂留效应，克服闪烁感，又与电网频率相同，达到消除干扰的目的。场扫描周期为 20ms，其中，场正程扫描时间 ≥18.4ms，场逆程扫描时间 ≤1.6ms。总而言之，显示器利用了人眼的视觉残影，视频是由每秒 50 帧以上图像叠加而成的，而每一帧图像又是由若干行构成的。

图 7-6 所示为 CRT 显示器扫描原理示意，显示时一般先从左至右扫描第 0 行（为了和后文对应，从 0 开始计数），第 0 行结束后水平偏转系统将电子束方向还原到最左侧，垂直系统将电子束指向第 1 行再完成第 1 行扫描，如此循环直至最后一行，此时水平偏转系统先回到最左侧，接着垂直系统再回到最上侧。需要特别注意的是，水平偏转系统的逆程和垂直偏转系统的逆程均需要一定时间，分别称为行逆程扫描时间和场逆程扫描时间，在此期间，电子束发射必须截止，否则在屏幕中会造成图像的叠加，这一点极为重要，和下文的 VGA 时序相对应。

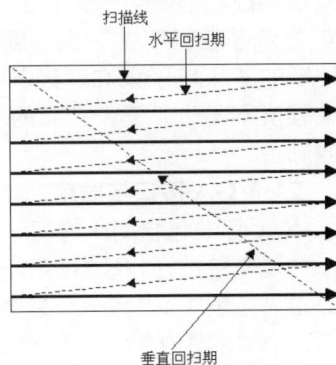

图 7-6 CRT 显示器扫描原理示意

（3）黑白 CRT 显示器参数指标。

①亮度：显示器的亮度指标是指屏上加 100%的驱动电信号，显示全白时的屏幕亮度的最大值，常称为峰值亮度或简称为屏幕亮度。亮度一般可以通过显示器的按键或旋钮，以及遥控器进行调节。

②对比度：屏面上的最大亮度 L_{max} 和最小亮度 L_{min} 之比。

③灰度等级：其实就是亮度等级。灰度等级是显示器输入的驱动信号电平的最大量化级。如果 CRT 显示器中电子束的能量分为 256 档，那么对应的灰度等级就为 256。过去的天线式电视机接收的信号是模拟信号，而近些年来的 LCD 电视机或显示器在显示机理上已经更新为数字式。因此，模拟信号驱动 LCD 电视机或显示器时，LCD 电视机或显示器对输入的模拟量用 ADC 进行数字量化采样。以 8 位 ADC 为例，其可显示从 0～255 共 256 个输入信号电平级数，正确的说法应是 LCD 电视机或显示器能显示 256 个亮度等级，但目前很多文献和商家都将其称为 LCD 电视机能显示 256 个灰度，实际上称 256 个灰度等级更为准确。因为人眼能够分辨的灰度等级为 100，所以灰度等级数量级高于 100，从观看效果角度来看意义不大。

3. 三基色及彩色 CRT 显示器原理

中学物理中介绍过棱镜实验，太阳光经过棱镜时，可见光中不同颜色光的波长不同，其折射率也不同，可以折射出"红橙黄绿青蓝紫"7 种颜色；通常情况下，衣服之所以呈现红色一般理解为自然光（红橙黄绿青蓝紫的组合）照射到衣服上时，除了红色光以外的其他色彩波段被衣服吸收，未被吸收的红色波段被衣服反射进人眼，人眼感官为红色，以上两种现象说明白光可以分解。相对应的，色彩也可以叠加，例如，不同颜色的颜料或光混合在一起可以得到新的等效颜色。以波长分别为 700nm、546.7nm、435.8nm 的红（R）、绿（G）、蓝（B）为三基色，几乎任何一种颜色都可以用不同比例的三基色混合实现，RGB 混合示意如图 7-7 所示。三基色特点是这 3 种颜色中的任何一种颜色都不能由另外两种颜色混合产生，而三基色以外的其他色可由这三色按一定的比例混合出来，色彩学上称这三个独立的颜色为三原色或三基色。

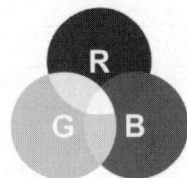

图 7-7 RGB 混合示意

彩色显示器产生的各种颜色，便是 RGB 三基色在空间上的混合，依据 RGB 的数量（比例）不同，可以产生不同的色彩，这也是彩色显示器的原理。

彩色 CRT 显示器显示彩色原理如图 7-8 所示，相较黑白 CRT 显示器，彩色 CRT 显示器采用 RGB 三基色相加混色原理实现彩色图像的显示，每个像素点由 R、G、B 三种荧光粉构成。显然电子束自身不携带任何色彩信息，彩色 CRT 显示器应能产生 3 束强度不同的电子束，3 个基色信号控制的 3 束电子束准确轰击相应的荧光粉，显然 3 种电子束强度不同时，三个色彩的灰度不同，便能产生不同的等效颜色。

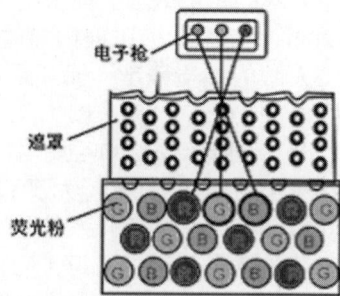

图 7-8　彩色 CRT 显示器显示彩色原理

二、VGA 接口与时序

VGA 标准包含两个方面，一个是 VGA 接口，包含硬件尺寸及电气特性，图 7-9 所示为 VGA 接口，对应的 VGA 接口定义见表 7-1；另一个是图 7-10 所示的 VGA 时序，其是一种通信协议。

1. VGA 接口

CRT 显示器是模拟显示器，而 VGA 发明主要是为了适配 CRT 显示器，显然 VGA 接口中的相关图像信息信号应是模拟信号。图 7-9 所示 VGA 接口共有 15 个接口（为针或孔），分为 3 行，每行 5 个，注意和 RS-232 接口加以区分。表 7-1 所示为 VGA 接口定义，其中 HSYNC、VSYNC、RED、GREEN、BLUE 是最重要的信号。HSYNC（水平）和 VSYNC（垂直）分别是行同步信号和场同步信号，均为数字信号。RED、GREEN、BLUE 是三基色信号，均为模拟信号。

图 7-9　VGA 接口

表 7-1　VGA 接口定义

接口顺序	名称	定义	备注
1	RED	红基色（75Ω,峰峰值：0.7V）	模拟信号（核心）
2	GREEN	绿基色（75Ω,峰峰值：0.7V）	模拟信号（核心）
3	BLUE	蓝基色（75Ω,峰峰值：0.7V）	模拟信号（核心）
4	ID2	地址码（显示器标识位 2）	一般不用
5	GND	地	地
6	RGND	红色地	地
7	GGND	绿色地	地
8	BGND	蓝色地	地
9	KEY	保留	地
10	SGND	同步信号地	地
11	ID0	地址码（显示器标识位 0）	一般不用
12	ID1	地址码（显示器标识位 1）	一般不用
13	HSYNC	行同步信号	数字信号（核心）
14	VSYNC	场同步信号	数字信号（核心）
15	ID3	地址码（显示器标识位 3）	一般不用

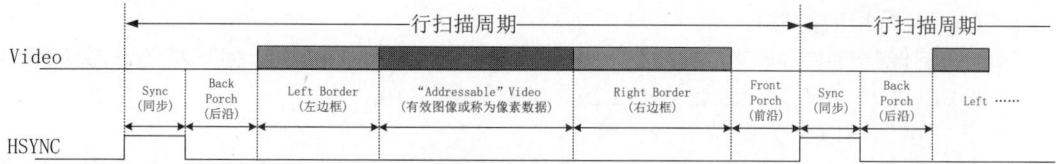

Video指VGA接口中的RED、GREEN、BLUE

（a）行扫描时序

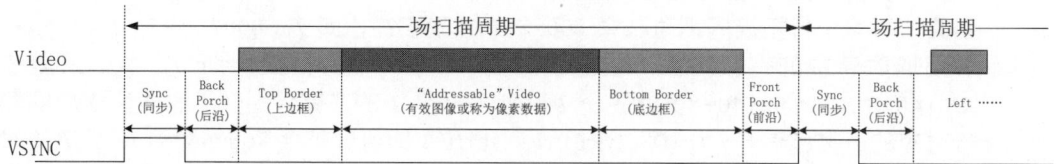

Video指VGA接口中的RED、GREEN、BLUE

（b）场扫描时序

图 7-10　VGA 时序

2．VGA 时序

表 7-2 给出了几种常见 VGA 显示模式及参数，本书均以 640×480@60 为例进行介绍。640×480@60 对应的像素点共 480 行 640 列，要求时钟频率为 25.175MHz，记其周期为 T。在行、场同步信号的同步作用下，扫描信号从屏幕左上角第 0 行第 0 列（为了和后文对应，均从 0 开始计数）像素点坐标开始向右进行逐个像素点的扫描，直至扫描至第 640 列完成第 1 行图像的显示；然后横坐标从第 0 行第 640 列像素点转移到第 0 行第 0 列，纵坐标再转移到第 1 行，开始扫描并完成第 1 行图像显示，以此类推，扫描所有行完成一帧图像显示。

表 7-2　几种常见 VGA 显示模式及参数

显示模式	时钟频率（MHz）	行同步信号时序（像素），以 T 为计量单位							场同步信号时序（行数），以 T_H 为计量单位						
		同步	后沿	左边框	有效图像	右边框	前沿	行扫描周期	同步	后沿	上边框	有效图像	底边框	前沿	场扫描周期
640×480@60	25.175	96	40	8	640	8	8	800	2	25	8	480	8	2	525
640×480@75	31.5	64	120	0	640	0	16	840	3	16	0	480	0	1	500
800×600@60	40.0	128	88	0	800	0	40	1 056	4	23	0	600	0	1	628
800×600@75	49.5	80	160	0	800	0	16	1 056	3	21	0	600	0	1	625
1024×768@60	65	136	160	0	1 024	0	24	1 344	6	29	0	768	0	3	806
1024×768@75	78.8	176	176	0	1 024	0	16	1 312	3	28	0	768	0	1	800
1280×1024@60	108.0	112	248	0	1 280	0	48	1 688	3	38	0	1 024	0	1	1 066

注：T 为时钟频率对应周期，1 个 T_H 等于一个完整的行扫描周期，例如 640×480@60 的 T_H=800 T。

（1）VGA 行扫描时序。

每一行图像扫描共涉及两类信号：表 7-1 中行同步信号 HSYNC 和三基色信号（RED、GREEN、BLUE）。接下来，结合表 7-2 的参数解读图 7-10。

- 行扫描时序以 T 为单位进行计量。
- 行同步信号 HSYNC：每一个行扫描时序中，HSYNC 以 96 个 T 时长的高电平的"同步"（图 7-10（a）中的 Sync）开始，余下 704 个 T 时长的低电平依次是 40、8、640、8、8 个 T 时长的"后沿""左边框""有效图像""右边框""前沿"，合计 800 个 T。因此，每一个行扫描周期时长共 800 个 T，记为 T_H，即 $T_H=800T$。
- 行扫描时序中的有效图像（或像素数据）：每一个行扫描周期 T_H 中，只需在第（96+40+8）~（96+40+8+640）个 T 共计 640 个 T 的"有效图像"时间段依次匹配此行对应的三基色信号（RED、GREEN、BLUE）即可，其余 800-640=160 个 T 的时间段内，三基色信号幅度必须全为 0，否则会发生显示叠加现象。这种显示叠加现象的一种容易理解的解释是：VGA 最初是为了适配 CRT 显示器，CRT 显示器要求电子束的行逆程扫描时间内，电子束发射必须截止，否则在屏幕中会出现显示叠加的图像。虽然 LCD 和 CRT 显示器内部显示原理不同，但是 VGA 时序标准一直延续至今。
- 各行扫描周期异同：480 行中任意两行的时序完全一致，仅三基色信号不同。此外，只在场扫描时序中的有效图像对应的行适配三基色信号。

（2）VGA 场扫描时序。

场扫描共涉及表 7-1 中 3 种信号：分别为行同步信号 HSYNC、场同步信号 VSYNC 和三基色信号（RED、GREEN、BLUE）。

- 场扫描时序以 T_H 为单位进行计量。
- 场同步信号 VSYNC：某一帧图像开始扫描时，VSYNC 以 2 个 T_H 时长的高电平的同步（图 7-10（b）中的 Sync）开始，余下 523 个 T_H 时长的低电平依次是 25、8、480、8、2 个 T_H 时长的"后沿""上边框""有效图像""底边框""前沿"，合计时长为 525 个 T_H。525 个 T_H 中的每一个 T_H 时间段内 HSYNC 信号均是 96 个 T 时长高电平和 704 个 T 时长低电平循环交替。
- 场扫描时序中的有效图像（或像素数据）：只有在"有效图像"时间段才匹配三基色信号（RED、GREEN、BLUE），其余时间段三基色信号（RED、GREEN、BLUE）幅度必须均为 0。这很容易理解，CRT 显示器要求电子束的场逆程扫描时间内，电子束发射必须截止，否则在屏幕中会显示叠加的图像。
- 图 7-10 中，每个场同步信号 VSYNC 的上升沿必须和首个行同步信号 HSYNC 上升沿对齐。

（3）VGA 相关参数。

每刷新 1 帧图像也就是 1 次场扫描。每场 525 行，每行 800 个 T，共需 420 000 个 T。图像刷新频率就是每秒钟扫描或刷新的图像帧数。以 640×480@60 为例，其刷新频率 f 为

$$f = \frac{1}{525 \times 800 \times T} = \frac{25.175\text{MHz}}{525 \times 800} \approx 59.94(\text{Hz}) \tag{7-1}$$

640×480@60 模式中的 640 代表每行有效显示图像的像素点，480 是指每一帧图像有 480 行像素点，60 是指帧刷新频率为 60Hz，和上述计算得到的 59.94Hz 对应。大多数有 VGA 接口的 LCD 可以自适应表 7-2 中多种显示模式。

3. VGA 与 FPGA 电路连接方法

使用 FPGA 驱动 VGA 时，FPGA 的引脚输出信号通过 VGA 接口驱动 LCD，因为 FPGA 属于数字器件，而 VGA 接口中的 HSYNC、VSYNC 为数字信号，所以 FPGA 可以直接使用

FPGA 的引脚驱动；但三基色信号（RED、GREEN、BLUE）属于模拟信号，因此，需要先将 FPGA 的输出的数字信号转换为三基色模拟信号，然后通过 VGA 接口送入 LCD，最后 LCD 内部会将 VGA 接口中接收到的三基色信号（RED、GREEN、BLUE）分为三路送入内部的 ADC 进行模数转换后再进行显示。FPGA 引脚输出的 3 种数字色彩信号转换为三基色模拟信号（RED、GREEN、BLUE）有两种常用方式，第 1 种：使用专用转换芯片，如 AD7123 等常用转换芯片，这种方式更为稳定，但硬件成本稍高；第 2 种：使用图 7-11 所示的权电阻网络实现数模转换，可以有效降低成本，这也是一种常见方式。本书采取权电阻网络法。

使用 FPGA 驱动 LCD 显示一幅彩色图片，往往需要将彩色图片信息存储在存储器中，存储器一般以 8 个存储单元（8bit，即 1Byte，或称 1 个字节）为一组进行存储，并为其分配一个访问地址。正是考虑到这一点，RGB888（R-8bit，G-8bit，B-8bit）色彩标准应运而生，即 R、G、B 每个色彩占用一个字节的存储空间，每个像素点占用 3 个字节存储空间。然而人眼能够分辨的灰度等级为 100，而 2^8 为 256，RGB888 色彩标准存储的色彩信息在显示效果要求不高的场合略显浪费，同时会提升电路系统的规模和复杂性，由此在 RGB888 色彩标准基础上衍生出了 RGB565（R-5bit，G-6bit，B-5bit）和 RGB555（R-5bit，G-5bit，B-5bit）色彩标准，二者均仅占用 2 个字节的存储空间，其中以 RGB565 应用更为广泛。

表 7-1 中所示的标定参数"75Ω，峰峰值：0.7V"，其可以理解为显示器端 RED、GREEN、BLUE 的 VGA 接口内部输入电阻为 75Ω，输入模拟电压的峰峰值最大允许值为 0.7V，75Ω 也考虑了线缆的阻抗匹配等；Altera 的 FPGA 芯片不同块的引脚电压依据对应的 VCCIOX 引脚而定，常见设计是输出逻辑 0 和 1 时电压分别为 0V 和 3.3V，且等效的输出电阻较小。图 7-11 所示的色彩信号 VGA_RGB_R、VGA_RGB_G、VGA_RGB_B 由 FPGA 引脚直接驱动，可以实现 RGB565 显示效果的权电阻网络，最后送至 VGA 接口内部的输入电阻。显然权值电阻阻值的设置要满足分压后送给 VGA 的电压最大值不超过 0.7V。

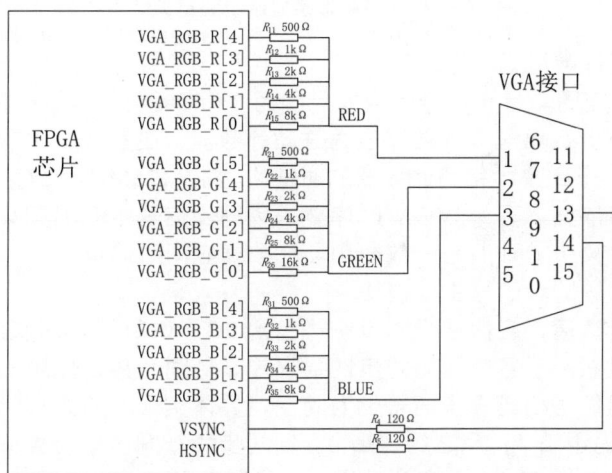

图 7-11　权电阻网络

基于此，以 VGA_RGB_R 为例分析 5 个权值电阻阻值的具体参数，第一，若 FPGA 的 5 个引脚作为输出引脚且均输出逻辑 1，对应 3.3V，则此时送至 VGA 接口的电压最大。FPGA 引脚的电压 3.3V，5 个权值电阻并联阻值约为 260Ω，VGA 接口输入电阻为 75Ω，3.3V 经 260Ω 和 75Ω 分压后，后者得到的分压值恰好为 0.7V 左右，因此，260Ω 可以实现阻抗、电压匹配。第二，5 个权值电阻阻值之间呈 2 倍关系增长，因此，当 FPGA 的 5 个引脚输出不同逻辑值时，对应可以产生 2^5 种代表色彩灰度的电压送至 VGA 接口。综上所述，当 FPGA

引脚输出逻辑 1 为 3.3V 电压时，图 7-11 所示权值电阻阻值可以实现 RGB565 显示效果，当 FPGA 或其他处理器引脚输出逻辑 1 为其他幅值电压时，图 7-11 所示的电阻阻值应修改。

三、VGA 彩条显示电路设计思路

任务 7.1 的设计要求是在 VGA 接口的 LCD 上显示彩条，该任务有助于初学者理解和验证设计的 VGA 驱动电路时序的准确性。在 LCD 上从左至右显示红、绿、蓝、白、黑、黄、紫、青共 8 种颜色，而 VGA 的 640×480@60 显示模式下，屏幕共 640 列，因此，每种颜色各占 80 列。图 7-12 所示为 VGA 彩条显示电路框架。

1. 分频器设计思路

640×480@60 显示模式要求的时钟频率是 25.175MHz，FPGA 外接晶振常为 50MHz，故需借助 PLL IP 核将 50MHz 分频为 25.175MHz。

2. VGA 驱动电路设计思路

图 7-12 中的行计数器和场计数器是 VGA 驱动电路设计的核心以及设计的切入点。

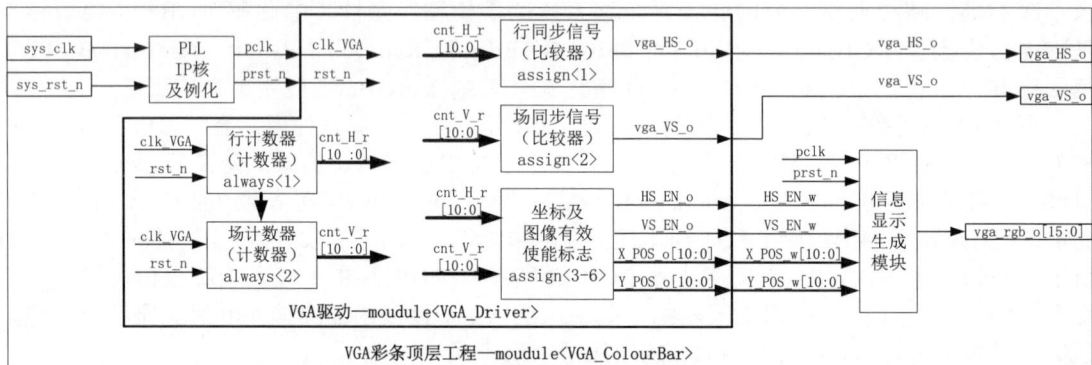

图 7-12　VGA 彩条显示电路框架

（1）行计数器和场计数器。

由表 7-2 中的行扫描周期可知，行计数器范围为 0～799。行计数器每计数 800 次，场计数器计数 1 次，显然行计数器和场计数器应为联动计数器。由表 7-2 中的场扫描周期场计数器计数范围为 0～524，行计数器和场计数器的时钟均为 25.175MHz，这两个计数器的计数值是其他所有信号的时序依据。因为 VGA 时序要求场同步信号上升沿和某个行同步信号上升沿需对齐，所以在时钟某个上升沿行计数器和场计数器应同时清零。

（2）行同步信号和场同步信号生成模块。

依据行计数器的计数值，应保证行同步信号包含 96 个时钟周期时长的高电平。VGA 接口中并无时钟接口，显然对于各信号的同步性要求并非特别严格，使用 assign 设计比较器组合逻辑电路实现行同步信号和场同步信号更为简便，具体实现方法是：当行计数器计数值小于 96 时，行同步信号为逻辑 1，反之为逻辑 0。场同步和行同步信号类似，场计数器计数值小于 2 时，场同步信号为逻辑 1，反之为逻辑 0。因为未引入 D 触发器，所以行同步信号和场同步信号并不会延时 1 个时钟周期，这降低了时序设计与分析的难度。再次强调，VGA 时序要求：每一帧图像的场同步信号上升沿必须和首个行同步信号上升沿对齐。

（3）坐标及图像有效使能标志信号生成模块。

为提升 VGA 驱动电路通用性和可延续性，设计一个图 7-12 中的坐标及图像有效使能标志信号生成模块，其主要功能是依据行计数器和场计数器的计数值生成 X 坐标（横坐标）信号 X_POS_o 和 Y 坐标（纵坐标）信号 Y_POS_o，同时产生与之匹配的行使能信号 HS_EN_o 和场使能信号 VS_EN_o。两个坐标使能信号可以理解为一种坐标请求信号，以便"信息显示

生成模块"可以按照 X 坐标和 Y 坐标匹配显示数据，为了设计便捷，坐标及图像有效使能标志信号生成模块同样设计为组合逻辑电路。

3. 信息显示生成模块设计思路

信息显示生成模块和 X、Y 坐标信号进行数据匹配，主要是生成色彩数据。信息显示生成模块不妨使用时序逻辑电路实现，主要是便于和任务 7.2、任务 7.3 对接和移植。

7.1.2 【任务实施】VGA 彩条显示电路设计与验证

一、VGA 彩条显示综合电路设计

参考图 7-12 的规划，将 VGA 驱动电路单独设计在一个 Verilog HDL 文件中，以方便任务 7.2 和任务 7.3 调用。再设计一个顶层工程及顶层 Verilog HDL 文件，该顶层文件包含 PLL IP 核的例化、VGA 驱动电路的例化、以及信息显示生成模块的代码。其中信息显示生成模块较为简单，故而可以直接在顶层文件中以代码形式设计。

微课 7-1-2
任务实施

1. VGA 彩条显示顶层电路端口

VGA 彩条显示顶层电路端口和重要内部信号描述见表 7-3，其和图 7-12 相对应。

表 7-3　VGA 彩条显示顶层电路端口和重要内部信号描述

信号名称	方向	位宽	描述
顶层端口信号			
sys_clk	input	1	输入时钟，50MHz
sys_rst_n	input	1	复位信号，低电平有效
vga_HS_o	output	1	VGA 接口的行同步信号 HSYNC
vga_VS_o	output	1	VGA 接口的场同步信号 VSYNC
vga_rgb_o	output	16	VGA 接口的 RED、GREEN、BLUE，RGB565 格式
重要内部信号			
pclk/clk_VGA	PLL IP 核生成，送至 VGA 驱动和信息显示生成模块	1	PLL IP 核输出的分频信号，25.175MHz
prst_n		1	PLL IP 核例化后的复位信号，低电平有效
HS_EN_w	VGA 驱动到信息生成显示模块	1	或 HS_EN_o，行有效图像指示信号
VS_EN_w		1	或 VS_EN_o，场有效图像指示信号
X_POS_o		11	X 坐标，屏幕从左至右为 X 坐标，最左侧为 0，向右增大
Y_POS_o		11	Y 坐标，屏幕从上至下为 Y 坐标，最上侧为 0，向下增大

2. VGA 彩条显示电路设计

（1）VGA 驱动电路设计。

参照图 7-10、表 7-2、表 7-3，以及图 7-12 中驱动部分，设计 VGA 驱动电路，代码如下：

```
1.  //VGA 驱动部分，用于生成行同步、场同步、行使能、场使能、X 坐标、Y 坐标
2.      module VGA_Driver(
3.          input  wire        clk_VGA,     //时钟频率与选取的 VGA 标准有关
4.          input  wire        rst_n, //低复位
5.          output wire        vga_HS_o,//行同步
6.          output wire        vga_VS_o,//场同步
```

```
7.       output wire        HS_EN_o,//行使能-行有效图像
8.       output wire        VS_EN_o,//场使能-场有效图像
9.       output wire[10:0]  X_POS_o,//X坐标，比实际早1拍发送
10.      output wire[10:0]  Y_POS_o //Y坐标
11.   );
12.//仿真时，可以将H_VALID和H_TOTAL，V_VALID和V_TOTAL缩小再仿真
13.//代码支持多种标准的VGA协议
14.    `define  VGA_640X480_60Hz    //640×480@60
15.    //`define  VGA_800X600_60Hz    //800×600@60
16.    //`define  VGA_1024X768_60Hz   //1024×768@60
17.
18.    `ifdef VGA_640X480_60Hz    //640×480@60
……//完整代码见配套资源
```

上述代码中"`ifdef"作用是：若宏名（如 VGA_640X480_60Hz）已经被定义过（如第14行用`define 命令定义），则编译器仅按程序第18～32行参数对整体进行编译。"`ifdef"语法的使用使得编译器根据实际屏幕支持的 VGA 显示模式，灵活地针对相关 VGA 参数，对电路进行编译，例如，如果将以上代码的第13～16行修改为：

```
13.//代码支持多种标准的VGA协议
14.   // `define  VGA_640X480_60Hz     //640×480@60
15.    `define  VGA_800X600_60Hz    //800×600@60
16.   //`define  VGA_1024X768_60Hz  //1024×768@60
```

那么编译器按照表 7-2 中"800×600@60"的 VGA 显示模式进行编译。

> **注意**　"`define"和"`ifdef"中的"`"是键盘按键"Tab"上方的按键英文字符"`"。

（2）VGA 彩条显示顶层电路设计。

参照图 7-12 完成 VGA 彩条显示顶层电路代码，电路共包含 PLL IP 核、VGA 驱动电路，以及信息显示生成电路。

```
1.//VGA 彩条显示--顶层
2.   module VGA_ColourBar_top(
……//完整代码见配套资源
```

二、VGA 彩条显示电路仿真及仿真分析

1. VGA 彩条显示电路测试激励文件

在顶层工程下自动生成测试激励模板文件，将其中的赋值部分修改如下：

```
//VGA 彩条显示电路测试激励文件
`timescale 1 ns/ 1 ps
module VGA_ColourBar_top_tb();
……//完整代码见配套资源
```

2. VGA 彩条显示电路仿真——缩小仿真法

采取功能仿真方式更易添加电路内部信号。因为一帧完整图像的时序需要约 1/60s，这对于 ModelSim 而言非常耗时，所以采取缩小仿真法。实施思路是：保留完整的行顺序，仅修改场时序。具体实施方法是：将上述 module VGA_Driver 代码中第29～32行修改如下，然后进行重新编译或分析与综合，再进行功能仿真。

```
29.          V_VALID   = 11'd480-470,   //场有效数据
30.          V_BOTTOM  = 11'd8    ,   //场时序下边框
31.          V_FRONT   = 11'd2    ,   //场时序前沿
```

```
32.                    V_TOTAL    =    11'd525-470;    //场扫描周期
```

3. VGA 彩条显示电路功能仿真结果及分析

图 7-13 所示为 VGA 彩条显示电路功能仿真结果，分析如下。

（1）图 7-13（a）所示为 PLL IP 核分频输出频率，结果表明 PLL IP 核分频时钟周期为 39 722ps，仍记为 T，对应频率为 25.175MHz。

（2）图 7-13（b）所示为整体功能仿真结果，结果表明 VS_EN_w 的周期时长和 HS_EN_w 的周期时长比为 1:10，符合缩小仿真法的设定；vga_VS_o 为逻辑 1 时，vga_HS_o 有 2 个高电平脉冲，符合缩小仿真法的设定。

（3）图 7-13（c）所示为功能仿真结果细节——关键信号时长，结果表明在 1 747 967 222ps 处下一帧图像的起始，vga_VS_o 和 vga_HS_o 的上升沿对齐；vga_HS_o 的周期为 31 777 778ps，约合 800 个 T，符合行扫描周期；vga_HS_o 的高电平时长为 3 813 333ps，约合 96 个 T，符合行扫描时序中"Sync"高电平时长。

（4）图 7-13（d）所示为功能仿真结果细节——第 0 行行扫描时序，结果表明在首个行扫描周期内的有效图像区间，颜色数据以"f800"开始，以"07ff"结束，共 8 种颜色数据。

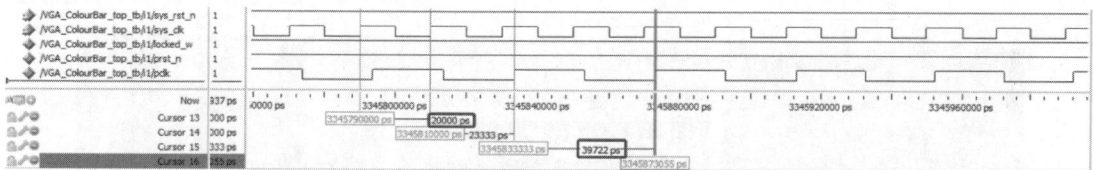

（a）PLL IP 核分频输出频率

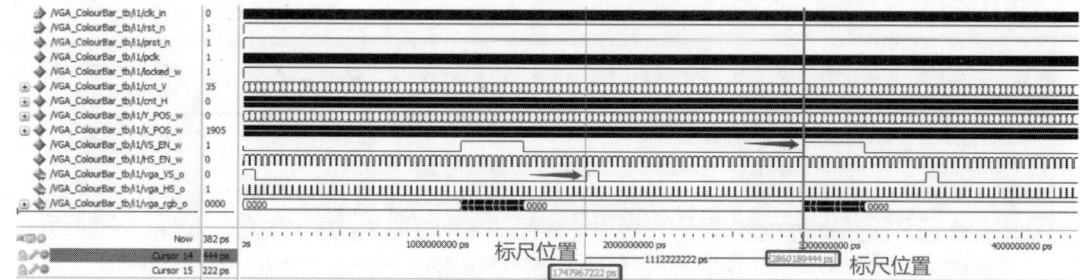

（b）整体功能仿真结果

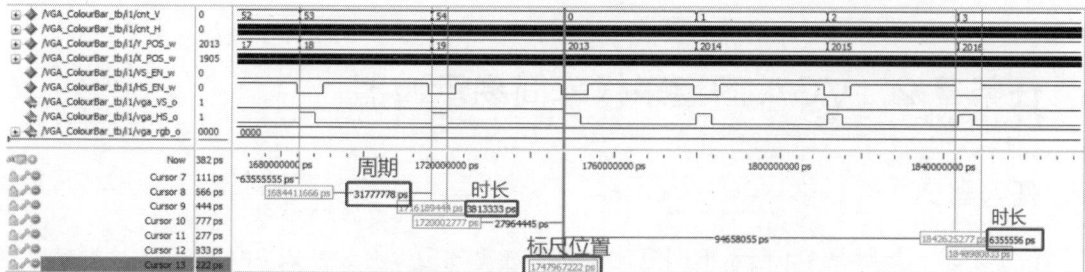

（c）功能仿真结果细节——关键信号时长

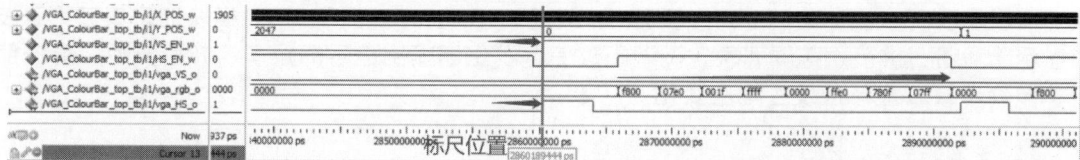

（d）功能仿真结果细节——第 0 行行扫描时序

图 7-13　VGA 彩条显示电路功能仿真结果

功能仿真结果表明设计满足要求。仿真完成后将参数还原，再依次分配引脚进行全编译、下载等操作。

三、VGA 彩条显示电路测试

当前的 LCD 大多都支持 HDMI 协议，同时也保留了 VGA 接口，故可以直接使用留有 VGA 接口的 LCD 验证本节的电路。参照图 7-1，使用图 7-14 所示的双头 VGA 连接线连接 FPGA 和 LCD，必要时将 LCD 显示模式调整为 VGA 模式、D-Sub 模式或自动模式，下载程序并观察现象。

图 7-14 双头 VGA 连接线

修改 VGA_ColourBar_top 中第 57~68 行的 case 条件或颜色数据，以产生全红、均匀竖条纹或均匀横条纹 3 种图像。图 7-15 所示为两种 LCD 的 VGA 彩条显示实测结果拍照，其采用了两种款式的 LCD，记为 LCD1 和 LCD2。图 7-15（a）、图 7-15（b）、图 7-15（c）是 LCD1 的实测结果拍照，图 7-15（d）、图 7-15（e）、图 7-15（f）是 LCD2 对应实测结果拍照。图 7-15（d）左侧出现明显的黑色区域的原因是 LCD2 横纵比大于 640:480，屏幕自适应 640×480@60 显示模式时，有部分区域不显示信息，图 7-15（e）、图 7-15（f）也可以证明这一点。

(a) LCD1——全红   (b) LCD1——均匀竖条纹   (c) LCD1——均匀横条纹

(d) LCD2——全红   (e) LCD2——均匀竖条纹   (f) LCD2——均匀横条纹

图 7-15 两种 LCD 的 VGA 彩条显示实测结果拍照

任务 7.2 VGA 固定采样率简易示波器

任务导入

设计要求：参照图 7-1 所示框图搭建电路，选择项目 5 介绍的以 3PA9280 芯片为核心的 ADC 模块；ADC 模块的采集数据或波形来自于函数信号发生器，波形频率为 100kHz 量级，但不做具体限制；以 640×480@60 显示模式显示。在 LCD 上显示 ADC 模块的采集波形，波形显示无间断、拼接、花屏现象，微调函数信号发生器输出信号的频率、波形类型、直流偏置等参数，LCD 显示应发生相应变化。

7.2.1 【知识准备】VGA 显示 ADC 采集波形设计分析

微课 7-2-1
知识准备

一、固定采样率简易示波器设计分析

1. VGA 波形显示原理

任务 7.2 为设计的简便性，采取同步电路的设计方式，具体是将 ADC 模块的采样率和"640×480@60"显示模式的时钟频率保持一致，固定为 25.175MHz。640×480@60 标准中的屏幕有 480 行、640 列，屏幕纵向代表信号幅度轴，横向代表时间轴更符合人的观看习惯。

以 3PA9280 为核心的 ADC 模块的采集数据的幅度共 256 种。如图 7-16 所示，只选择屏幕 480 行中从屏幕最顶部算起的 256 行显示。记屏幕自上而下的行坐标 0~255，代表的幅度（ADC 模块的采集数据）依次是 255~0，即最顶部一行代表幅值 255。屏幕共 640 列，自左向右的第 0~639 列依次显示 640 个按照时间先后顺序采集到的 ADC 模块的数据。

（1）点状图。

以显示正弦波为例，记第 x 时刻（或第 x 列对应的）ADC 模块的采集数据为 ADC（x），ADC 模块按照时间先后采集的 640 个数据中，前 9 个数据 ADC（0）~ADC（8）幅度值依次为 246、250、253、254、255、254、253、

若当前行坐标 y 对应幅度 255-y 等于
当前列 x 对应的 ADC（x），则显示黄色

图 7-16　VGA 显示正弦波点状图示例

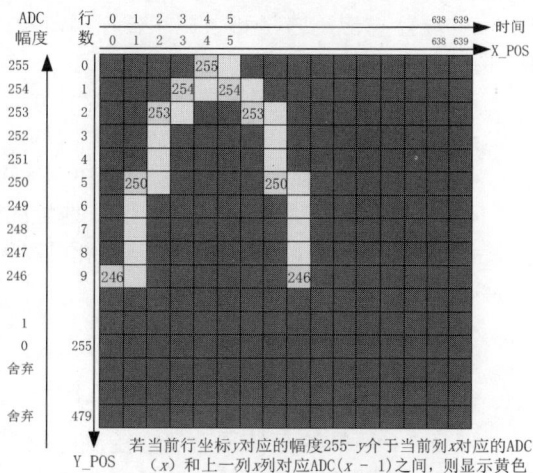

250、246。图 7-16 所示为 VGA 显示正弦波点状图示例，点状图具体显示原理如下。

VGA 先扫描屏幕第 0 行。第 0 行像素代表幅度为 255，从左至右扫描的同时，实时将"读取到的当前第 x 列对应的 ADC（x）值"与"第 0 行代表的幅值 255"进行对比，若相等则显示黄色，反之则显示黑色。显然第 0 行中前 9 列仅 ADC（4）的值为 255，显示黄色，第 0 行其余列显示黑色；以此类推完成第 0 行显示。

VGA 再扫描屏幕第 1 行。第 1 行像素代表幅度值为 255-1=254，和第 0 行原理相同，只有 ADC（3）和 ADC（5）的值为 254，因此，第 1 行中前 9 列只有第 3、5 列像素点为黄色，其余为黑色，以此类推完成第 1 行的扫描显示。按照上述方式再完成所有 256 行扫描。

"当前第 x 列对应的 ADC 模块的采集数据 ADC（x）是否和当前第 y 行代表的幅度 255-y 相等"这种判定条件得到的是点状图。

（2）线状图。

在正弦波 1 个周期内采样点数较少时，点状图效果极差，若改进为线状图，则效果更佳，图 7-17 所示为 VGA 显示正弦波线状图示例。线状图原理是：记当前 x 列对应的采样值 ADC（x），相邻上一列对应的采样值 ADC（x-1），VGA 扫描屏幕第 y 行时，该行代表幅

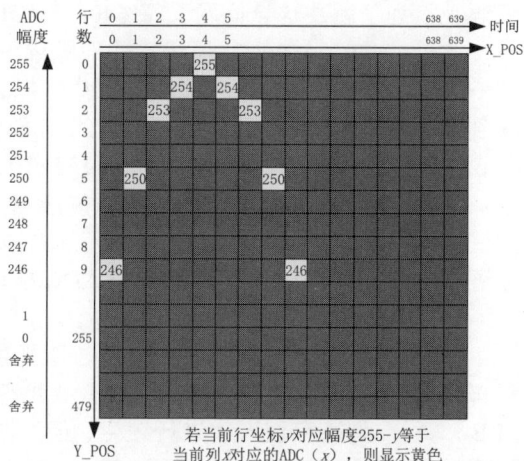

若当前行坐标 y 对应的幅度 255-y 介于当前列 x 对应的 ADC
（x）和上一列 x 列对应 ADC（x-1）之间，则显示黄色

图 7-17　VGA 显示正弦波线状图示例

度值为 255-y，逐列扫描至第 x 列时，判定"若 255-y 介于在 ADC（x）和 ADC（x-1）之间"，则显示黄色，反之则显示黑色。例如，第 1 列对应的 ADC（1）为 250，ADC（1-1）为 246，扫描第 5～9 行的第 1 列时，均应显示黄色。

2．VGA 简易示波器设计分析

（1）波形存储的必要性。

640×480@60 显示模式下，如果每扫描 1 行就读取一段连续的 ADC 模块的采集数据，再扫描下一行时，也继续直接读取一段连续的 ADC 模块的采集数据，那么两段数据并不是同一段连续的采集波形，最终 256 行图像是 256 段同频不同相的正弦波的拼接图像，导致显示混乱。为了解决这个问题，每 640 个 ADC 模块的采集数据应至少保存 1 帧图像的时间。

此外，640×480@60 显示模式下图像刷新频率为 60Hz，每一帧约 17ms。如果每一帧用同一段连续的 640 个 ADC 模块的采集数据，那么 1s 内显示 60 幅同频不同相的正弦波，肉眼看到的图像是 60 帧波形叠加在一起的花屏图像，影响观看效果。类似于项目 5 介绍数码管显示，最佳的图像更新时间应取 300ms 左右，一来保证数据更新的实时性，体现出系统的灵敏性；二来又不会因刷新太快影响肉眼的感官。因此，LCD 屏幕显示正弦波的波形应在每 300ms 时间内重复显示同一帧图像，即每帧图像或波形刷新 300ms/17ms 次，约 18 次，对应每 18 帧图像应使用同一段连续的 640 个 ADC 模块的采集数据。

（2）波形存储的硬件选择。

ADC 模块每个采样值为 8 位宽，所需存储空间为 8bit，即 1Byte，一帧图片共需 640 个采样值，共 640Byte 或 5 120bit。共有 3 种存储方式，第一存储方式是用 FPGA 中的逻辑单元（LE）以 reg 型寄存器形式进行缓存，但可能面临资源不够的问题，且不能物尽其用；第二存储方式是使用 FPGA 芯片外部的 24C02 或 SRAM 等存储器芯片，其容量更大，适合更大数据量的缓存，但其接口及时序也更为复杂，故也不是初学者的理想选项；第三存储方式是 FPGA 内部的存储器资源相较 LE 数量更多，以 EP4CE10F17C8 芯片为例，由编译报告（见图 5-20）中的"Total memory bits"项可知该芯片内部的存储器资源数量为 423 936，这足以保存 5 120bit 的 ADC 模块的采集数据。

（3）M9K 逻辑资源的使用——双端口 RAM。

使用 Altera 提供的 IP 核控制电路可以将 M9K 存储器资源配置成单端口 RAM、双端口 RAM、单端口 ROM、双端口 ROM，以及 FIFO 等存储器 IP 核，M9K 存储器逻辑资源本身不能被配置，IP 核配置的实际是控制和调度 M9K 逻辑资源的外围控制电路。这几种存储器 IP 核的配置与应用方法和 4.2.3 节介绍过单端口 ROM IP 核的配置与应用较为相似。Altera 内部存储器 IP 核的主要功能特点如下。

- 存储器模式可配置，存储块类型可选。
- 支持读操作触发和写操作触发。
- 端口位宽、混合位宽（输入端口位宽和输出端口位宽可不同）可配置，存储块深度可配置。
- 支持时钟模式、时钟使能以及地址时钟使能配置。
- 支持字节使能、写使能、写期间读控制。
- 提供可选的异步复位端口。
- 支持上电条件和存储器初始化。
- 支持纠错码。
- 支持的 FPGA 包括 Arria、Cyclone、HardCopy、MAX 和 Stratix 系列。

任务 7.2 所需的存储器（包含控制电路）应支持既可以将 ADC 模块的采集数据写入，又能被 VGA 驱动电路读出两种功能，名为"RAM-2PORT"的双口 RAM IP 核最符合任务 7.2

的设计需求，将其读写位宽均应配置为 8bit，深度应至少配置为 640，读写同时钟，不需存储器初始化。

二、双口 RAM IP 核介绍

先进行双口 RAM IP 核配置以明确双口 RAM IP 核的端口与时序，再据此设计整体电路框架。图 7-18 所示的双口 RAM IP 核配置，配置步骤和项目 4 的单端口 ROM IP 核配置方式基本一致，具体如下。

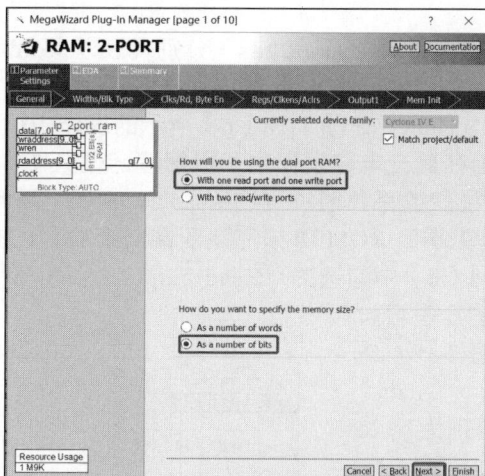

（a）"MegaWizard Plug-In Manager"对话框
（端口数量界面）

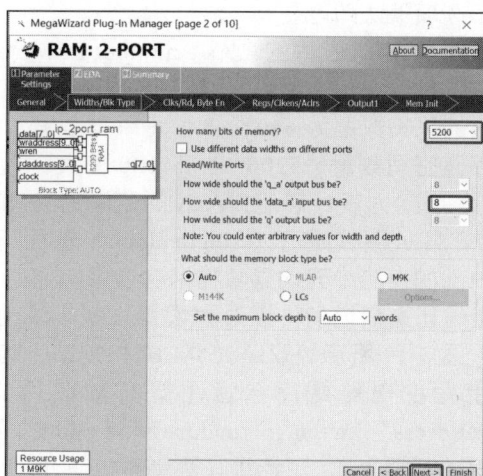

（b）"MegaWizard Plug-In Manager"对话框
（数据深度和宽度界面）

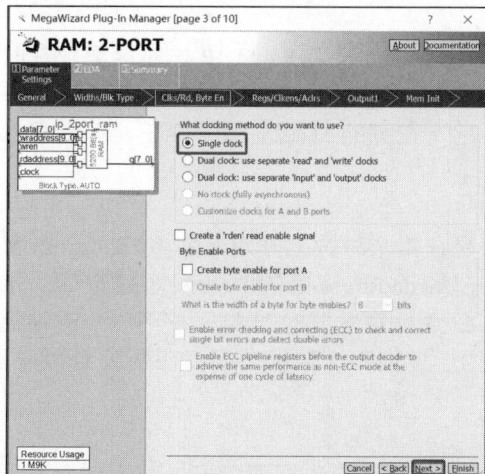

（c）"MegaWizard Plug-In Manager"对话框
（时钟选项界面）

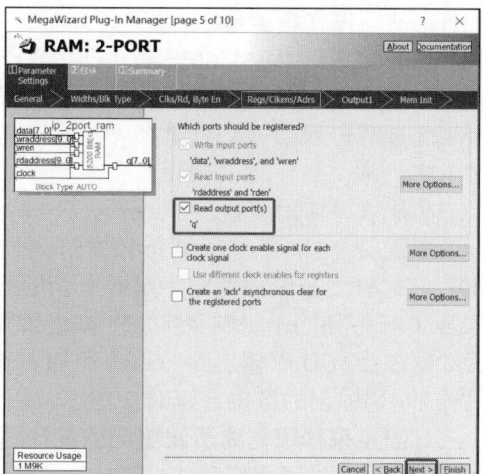

（d）"MegaWizard Plug-In Manager"对话框
（输出数据触发器界面）

图 7-18　双口 RAM IP 核配置

新建文件夹 VGA_FixedSamp_OSC 并新建工程，二者命名一致，建立子文件夹 my_ip，再在子文件夹中建立 ip_2port_ram 用于存储双口 RAM IP 核。

在 Quartus Prime 主界面主菜单栏下选择"Tools"→"IP Catalog"，弹出"IP Catalog"对话框；输入"RAM"→双击"RAM:2-PORT"，弹出图 7-18（a）所示的"MegaWizard Plug-In Manager"对话框（端口数量界面）；选择"With one read port and one write port"（单输入

单输出端口）→选择"As a number of bits"（存储空间以 bit 为单位）→ 单击"Next"按钮，弹出图 7-18（b）所示的"MegaWizard Plug-In Manager"对话框（数据深度和宽度界面）；在"How many bits of memory?"后输入"5200"，在"How wide should the 'data_a' input bus be?"后输入"8"，单击"Next"按钮弹出图 7-18（c）所示的"MegaWizard Plug-In Manager"对话框（时钟选项界面）；选择"Single clock"→单击"Next"按钮，弹出图 7-18（d）所示的"MegaWizard Plug-In Manager"对话框（输出数据触发器界面）；选择"Read output port(s) 'q'"，后续选项默认即可。

图 7-18（a）中的"As a number of words"和"As a number of bits"分别代表以 word 为单位还是以 bit 为单位，上述操作选择以 bit 为单位。上文已经计算过 VGA 显示存储的 ADC 模块的采集数据为 640 个 8 位宽采样数据，合计 5 120bit，在图 7-18（b）所示的操作中输入的存储空间数量"5200"比 5 120 稍大，具体原因在后文电路设计中予以解释。任务 7.2 开始介绍过，为设计简便，VGA 的驱动时钟和 ADC 模块的采集时钟均选择 25.175MHz，因此，图 7-18（c）中勾选了"Single clock"选项。无论是单端口 ROM IP 核还是双端口 RAM IP 核，其内部的存储单元均是看作组合逻辑电路，图 7-18（d）中勾选的"Read output port(s) 'q'"是给输出端口增加一级 D 触发器，减小输出数据的竞争冒险。

图 7-19 所示为双口 RAM IP 核端口，其是将图 7-18（d）左上角的电路端口示意图重新截取后的图形，"data""wraddress""wren""rdaddress""clock""q"分别为输入数据（写输入）、写地址、写使能、读地址、时钟、输出数据（读数据）。以下从写操作和读操作两种角度举例说明这些端口的特性。

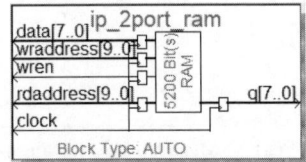

图 7-19　双口 RAM IP 核端口

（1）从写操作角度看。

例如，给双口 RAM IP 核第 0 行写入十进制数字 128，双口 RAM IP 核时序要求在时钟上升沿之前将 data、wraddress、wren 分别置为 8'd128、10'd0、1'b1，在时钟上升沿后十进制数字 128 被写进双口 RAM IP 核第 0 行。因为图 7-19 左侧的 D 触发器的存在，所以写入会延时 1 拍。

（2）从读操作角度看。

读取双口 RAM IP 核第 0 行数据时，时序要求是在某个时钟上升沿之前将 rdaddress 置为 10'd0，在时钟上升沿后地址 10'd0 被写进图 7-19 左侧 rdaddress 处的 D 触发器的 Q 端，接着 M9K 第 0 行存储的十进制数字 128 被送到图 7-19 右侧 D 触发器的 D 端，在下一个时钟上升沿后数据才会从 D 端输出到 Q 端（即 q[7:0]），因为读地址和读数据之间存在两级 D 触发器，所以 q[7:0]端输出的数据会延时 2 拍。

三、固定采样率简易示波器电路设计思路

任务 7.2 直接调用任务 7.1 的 VGA 驱动电路部分，用波形数据匹配模块替换信息显示生成模块，波形数据匹配模块设计核心在于双口 RAM IP 核的读写和帧计数，这里参照图 7-20 所示的 VGA 固定采样率简易示波器设计框架进行分析。

1. 双口 RAM IP 核读操作电路设计思路

双口 RAM IP 核的读操作相对于写操作更为简单，以 VGA 驱动模块输出信号 X_POS_o 作为读地址，以 PLL IP 核输出频率为 25.175MHz 的 pclk 作为时钟，从双口 RAM IP 核读出的数据 DataRd_cur_w 再经过一级 D 触发器延时 1 拍得到 DataRd_last_r，将二者共同送入图 7-20 所示像素判决生成电路，和 VGA 横、纵坐标进行对比判决，实时输出 vga_rgb_o 像素数据。如果显示点状图，那么不需 DataRd_last_r。

应注意，因为 VGA 时序中前沿、后沿、同步等时序区间的存在，会导致行、列扫描时序中的有效图像区间仅占时序的一部分，所以对于双口 RAM IP 核的读数据操作有间断。

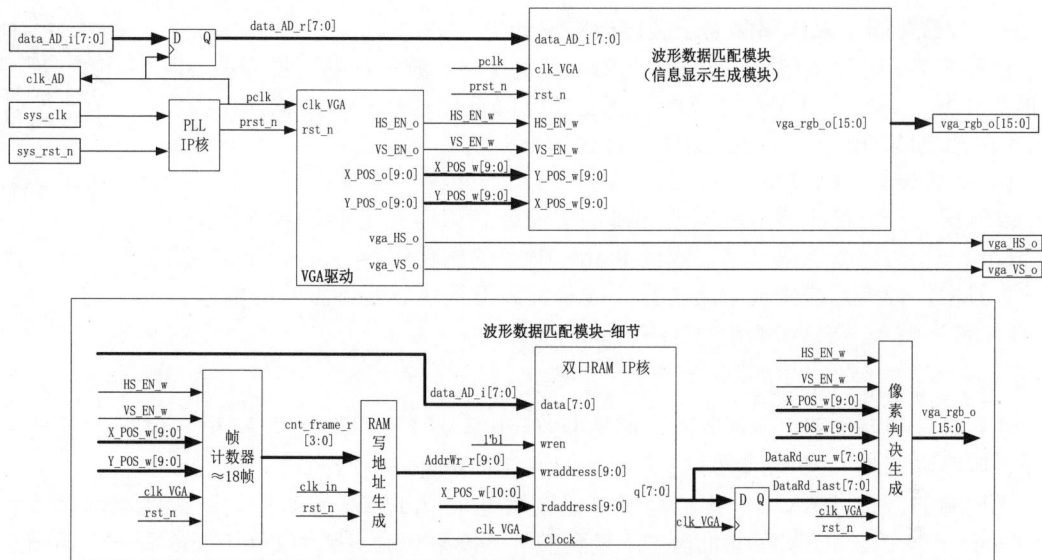

图 7-20　VGA 固定采样率简易示波器设计框架

2. 双口 RAM IP 核写操作电路设计思路

双口 RAM IP 核存储的是 ADC 模块采集的正弦波幅值，为保证存储波形幅度的连续性，必须一次性完成 640 个数据的采集与存储，不允许中断。双口 RAM IP 核写数据和读数据的时钟频率相同，读双口 RAM IP 核因 VGA 时序要求有停顿，因此，就平均速率而言，写数据不慢于读数据，推荐在 VGA 扫描到最后 1 行、最后 1 列数据时重新开始连续写入 1 次 640 个 ADC 模块的采集数据。上文分析过每帧图像每秒应被刷新约 18 帧，电路不妨设计成当 VGA 扫描到每 18 帧中固定的第几帧（例如，第 0 帧或第 7 帧均可，但要固定不变）的最后 1 行、最后 1 列时，重新开始连续写入一次连续的 640 个 ADC 模块的采集数据。

3. 帧计数器电路设计思路

设计一个帧计数器 cnt_frame_r 用于记录双口 RAM IP 核存储的数据被显示的帧次数，一种设计方法是：cnt_frame_r 的时钟和全局一致，加 1 条件是 X_POS_o 为 639 且 Y_POS_o 为 479，不妨将 cnt_frame_r 设计成 4 位二进制计数器，计数范围为 0～15，共代表 16 帧，数值 16 保证接近数值 18（每帧图像应被刷新约 18 帧）的同时，（帧）计数器及相关电路更为精简。

4. 双口 RAM IP 核避免写覆盖电路解决思路

第一，结合帧计数器 cnt_frame_r，双口 RAM IP 核应在 cnt_frame_r 为 0 时立即开始写操作。第二，写地址和写使能，可以将写使能恒置为 1，通过控制写地址来控制写数据。具体操作是：若 cnt_frame_r 不为 0，则写地址恒置为 649，对应双口 RAM IP 核最后一个地址；一旦 cnt_frame_r 为 0，则写地址在全局时钟驱动下开始自加 1，直至加到 649 才停止。试想如果 RAM 的深度被配置为 640，在写满 RAM 时，写地址停止在 639 并会保持很长时间，那么会导致双口 RAM IP 核中地址为 639 的存储空间的数据被连续地重复写，最终导致屏幕显示的波形最右 1 列幅值反复变化，影响显示效果，这就是上文双口 RAM IP 核配置深度时留有余量的主要原因；另外一个好处是，为显示线状图在双口 RAM IP 核读数据端口外添加一级 D 触发器后，RAM 深度稍大一些，实际读取 RAM 数据的地址起始和结束位置可稍向后偏移，保证数据的连续性。

285

7.2.2 【任务实施】VGA 固定采样率简易示波器设计与验证

一、VGA 固定采样率简易示波器电路设计

参考图 7-20，顶层电路主要例化 VGA 驱动电路、波形数据匹配模块，以及 PLL IP 核，data_AD_i 处的 D 触发器主要是降低信号从 FPGA 输入引脚到 FPGA 内部电路的延时，这在 5.2.2 节做过详细分析。

微课 7-2-2
任务实施

1. 波形数据匹配模块

参照图 7-20 完成波形数据匹配模块的设计，该电路主要包含帧计数器 cnt_frame_r、写地址生成电路、双口 RAM IP 核的例化电路，以及像素判决生成电路，代码如下。其中，像素判决生成电路主要完成采集波形显示、坐标轴等的构造。

```
1.//波形数据匹配电路（像素生成与控制）
2.    module WaveDataMatch(
……//完整代码见配套资源
```

注：若显示点状图，则需取消注释第 92 行和第 93 行，同时注释第 95～97 行；若显示线状图，则需注释第 92 行和第 93 行，同时取消注释第 95～97 行。

代码中的双口 RAM IP 核的写操作通过写地址 AddrWr_r 来控制，只要当前帧计数器 cnt_frame_r 为 0，就控制写地址自加，直至加到 649 才停止，因为 cnt_frame 每一个场扫描周期更新一次，而双口 RAM IP 核写满一次的时间不足一个行扫描周期，所以会导致地址为 649 存储单元被重复写；只要当前帧计数器 cnt_frame_r 不为 0，就将写地址恒置为 0，以备下次 cnt_frame_r 为 0 后可以立即从 0 开始写，在其余 15 帧时地址 0 的存储单元也会被重复写。因为地址为 0 和 649 的存储单元被反复写会导致这两个存储单元的数据和其他 648 个存储单元的数据不连续，所以在读取 RAM 数据时，只读取地址为 5～644 的数据即可。将 X_POS_w 作为读数据的地址，X_POS_w 提前 1 拍，双口 RAM IP 核数据的读取延时 1～2 拍，读取的数据地址相对 5～644 偏移 1～2 个地址，这也是上文将双口 RAM IP 核深度刻意设置的比 640 稍大的另一个原因。

2. VGA 驱动电路

VGA 驱动电路直接使用任务 7.1 设计的 module VGA_Driver 电路。

3. VGA 固定采样率简易示波器顶层电路

顶层电路代码包含 VGA 驱动电路的例化、波形数据匹配模块的例化、PLL IP 核的例化，以及 ADC 模块输入信号的缓存 D 触发器 4 个部分，代码如下：

```
1.//固定采样率（25.175MHz）VGA 波形显示
2.    module VGA_FixedSamp_OSC_top(
……//完整代码见配套资源
```

二、VGA 固定采样率简易示波器电路的验证

1. VGA 固定采样率简易示波器电路的验证——SignalTap

电路验证的核心在于波形数据匹配模块中的写地址，无论是采用功能仿真还是时序仿真，因为双口 RAM IP 核每 16 帧才更新一次写数据，完整的仿真周期需要 200～300ms，所以这将导致 ModelSim 仿真运行非常耗时。而借助 SignalTap 工具对关键信号进行监测的测试方法相比 ModelSim 仿真时效性更高，结果又更真实。

VGA 固定采样率简易示波器 SignalTap 配置（参数）如图 7-21 所示。需注意以下两点，第一，任务 7.2 的电路中的 wire 型信号较多，而 SignalTap 默认信号列表中可能没有一些 wire 型信号，可以参照图 7-22 所示的 SignalTap 信号筛选条件设置，将信号筛选条件修改为 "Design Entry(all names)"；第二，为验证分析双口 RAM IP 核写数据的运行状况，重点监测

的信号是写地址 AddrWr_r，因为 AddrWr_r 只有在 cnt_frame_r 为 0 才开始变化，所以信号 cnt_frame_r 的基本触发条件设置为"cnt_frame_r 等于 0"。

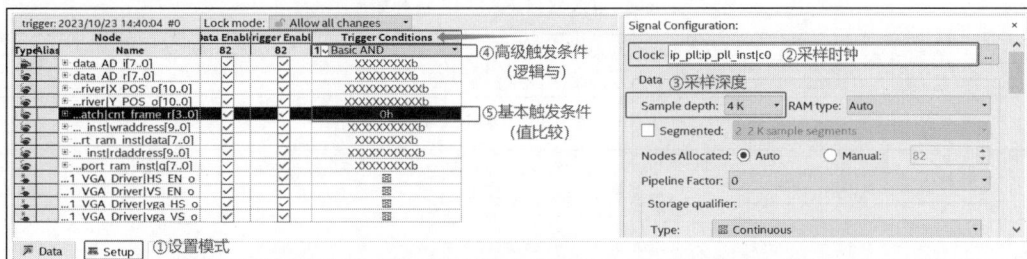

图 7-21　VGA 固定采样率简易示波器 SignalTap 配置（参数）

具体操作方式：可参照 5.2.2 节，在图 7-21 中的"Type"行、"Trigger Conditions"列，展开下拉菜单，将高级触发条件设置为"Basic AND"（也可以是"Basic OR"）；右键单击"cnt_frame_r"行、"Trigger Conditions"列，在下拉菜单中选择"Insert Value..."，弹出图 7-23 所示的"Insert Value"对话框，将"Radix"调整为"Unsigned Decimal"（无符号十进制）显示模式，输入对比值"0"，即判定是否等于 0；最后保存，再次全编译。

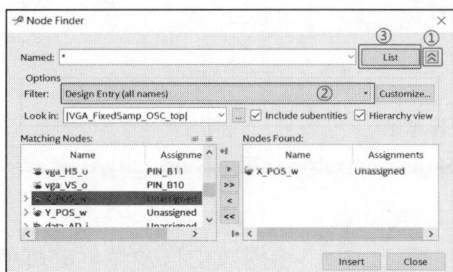

图 7-22　SignalTap 信号筛选条件设置

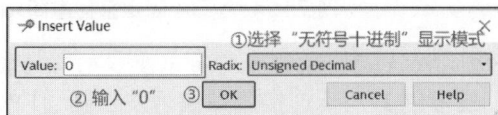

图 7-23　"Insert Value"对话框

编译完成下载，再在 SignalTap 界面启动采集，VGA 固定采样率简易示波器 SignalTap 运行结果如图 7-24（a）所示，结果表明 cnt_frame_r 从"Fh"更新到"0h"时，触发采集（中间的竖虚线代表采集的 0 时刻），从 wraddress 可以看出采集的数量为 0~649。图 7-24（b）和图 7-24（c）所示为写入双口 RAM IP 核开始和结束，结果表明波形写地址计数启停及计数范围等和设计预期相符。图 7-24（d）所示的毛刺细节是图 7-24（a）中 q[7:0]的尖刺部分，图 7-24（d）可以看出尖刺是因为 X_POS_o 比实际的 640 以及双口 RAM IP 核深度要大，超出了双口 RAM IP 核的深度。但因为此时行使能 HS_EN_o 为逻辑 0，所以尖刺并不会显示到屏幕中。图 7-24（e）所示为双口 RAM IP 核读起始，而图 7-24（d）刚好包含了双口 RAM IP 核读停止时序，可以看出，HS_EN_o 在 rdaddress 为 5~644 时为逻辑 1。图 7-24 中各图的时序均和设计初衷一致。

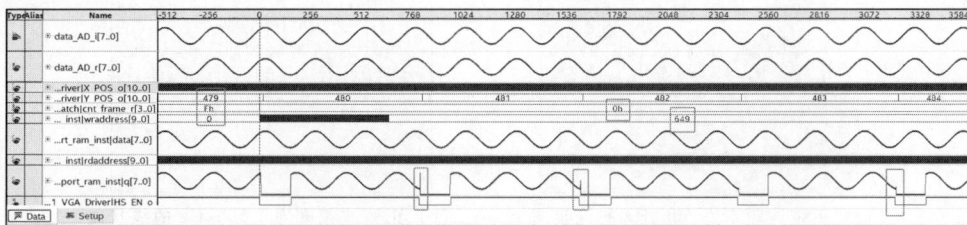

（a）整体运行结果

图 7-24　VGA 固定采样率简易示波器 SignalTap 运行结果

287

（b）写入双口 RAM IP 核开始

（c）写入双口 RAM IP 核结束

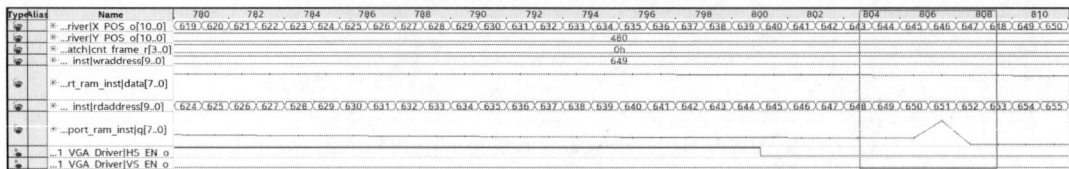

（d）毛刺细节

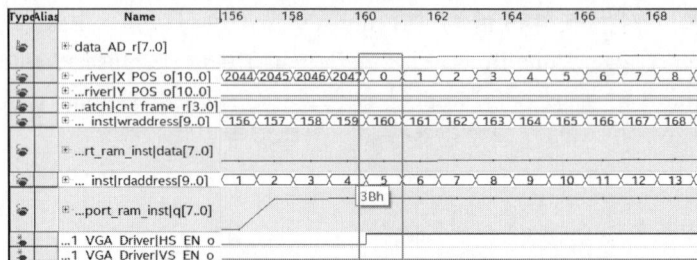

（e）双口 RAM IP 核读起始

图 7-24　VGA 固定采样率简易示波器 SignalTap 运行结果（续）

2. VGA 固定采样率简易示波器电路的验证——屏幕观察

按图 7-1 所示连接函数信号发生器、FPGA 电路板、LCD，将函数信号发生器峰峰值调整为 6V，直流偏置调整为 0V，频率依次调整为 500kHz 和 1 500kHz，图 7-25 所示为点状图显示结果拍照，图 7-26 所示为线状图显示结果拍照（因为屏幕背景为黑色，为了保证打印效果，所以将 4 个图片均进行了反色处理）。

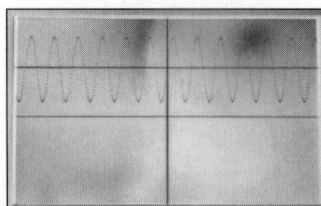

（a）正弦波频率为 500kHz 的点状图　　（b）正弦波频率为 1 500kHz 的点状图

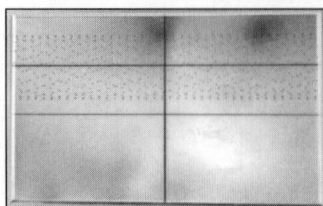

图 7-25　点状图显示结果拍照

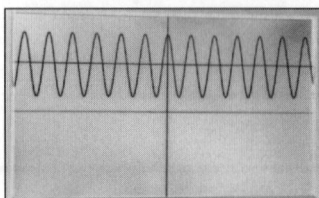

（a）正弦波频率为 500kHz 的线状图　　（b）正弦波频率为 1 500kHz 的线状图

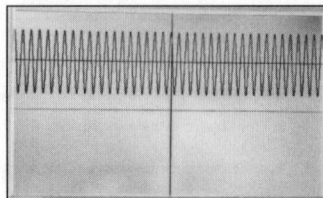

图 7-26　线状图显示结果拍照

结果表明，第一，电路可以显示 ADC 模块采集的正弦波信号；第二，在正弦波信号频率较高时，正弦波一个周期内采样点数较少，此时线状图相较点状图显示效果更佳；第三，屏幕中的波形大约每秒更新约 3 次，和普通示波器观测的直观感受接近。

调整函数信号发生器的幅度等参数，LCD 显示的波形会实时变化。以上实测结果说明设计达到了任务 7.2 的设计要求。

任务 7.3　VGA 任意采样率简易示波器

任务导入

设计要求：完成 ADC 模块+FPGA+VGA 的任意采样率简易示波器，波形为黄色，坐标轴为白色，可以显示的频率范围为 5Hz～100kHz、幅度合适的正弦波等波形。

7.3.1　【知识准备】基于 FIFO 的 VGA 任意采样率简易示波器设计分析

任务 7.2 介绍的 ADC 模块采样率为 25.175MHz 的 VGA 简易示波器，其特点是 ADC 模块采样率和 VGA 的时钟频率相同。但当 ADC 模块的采样率远低于 VGA 的时钟频率或者说读取速率时，可能会因"双口 RAM IP 核被读的过程中因新的一帧连续数据还未写满"造成读写冲突，进而因读取到的双口 RAM IP 核的数据不连续从而导致显示的波形为拼接波形；另外，还会因双口 RAM IP 核的读写时钟不一致而引入亚稳态问题。为解决这些问题，任务 7.3 介绍基于 FIFO 的 VGA 任意采样率简易示波器，其支持 ADC 模块工作在范围更宽的任意采样率下。

微课 7-3-1
知识准备

在任务 7.2 中当采集并显示如 1kHz 的低频正弦波信号时，显示器只能显示 640 个采样点，而 ADC 模块的采样率固定为 25.175MHz，连续采集 640 个数据存入双口 RAM IP 核中，640 个数据对应的时间为 640/（25.175MHz），大约 25.4μs。1kHz 的正弦波的周期为 1ms，时长为 25.4μs 的正弦波的波形相当于 25.4μs/1ms 个正弦波周期，最终只显示正弦波一个周期 360° 的约 9°，对应的显示效果近乎一条直线。

第一种解决方式是降低 ADC 模块的采样率，但这会导致双口 RAM IP 核的写和读速率不同，进而引入亚稳态问题；第二种解决方式是 ADC 模块采样率和 VGA 的时钟频率保持一致，但在采集低频信号时，为保证可以存储并显示多个周期的信号，要求双口 RAM IP 核的容量更大，且 VGA 读取双口 RAM IP 核的内容应采取抽取的方式。第一种方式有时序缺陷；第二种方式实现时，若选择较大存储器资源的 FPGA 芯片，虽然可能会满足设计需求，但是极大地消耗了 FPGA 的存储器资源，也是一种不理想的方式。因此，为解决这些问题，任务 7.3 介绍基于 FIFO IP 核的 VGA 任意采样率简易示波器，其支持 ADC 模块工作在任意采样率，FIFO 是一种可以支持不同读写速率的数据缓冲控制器，包含存储器和存储器监测、控制器。任务 7.3 仍以 640×480@60 显示模式为例。

一、异步系统与亚稳态

1. 数据流在异步系统的亚稳态问题

两个时钟频率或相位不同步的系统是异步系统，VGA 的时钟频率为 25.175MHz，而实际应用中 ADC 模块的采样率根据需求会有所不同，显然该系统是由不同频率模块组成的异步系统。当显示系统某次读取双口 RAM IP 核某地址数据时，读时钟上升沿可能恰逢"ADC 模块刚写入双口 RAM IP 核同地址数据的变化沿"，会造成 D 触发器建立时间或保持时间不满足，出现亚稳态现象，从而导致数据传输错误。

2. 数据流在异步系统的解决方法——FIFO

诸如 ADC 模块和 VGA 组成的异步系统，其特点是数据传输速率高、时钟不同步。双口 RAM IP 核读写虽然可以配置为不同频率的时钟，但是读时钟和写时钟不同步导致读时钟无法监测当前写地址，写时钟无法监测当前读地址，所以读写仍然可能冲突，此外仍有异步系统的亚稳态问题。这种异步系统数据流传输的典型的解决方式是使用 FIFO 电路对数据进行缓冲。确切地讲，FIFO 是一种先入先出的数据缓存控制器，但一般将该控制器和其控制的存储器合称为 FIFO。

二、FIFO 电路介绍

1. FIFO 的原理简介

FIFO 是一种包含控制器的双端口存储器，该存储器支持独立的读操作和独立的写操作。从存储器原理来看，支持读和写的存储器应包含读地址和写地址相关信号，而 FIFO 电路内部实际包含读地址和写地址，但因为 FIFO 一般均为顺序式、循环式读或写，所以读地址和写地址以循环式读指针、写指针的形式在内部实现，并未以端口形式外接。FIFO 读、写操作的启停一般通过读使能或写使能端口控制。例如，当读使能信号有效，读时钟上升沿每到达一次，读地址指针自动加 1 并完成 1 次数据的读操作，写操作与其类似。

将 FIFO 的读指针和写指针通俗地看作操场上两个人跑步，二者均顺时针顺序式、循环式前进，一个负责读，另一个负责写，通过控制读使能和写使能控制二者的启停。当读操作比写操作的进度快时，就会造成 FIFO 内部的存储器被"读空"，若继续进行读操作，则会造成存储数据被重复读取的现象；反之，当写操作比读操作的进度快会造成存储器被"写满"，若继续进行写操作，则可能造成之前写入的数据在未被读之前被二次写覆盖。因此，FIFO 电路为避免出现"空现象"和"满现象"，将内部读指针和写指针进行了比较等处理，为用户提供了"空"和"满"等标志信号，方便用户监测读和写的状态以控制读写电路的启停。

FIFO 内部原理示意如图 7-27 所示，图 7-27 给出了一种"写满"和"读空"标志信号的产生方式。以"写满"标志信号为例，因为异步 FIFO 的读写时钟不同，所以相对写时钟而言，读指针 RD_Pointer 是异步信号。RD_Pointer 经时钟域转换（Clock Domain Conversion，CDC）同步器处理后输出和写时钟同步的信号 RD_Pointer_syn，RD_Pointer_syn 和 WR_Pointer 对比的结果作为"写满"标志信号的判定与生成依据，"写满"是和写时钟同步的标志信号。同理，也可以产生和读时钟同步的"读空"标志信号。

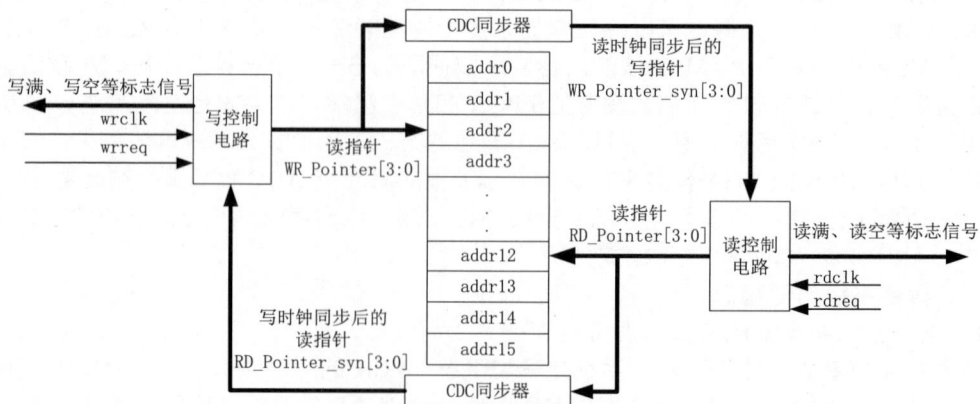

图 7-27　FIFO 内部原理示意

CDC 同步器的基本原理可以理解为任务 6.1 中图 6-15 介绍的多级 D 触发器避免亚稳态的同步方法。另外，因为 FIFO IP 核的读指针、写指针一般采用的计数器是格雷码计数器，格雷码计数器每两个相邻码之间只有一位二进制发生跳转，所以可以进一步降低亚稳态的概率。

除"写满"和"读空"标志信号外，FIFO 电路还衍生出"写空""读满""接近空""接近满"等标志信号，甚至还衍生出距离"写满"或"读空"的地址数量指示信号。综上所述，FIFO 与普通存储器的典型区别是没有外部读写地址端口，取而代之的是一些与读地址和写地址比较后的"读空""写满"等标志信号端口。FIFO 的读和写均为顺序式、循环式，不支持突发读或写。FIFO 相关应用电路的设计的核心是监测"满""空"等相关标志信号，进而通过写使能（或写请求）和读使能（或读使能）信号控制读操作和写操作以避免读写冲突。

2. FIFO 的分类

从设计或实现方法角度来看，FIFO 电路的实现通常有 3 种方式。第一种方式为用户根据需求自己编写 FIFO 逻辑，当对于 FIFO 的功能有特殊需求时，可以使用此种方式实现，这种方式一般是指用户使用 Verilog HDL 进行设计，其优点是便于移植，适合任何厂商的 FPGA 芯片，可以跨平台移植；缺点是如果设计不当，仍然会出现亚稳态现象。第二种方式为使用第三方提供的开源 IP 核，可能需要授权，此 IP 核以 Verilog HDL 等语言源码的形式提供，能够快速地应用到用户系统中，这种方式实际上和第一种方式类似。第三种方式为使用如 Quartus Prime 等 EDA 软件提供的 FIFO IP 核，EDA 软件为用户提供了友好的图形化界面方便用户对 FIFO IP 核的各种参数和结构进行配置，生成的 FIFO IP 核性能稳定、易于实现，缺点是不能跨平台移植，即 Quartus Prime 设计的 FIFO IP 核不能移植到 Xilinx 的 FPGA 芯片上，但 Xilinx 等各 FPGA 厂商的 EDA 软件也都提供相应的 FIFO IP 核。

从读写时钟角度来看，FIFO 包括同步 FIFO 和异步 FIFO。同步 FIFO 又称单时钟 FIFO（SCFIFO），异步 FIFO 又称双时钟 FIFO（DCFIFO）。同步 FIFO 中读和写逻辑使用同一个时钟信号，而异步 FIFO 读和写逻辑使用各自的时钟。显然直接使用 Quartus Prime 自带的"异步 FIFO IP 核"更加便捷。

注：SCFIFO 中的"SC"是英文 Signal CLK 的首字母缩写，DCFIFO 中的"DC"是英文 Double CLK 的首字母缩写。

3. Altera FIFO IP 核端口介绍

图 7-28 所示为 Quartus Prime 中同步 FIFO 和异步 FIFO IP 核的端口，与之对应的 Quartus Prime 中同步 FIFO 和异步 FIFO IP 核的端口介绍见表 7-4。

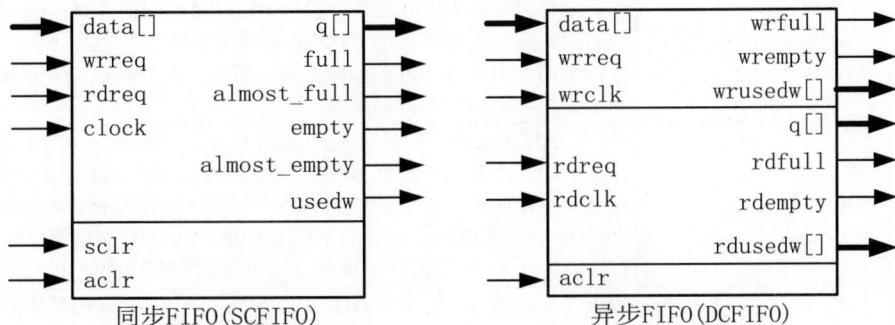

图 7-28 Quartus Prime 中同步 FIFO 和异步 FIFO IP 核的端口

表 7-4　Quartus Prime 中同步 FIFO 和异步 FIFO IP 核的端口介绍

信号分类	信号名称	信号方向	描述
时钟	clock	input	上升沿触发的时钟信号，仅对于 SCFIFO（同步 FIFO）可用
	wrclk	input	上升沿触发的时钟信号，仅对于 DCFIFO（异步 FIFO）可用，用于同步 data、wrreq、wrfull、wrempty 和 wrusedw
	rdclk	input	上升沿触发的时钟信号，仅对于 DCFIFO 可用，用于同步 q、rdreq、rdfull、rdempty 和 rdusedw
复位	sclr	input	同步复位信号，仅对于 SCFIFO 可用，用于复位所有输出状态端口
	aclr	input	异步复位信号，用于复位所有输出状态端口
读写请求	wrreq	input	写操作请求确认信号，必须满足如下条件： ①当 full（SCFIFO）或 wrfull（DCFIFO）为高电平时，wrreq 信号不能置为高电平，使能上溢保护电路或将参数 OVERFLOW_CHECKING 的值置为 ON，从而在 FIFO 已满时会自动禁止 wrreq 信号。 ②wrreq 信号必须满足根据 full 或 wrfull 确定的功能时序要求。 ③在 aclr 信号无效期间不能将 wrreq 置为高电平，违反这个要求则会造成 aclr 信号的下降沿和写时钟 wrclk 的上升沿之间出现竞争冲突，对于信号同步的电路，或者将参数 WRITE_ACR_SYNCH 的值设置为 ON，使用这个选项可以保证满足时序限制条件的要求
	rdreq	input	读操作请求确认信号，对于正常模式和前显（show-ahead）模式，该信号的行为有所不同，其通过参数 LPM_SHOWAHEAD 设置，必须满足如下条件： ①当 empty（SCFIFO）或 rdempty（DCFIFO）为高电平时，rdreq 信号不能置为高电平，使能下溢保护电路或将参数 UNDERFLOW_CHECKING 的值置为 ON，从而在 FIFO 已空时会自动禁止 rdreq 信号。 ②rdreq 信号必须满足根据 empty 或 rdempty 确定的功能时序要求
数据	data[ ]	input	用于保持 wrreq 信号为高电平时写入 FIFO 的数据，位宽为 LPM_WIDTH
	q[ ]	output	读请求操作得到的读出数据，对于 SCFIFO 和 DCFIFO，端口 q[ ]的位宽必须等于端口 data[ ]的位宽，手动设置时必须等于参数 LPM_WIDTH 的值，对于 DCFIFO_MIXED_WIDTH，端口 q[ ]的位宽可以不同于端口 data[ ]的位宽，手动设置时必须等于参数 LPM_WIDTH_R 的值，该模块支持输入和输出的位宽不同，但位宽比由 RAM 块的类型确定，通常为 2 的幂值
满空标志	full wrfull rdfull	output	FIFO 满标志信号，full 用于 SCFIFO，wrfull 和 rdfull 用于 DCFIFO。为高电平时表示 FIFO 已满。通常 rdfull 是 wrfull 信号延时一定时钟周期后的结果，但对于 Stratix III 及更新的 FPGA 芯片，rdfull 信号是组合输出而不再是 wrfull 的延时结果。因此，必须根据 wrfull 端口的值来确保是否可以实现有效写操作
	empty wrempty rdempty	output	FIFO 空标志信号，empty 用于 SCFIFO，wrempty 和 rdempty 用于 DCFIFO。为高电平时表示 FIFO 已空。通常 wrempty 是 rdempty 信号延时一定时钟周期后的结果，但对于 Stratix III 及更新的 FPGA 芯片，wrempty 信号是组合输出而不再是 rdempty 的延时结果。因此，必须根据 rdempty 端口的值来确保是否可以实现有效读操作
	almost_full	output	接近满标志信号，仅对于 SCFIFO 可用，当 usedw 信号的值大于或等于 ALMOST_FULL_VALUE 的值时该信号被置为高电平，是 full 信号的提前提示信号

信号分类	信号名称	信号方向	描述
满空标志	almost_empty	output	接近空标志信号，仅对于 SCFIFO 可用，当 usedw 信号的值小于 ALMOST_EMPTY_VALUE 的值时，该信号被置为高电平，是 empty 信号的提前提示信号
	usedw wrusedw rdusedw	output	显示存储在 FIFO 中数据个数的信号，usedw 用于 SCFIFO，wrusedw 和 rdusedw 用于 DCFIFO。若手动例化 SCFIFO 或 DCFIFO，则必须确保端口位宽等于参数 LPM_WIDTH 的值。对于 DCFIFO_MIXED_WIDTH，wrusedw 和 rdusedw 的位宽必须分别等于 LPM_WIDTHU 和 LPM_WIDTH_R 的值

结合图 7-28 和表 7-4，对和任务 7.3 的任务相关的 FIFO IP 核的主要端口进行解析。

- FIFO 的宽度：FIFO 一次读、写操作的数据位宽记为 N，任务 7.3 因为要存储 ADC 模块的采集数据，所以 FIFO 的宽度和 ADC 模块位宽均为 8 位宽。
- FIFO 的深度：FIFO 需要存储的宽度为 N 位的数据的数量，取决于 VGA 屏幕的横向像素点，至少取 640，以防信号出现"空""满"现象，此处取 1 024，具体数值下文详细介绍。
- 读时钟：因为 FIFO 的读对应双口 RAM IP 核的写，所以时钟频率为 25.175MHz。
- 写时钟：FIFO 的写对应 ADC 模块的采集，例如，对于频率为 10Hz 的信号，ADC 模块可以以 1kHz 左右的采样率进行采集，保证每个正弦波周期有 100 个采样点，在 VGA 的横轴上共显示为 6.4 个正弦波周期。
- 空标志：DCFIFO 包含读空标志 rdempty 和写空标志 wrempty，二者是当 FIFO 已空或将要空时由 FIFO 的状态控制电路送出的标志信号。当空标志为逻辑 1 后，若继续对 FIFO 执行读操作，则读取的数据可能是无效数据，或者说数据被重复读出。
- 满标志：对于 DCFIFO 包含读满标志 rdfull 和写满标志 wrfull，二者是当 FIFO 已满或将要写满时由 FIFO 的状态控制电路送出的标志信号。当满标志为逻辑 1 后，若继续对 FIFO 执行写操作，则可能会导致某地址的数据在未被读出之前被再次覆盖。

合理监测 rdempty、wrempty、rdfull、wrfull 可以防止数据读写出错。

4. 异步 FIFO IP 核配置

任务 7.2 设计中双口 RAM IP 核配置的深度 650 比 VGA 的屏幕的横向像素点 640 略大，以防止双口 RAM IP 核头或尾的数据有误，导致 VGA 显示的波形不连续。双口 RAM IP 核从 FIFO IP 核中获取数据，FIFO IP 核的深度在 650 的基础上再增大一些，会提高设计的冗余度，降低后续设计的难度。Quartus Prime 提供的异步 FIFO IP 核深度只能配置为 2 的幂次方个，综合考虑 FIFO IP 核深度取 1 024。

可以在任务 7.2 工程基础上改进以实现任务 7.3 的设计要求，为了加以区别，重建任务 7.2 的工程并命名为 VGA_VariableSamp_OSC_top，在 my_ip 子文件夹中建立 ip_dcfifo 用于异步 FIFO IP 核，和任务 7.2 一致，同样需要 PLL IP 核和双口 RAM IP 核。参考图 7-29 所示的 FIFO IP 核配置，介绍 FIFO IP 核的配置步骤。

在 Quartus Prime 主界面主菜单栏下选择"Tools"→选择"IP Catalog"，弹出"IP Catalog"对话框；输入"fifo"→双击"FIFO"，弹出图 7-29（a）所示的"MegaWizard Plug-In Manager"对话框（异步、深度、宽度界面）；选择"No,synchronize reading and wrting to 'rclk' and 'wrclk',respectively"（读写应用各自时钟，即异步 FIFO）→在"How wide should the FIFO be?"（FIFO 宽度）右侧选择"8"→在"How deep should the FIFO be?"（FIFO 深度）后选择"1024"→单击"Next"按钮，弹出图 7-29（b）所示的"MegaWizard Plug-In Manager"对话框（优

化所需时钟个数界面）；选择"Minimal setting for unsynchronized clocks"（两级 D 触发器处理异步数据同步化方式）→单击"Next"按钮，弹出图 7-29（c）所示的"MegaWizard Plug-In Manager"对话框（标志信号界面）；"Read-side"（读时钟方向）和"Write-side"（写时钟方向）均选择"full"（满）和"empty"（空）→单击"Next"按钮，弹出图 7-29（d）所示的"MegaWizard Plug-In Manager"对话框（正常或前显模式界面）→选择"Normal synchronous FIFO Mode."（正常模式），后续选项选择默认。最后两个对话框是产生第三方仿真软件所需网表数据和例化模板文件 ip_dcfifo_inst.v，可以参考任务 4.2 的 PLL IP 核的配置。

图 7-29（c）所示的配置过程中，在标志信号页面只选择了"读空""读满""写空""写满"标志信号，图 7-29（c）左侧框图显示对应的信号。图 7-29（c）相对图 7-28 中的异步 FIFO（DCFIFO）无 wrusedw 和 rdusedw 等标志信号，因为这几个信号对于任务 7.3 的实现意义不大，所以未配置。从图 7-29（b）的提示信息可以看出，FIFO 读时钟端同步写指针和写时钟端同步读指针，采取的方式和任务 6.1 中图 6-15 介绍的多级 D 触发器避免亚稳态的同步方法原理类似，均是多级 D 触发器消除亚稳态。

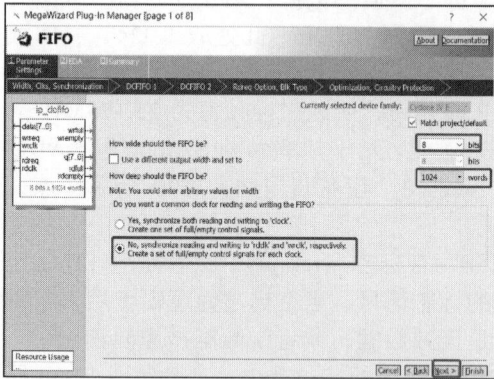

（a）"MegaWizard Plug-In Manager"对话框（异步、深度、宽度界面）

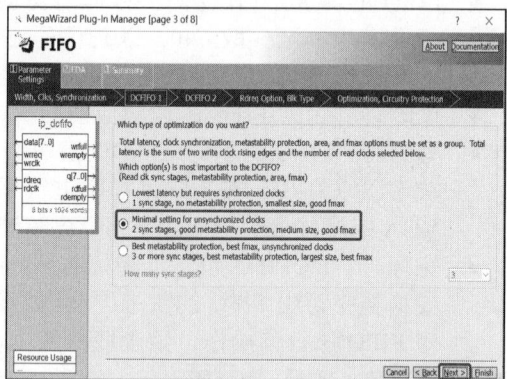

（b）"MegaWizard Plug-In Manager"对话框（优化所需时钟个数界面）

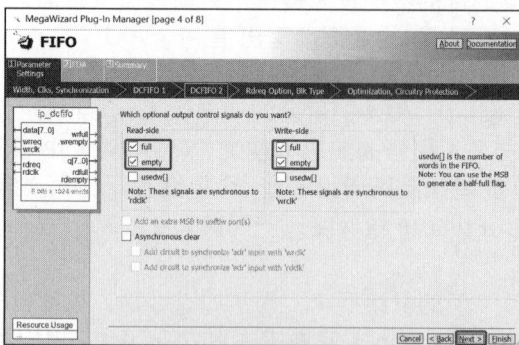

（c）"MegaWizard Plug-In Manager"对话框（标志信号界面）

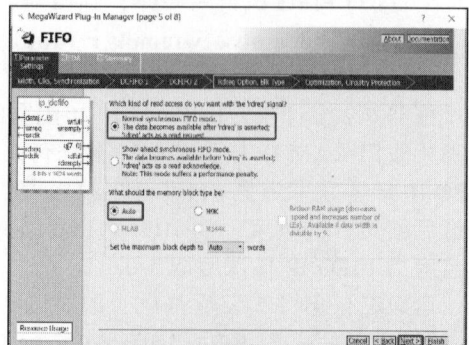

（d）"MegaWizard Plug-In Manager"对话框（正常或前显模式界面）

图 7-29　FIFO IP 核配置

三、VGA 任意采样率简易示波器电路设计思路

1. 任意采样率简易示波器电路架构分析

针对 FIFO 的顺序式、循环式读写特点，使用 FIFO IP 核电路直接代替任务 7.2 的双口 RAM IP 核电路的设计思路不可行，例如，当 FIFO IP 核写入的速率远低于送给 VGA 的速率，ADC 模块的采集数据写入 FIFO IP 核，在未写满时，如果此时读取 FIFO IP 核的数据，那么

会造成波形显示中断。具体解决的方式是在任务 7.2 双口 RAM IP 核电路前添加一级 FIFO IP 核电路构成双缓冲电路,当 FIFO IP 核写"满"数据时,随时可将 FIFO IP 核中的数据从 FIFO IP 核读端口传输至双口 RAM IP 核的写端口,一旦 FIFO IP 核中的一帧数据被双口 RAM IP 核读空,FIFO IP 核立即将 ADC 模块的采集数据重新写入,并保证写入连续一帧,如此循环可以保证双口 RAM IP 核读取的是连续波形的数据。

2. 任意采样率简易示波器电路框架

在任务 7.2 的电路基础上进行改进,设计的难点与关键点是何时开始将 ADC 模块的采集数据写入 FIFO IP 核,何时开始将 FIFO IP 核的数据传输至双口 RAM IP 核,不同于双口 RAM IP 核可以通过地址来控制自身的读写,FIFO IP 核只能通过读请求 rdreq 和写请求 wrreq 信号控制 FIFO IP 核读写,而这需要通过监测"读空""读满""写空""写满"标志信号来实现,同时还需和双口 RAM IP 核或 VGA 进行时序匹配,图 7-30 所示为 VGA 任意采样率简易示波器电路框架。

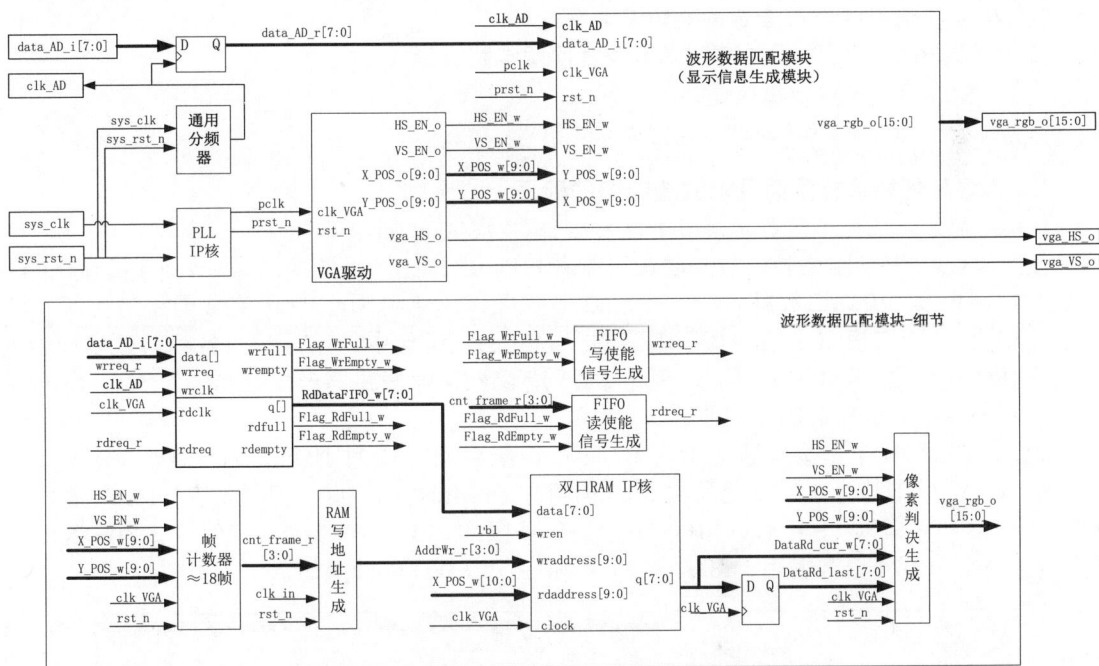

图 7-30　VGA 任意采样率简易示波器电路框架

读 FIFO IP 核 (写双口 RAM IP 核):对于 FIFO IP 核的读端口或双口 RAM IP 核的写端口,仅在 cnt_frame 为 0 时,只要检测到 FIFO IP 核"读满"就可以重新开启读 FIFO IP 核 (或写双口 RAM IP 核)。具体实现方法是:将 FIFO 的 rdreq_r 信号置为 1,同时双口 RAM IP 核的写地址 AddrWr_r 从 0 开始累加,以便将从 FIFO IP 核读取的数据 RdDataFIFO_w 存入双口 RAM IP 核,直至"读空"信号 Flag_RdEmpty_w 为高电平。

> **注意**　双口 RAM IP 核写地址 AddrWr_r 和任务 7.2 一致,即 AddrWr_r 增大到 649 后保持不变,rdreq_r 高电平时长代表从 FIFO IP 核读取数据的个数,如果其高电平时长大约和 1 024 个数据对应,那么 FIFO IP 核可以被读空,双口 RAM IP 核读取的是连续波形的数据。因为只有在 cnt_frame 为 0 时,才读 FIFO IP 核,所以 AddrWr_r 在 cnt_frame 为非 0 时恒为 0。

写 FIFO IP 核（ADC 模块采集）：FIFO IP 核写端口处，只要检测到 FIFO IP 核 "写空"，就立即控制 FIFO IP 核进行写操作，直至写满。具体实现方法是：只要检测到 "写空" Flag_WrEmpty_w 信号为高电平，就立即将 wrreq_r 信号置为高电平，直至检测到 "写满" 信号 Flag_WrFull_w 为高电平，才将 wrreq_r 置为低电平结束写 FIFO IP 核。

7.3.2　【任务实施】VGA 任意采样率简易示波器设计与验证

一、VGA 任意采样率简易示波器电路设计

1. 波形数据匹配模块设计

参考图 7-30 完成任意采样率简易示波器的波形数据匹配模块的设计。

```
1.//波形数据匹配模块，任意 ADC 采样率
2.    module WaveDataMatch(
……//完整代码见配套资源
```

微课 7-3-2
任务实施

2. VGA 任意采样率简易示波器顶层电路设计

参考图 7-30 完成任意采样率简易示波器顶层电路设计。

```
1.//VGA 任意采样率简易示波器顶层电路设计
2.    module VGA_VariableSamp_OSC_top(
……//完整代码见配套资源
```

二、VGA 任意采样率简易示波器电路的验证

1. VGA 任意采样率简易示波器电路的验证——SignalTap

任务 7.3 设计中，电路验证的关键在于监测 FIFO IP 核的读写请求信号 wrreq_r 和 rdreq_r，以及 FIFO IP 核的读端口数据 q。参考 7.2.2 节的操作，使用 SignalTap 完成电路的验证，触发条件和上 7.2.2 节设置一致。顶层电路的代码的例化语句中通用分频器分频系数设计为 6（为了刻意构造出图 7-31 中严重的亚稳态现象），函数信号发生器产生峰峰值为 6V、直流偏置为 0V、频率为 100kHz 的正弦波。

VGA 任意采样率简易示波器 SignalTap 运行结果如图 7-31 所示，结果表明 wrreq_r 在 "写空" wrempty 信号为 1 时开始写；rdreq 信号在 cnt_frame_r 为 0，且 "读满" rdfull 信号为 0 时 rdreq 立即被置为 1，开始对 FIFO IP 核进行读操作，FIFO IP 核的被读信号 q 为连续正弦波，大约被读 1 024 个数据后，rdreq 置为 0，停止对 FIFO 的读操作。

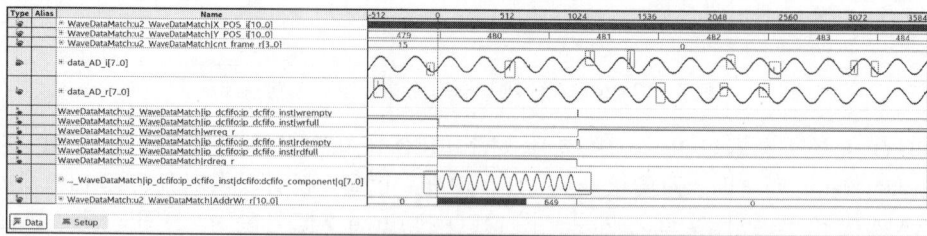

图 7-31　VGA 任意采样率简易示波器 SignalTap 运行结果

（1）对比图 7-24（a）和图 7-31 中的 FPGA 引脚输入的 ADC 模块的信号 data_AD_i 发现，后者出现了少量随机的毛刺，原因在于图 7-30 中 SignalTap 以 PLL IP 核输出的 25.175MHz 时钟作为采样时钟，而 ADC 模块使用的来自通用分频器的分频时钟，二者不同频也不同相，导致 SignalTap IP 核采集的数据出现了亚稳态现象，表现出少量毛刺。

（2）图 7-31 中的 data_AD_i 和 data_AD_r 相比，后者仍出现了极少量的毛刺。以下从两个角度进行解释，第一个角度：ADC 模块各数据线间因线长差异引起的延时一致性差，而 FPGA 内部 D 触发器间的延时一致性好，因此后者竞争冒险轻微；第二个角度：考虑到图 7-31

中 data_AD_r 本身是一级 D 触发器，而 SignalTap IP 核内部采集电路也有 D 触发器，这也从某种程度上说明了两级 D 触发器可以缓解异步信号的亚稳态问题。

（3）图 7-31 中的正弦波信号 q，其波形连续，这正说明了 FIFO 电路是解决异步系统数据流亚稳态的一种有效方式。

2. VGA 任意采样率简易示波器电路的验证——屏幕观察

将顶层代码中通用分频器分频系数改为 5，即采样率为 10MHz，函数信号发生器输出幅度为 6V、直流偏置为 0V、频率为 100kHz 的正弦波，对应每个正弦波周期采样 100 点，共 640 个采样点，图 7-32 所示为 100kHz 正弦波、10MHz 采样率线状图结果拍照。

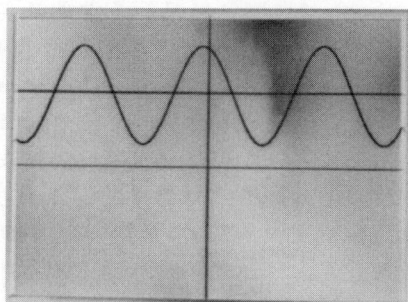

将顶层电路代码中通用分频器分频系数改为 50 000，即采样率为 1kHz，函数信号发生器输出波形频率调整为 5Hz，对应每个正弦波周期采样 200 点，共 640 个采样点，图 7-33 所示为 5Hz 正弦波、1kHz 采样率线状图结果拍照（因为屏幕背景为黑色，为了保证打印效果，所以将 2 种图像进行了反色处理得到图 7-32 和图 7-33）。

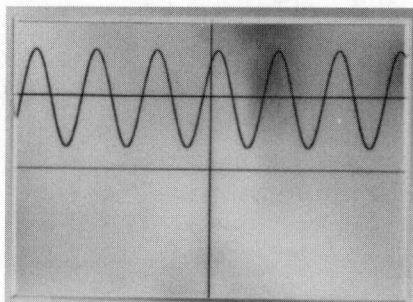

图 7-32　100kHz 正弦波、10MHz 采样率线状图结果拍照

图 7-33　5Hz 正弦波、1kHz 采样率线状图结果拍照

调整顶层代码中通用分频器分频系数和函数信号发生器的输出波形频率，并进行反复测试，结果表明任务 7.3 设计的电路可以实现任务 7.3 设计要求的任意采样率简易示波器的功能。

读者可以将任务 6.2 介绍的正弦波频率测量电路和任务 7.3 设计结合在一起，根据测量得到的频率值实时修正分频器分频系数以实现自适应信号频率的简易示波器。

思考与练习

填空题

1. VGA 显示模式中的 1024×768@75，其时钟频率是_____MHz，记时钟周期为 T，一个完整的行扫描周期时间长度是_____，一个完整的场扫描周期时间长度是_____。

2. VGA 接口共_____个接口（针或孔）。

3. 以 M9K 资源实现宽度为 8，深度为 32 的双口 RAM IP 核，共消耗_____bit 的 M9K 存储器资源。

实战演练

1. 参考 VGA 彩条显示，将 LCD 屏幕上下和左右划分为四个相等的区域，在其左上角显示红色、右上角显示绿色、左下角显示蓝色、右下角显示白色。

2. 参考 VGA 彩条显示，在 LCD 屏幕上显示斜纹，斜纹的平行间距和个数不作具体要求。

项目8

自动饮料售卖机交互系统

08

项目导读

按键、蜂鸣器、数码管是常见且实用的人机交互器件。对于蜂鸣器而言，和使用单片机等处理器驱动蜂鸣器不同的是，使用 FPGA 驱动蜂鸣器是极易的。对于按键检测而言，基于 FPGA 的按键检测电路相对单片机等处理器的软件处理，其设计稍加复杂，但前者的调用不会受到程序顺序等限制。项目 8 给出了一种支持单次/连续模式，且支持有源/无源蜂鸣器的有提示音的按键检测驱动电路，其端口简单、易于移植。引入状态机设计自动饮料售卖机主控系统的方式，大大降低了主控系统设计的难度，同时主控系统易于修改。

设计要求：图 8-1 所示为自动饮料售卖机人机交互系统设计框架，设定一种自动饮料售卖机场景。

（1）主控制逻辑：自动饮料售卖机只出售一种饮料，每瓶饮料 3 元，自动饮料售卖机只接收 1 元硬币。

（2）人机交互。

- 按键：用按键 Key_i 代替投入 1 元硬币，按键每"按"1 次代表投入一枚硬币。
- 蜂鸣器：按键按下时伴有约 100ms 短促"滴"提示音（既支持有源蜂鸣器，也支持无源蜂鸣器）。
- 数码管：数码管显示当前累计的投币总数（或总投入金额）。每投币一次后，数码管更新显示当前的投币总数。
- LED：用 LED 代替自动饮料售卖机的饮料输出机械装置，当有饮料输出时，LED 亮 1s。

（3）其他：设计的电路易于拓展其他面额及饮料，如 5 角硬币，脉动 4.5 元。

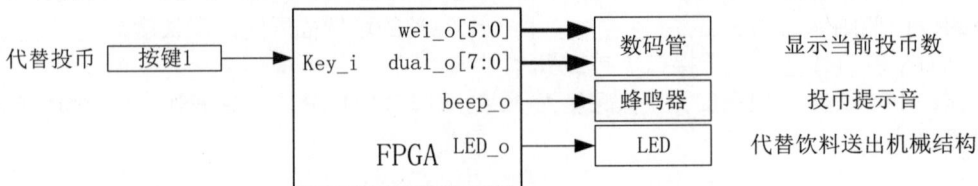

图 8-1　自动饮料售卖机人机交互系统设计框架

学习目标

1. 了解按键抖动和按键信号引入的亚稳态现象。
2. 熟悉按键消料电路的设计方法和对应的输入输出时序图，能够直接调用按键检测电路。

    3. 掌握蜂鸣器原理、分类、驱动方法，以及按键提示音的电路的设计方法。

    4. 熟悉 Mealy 型状态机和 Moore 型状态机的区别。

    5. 熟悉一段式、两段式、三段式状态机的代码风格和优缺点。

    6. 掌握状态机的仿真技巧。

    7. 熟悉状态机的种类和基本设计流程。

素质目标

    1. 按键亚稳态现象和抖动现象会导致产品设计失效，认识产品稳定性、质量至上的重要性。

    2. 通过学习状态机设计流程，养成严格遵守设计流程、按照行业规范从事专业技术活动的职业习惯。

思维导图

    对于逻辑较为简单的电路，通常直接使用以 if 语句为主体的 Verilog HDL 代码进行电路设计。对于类似自动饮料售卖机等复杂状态转换的逻辑，虽然也可直接使用以 if 语句为主体的 Verilog HDL 代码进行设计，但是引入状态机的概念，可以将设计的逻辑跳转以"状态转移图"的形式进行规划，并以 if 和 case 语句为主体的 Verilog HDL 代码实现"状态转移图"，可以提升设计的效率与成功率，当电路运转逻辑需求发生变化时，基于状态机的电路更易修改、维护。

    自动饮料售卖机人机交互系统除了宏观的售卖逻辑电路，还包含按键检测（含蜂鸣器提示音）和饮料输出装置。8.1.1 节介绍了按键检测中按键的抖动现象和异步信号引入的亚稳态问题；8.1.2 节先设计了支持单次模式的按键检测电路，在此基础之上再拓展出支持单次/连续模式的按键检测电路；8.1.3 节在 8.1.2 节基础上拓展出支持有源蜂鸣器/无源蜂鸣器的带有提示音，且支持单次/连续模式的按键检测电路。8.2.1 节给出了 Mealy 型和 Moore 型的各一段式、二段式、三段式共计 6 种自动饮料售卖机主控系统的状态机设计，对 6 种状态机进行对比，总结了 6 种状态机的适合场景，最后给出了一种状态机的设计流程。8.2.2 节将按键检测、基于状态机的自动饮料售卖机主控系统，以及饮料输出装置（由蜂鸣器设计迁移出的设计方法）进行整合，实现了自动饮料售卖机人机交互系统的设计。图 8-2 所示为项目 8 的思维导图。

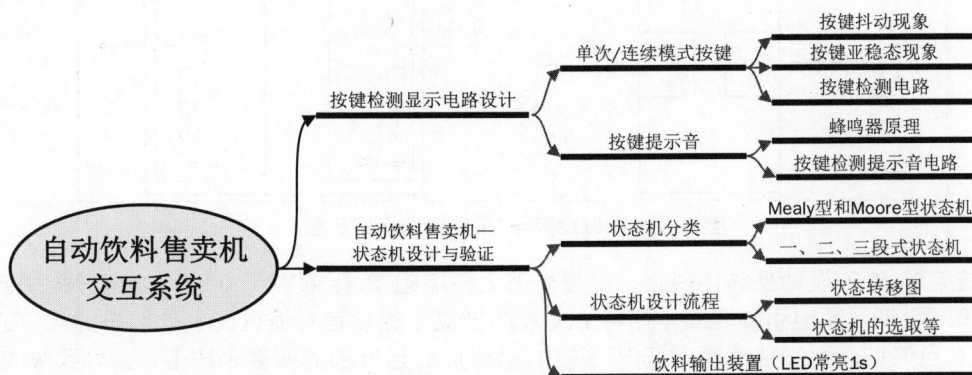

图 8-2　项目 8 思维导图

任务 8.1　按键检测显示电路设计

任务导入

设计要求：按键每按 1 次，产生时长为一个时钟周期宽度高电平的脉冲信号，同时按键按下时伴有约 100ms 短促的"滴"提示音，数码管显示当前按键次数。

8.1.1　【知识准备】按键检测显示电路设计分析

一、按键外围电路模型

1. 按键检测电路的常规设计

Altera 大多数 FPGA 内核工作电压为 1.0V 或 1.2V，引脚电压以 3.3V 居多，因此，内部数字电路和引脚之间包含一个等效的电压转换电路。常规情况下，当 FPGA、ARM、单片机等处理器引脚被配置为输入引脚时，从外部向内看，可将其内部等效成一个无穷大的电阻 R_i。当然也有一些其他的特殊情况，例如，STM32F10X 系列 ARM 处理器芯片的输入可以配置为上拉模式或下拉模式。

当处理器引脚被配置为输出模式且输出为逻辑 0 时，可简单理解为该引脚在处理器内部一般连接内部 GND，对外呈现 0V。当引脚被配置为输出模式且输出为逻辑 1 时，情况一般较为复杂，常见的第 1 种情况是引脚内部直接和内部 VCC 相连，输出引脚等效成一个不含内阻的直流电压源；第 2 种情况是引脚通过处理器内部上拉电阻 R_o 和内部 VCC 相连，此时输出引脚等效成一个含内阻的直流电压源；第 3 种情况是引脚和内部断开，呈浮空状态，引脚处的电压值不确定，一般取决于芯片外部的连接情况。以上只列举了 3 种情况，大多数处理器引脚的模式可以通过软件（或代码）配置，FPGA 甚至可以修改第 2 种情况中内部电阻的阻值，第 2 种情况更为常见。

基于以上分析，与外部按键电路相连接的 FPGA 引脚作为输入引脚等效为一个无穷大的电阻，图 8-3 所示为按键检测与 LED 电路连接示意，其中包含了一种常见的按键外围电路设计。图 8-3 中当按键未按下时，外部上拉电阻 R_1 和引脚等效输入电阻 R_i 构成分压，最终引脚处的电压接近 V_{CC}，FPGA 判定为逻辑 1；当按键按下时，引脚处因外部接地而导致电压为 0V，FPGA 判定为逻辑 0。

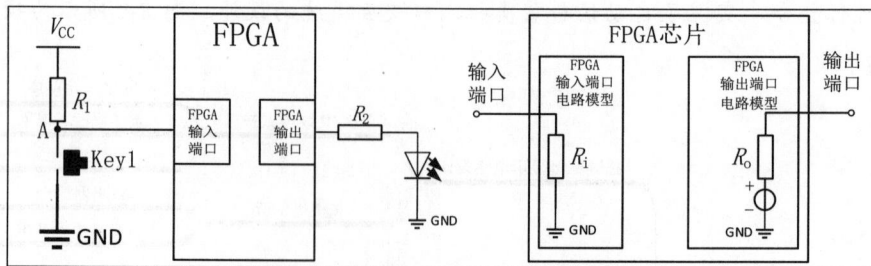

图 8-3　按键检测与 LED 电路连接示意

上拉电阻 R_1 的设计是防止短路，设想外部上拉电阻 R_1 阻值等于 0 时，如果分配引脚时不慎将输入引脚、输出引脚混淆（如将 FPGA 内部某个输出信号误分配到外部按键对应的引脚），那么当该输出引脚持续输出低电平（内部接地），且外部的按键未按下，会导致 R_1 处的电源正极和 FPGA 内部的地直接短路。

2. 按键亚稳态现象与抖动现象

按键在"按"和"松"操作时，因其机械结构弹性引起的振动会出现抖动现象，同时使用 FPGA 设计按键检测电路时还要考虑因异步信号引起的亚稳态问题。

（1）按键引入的亚稳态问题与避免思路。

用户的"按"和"松"操作决定了送至 FPGA 输入引脚的逻辑值是 0 或者 1。因为 FPGA 内部时钟和"按""松"动作产生的信号值变化边沿存在相位的随机性，所以按键输入信号相对于 FPGA 内部时钟而言是异步信号，会有亚稳态问题。任务 6.1 介绍过亚稳态现象产生的详细原因，同时解释了可以使用两级触发器来有效解决这一问题，图 8-7 所示电路中的左侧两级触发器正是利用了这一方法。

（2）按键抖动现象与解决思路。

图 8-4 所示为按键抖动示波器截图，其是按键"松"操作时 FPGA 引脚电压变化的示波器截图，因构成按键结构中金属的氧化和机械触点的弹性等一系列因素，在"按"和"松"操作瞬间均会产生物理抖动，从而导致送入 FPGA 引脚的按键信号电压呈现波动，称之为按键抖动。这种抖动的频率和幅值无特定规律，但一般认为抖动总时长不超过 10ms。按键抖动现象示意如图 8-5 所示，"按"和"松"操作时 FPGA 引脚的波形简化图并非如图 8-5 上半部分所示，而是如图 8-5 下半部分所示。按键抖动会导致 FPGA 内部被按键控制的电路出现误动作，消除按键抖动的影响称为按键消抖。按键消抖的一种方式是使用自带硬件消抖功能的按键替换普通按键，但会提升硬件成本，另一种方式是软件消抖，也是更常见的消抖方式。

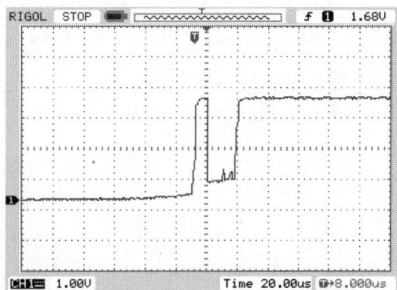

图 8-4 按键抖动示波器截图

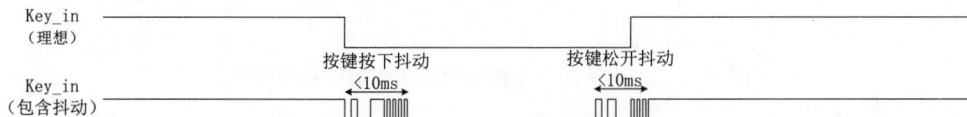

图 8-5 按键抖动现象示意

二、按键检测显示电路顶层设计

图 8-6 所示为按键检测显示电路顶层设计框架，可以验证图 8-6 中按键检测电路中的按键消抖功能设计是否成功。图 8-6 分为 3 个部分：按键检测电路、按键次数计数器、动态数码管驱动模块。推荐一种设计方法：即按键检测电路对按键信号进行处理，当按键执行"按"操作时输出高电平时长为 1 个 clk_in 时钟周期宽度的脉冲信号 PulseCtrl_o；而按键次数计数器电路以 clk_in 作为时钟，以 PulseCtrl_o 作为计数使能信号，当使能有效时自加 1；动态数码管驱动模块驱动外部数码管实时显示当前的按键次数。动态数码管驱动模块直接调用 5.3.3 节的动态数码管驱动电路 LED8S_V3，按键次数计数器电路也极易设计，任务 8.1 的重点和难点在于按键检测电路的设计。当按键"按"操作有效时，输出高电平时长为 1 个 clk_in 时钟周期宽度的脉冲信号 PulseCtrl_o，这种设计方式使得按键检测电路和任务 8.2 介绍的自动饮料售卖机电路等其他应用电路更易匹配。

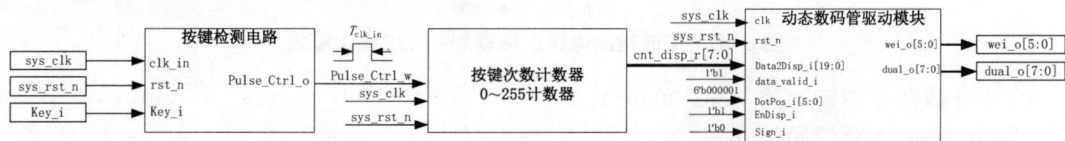

图 8-6 按键检测显示电路顶层设计框架

实际生活中按键的常见使用模式是单次模式和连续模式。所谓单次模式就是按键"按"1次，电路只动作 1 次；连续模式是按键"按"操作后，大约每隔 300ms 电路动作 1 次，直至松开，对应的输出信号 PulseCtrl_o 应每隔约 300ms 产生高电平时长为 1 个时钟宽度的脉冲信号。因此，类似于 3.2.2 节使用 parameter 定义分频系数，在 Verilog HDL 代码中的端口上方定义单次模式还是连续模式对应的 parameter，在例化时通过 parameter 的例化就可以选择按键为单次模式还是连续模式。

三、按键检测电路设计方案

1. 按键亚稳态消除与边沿检测电路设计思路

单次模式（或连续模式）按键检测电路框架如图 8-7 所示，图 8-7 中左侧部分是使用两级触发器对按键输入信号 Key_i 进行同步处理，得到 Key_cur_r 信号；图 8-7 中的中间部分的触发器将 Key_cur_r 延时一拍得到 Key_last_r 信号，Key_last_r 相当于记录 Key_cur_r 上一拍的值；对比 Key_last_r 和 Key_cur_r，若上一拍为逻辑 0，当前拍为逻辑 1，则代表 Key_cur_r 信号当前是上升沿，EdgePos_r 输出逻辑 1；反之代表当前为下降沿，EdgeNeg_r 输出逻辑 1；若 Key_last_r 和 Key_cur_r 值相同，则代表按键当前一直处于稳定状态，EdgePos_r 和 EdgeNeg_r 均为逻辑 0。

注：1 拍指一个时钟周期或 1 个时钟节拍。

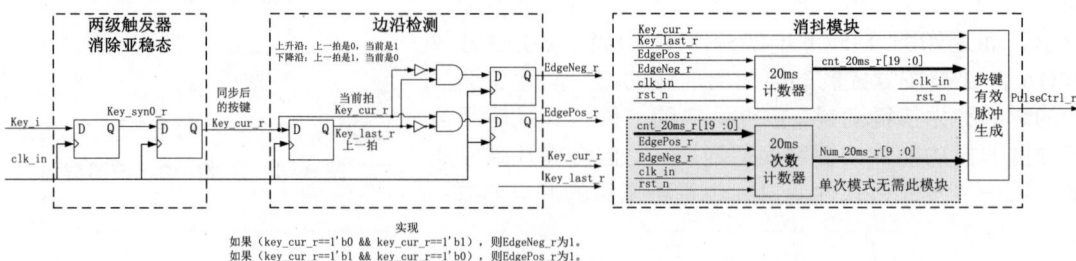

图 8-7　单次模式（或连续模式）按键检测电路框架

2. 按键消抖电路设计思路——仅支持单次模式

图 8-8 所示为按键检测电路时序规划——仅单次模式，其和图 8-7 对应。参考图 8-7 和图 8-8 设计按键消抖电路，单次模式忽略掉图 8-7 中右下方的"20ms 次数计数器"。先设计一个 20ms 计数器 cnt_20ms_r 用于消抖，时钟以 50MHz 为例，可以用 20 位宽的二进制计数器代替，计满一次的时间约 20ms。按键消抖的核心思想是，第一，只要 EdgePos_r 和 EdgeNeg_r 为 1，cnt_20ms_r 就置数 1，否则加 1 直至加满（加满含义是 cnt_20ms_r 加至图 8-8 中的 max，即 20'hf_ffff）再返回 0 并停止；第二，只要判断到 cnt_20ms_r 为满值就代表按键按下。计数器 cnt_20ms_r 的设计核心在于何时启动定时器，何时停止。仍参照图 8-8，下面给出一种实施方案。

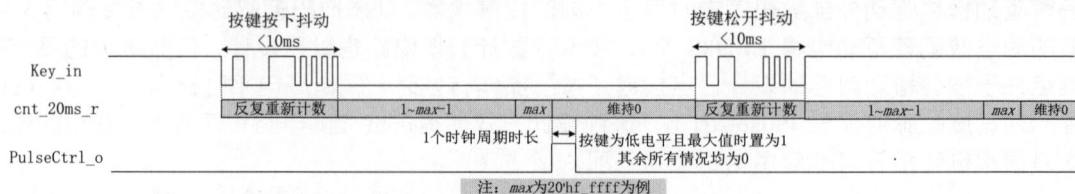

图 8-8　按键检测电路时序规划——仅单次模式

（1）计数器（或定时器）cnt_20ms_r。

① cnt_20ms_r 复位后为 0。

② cnt_20ms_r 赋值第 1 优先级：只要按键信号边沿发生变化 cnt_20ms_r 就置为 1，具体

操作：当 EdgePos_r 或 EdgeNeg_r 的值有逻辑 1 出现，意味着按键信号边沿发生变化，cnt_20ms_r 置为 1。显然在"按"和"松"的抖动期间，cnt_20ms_r 会在未加满（按键抖动一般认为不超过 10ms）时反复被置为 1。

③cnt_20ms_r 赋值第 2 优先级：cnt_20ms_r 若为 0 则保持。

④cnt_20ms_r 赋值第 3 优先级：计数器只要不为 0，就自动累加直至加满自溢回归到 0，之后则符合第 2 优先级保持在 0。

正常情况下 cnt_20ms_r 为 0，"按"操作的抖动期间，cnt_20ms_r 会反复的被置为 1 并累加到一个很小的数字，直至抖动消失，cnt_20ms_r 才加满自溢回归到 0，之后一直保持在 0，此次检测结束。当按键边沿下次发生变化，再进行下一次的消抖处理。cnt_20ms_r 的设计使得按键"按"和"松"后只会出现一次 max（即 20'hf_ffff）值。

（2）按键检测电路输出信号 PulseCtrl_o 的设计。

只要 cnt_20ms_r 为 max，且 Key_last_r（或 Key_cur_r）为低电平，则说明按键"按"操作有效，将 PulseCtrl_o 置为 1。cnt_20ms_r 为 max 时，下一时钟一般是自溢后的 0，或者恰巧按键再次抖动导致的置数 1，但绝不会是 max，因此，PulseCtrl_o 为 1 个时钟周期宽度的高电平脉冲信号。反之，若 cnt_20ms_r 为 max，且 Key_last_r（或 Key_cur_r）为高电平，则说明"松"操作有效，"松"操作对于项目 8 的设计要求无意义，不进行讨论。

3. 按键消抖-支持单次模式和连续模式

设计目标：在按键检测电路被例化时，通过例化 parameter 来使得代码支持单次模式和连续模式中的一种，其中连续模式中按键按下后约每间隔 300ms 时间 PulseCtrl_o 产生一个时钟周期宽度高电平脉冲。

连续模式和单次模式不同之处在于，按键按下后会有很长一段时间的低电平，单次模式是通过 cnt_20ms_r 归 0 并维持在 0 实现的。而连续模式显然需要 cnt_20ms_r 重复累加，并且需要一个额外的计数器来标记 300ms。按键检测电路时序规划——可支持单次模式或连续模式，如图 8-9 所示，参照图 8-7 和图 8-9，以下给出一种实施方案。

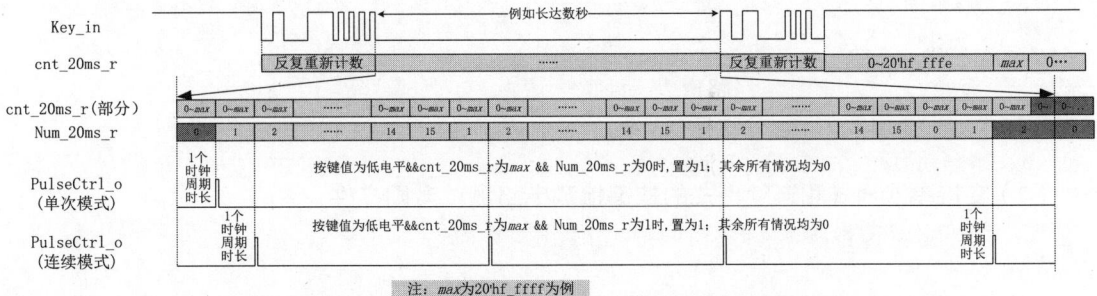

图 8-9　按键检测电路时序规划——可支持单次模式或连续模式

（1）定时器（或定时器）cnt_20ms_r。

①cnt_20ms_r 复位后为 0。

②cnt_20ms_r 赋值第 1 优先级：只要按键边沿变化 cnt_20ms_r 就置为 1。

③cnt_20ms_r 赋值第 2 优先级：永不停息累加、自溢、累加、……。

（2）20ms 次数累加计数器 Num_20ms_r。

设计一个记录 20ms 次数的计数器 Num_20ms_r，位宽 4 位，驱动时钟为全局时钟。

①复位后初始值 0。

②只要按键信号边沿变化就清零。

③只要 cnt_20ms_r 为 max 且当前按键值为低电平，Num_20ms_r 就加 1，加满之后归 1

（注意不是归 0）继续加 1，永不停息。因此，Num_20ms_r 的规律是当按键按下抖动时被置为 0，最后一次抖动结束后，Num_20ms_r 变化规律是 0～15、1～15、1……，直至按键松开。

（3）按键消抖模块输出信号 PulseCtrl_o。

单次模式：若 cnt_20ms_r 为 *max*、Key_last_r（或 Key_cur_r）为低电平、Num_20ms_r 为 0 均成立，则 PulseCtrl_o 产生一个时钟周期宽度的高电平脉冲。

连续模式：若 cnt_20ms_r 为 *max*、Key_last_r（或 Key_cur_r）为低电平、Num_20ms_r 为 1（或 2～15 只任选其一均可）均成立，则 PulseCtrl_o 产生一个时钟周期宽度的高电平脉冲。

8.1.2 【任务实施 1】按键检测电路设计与验证

一、按键检测电路设计与仿真

8.1.2 节先介绍"仅支持单次模式"的按键检测电路设计，以便读者可以借此顺利过渡到"支持单次模式和连续模式"的按键检测电路设计。两种按键程序的仿真代码基本一致，因此，不再对仅支持单次模式的按键程序进行仿真。

微课 8-1-2
任务实施 1-按键
检测

1. 仅支持单次模式的按键检测电路设计

按照图 8-7 和图 8-8 设计仅支持单次模式的按键检测电路代码，不包含图 8-7 中"20ms 次数计数器"部分。

```
1.module Key_Single(
……//完整代码见配套资源
78.endmodule
```

2. 支持单次模式和连续模式的按键检测电路设计与仿真

（1）支持单次模式和连续模式的按键电路设计。

按照图 8-7 和图 8-9 设计支持单次模式和连续模式的按键检测电路，注意包含图 8-7 中"20ms 次数计数器"部分。parameter 的使用参考任务 3.3。

```
1.//支持单次模式和连续模式（约300ms）按键检测
2.//仿真时将81行"if(Num_20ms_r == 4'd15)"改为if(Num_20ms_r == 4'd4)
3.    module Key_SingleOrContinuous
4.    #(parameter KEYMODE = 1//0代表支持单次检测，1代表支持连续检测
5.    )
……//完整代码见配套资源
103.endmodule
```

（2）支持单次模式和连续模式的按键检测电路测试激励文件。

```
1.//支持单次模式和连续模式的按键检测程序测试激励代码
2.    `timescale 1 ns/ 1 ps
3.    module Key_SingleOrContinuous_tb();
……//完整代码见配套资源
44.    endmodule
```

测试激励文件中使用了两个新的语法，第一个是 repeat 语法，第二个是 random 语法。

①repeat 用法。

repeat 语法类似于 C 语言中的 for 循环，但比 for 循环更为简便。标准格式如下：

```
1.    repeat(循环次数表达式)
2.    begin
3.        语句1；
4.        语句2；
5.    end
```

其中"循环次数表达式"用于指定循环次数，可以是一个整数、变量或者数值表达式。

如果是变量或者数值表达式，那么其数值只在第一次循环时得到计算，从而得以事先确定循环次数；"语句 1"和"语句 2"为语句块的示例，为重复执行的循环体。规范的设计中，一般不建议在电路设计中使用 repeat 语法，其综合出的电路可能和设计初衷不一致，因此，更多的是在测试激励文件代码中的应用。

②$random 用法。

$random 可以产生一个有符号的 32 位宽的随机整数。在仿真时，一般要求将输入的可能性全覆盖进行仿真，但大多数情况下需要测试的情况太多而无法一一列举，为了减小仿真工作量，可以使用抽样测试的方法验证功能是否可行。按键信号的抖动是随机的，使用随机数的方式对电路的可行性进行仿真非常合适。$random 常用方式有以下两种：

```
1.    num = $random%b
```
$random%b 的功能是生成一个 $-(b-1)\sim(b-1)$ 的随机数，其中 b 为十进制整数。

```
2.    num = {$random}%b
```
{$random}%b 的功能是生成一个 $0\sim(b-1)$ 的随机数。

测试激励文件中产生 0~65 535 之间的随机数意味着产生 0~65 535ns 的随机数，比较符合真实按键的抖动情况。

（3）支持单次模式和连续模式的按键检测电路仿真结果。

按键的实际使用中，一次完整的"按"到"松"操作往往持续数百 ms，若测试激励文件中的时间延时模拟真实场景中的数百毫秒，则 ModelSim 的运行时间可能达数分钟甚至更久。为加快仿真速度，第一，采取功能仿真，ModelSim 功能仿真比时序仿真所需运行时间更短；第二，采取缩小仿真法，可以对代码中第 81 行进行修改

```
81.            if(Num_20ms_r == 4'd4)//仿真时将此值略微缩小，置为 4 左右
```

图 8-10 所示为按键检测电路功能仿真结果，图 8-10（a）所示为单次模式——parameter 中 KEYMODE 为 0，图 8-10（b）所示为连续模式——parameter 中 KEYMODE 为 1，通过修改 parameter 的 KEYMODE，电路可以切换单次模式和连续模式。图 8-10（a）中的 PulseCtrl_o 信号在 Num_20ms_r 为 0 的末尾出现高电平脉冲；图 8-10（b）中的 PulseCtrl_o 信号在 Num_20ms_r 为 1 的末尾出现高电平脉冲，整体和设计相符；图 8-10（a）和图 8-10（b）因横轴缩小后按键的抖动值展示不清晰，图 8-10（c）所示为 $random 模拟出的按键随机抖动，其为放大后的波形。

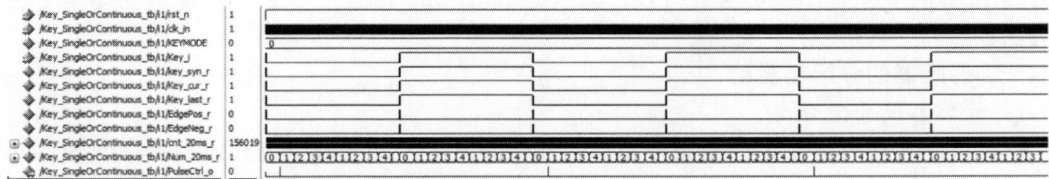

（a）单次模式——parameter 中 KEYMODE 为 0

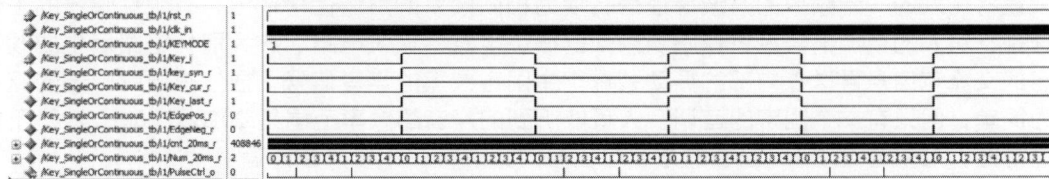

（b）连续模式——parameter 中 KEYMODE 为 1

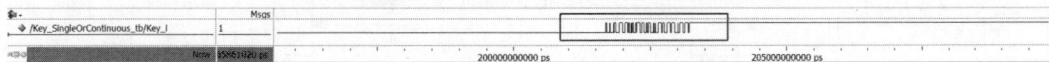

（c）$random 模拟出的按键随机抖动

图 8-10　按键检测电路功能仿真结果

二、按键检测电路验证－按键控制数码管

参照图 8-6 对动态数码管驱动模块、支持单次模式和连续模式的按键检测电路进行例化。在顶层文件中，按键检测电路输出 PulsrCtrl_o 作为计数器 cnt_Disp_r 电路的计数使能信号。

```
1.//按键控制数码管灯，每按一次按键，数码管显示数字加1，范围0～255
2.    module Key_LED8S_top(
3.    input   wire          sys_clk,
4.    input   wire          sys_rst_n,
5.    input   wire          Key_i,
6.    output wire   [5:0]   wei_o,
7.    output wire   [7:0]   dual_o
8.    );
9.//NO1-按键检测电路（支持单次模式和连续模式）
10.    wire   PulseCtrl_w;
11.    Key_SingleOrContinuous
12.    #(.KEYMODE(1)//0代表支持单次检测，1代表支持连续检测
13.    )
……//完整代码见配套资源
42.    endmodule
```

按以上程序依次进行全编译、分配引脚、再全编译和下载，实操结果表明，按键按下后，每间隔 300ms 数码管显示数值加 1，将以上代码的第 12 行修改如下：

```
12.    #(.KEYMODE(1)//0代表支持单次检测，1代表支持连续检测
```

再进行全编译和下载，实操结果表明，按键按下后，数码管显示数值仅加 1 次值。

8.1.3 【任务实施2】按键提示音电路设计

友好的按键人机交互体验是用户进行按键"按"操作的同时伴随提示音，以提示操作者当前"按"操作是否有效。时长 100ms 左右按键提示音较为符合人的使用习惯。任务 8.1 的设计要求：对于单次模式，每次"按"操作伴随约 100ms 的提示音，对于连续模式，每出现一次 PulsrCtrl_o，伴随约 100ms 的提示音。设计思想是：当按键检测电路输出 PulseCtrl_o 信号有效，就依据 PulseCtrl_o 信号产生 100ms 的驱动信号控制蜂鸣器。

一、蜂鸣器的介绍与驱动

1. 蜂鸣器简介与分类

蜂鸣器由振动装置和谐振装置等部件组成，又分为无源他激型与有源自激型两种，简称无源蜂鸣器和有源蜂鸣器。蜂鸣器的工作原理如图 8-11 所示，无源蜂鸣器的工作原理是：振动装置将输入的一定频率的方波等信号转换为相同频率的声音信号输出；有源蜂鸣器的工作原理是：输入的直流信号经过蜂鸣器内部的振荡电路、放大电路、放大取样电路后生成频率固定的交流电信号再送入内部的振动装置产生固定频率的声音信号。显然有源蜂鸣器的驱动较为简单，但只有一个固定的音调。人耳能听到的声音的频率范围是 20Hz～20kHz，对于无源蜂鸣器，可以通过 1kHz 左右的方波电信号对其进行驱动以产生声音。

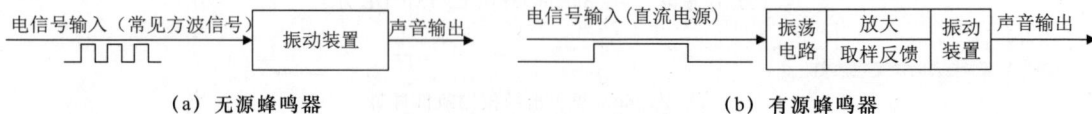

图 8-11 蜂鸣器的工作原理

2. 蜂鸣器外围模拟电路

蜂鸣器的内阻常见值有 5Ω、8Ω 等，工作电流一般为 1mA 量级，FPGA 的引脚不能为其提供足够的电流，图 8-12 所示的蜂鸣器外围模拟电路是一种常见的解决方案，当 FPGA 输出引脚 beep 为逻辑 0（即为低电平）时，三极管导通，电流主要由外部电源正极流经 R_c、蜂鸣器、三极管的发射极到集电极，最终流向 GND；反之当 beep 引脚为逻辑 1（即为高电平）时，三极管截止，蜂鸣器无电流。除了图 8-12 所示的这种简单的蜂鸣器驱动电路外，还有类似的各种驱动能力更强的衍生电路。

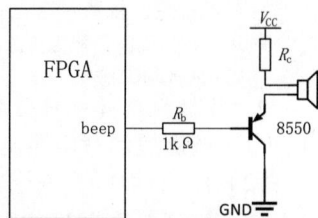

图 8-12　蜂鸣器外围模拟电路

3. 按键提示音电路设计方案

按键提示音电路设计时序规划如图 8-13 所示，对于有源蜂鸣器，当 PulseCtrl_o 为高电平时，产生一个 100ms 宽度的高电平信号 beep_o 直接驱动有源蜂鸣器。beep_o 的赋值需要一个计数时间范围约 100ms 的计数器 cnt_100ms_r 辅助。

cnt_100ms_r 具体设计方法类似于上文中仅支持单次模式的计数器 cnt_20ms_r。具体赋值规则如下。

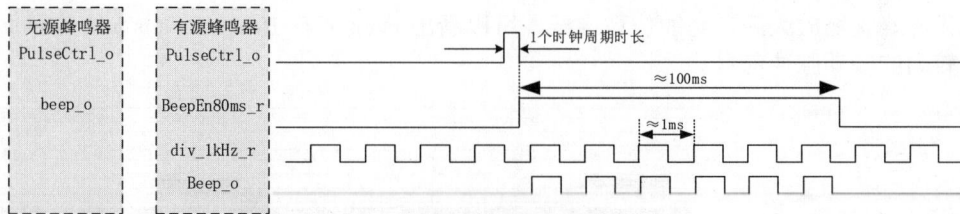

图 8-13　按键提示音电路设计时序规划

①cnt_100ms_r 复位时为 0。

②赋值第 1 优先级：只要信号 PulseCtrl_o 为高电平，cnt_100ms_r 就置为 1。

③赋值第 2 优先级：只要 cnt_100ms_r 为 0 就保持 0。

④赋值第 3 优先级：只要 cnt_100ms_r 不为 0 就自加 1，加至最大值再返回 0 后保持 0。

以 50MHz 时钟为例，不妨设计一个 22 位宽的二进制计数器来代替 100ms 计数器，总计数周期约合 84ms。beep_o 信号只需在 cnt_100ms_r 为 0 时赋值 0，为其余值时均赋值 1 即可。

对于无源蜂鸣器，将上述产生的 beep_o 信号作为内部信号，重记为 BeepEn80ms_r，再设计一个输出为 1kHz 的分频器 div_1kHz_r，将 BeepEn80ms_r 和 div_1kHz_r 进行逻辑与运算后，赋值给 beep_o 即可。

可以将有源蜂鸣器和无源蜂鸣器进行整合，当需要驱动有源蜂鸣器时，直接将 BeepEn80ms_r 赋值给 Beep_o 即可;当需要驱动无源蜂鸣器时,将 BeepEn80ms_r 和 div_1kHz_r 做逻辑与后赋值给 Beep_o。参照 8.1.2 节单次模式和连续模式设计中的 parameter 的设计，在端口处通过定义 parameter 使电路可以支持有源蜂鸣器或无源蜂鸣器，以此提升电路的通用性和可移植性。

二、按键提示音电路设计与验证

1. 按键提示音电路设计

参照图 8-13，在 8.1.2 节 Key_SingleOrContinuous 代码基础上进行修改。

1.//支持单次模式和连续模式（约 300ms）按键检测
2.//支持有源蜂鸣器和无源蜂鸣器提示音
3.//对于单次模式：按下去 1 次按键滴 100ms;对于连续模式，按下去，每动作 1 次滴 1 声

```
4.//仿真时将 81 行"if(Num_20ms_r == 4'd15)"改为 if(Num_20ms_r == 4'd4)
5.    module Key_SingleOrContinuous
……//完整代码见配套资源
154.endmodule
```

2．按键提示音电路仿真

（1）按键提示音电路测试激励文件。

和 8.1.2 节类似，进行功能仿真。

```
1.//支持单次模式和连续模式的按键提示音电路测试激励代码
2.//支持有源蜂鸣器和无源蜂鸣器的按键提示音
3.    `timescale 1 ns/ 1 ps
4.    module Key_SingleOrContinuous_tb();
……//完整代码见配套资源
```

（2）按键提示音电路仿真结果。

使用缩小仿真法进行功能仿真，图 8-14 所示为按键提示音电路功能仿真结果。图 8-14（a）所示为单次模式有源蜂鸣器功能仿真结果，其中"BEEPMODE"为 1，可以看出在按键"按"操作（Key_i 由高变低）后，beep_o 在 BeepEn80ms_r 高电平附近为高电平；图 8-14（b）所示为单次模式无源蜂鸣器功能仿真结果，其中"BEEPMODE"为 0，图 8-14（c）所示为单次模式无源蜂鸣器放大后的功能仿真结果，可以看出 beep_o 在 BeepEn80ms_r 高电平附近变为频率较高的周期脉冲信号。

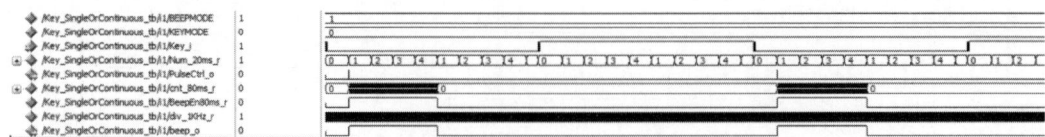

（a）单次模式有源蜂鸣器功能仿真结果

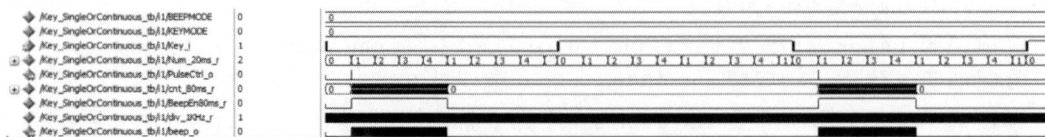

（b）单次模式无源蜂鸣器功能仿真结果

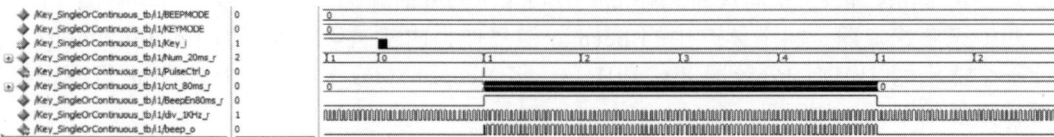

（c）单次模式无源蜂鸣器功能仿真结果（放大后）

图 8-14　按键提示音电路功能仿真结果

3．按键提示音电路测试

对电路进行全编译、分配引脚、再次全编译、下载。使用无源蜂鸣器和有源蜂鸣器两种器件进行反复测试，在单次模式下，每次"按"操作后数码管加 1，与此同时伴有短促提示音；在连续模式下，每次"按"操作后数码管每间隔约 300ms 加 1，且每次加 1 的同时伴有短促提示音，整体人机交互体验符合正常操作习惯，设计符合要求。

> **小提示**　图 8-12 仅是蜂鸣器驱动方式的一种，图 8-12 中三极管的逻辑功能是取反，因此应根据实际外围蜂鸣器驱动电路的设计，对 **beep_o** 的输出进行取反。

4. 按键提示音电路时序约束

参照任务 3.4 介绍的时序约束的操作，对任务 8.1 最终代码中的时钟 sys_clk 进行时钟约束，约束频率为 200MHz，占空比为 50%，时序报告分析得到的时钟最高工作频率可达 200MHz，此指标意味着任务 8.1 设计的按键检测电路移植到频率为 200MHz 以内的其他系统中，按键检测电路不会限制整体系统的时钟最高工作频率。

任务 8.2 自动饮料售卖机——状态机设计与验证

任务导入

设计要求：使用状态机完成项目 8 总任务中的自动饮料售卖机主控电路设计，并完成项目 8 总设计要求。

8.2.1 【知识准备】状态机相关知识

推荐使用状态机完成自动饮料售卖机主控电路。8.2.1 节先直接使用 if 语句设计自动饮料售卖机，再介绍使用 6 种状态机设计自动饮料售卖机主控逻辑，通过对比，体现出状态机的实质和优越性，最后对 6 种状态机进行总结，给出状态机设计电路的流程。在 8.2.2 节完成自动售卖人机交互系统。项目 8 的总设计要求中，电路的输入信号是投币，输出信号是当前投币总数与饮料。为了便于阐述状态机，8.1.1 节中的第一、二、三部分介绍的状态机仅有饮料一个输出信号，8.2.2 节的实施环节给出完整的代码。

一、状态机的引入

1. 非状态机方式设计简化任务自动饮料售卖机

先不考虑状态机，直接使用 if 语句设计自动饮料售卖机，这种 if 语句映射为比较器、数据选择器等逻辑电路，实现方式更为直观。

```
1.//=========================================================
2.//--传统 if-else 设计自动饮料售卖机
3.//=========================================================
4.module DrinkSell_Traditional(
……//完整代码见配套资源
```

2. 复杂逻辑下状态机引入的必要性

以上电路输入信号是 money_i，逻辑 1 代表当前投入 1 元，逻辑 0 代表当前没有投币；输出信号 drinks_o 为逻辑 1 代表有饮料输出 1 次，为逻辑 0 代表无饮料输出；最重要的内部信号 CurMoney_r 用于记录当前总投币数。代码整体清晰明了、时序清晰。

若将设计要求中的 money_i 修改为可以支持 5 角、1 角等多种面额硬币，则上述代码将因 if 语句的嵌套变得十分复杂。自动饮料售卖机电路设计的核心是以 if（或 case）语句为主的各种状态的判断与跳转，针对此类问题，工程师们在分析了诸如自动饮料售卖机等这种转换逻辑较为复杂的电路的特点后，将这些应用场景下的 if（或 case）语句进行了总结，并给出了一些"范式"的电路描述方法——状态机。

实际在未特意学习状态机之前，设计者经常会无意识地设计出非范式的状态机。FPGA 中状态机的概念、电路模型、分类等理论较为抽象，8.2.1 节先给出 Mealy 型和 Moore 型状态机的各 3 种极易理解的范式设计代码，并对这 6 种代码进行总结，再分类介绍状态机的相关理论知识。

3. 状态机简介

状态机（Finite State Machine，FSM），也称同步有限状态机。称"同步"是因为状态机中所有的状态跳转都是在同一时钟的作用下触发，"有限"的含义是状态的个数有限。状态机的每一个状态代表一个事件，从执行当前事件到执行另一事件的跳转称为状态的跳转或状态的转移。设计者的任务是执行当前事件然后跳转到一下事件，如此一来包含多个状态的系统就"活"了。状态机通过控制各个状态的跳转来控制流程，使得整个代码看上去更加清晰易懂，在控制复杂流程的时候，状态机优势明显，且易于添加和修改。状态机典型的分类主要包含 Mealy 型状态机和 Moore 型状态机两种，二者各自都有一段式、两段式、三段式写法，接下来通过 6 个案例介绍两种状态机各自对应的 3 种写法，然后对其进行总结，最后给出范式写法。

二、Mealy 型和 Moore 型状态机设计案例

1. Mealy 型状态机设计示例

整个系统的输入信号是投币，输出信号是饮料。整个售卖逻辑可以抽象为 3 个状态，依次为空闲（用 IDLE 表示）、已累计投入了 1 元（用 ONE 表示）、已累计投入了 2 元（用 TWO 表示）。

IDLE：系统复位后的默认状态，此状态下售卖机已累计有 0 元硬币。根据是否投币有两种目标状态，若新投 1 元硬币，则跳转至状态 ONE 且无饮料输出；若未投新币，则保持 IDLE 状态且无饮料输出。

ONE：此状态下售卖机已累计有 1 元硬币。根据是否投币同样有两种目标状态，若新投 1 元硬币，则跳转状态 TWO 且无饮料输出；若未投新币，则保持 ONE 状态且无饮料输出。

TWO：此状态下售卖机里已累计有 2 元硬币。根据是否投币有两种目标状态，若新投入 1 元硬币，则跳转状态 IDLE 且输出饮料（此时新投入 1 元，加上原来的 2 元，共有 3 元，满足饮料输出的条件）；若未投新币，则保持 TWO 状态且没有饮料输出。

根据上面介绍的 3 种状态及状态转移逻辑，可以预先绘制图 8-15（a）所示 Mealy 型状态机的状态转移图。

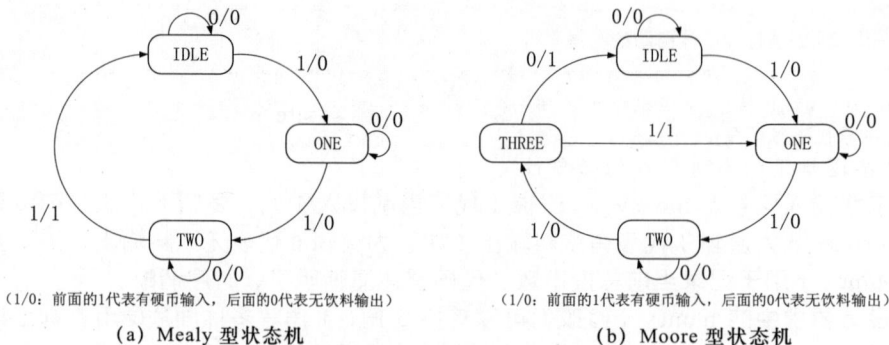

（1/0：前面的1代表有硬币输入，后面的0代表无饮料输出）　　（1/0：前面的1代表有硬币输入，后面的0代表无饮料输出）

（a）Mealy 型状态机　　　　　　　　（b）Moore 型状态机

图 8-15　预先绘制的状态转移图

（1）一段式 Mealy 型状态机设计示例。

①一段式 Mealy 型状态机代码设计。

类似于上文 DrinkSell_Traditional 的代码，一段式 Mealy 型状态机代码如下，是将整个状态机写到一个 always 模块里面，always 模块中既描述状态转移，又描述状态的输入和输出。

```
1.//============================================================
2.//一段式状态机（Mealy）
```

```
3.//=========================================================
4.//------------<模块及端口声明>-------------------------------
5.    module DrinksSell_Mealy_1(
……//完整代码见配套资源
```

代码中 reg 型的 state 名称表示状态，也可命名为其他名称。较为简单的状态跳转逻辑可以采取一段式状态机，但稍加复杂的状态转移逻辑一般不推荐采用一段式 Mealy 型状态机。原因有二，第一，从代码风格方面来讲，Verilog HDL 一般都会要求把组合逻辑（状态的判断）和时序逻辑（输出的赋值等）分开设计；第二，从代码维护和升级来说，组合逻辑和时序逻辑混合在一起不利于代码维护和修改，也不利于约束。

项目 3 介绍过 parameter 和 localparam 用法，二者用法较为相似，localparam 一般不可以用于在模块间的传递参数，但在 module 内部进行状态机声明的时候更多选择 localparam。

②一段式 Mealy 型状态机 State Machine Viewer 视图。

设计完之后，对工程进行编译，类似于打开 RTL 视图操作，在 Quartus Prime 主界面主菜单栏下依次选择"Tools"→"Netlist Viewers"→"State Machine Viewer"，弹出图 8-16 所示的"State Machine Viewer"对话框。该对话框是 Quartus Prime 将用户设计的代码自动综合出状态机转移逻辑，对比图 8-15（a）所示的预先绘制的 Mealy 型状态机的状态转移图，二者框架完全一致，"State Machine Viewer"对话框左下角的状态表"State Table"给出了现态（当前状态"Source State"）、可能的次态（目标状态"Destination State"），以及转换条件（"Condition"）。设计者可以通过对比图 8-16 和图 8-15（a）来验证代码的设计逻辑是否和初衷一致。

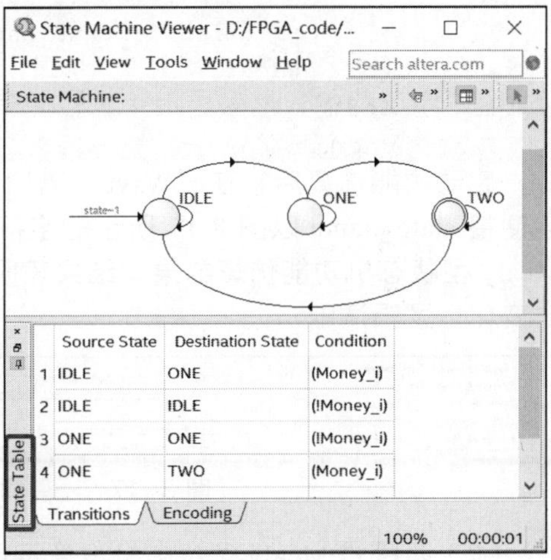

图 8-16　"State Machine Viewer"对话框

③一段式 Mealy 型状态机仿真。

以下给出一种测试激励文件代码，其中第 28 行定义的 state_name 是状态机仿真中用于监测当前状态机状态的 reg 型变量，不映射到任何电路；state_name 用于存储 ASCII 码字符，8 位二进制可以表示一个 ASCII 码字符，因此，第 28 行的 28 位宽 reg 型变量可以表示最多 4 个 ASCII 码字符。第 29～35 行的 always 不会综合出任何电路，第 30 行中的 i1 对应第 7 行中的一段式 Mealy 型状态机 DrinksSell_Mealy_1 实例名，i1.state 指的是上文 DrinksSell_Mealy_1 内部的 reg 型 state；第 31 行表达的含义是当 i1.state 为 3'b001，即 DrinksSell_Mealy_1 代码中的"localparam IDLE = 3'b001"，则将 ASCII 字符 IDLE 赋值给 state_name，需要注意的是代码第 31 行的 IDLE 必须加双引号才表示 ASCII 码字符，不强制要求"IDLE"必须和 DrinksSell_Mealy_1 中"localparam IDLE = 3'b001"的"IDLE"名称一致，但即使不同也应很直观地一一对应。

综上，state_name 是一种在仿真中虚构的信号，用于转述显示电路中的 state，但软件编译时，state 往往会被优化掉，导致时序仿真大概率会提示"找不到 state 信号"，因此，state_name 一般只支持功能仿真，在时序仿真中应将以下代码第 28～36 行进行注释。

注：美国信息交换标准代码（American Standard Code for Information Interchange，ASCII）是一套基于拉丁字母的字符编码，共收录了 128 个字符，用 8 位二进制就可以表示或存储一

个字符。ASCII 编码范围是 0x00～0x7F，定义了 128 个单字节字符。它包含了 33 个控制字符和 95 个可显示字符（数字、大小写字母、一些常用符号等）。

```
1.`timescale 1 ns/ 1 ps
2.module DrinksSell_Mealy_1_tb();
……//完整代码见配套资源
27.    //-----------<状态机名称查看器>-------------------------------------
28.    reg [31:0]   state_name; //每字符 8 位宽，这里最多 4 个字符 32 位宽
29.    always @(*) begin
30.        case(i1.state)
31.            3'b001:state_name = "IDLE";
32.            3'b010:state_name = "ONE";
33.            3'b100:state_name = "TWO";
34.            default:state_name = "IDLE";
35.        endcase
36.    end
37.    endmodule
```

启动功能仿真后，在"Wave"窗口中右击"state_name"，依次选择"Radix""ASCII"以便将 state_name 以图 8-17 所示的字符形式显示，更便于分析时序。图 8-17 所示为一段式 Mealy 型状态机功能仿真结果，结果表明，状态机输出 Drinks_o 和 state_name（即 state）同时变化，逻辑清晰。

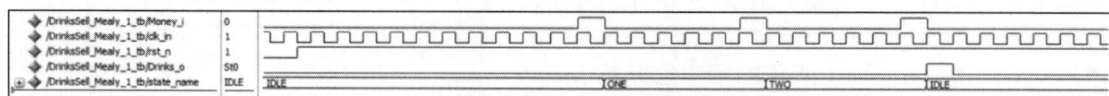

图 8-17　一段式 Mealy 型状态机功能仿真结果

（2）两段式 Mealy 型状态机设计示例。

两段式 Mealy 型状态机相对一段式 Mealy 型状态机在状态定义方面有所区别，两段式状态机需要定义两个状态，现态和次态。现态即当前状态，常用 cur_state 表示，也可命名成其他名称；次态即目标状态，或者下一时刻可能的几种状态，常用 next_state 表示，也可命名成其他名称。两段式 Mealy 型状态机用两个 always 模块来描述状况，其中一个 always 模块采用同步时序逻辑电路描述状态转移，格式固定，如以下代码第 26～31 行；另一个 always 模块采用组合逻辑判断状态转移条件，描述状态转移规律以及输出等，如以下代码第 34～80 行，其中状态转移条件、转移规律、输出等由实际任务而定。

①两段式 Mealy 型状态机代码设计。

```
1.//----------------------------------------------------
2.//两段式状态机（Mealy ）
3.//----------------------------------------------------
4.//-----------<模块及端口声明>-------------------------------------
5.    module DrinksSell_Mealy_2(
……//完整代码见配套资源
```

②两段式 Mealy 型状态机测试激励文件。

两段式 Mealy 型状态机包含 cur_state 和 next_state 两种状态，因此，在一段式 Mealy 型状态机测试激励文件基础上增加代表次态的 state_name_next 变量，如以下代码第 40～49 行。

```
1.//两段式 Mealy 型状态机设计自动饮料售卖机
2.    `timescale 1 ns/ 1 ps
3.    module DrinksSell_Mealy_2_tb();
……//完整代码见配套资源
```

③两段式 Mealy 型状态机仿真结果。

因为两段式 Mealy 型状态机的输出信号 Drinks_o 设计在组合逻辑中，所以 Drinks_o 可能随着输入信号的变化立即发生变化，表现出竞争冒险现象，图 8-18 所示的两段式 Mealy 型状态机功能仿真结果中 Drinks_o 信号的尖刺印证了这一点。如果不考虑输出信号的竞争冒险现象，考虑到本例的实际设计要求又较为简单，那么本例中两段式 Mealy 型状态机相对一段式 Mealy 型状态机没有显现出太大的优势，接下来看三段式 Mealy 型状态机，三段式 Mealy 型状态机可以看作是两段式 Mealy 型状态机的一个改进。

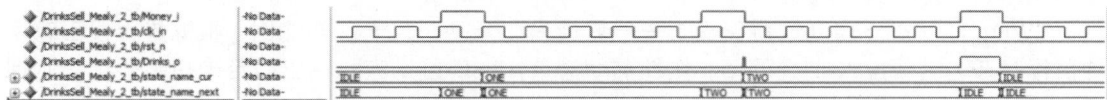

图 8-18　两段式 Mealy 型状态机功能仿真结果

（3）三段式 Mealy 型状态机设计示例。

三段式 Mealy 型状态机在两段式 Mealy 型状态机的两个 always 模块描述方法基础上，使用 3 个 always 模块，第 1 个 always 模块采用同步时序描述状态转移，即在时钟上升沿将第 2 个 always 产生的组合逻辑运算结果 next_state 赋值给 cur_state；第 2 个 always 模块采用组合逻辑电路只判断状态转移条件，描述状态转移规律；第 3 个 always 模块只描述输出信号（设计要求的输出信号），可以是组合逻辑也可以是时序逻辑，时序逻辑和组合逻辑的区别仅在于是否给输出后加一级触发器，一般是时序逻辑。

```
1.//================================================================
2.//      三段式状态机（Mealy）
3.//================================================================
4.//------------<模块及端口声明>-------------------------------------
5.module DrinksSell_Mealy_3(
……//完整代码见配套资源
```

三段式 Mealy 型状态机测试激励文件和两段式 Mealy 型状态机的一致。图 8-19 所示为三段式 Mealy 型状态机功能仿真结果，结果可以看出，相对于两段式 Mealy 型状态机，三段式 Mealy 型状态机的状态 state_name_next 在"ONE"到"TWO"切换时有组合逻辑的竞争冒险现象，但并未传递给时序逻辑电路 state_name_cur，且因为输出信号 Drinks_o 在时序逻辑中设计，所以未出现竞争冒险现象的尖刺。

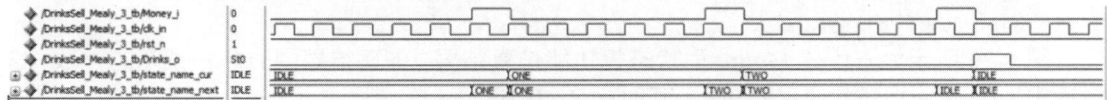

图 8-19　三段式 Mealy 型状态机功能仿真结果

三段式 Mealy 型状态机代码直观上的感受不如一段式 Mealy 型状态机简单、整洁，原因是上文提到过的任务 8.2 的应用场景过于简单。试想如果自动饮料售卖机支持 1 角和 5 角，那么整个状态转移将变得更为复杂，使用三段式 Mealy 型状态机实现时，第 1 个 always 保持不变，第 2 个 always 只需根据售卖逻辑进行扩展，第 3 个 always 根据第 2 个 always 进行简单修改。三段式 Mealy 型状态机更易修改，适合更复杂的状态转移场景。

2．Moore 型状态机设计示例

参照图 8-15（b）所示的预先绘制的 Moore 型状态机的状态转移图，将状态分为 4 种，Moore 型状态机的状态转移图相对于 Mealy 型状态机的状态转移图，额外增加了一个虚拟的"THREE"状态。加入"THREE"这个虚拟的状态，目的是使得输出信号 Drinks_o 只和当前状态有关，而和输入信号 Money_i 无关，便于代码中对输出信号 Drinks_o 赋值，这也是 Moore 型状态机相对 Mealy 型状态机最典型的区别。

IDLE：系统复位后的默认状态。此状态下自动饮料售卖机里无累计投币，且无饮料输出。根据是否投币有两种目标状态，若新投入 1 元硬币，则跳转状态 ONE，若未投新币，则保持 IDLE 状态。

ONE：此状态下自动饮料售卖机里已累计有 1 元硬币，且无饮料输出。根据是否投币有两种目标状态，若新投入 1 元硬币，则跳转状态 TWO 且无饮料输出；若未投新硬币，则保持 ONE 状态且无饮料输出。

TWO：此状态下自动饮料售卖机里已累计有 2 元硬币且无饮料输出。根据是否投币有两种目标状态，若新投入 1 元硬币，则跳转状态 THREE 且无饮料输出；若未投新硬币，则保持 TWO 状态且无饮料输出。

THREE：这个状态是极为短暂的，此状态下自动饮料售卖机里已累计有 3 元硬币。根据是否投币有两种目标状态，若新投入 1 元硬币，则跳转状态 ONE；若未投新硬币，则跳转状态 IDLE。如果输出信号使用的是时序逻辑电路，那么在这个时钟周期无饮料输出，饮料会在下一个时钟周期输出（或当前状态跳转至下一状态时输出）。

Moore 型状态机相对 Mealy 型状态机加入 THREE 这个状态，优点在于输出只和当前状态（THREE）有关，而和输入无关（Mealy 型状态机中的饮料输出不仅取决当前的状态 TWO，还和是否有投币输入有关），缺点是对于初学者而言这一额外的状态不容易虚构。

（1）一段式 Moore 型状态机设计示例。

```
1.//===================================================================
2.//      一段式状态机（Moore 型）
3.//===================================================================
4.//-------------<模块及端口声明>-------------------------------------
5.module DrinksSell__1(
……//完整代码见配套资源
```

参考 module DrinksSell_Mealy_1_tb，采用和一段式 Mealy 型状态机相同的测试激励信号赋值语句，即以下代码第 13～25 行；state_name 和之前保持一致，均为 32 位宽。但因为 32 位宽最多可以表示 4 个 ASCII 码字符，所以状态 THREE 用"THRE"代替，具体如以下代码第 27～37 行所示。

```
1. `timescale 1 ns/ 1 ps
2. module DrinksSell_Moore_1_tb();
……//完整代码见配套资源
```

图 8-20 所示为一段式 Moore 型状态机功能仿真结果，仿真结果中时序和预期的一致，饮料输出 Drinks_o 相较状态"THRE"延时一个 clk_in。

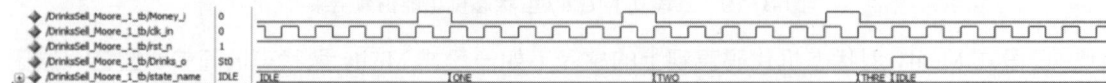

图 8-20　一段式 Moore 型状态机功能仿真结果

（2）两段式 Moore 型状态机设计示例。

```
1.//===================================================================
2.//两段式状态机（Moore 型）
3.//===================================================================
4.//-------------<模块及端口声明>-------------------------------------
5.   module DrinksSell__2(
……//完整代码见配套资源
```

测试激励文件参照 module DrinksSell_Mealy_2_tb，并结合上文一段式 Moore 型状态机中的状态机名称查看器进行修改。图 8-21 所示的两段式 Moore 型状态机功能仿真结果，因为有组合逻辑电路的存在，所以图 8-21 中的 state_name_next 出现了明显的竞争冒险现象，但未影响 state_name_cur。相对于两段式 Mealy 型状态机，因为两段式 Moore 型状态机额外虚构了"THREE"这一状态，所以图 8-21 中的输出信号 Drinks_o 未出现竞争冒险现象，但这不代表两段式 Moore 型状态机不会出现竞争冒险现象。

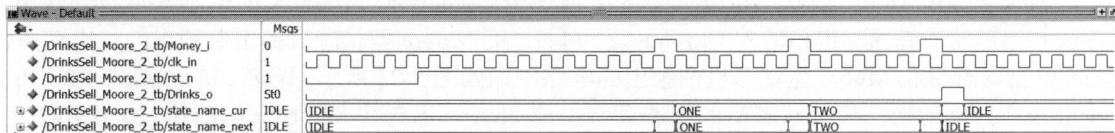

图 8-21　两段式 Moore 型状态机功能仿真结果

（3）三段式 Moore 型状态机设计示例。

```
1.//======================================================================
2.//三段式状态机（Moore 型）
3.//======================================================================
4.//------------<模块及端口声明>------------------------------------------
5.   module DrinksSell__3(
……//完整代码见配套资源
```

和两段式 Moore 型状态机相同的测试激励文件，三段式 Moore 型状态机功能仿真结果如图 8-22 所示，因为输出信号 Drinks_o 在时序逻辑中设计，所以未出现竞争冒险现象。

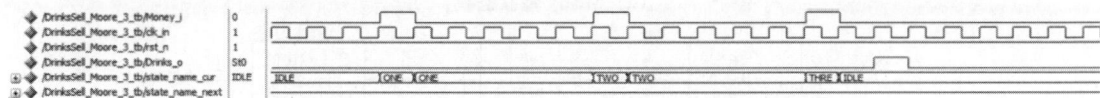

图 8-22　三段式 Moore 型状态机功能仿真结果

三、状态机的选择与设计流程

以上 6 例为便于介绍 Mealy 型和 Moore 型状态机而刻意将售卖逻辑简化，可能未充分体现出 Mealy 型和 Moore 型两种状态机，以及两种状态机各自一段式、两段式、三段式的写法或风格的优缺点。但可以肯定的是，自动饮料售卖机的售卖逻辑若支持 1 角或 5 角等多种面额硬币，状态机的引入会简化设计、提升代码的阅读性与可维护性等。实际上除了上述 6 种状态机设计风格，还有很多衍生代码风格，但最常用的还是以上 6 种，读者在掌握状态机的设计方法后，可能会根据实际设计任务不自主的写出衍生代码格式。在日常设计中，优先选择 6 种状态机写法的哪一种？状态机的设计流程是什么？还有哪些注意事项？

1. 采用几段式状态机

一段式状态机：将判断、状态、输出等写在一个 always 里，只涉及时序逻辑电路，无组合逻辑的竞争与冒险，同时消耗逻辑比较少，但是如果状态较多且转移逻辑复杂，那么一段式状态机显得比较臃肿，不利于维护和修改。

两段式状态机：逻辑清晰、便于阅读、理解和维护，通用写法中一个 always 模块采用时序逻辑（状态转移，将次态 next_state 赋值给现态 cur_state）；另一个 always 模块采用组合逻辑（包含给输出信号和 next_state 等赋值）。组合逻辑会出现竞争冒险现象，且组合逻辑竞争冒险现象导致有些情况无法准确描述，例如输出时需要类似计数的累加情况。综合来看，只要应用场景合适，两段式状态机仍然是推荐的状态机设计方法之一。

三段式状态机：设计者可以清晰地将状态转移图转化为 Verilog HDL 代码，代码可以清晰完整地显示出状态机的结构，代码清晰且降低编写维护复杂度，一般最常用的是三段式状态机。

实际中，各种状态机均有优缺点，应视具体情况而灵活抉择，但首选三段式状态机，后文将均以三段式状态机为例进行内容介绍。

2. Mealy 型和 Moore 型应该选择哪种？

（1）Mealy 型和 Moore 型的典型区别。

Mealy 型和 Moore 型状态机最典型的区别在于，Mealy 型的状态机的输出（如 Drinks_o）不仅和当前状态有关，也和输入（Money_i）有关；而 Moore 型状态机输出仅和当前状态有关。Mealy 型状态机和 Moore 型状态机抽象出的电路架构如图 8-23 所示，图 8-23（a）和图 8-23（b）中最左侧方框对应三段式状态机的次态逻辑生成 always 语句块，即根据当前输入（投币）和现态来判决次态 next_state；中间的方框是三段式状态机的第 1 个 always 语句块，只将组合逻辑生成的 next_state 赋值给时序逻辑电路的 cur_state 以保存；最右侧的方框是决定输出的电路，在 Moore 型状态机中，输出只和现态 cur_state（THREE）有关，而 Mealy 型不仅和现态 cur_state（TWO）有关，还和当前输入有关。应当特别注意，产生输出信号的 always 的组合逻辑电路后一级经常会加一级触发器，以避免组合逻辑出现竞争冒险。

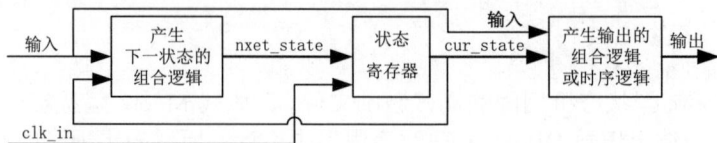

（a）Mealy 型状态机

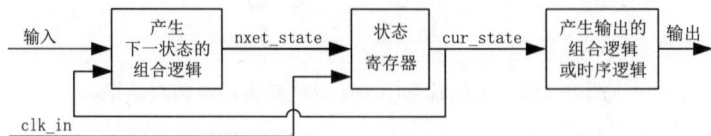

（b）Moore 型状态机

图 8-23　Mealy 型状态机和 Moore 型状态机抽象出的电路架构

（2）Mealy 型和 Moore 型状态机优缺点。

①Moore 型典型优点。

如果在设计中，为保证输出信号所在 always 模块的书写更为规整、清晰，或者说设计者希望代码的输出只和现态 cur_state 有关，那么可以优先尝试 Moore 型状态机。设计者需要将实际应用场景抽象成几个适当的状态，并保证输出和输入无关，只和某几个适当的状态有关。如果无此要求或者不容易抽象出几个适当的状态使得输出和输入无关，那么优先尝试 Mealy 型状态机。

②Moore 型典型缺点。

将实际问题抽象为状态机的状态时，一般需要“额外抽象出一个或几个状态（例如 TRHEE）”来独立控制输出，但会导致 Moore 型状态机的输出因“多抽象出的一个或几个状态”而多几个时钟周期的延时，这意味着状态机无法对输入变化立即做出反应。举例解释：针对自动饮料售卖机中的输出，假设 Mealy 型和 Moore 型当前均是 TWO，Mealy 型在某上升沿检测到投币，就立即输出饮料，而 Moore 型在此上升沿先跳至 THREE（多出的一个或几个状态）再输出，输出会延时一个时钟周期节拍，图 8-19 和图 8-22 的 Drinks_o 印证了这一点。

③Mealy 型典型优点。

正如上述分析所示，Mealy 型状态机的输出取决于当前状态和当前输入，能够立即对输入做出反应，不会有延时几拍现象。这通常意味着：实现相同的函数 Mealy 型状态机比 Moore 型状态机需要更少的状态，不会出现 Moore 型状态机的"输出延时几个周期"的问题。

④Mealy 型典型缺点。

Mealy 型也没有 Moore 型状态机的"输出只和状态有关"这一特点，输出和当前状态以及输入有关，导致输出信号所在的 always 模块书写逻辑稍加繁杂。

⑤Mealy 型其他缺点。

通常情况下，Mealy 型状态机的输出容易受到输入比特流中的毛刺影响，如果系统不能承受这种影响，那么就必须使用 Moore 型状态机。

Mealy 型状态机和 Moore 型状态机还有各种衍生格式，此外，还有二者结合的混合型状态机，应视具体设计任务而选择状态机类型。但建议读者不要纠结该使用 Mealy 型状态机还是 Moore 型状态机，应结合实际设计任务选择合适的状态机即可。

3．状态机的设计流程

（1）画出状态转移图。

把实际系统进行逻辑抽象，即实际问题转化为设计要求。首先确定电路输入信号（如 Money_i）、输出信号（如 Drinks_o）；然后根据实际任务抽象出所有的状态（如 IDLE、ONE、TWO、THREE 等），并对状态顺序进行编码；最后根据状态转移条件预先绘制状态转移图（见图 8-15），这一步至关重要。

（2）确定状态编码和编码方式。

表 8-1 所示为状态机的 3 种编码方式及特点。第一种编码方式：顺序码，状态编码遵循传统的自然二进制序列。第二种编码方式：独热码，这种方法在状态机中为每一种状态分配一个触发器，只有一个触发器当前被赋值为 1，其余均赋值 0，故称为"独热码"（注：热可通俗理解为逻辑 1）。第三种编码方式：格雷码，各相邻两个状态编码串之间除只有一个位二进制变化外，其他基本与顺序编码方法类似。

表 8-1　状态机的 3 种编码方式及特点

编码方式与特点		顺序码	独热码	格雷码
编码方式举例	十进制 0	2'b00	4'b0001	2'b00
	十进制 1	2'b01	4'b0010	2'b01
	十进制 2	2'b10	4'b0100	2'b11
	十进制 3	2'b11	4'b1000	2'b10
综合出的组合逻辑		多	最少	多
综合出的时序逻辑		少	最多	少
适用场景		<5 种状态	5~50 种状态	>50 种状态

编码方式的选择对所设计的电路复杂与否起着重要作用，要根据状态数目确定状态编码和编码方式。状态变量 cur_state 存储在 D 触发器中，下一时钟上升沿将 next_state 传输给 cur_state。因为独热码所需位宽更多，所以 cur_state 所需的 D 触发器更多，顺序码编码、格雷码编码反之。但独热码编码的优势在于状态比较时仅仅需要比较一个位，从而一定程度上简化了 case 语法对应的译码逻辑，而顺序码编码、格雷码编码会消耗较多的译码组合逻辑来判断状态，因此，前者消耗的组合逻辑更多，后两者反之。总而言之，虽然在需要表示同样的状态数时，独热码编码消耗较多的触发器，但是这些额外触发器占用的逻辑资源可与译码

组合逻辑电路节省下来的逻辑资源相抵消。一般的经验是，第一，少于 5 种状态使用顺序码；第二，5～50 种状态使用独热码；第三，多于 50 种状态使用格雷码。实际对于简单的设计，几种编码方式均可实现相同的功能，区别并不大。

（3）给出状态方程和输出方程。

列写状态转移表，选定触发器类型，通过卡诺图化简给出状态方程和输出方程。FPGA 的实现原理是 LUT+D 触发器，LUT 实现电路是以真值表方式实现，另外 Quartus Prime 分析和综合时会自动优化组合逻辑。因此，在一般任务场景下使用 FPGA 设计状态机可省略此步。

（4）电路设计（编写 Verilog HDL 代码）。

下面展示了 Mealy 型状态机和 Moore 型状态机的设计模板。

Mealy 型状态机设计模板：

```
1.//Mealy 型状态机的 Verilog HDL 一般结构
2.module state_ (reset,clk,High,Low,Cold,Heat);
……//完整代码见配套资源
```

Moore 型状态机设计模板：

```
1.//Moore 型状态机的 Verilog HDL 一般结构
2.module state_ (reset,clk,High,Low,Cold,Heat);
3.input reset,clk,High,Low;
……//完整代码见配套资源
```

8.2.2 【任务实施】自动饮料售卖机人机交互综合系统设计与验证

一、自动饮料售卖机人机交互综合系统设计框架

图 8-24 所示为自动饮料售卖机人机交互综合系统设计框图。图 8-24 中按键检测电路对外部按键送入 FPGA 的信号 Key_i 进行消抖与检测，当用户执行按键"按"操作时，该电路输出信号 PulseCtrl_o 产生 1 个时钟周期宽度的高电平脉冲，同时还产生一个时长约 100ms 的高电平信号或周期脉冲信号 beep_o 驱动 FPGA 外部的蜂鸣器，提示用户按键"按"操作有效；主状态机根据输入信号 PulseCtrl_w 运行状态机，其输出信号 CurMoney_w 一路送至动态数码管驱动电路进行显示，另一路控制饮料输出机械装置驱动电路，进而驱动 FPGA 外部装置送出饮料（用 LED 亮 1 秒代替）。

其中，按键检测电路调用 8.1.3 节的支持单次和连续模式的按键检测电路 Key_SingleOrContinuous，这里采取单次模式即可，蜂鸣器根据实际情况选择有源蜂鸣器或无源蜂鸣器；动态数码管驱动电路调用 5.2.3 节介绍的数码管驱动电路 LED8S_V3。

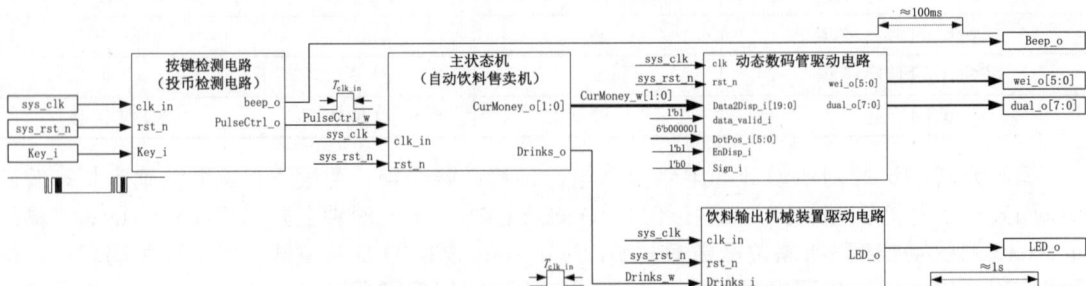

图 8-24 自动饮料售卖机人机交互综合系统设计框图

二、完整的自动饮料售卖机主状态机设计

主状态机不仅产生 Dinks_o 信号送至饮料输出机械装置驱动电路，同时也实时产生 CurMoney_o 信号送至数码管。项目 8 总设计要求中包含显示当前已投币总数和饮料输出，可以选择 8.2.1 节中 6 种状态机的任意一种进行修改，此处选择对 8.2.1 节中的三段式 Moore 型状态机电路进行改进，将"当前投币总数"对应信号添加进状态机的输出信号，具体代码如下：

```
1.//==============================================================
2.//      三段式状态机（Moore）
3.//==============================================================
4.//--------------<模块及端口声明>--------------------------------
5.    module DrinksSell_Moore_3(
……//完整代码见配套资源
```

三、饮料输出机械装置驱动电路

饮料输出机械装置驱动电路检测到 Drink_i 的高电平脉冲后，将 LED_o 置为高电平并送至 FPGA 引脚以解锁 FPGA 外部的饮料输出机械装置（实际以点亮 LED 代替）。时长为一个时钟周期宽度的 LED 点亮现象并不明显，另外生活中的饮料输出机械装置的解锁也需要更长时间，因此，需要将点亮时间延长，不妨设置为 1 秒左右。以下代码是参照任务 8.1 中按键提示音信号 bepp_o 的生成设计的饮料输出机械装置驱动电路。

```
1.//当输入 1 个时钟周期宽度脉冲时（来自自动饮料售卖机的输出 Drinks_o），LED_o 常亮 1s
2.    module DrinksOut_Driver(
……//完整代码见配套资源
```

四、自动饮料售卖机人机交互综合系统电路顶层应用电路设计与测试

1. 自动饮料售卖机人机交互综合电路顶层应用电路设计

按照图 8-24 对自动饮料售卖机主状态机、按键检测电路、饮料输出机械装置驱动电路、动态数码管驱动电路进行例化，以下是参考代码。

```
1.//自动饮料售卖机顶层电路设计
2.//按键输入（代替投入 1 元硬币）
3.//蜂鸣器充当按键提示音--支持有源蜂鸣器和无源蜂鸣器
4.//LED 等常量 1s 代表饮料输出机械装置动作
5.    module DrinksSell_top(
……//完整代码见配套资源
```

2. 自动饮料售卖机人机交互综合系统电路顶层应用电路测试

实测现象是复位后，数码管显示 0；按键每"按"1 次，数码管显示数字加 1，同时伴有按键提示音；当数码管显示 2 时再"按"1 次，数码管显示 0 的同时 LED 常亮 1s 左右，和设计相符。

任务 8.2 以一个较为简单的自动饮料售卖机应用场景引入状态机的概念，文中自动饮料售卖机的逻辑较为简单，读者可以尝试设计：输入增加 5 角和 1 角硬币，输出信号增加显示"找钱"，这种应用场景可以充分体现出状态机设计逻辑跳转的优越性，代码易于维护、升级的优点。

思考与练习

一、填空题

1. 仅从逻辑层面考虑，有源蜂鸣器输入 1kHz 方波_____（会或不会）发声；无源蜂鸣器输入 1kHz 方波_____（会或不会）发声。

2．根据状态机的输出和当前状态是否有关，一般将状态机分为_____型状态机和_____型状态机。

3．若 1 个状态机共抽象出 20 种状态，则状态机编码优先选用_____编码。

4．某应用场景下，希望设计的状态机输出信号和输入信号无关，应选择_____型状态机。

二、简答题

1．请简述有源蜂鸣器的构成。

2．请简述状态机的设计流程。

3．设计状态机时，需对状态进行编码，请简述状态编码方式中顺序码、独热码、格雷码的适用场景。

4．请简述一段式、两段式、三段式状态机的典型特点。

实战演练

1．设计一个按键控制 LED 电路，单次模式即可，当按键按下后 LED 取反一次，再按一下再取反一次，如此循环。

2．驱动无源蜂鸣器设计一个顺序播放"do、re、mi、fa、so、la、si"，每个音调时长均为 200ms 左右。

提示 1：do、re、mi、fa、so、la、si 对应频率可取 1 047Hz、1 175Hz、1 318Hz、1 340Hz、1 568Hz、1 760Hz、1 976Hz。

提示 2：因为 50MHz 相对 1kHz～2kHz 频率倍数过高，因此，可以先设计一个初始分频器将 50MHz 分频为 1MHz 作为全局时钟。

提示 3：设计主体是 200ms 计数器、200ms 次数计数器、可变分频系数的分频器，分频器的分频系数在分频器电路的输入端口修改。

3．若项目 8 总设计要求中的输入硬币既支持 1 元硬币，又支持 5 角硬币（用另一个按键代替），显然应额外多 1 个找零信号（找零只有 5 角，用另 1 个 LED 代替），请设计状态机电路予以实现。

4．参考项目 5 中 SignalTap 工具的介绍，使用 SignalTap 工具对任务 8.1 的 module Key_Single 中的 Key_last_r、Key_cur_r、EdgePos_r 信号进行观测，以得到更为精准的按键抖动时序图。注意：可以适当降低系统时钟，但同时也应修改 cnt_20ms_r 的位宽和相关值。